Horst Schmidt (Text)
Rudolf Proll (Fotos)

Rassegeflügel
KOMPAKT

535 Hühner-, Zwerghühner-, Puten-, Perlhühner-, Gänse-, Enten- und Taubenrassen im Porträt

2., erweiterte Auflage

850 Farbfotos

ulmer

Die ganze Welt des Rassegeflügels in einem Buch

Hühner und Zwerghühner 7

Groß- und Wassergeflügel 197

Vorwort

Rassegeflügel ist wertvolles Kulturgut, das Lebensqualität für Menschen und Tiere bedeutet. Liebe zum Tier, Faszination am biologischen Wandel der Gestalten, der Farben und Zeichnungen, der Federstrukturen und des Verhaltens sind seit Jahrhunderten Antriebe und Ziele in verantwortungsvoller Züchterhand.
Die Variabilität der Arten und Rassen ist die Grundlage, züchterische Kreativität und Können sind die Lenkung zum ästhetischen Geschöpf, das bei aller Formung seine art- und rassespezifischen Merkmale als Naturerbe behalten soll. Nutzungseigenschaften und Präsentation auf Rasseschauen sind nicht die Hauptziele, wohl aber wertvolle Anreize zur Zuchtlenkung. Überdies bietet das Zucht- und Ausstellungswesen einen kulturell wertvollen Rahmen zur sozialen und ökologischen Erfahrung für Menschen aller Alterstufen.
In diesem Band sind 535 Rassen der Hühner und Zwerghühner, Puten, Perlhühner, Gänse, Enten und Tauben in Bild und Text übersichtlich mit den wesentlichen Fakten dargestellt. Zu verdanken ist dieses Werk den vielen guten Verbindungen zu Züchtern in der ganzen Welt. Besonders den deutschen Züchtern und Preisrichtern sage ich meinen herzlichen Dank für viele freundschaftliche Anregungen. Den Tieren selbst gehört Dank und Respekt. Sie bilden die natürliche Basis für alle Darstellungen. Damit ist aufs Engste verbunden ist der Tierschutzgedanke.
Ganz herzlich danke ich dem Bildautor, Herrn Rudi Proll, und der Lektorin des Verlages, Frau Dr. Eva-Maria Götz, für die gute Zusammenarbeit.
Natürlicherweise bietet Rassegeflügel auch die Möglichkeiten der Selbstversorgung, über allem aber steht die Faszination und Wertschätzung der Natur und der Biodiversität. Dem passioniertem Züchter, dem Vogelkundler, dem Natur- und Haustierforscher und nicht zuletzt meinen Preisrichterkollegen steht hiermit ein handliches und trotzdem umfassendes Werk zu Verfügung.

Dr. phil. Horst Schmidt
Schwalmstadt

Hühner und Zwerghühner

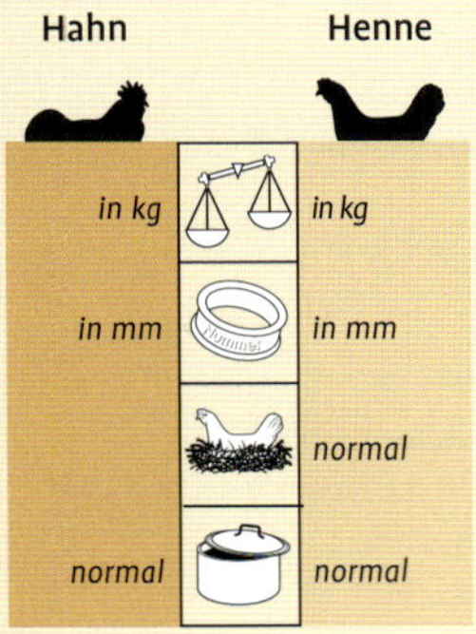

Erklärung der Piktogramme

Gewicht:
Hahn in kg, Henne in kg

Ringgrößen:
Hahn in mm, Henne in mm

Legeleistung:

gering	
normal	genügt für Selbstversorger
gut	bessere Legeleistung
sehr gut	hohe bis hervorragende Legeleistung

Nutzungsqualität:

gering	
normal	genügt für Selbstversorger
gut	bessere Fleischleistung
sehr gut	hohe bis hervorragende Fleischleistung

Verzeichnis der beschriebenen Rassen

Farbenschlaggruppen und Zeichnungsformen der Hühner und Zwerghühner

Wildfarbe 1

Variationen der Wildfarbe

wildfarbig
rebhuhnfarbig 1.1
rost-rebhuhnfarbig 1.2
wildbraun 1.3
goldhalsig 1.4
goldfarbig 1.5

Verdunkelung der Wildfarbe

orangebrüstig 1.6
braunbrüstig 1.7
schwarz-rot 1.8
schwarz-gold 1.9
schwarz mit Messingrücken 1.10
schwarz-kupfer 1.11

Aufhellung der Wildfarbe

gold-weizenfarbig 1.12
rot gesattelt-weizenfarbig 1.13
rot gezeichnet 1.14
rot geschultert 1.15

Wildfarbe als Grundlage

zimtfarbig 1.16
mahagonifarbig 1.17
kennfarbig (Kombination mit Sperberung) 1.18

Blauvarianten der Wildfarbe

blau-wildfarbig 1.19
blau-rebhuhnfarbig 1.20
blau-goldhalsig 1.21
blau-goldfarbig 1.22
blau-orangebrüstig 1.23
blau-rot 1.24
blau mit Messingrücken 1.25
blau-weizenfarbig 1.26

Silber-Wildfarbe 2

silber-wildfarbig

Variationen der Silber-Wildfarbe

silberhalsig 2.1
silberfarbig 2.2

Verdunkelung der Silber-Wildfarbe

grau-silber 2.3
birkenfarbig 2.4
schwarz-silber 2.5

Aufhellung der Silber-Wildfarbe

silbergrau 2.6

Silber-Wildfarbe als Grundlage

silber-kennsperber (Kombination mit Sperberung) 2.7

Blauvarianten der Silber-Wildfarbe

blau-silberhalsig 2.8
blau-birkenfarbig 2.9

Übergangsfärbungen Wildfarbe/ Silber-Wildfarbe 3

silberhalsig mit Orangerücken 3.1
blau-silberhalsig mit Orangerücken 3.2
orangehalsig 3.3
orangefarbig 3.4
perlgrau-orange 3.5
lachsfarbig 3.6
silber-weizenfarbig 3.7

Columbiazeichnung 4

weiß-schwarzcolumbia (hell) 4.1
weiß-blaucolumbia 4.2
weiß mit schwarzem Schwanz 4.3
weiß mit blauem Schwanz 4.4
gelb-schwarzcolumbia 4.5
gelb-blaucolumbia 4.6
gelb mit schwarzem Schwanz 4.7
gelb mit blauem Schwanz 4.8
gelb mit weißem Schwanz 4.9
rot-schwarzcolumbia 4.10
goldbraun 4.11
dunkelbraun 4.12
braun 4.12a

Columbia als Grundlage

wachtelfarbig 4.13
blau-wachtelfarbig 4.14
silber-wachtelfarbig 4.15
Mohrenkopfzeichnung 4.16
weiß-wachtelfarbig 4.17

Hühnerrassen von A–Z

Silberhalsig mit Orangerücken

Gold-weizenfarbig

Altenglische Kämpfer

Herkunft: Die Vorläufer stammen wahrscheinlich aus Asien und dürften schon vor der Zeitenwende (bis 800 v. Chr.) auf die britischen Inseln gelangt sein.

Rassegeschichte: In England wurde seit dem ausgehenden 17. Jahrhundert gezielt der „britische Typ“ herausgebildet und seit 1850 auch für Ausstellungszwecke gezüchtet.

Form und Kopf: Kurzer, muskulöser Körper mit breiten Schulter und leicht abfallender Haltung; schmaler Hinterkörper und deutlicher Winkel zwischen Sattel und ansteigendem Schwanz; möglichst wenig Bauchwölbung; kurze und stark bemuskelte Schenkel; Winkelung in den Fersengelenken der feinknochigen Läufe.

Kleiner, kurzer, keilförmiger Schädel; kleiner Einfachkamm mit feinem Gewebe; Augenfarbe: Rot bis dunkel; Lauffarbe unbedeutend.

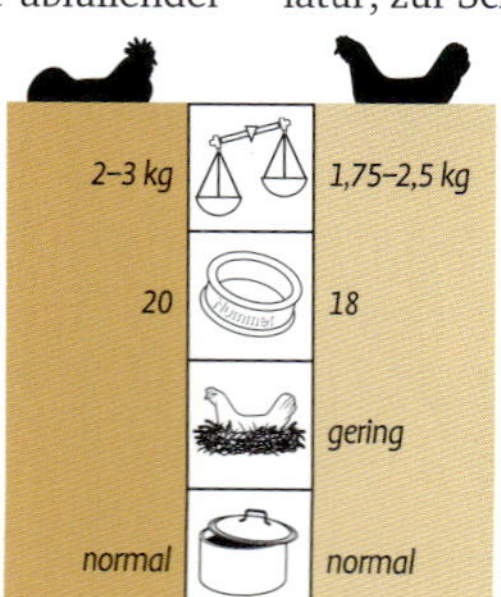

Farbenschläge: 1.4, 1.21, 2.1, 2.8, 1.12, 1.26, 3.7, 1.13, 1.14, 11.8, 1.6, 1.23, 2,4., 2.9, 5.1, 5.5, 5.3, 5.4, 6.1, 10.7 (alle Farbenschläge auch mit Schopf).

Besonderheiten: Frohwüchsigkeit der Küken, möglichst Haltung im freien Wiesenauslauf, viel Bewegung zur Bildung der Brustmuskulatur; zur Schauvorbereitung ist Käfigdressur erforderlich. Attraktives Ausstellungshuhn.

Gold-weizenfarbig

Rebhuhnfarbig mit weißen Federspitzen

Altenglische Zwergkämpfer

Herkunft: Um 1800 Vorläufer aus Kreuzungen von großen Altenglischen Kämpfern und Landzwergen. Zielgerichtete Zucht aber erst ab 1890. Damalige Bezeichnung in Deutschland: „Altmodische Englische Zwergkämpfer".

Rassegeschichte: Erste Schautiere in Deutschland von dem englischen Züchter H. Yardley. Unklar ist immer noch, ob es sich um eine echte Verzwergung der Großrasse handelt.

Form und Kopf: Der Experte Detering umschreibt den Gesamteindruck mit dem Begriff „Tennisball". Im Vordergrund steht die breite, volle, hoch getragene Brust. Der Rumpf entspricht im Längsschnitt „einem durchgeschnittenen Kälberherz". Flache Rückenlinie, eckig abgesetzte Schultern. Kurze gewölbte Flügel. Schmale Sattelgegend zum gut bewachsenen Hahnenschwanz, im Winkel von 40 Grad getragen. Der Körper muss sich hart anfühlen. Der Stand ist höchstens mittelhoch mit hervortretenden Schenkeln. Im Fersengelenk ist die Haltung gewinkelt, keinesfalls straff. Kleiner Einfachkamm, rote Ohrlappen (weiße Einlagerungen gestattet), kleine, runde Kehllappen. Unterschiedliche Augenfarbe je nach Farbschlag. Die Henne ist etwas waagerechter in der Rumpfhaltung.

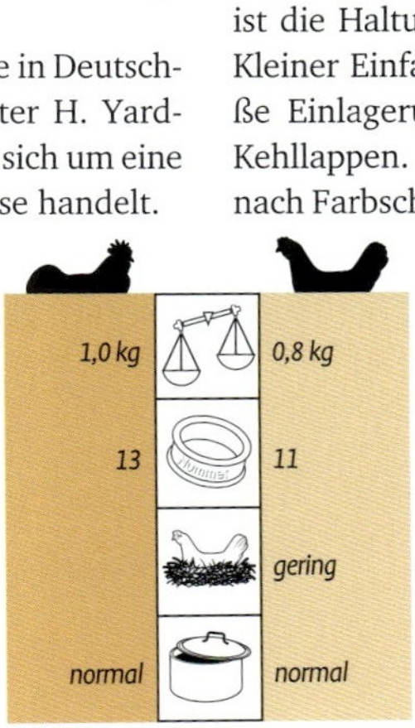

Farbenschläge: 1.4, 1.6, 1.12, 1.13, 1.14, 1.21, 1.23, 1.26, 2.1, 2.4, 2.8, 3.2, 3.7, 5.1, 5.3, 5.4, 6.1, 6.6, 10.7, 11.8, schwarz mit Messingrücken, blau mit Messingrücken.

Besonderheiten: Keckes, zutrauliches Zwerghuhn mit hohem Rasse-Zuchtstand.

Wildbraun

Wildbraun

Altsteirer

Herkunft: Österreich; nördlich von Graz in der Steiermark.

Rassegeschichte: Erste Erwähnung der Steirischen Hühner als „Backhendl“ (Kapaune) ab 1694. Durch Einkreuzung von schweren Paduaner-Hühnern Steigerung der Fleischgewinnung. Durch Einkreuzungen von asiatischen Schlägen starke Veränderungen des ursprünglichen Typs. Um die Wende des 20. Jahrhunderts Trennung von der Sulmtaler-Rasse als eigenständige. Hohe Eierleistung bei Leistungsprüfungen in Bayern zwischen 1925 und 1935 (Jahresleistung: 280 Eier).

Form und Kopf: Rumpf im Verhältnis Länge – Breite – Tiefe 8:5:3; kräftige Figur mit vorgewölbter Brust und voller Bauchlinie; reichliche Hals- und Schwanzbefiederung beim Hahn; leicht abfallender Rücken mit guter Breite; relativ kleiner, einfacher Hahnenkamm und im Vorderteil gewickelter Kamm der Henne mit Quetschfalte; beide Geschlechter tragen den kleinen Federschopf; kurze Kehllappen; Augenfarbe: rot; weiße Ohrlappen, weiße bis fleischfarbene Lauffarbe.

Hahn		Henne
2,5–3 kg		2–2,25 kg
18		16
		sehr gut
sehr gut		sehr gut

Farbenschläge: 1.3, 5.5.

Besonderheiten: Hervorragende Fleischqualität und sehr gute Legeleistung; robust und wetterhart; frohwüchsige Küken.

Amerikanische Leghorn

Herkunft: Gesichert ist die italienische Stadt Livorno (engl. Leghorn) als Heimat. Von dort um 1830 in die USA.

Rassegeschichte: Schon 1853 wird die ungewöhnlich hohe Legeleistung beschrieben. Um 1870 Einfuhr nach England. Durch Verpaarung mit Minorkas wurden höhere Schlachtgewichte erzielt. In Deutschland kannte man die „eleganten Weißen“ zwar schon vor dem Ersten Weltkrieg, ihre Verbreitung gelang aber erst nach 1918. Eigentliche Aufwärtsentwicklung kam erst nach 1945 durch die Gründung des Sondervereins und der Orientierung am amerikanischen „Standard of Perfection“.

Form und Kopf: Die Gestalt wird durch fließende Linien gebildet. Dazu gehört die über dem Sattel ansteigende Rückenlinie bis in den breit gefächerten, hoch getragenen Schwanz des Hahnes. Harmonisch ausgerundete Unterlinie mit voller Brust- und Bauchpartie. Reiche Befiederung des Hahnenschwanzes. Betonte, kräftige Schultern. Mittellange Schenkel und feinknochige Läufe. Deutliche Unterscheidung zum Italiener-Kamm: relativ kleiner Stehkamm, Fahne leicht aufwärts gerichtet. Nicht zu lange Kehllappen, mittelgroße, emailleweiße bis cremefarbige Ohrscheiben. Rote Augenfarbe.

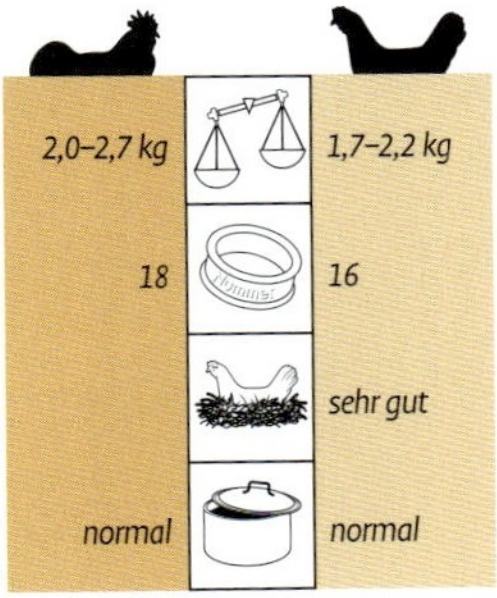

Farbenschlag: Ausschließlich reinweiß.

Besonderheiten: Legeleistung im ersten Jahr durchschnittlich 200 Eier pro Henne. Im Verhältnis zum Futterverbrauch ist auch das Eigewicht (60 g) beachtlich.

Amerikanische Zwerg-Leghorn

Herkunft: Ab 1940 im US-Standard. Die weiteren Farbenschläge in Übersee kennzeichnen eher die Rasse Zwerg-Italiener, wofür zunächst auch der Begriff Leghorn verwendet wurde.

Rassegeschichte: In den USA erzielte man die Verzwergung durch Verpaarung von gelbläufigen Zwerghühnern mit den großen Leghorns. Der Heidelberger Züchter F. Treiber konnte 1962 einige Tiere importieren. 1964 wurde die Rasse anerkannt.

Form und Kopf: Waagerechte Haltung des langen Rumpfes mit breiten Schultern, voller und tief heruntergehender Brust und gut ausgefüllter Bauchpartie. Die Rückenlinie geht ohne Winkel in den großfedrigen, gefächerten und gut besichelten Hahnenschwanz über. Der Schwanz der Henne soll auch breit angesetzt sein und etwas offen getragen werden. Kräftige, gut sichtbare Schenkel und feinknochige Läufe. Mittelgroßer Einfachkamm mit waagerechter Kammfahne, bei der Henne hinten zur Seite umliegend. Augenfarbe rot.

Farbenschlag: Weiß.

Besonderheiten: Leider relativ wenig verbreitet. Ähnliche Spitzenleistungen im Legen wie die Großrasse. Ästhetisch feine Figur und apartes Farbspiel durch rote Kopfpunkte, weißes Gefieder und gelbe Läufe („schlichte Eleganz“).

Hahn		Henne
0,95 kg		0,85 kg
13		11
		normal
normal		normal

Amrocks

Herkunft: Aus Dominikanern, schwarzen Cochins und Java-Hühnern entstanden um 1848 im Staat Massachusetts/USA die Barred Rocks als Ausgangsrasse.

Rassegeschichte: Erste Tiere 1948 in Deutschland; veredelt zu den heutigen Armrocks. Rassebezeichnung erst Ende der fünfziger Jahre in den Standard.

Form und Kopf: Die Form einer liegenden Glocke illustriert die Figur bei beiden Geschlechtern in der Seitenansicht, wobei der breitere Teil hinten und die Ausprägung bei der Henne noch deutlicher ist. Wichtiges Unterscheidungsmerkmal zu den verwandten Plymouth Rocks ist die zunächst hinter dem Hals waagerecht verlaufende Rückenlinie. Dann geht sie in konkavem Bogen in die Schwanzlinie über. Breite und tief gehende Brust; breiter Schwanzansatz. Volle Besichelung beim Hahn. Die Schenkel müssen sichtbar sein. Mittelgroßer Einfachkamm, mäßig lange Kehllappen, rote Ohrlappen. Augenfarbe: lebhaft rötlich braun; Lauffarbe kräftig gelb.

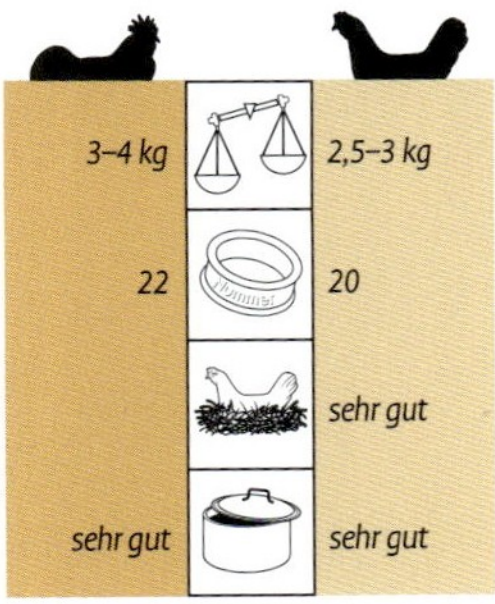

Farbenschlag: Ausschließlich gestreift.

Besonderheit: Kennfarbigkeit bei den Eintagsküken: unterschiedlicher Kopffleck bei Hahn und Henne, außerdem zeigen Hennenküken dunklere Lauffarbe. Hohe Eierleistung, feine Fleischqualität, gut verbreitetes Ausstellungshuhn.

Andalusier

Herkunft: Südandalusien/Spanien, um 1846 nach England in die Hafenstadt Portsmouth eingeführt. Als Importeur wird Richardson genannt.

Rassegeschichte: In der englischen Grafschaft Devonshire wurden blaue Altenglische Kämpfer, schwarze Spanier und Minorka eingekreuzt. Die ersten Andalusier-Hühner kamen 1872 nach Deutschland. 1895 Gründung des ersten Sondervereins in Schmölln/Thüringen.

Form und Kopf: Stolze Erscheinung mit kräftigem, gestreckten Rumpf und etwas abfallender Rückenlinie. Elegante Halslänge, breite Schultern und Brustwölbung. Deutlicher Legebauch der Henne. Kräftige Schenkel, mittellange, schieferblaue Läufe. Stehkamm beim Hahn, hinten umliegender Kamm bei der Henne; feine Kehllappen, reinweiße Ohrscheiben. Die großen Augen sind regulär dunkel, rote Augen gestattet.

Farbenschlag: Blaugesäumt.

Besonderheiten: Das attraktive blaue Federkleid kommt durch intermediäre Vererbung zustande. Aufspaltung der Nachzucht: ca. 25 % schwarz, 50 % blau und 25 % schmutzig weiß. Neben diesem aparten Farbspiel ist die Rasse wegen ihres südländisch wirkenden Temperaments und ihrer beachtlichen Nutzungseigenschaften beliebt, wenn auch nicht so sehr verbreitet wie andere Mittelmeerrassen.

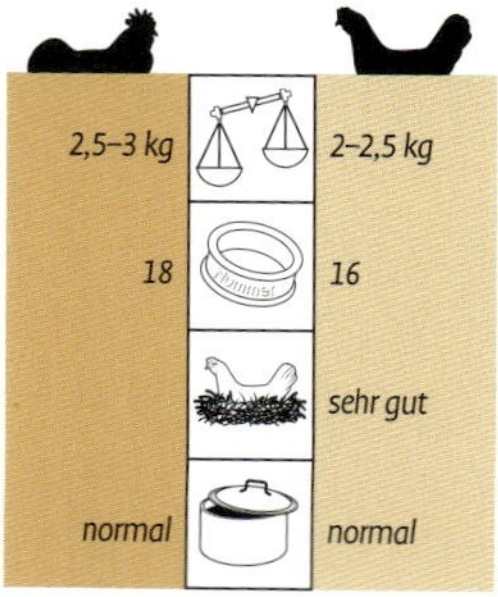

Birkenfarbig (nicht anerkannt)

Schwarz

Annaberger Haubenstrupphühner

Herkunft: Annaberg-Buchholz (Sächsisches Erzgebirge); Erzüchter: Georg Jonientz ab 1950.

Rassegeschichte: Ausgangsrassen waren gelockte Chabos, Seidenhühner, Brabanter und Appenzeller Spitzhauben. Nach 1990 wurden bei anderen Züchtern auch gelockte weiße Holländer verwendet. Offizielle Anerkennung in Deutschland 1971.

Form und Kopf: Auffallend sind Struppgefieder und die Spitzhaube. Der Habitus wird als „leichter Landhuhntyp" bezeichnet. Die Henne jedoch zeigt gut entwickelte Brust und Bauchregion. Schwanzhaltung beim Hahn: steil und offen. Die Schenkel sind kaum sichtbar, die hornfarbig bis bläulichen Läufe nur mittellang. Der Kopf zeigt deutliche Schädelwölbung und gut entwickelte Haube. Hörnerkamm mit flachem Fleischwulst vor der Haube. Aufgetriebene Nasenlöcher über dem kräftigen Schnabel. Die großen Augen sind orangefarbig bis braun.

Farbenschläge: 5.1, 5.5, 10.7.

Besonderheiten: Die Struppfiedrigkeit in Verbindung mit der nach oben hin etwas breiter werdenden Haube sind in dieser Verbindung einmalig unter den Hühnerrassen. Das „Frizzle-Gefieder" entsteht durch die angerollte rückwärtige Krümmung der Federn. Vitalität und recht gute Leistungsfähigkeit.

Hahn		Henne
1,5 kg		1,3 kg
16		14
		gut
normal		normal

Wachtelfarbig

Schwarz

Antwerpener Bartzwerge

Herkunft: Analoge Typen schon im 17. Jahrhundert auf Gemälden von Albert Cuyp. 1817 erste Erwähnung in französischer Literatur.

Rassegeschichte: Ab 1880 mehrere Farbenschläge auf Ausstellungen. Ursprüngliche Vorkommen: Antwerpen und Brüssel. Gründung des belgischen Sondervereins 1904. In Deutschland galt die Rasse noch 1905 als Abart der Bantams (Dürigen). Gründung des deutschen Sondervereins 1954.

Form und Kopf: Die Figur ist gedrungen, breit. Stark befiederter Hals mit mähnenartiger Federstruktur; bei der Henne gut ausgebildete Krause. Vom kurzen Rücken aus steigt in hohlrunder Linie der leicht gefächerte, sehr hoch getragene Schwanz mit den säbelförmigen und spitzen Hauptsicheln. Betonte volle, breite Brust (halbkugelförmig). Abgerundeter, voller Bauch. Namensgebende Kopfpunkte. Voller Kinn- und Backenbart, die Kehl- und Ohrlappen verdeckend. Klein geperlter Rosenkamm. Unterschiedliche Augenfarbe je nach Farbschlag. Stand durch die kurzen Schenkel recht tief.

Farbenschläge: 1.4, 1.14, 2.1, 4.1, 4.5, 4.13, 4.14, 4.15, 5.1, 5.2, 5.4, 5.5, 5.6, 5.7, 6.1, 7.1, 10.5, 10.9, 11.4, 11.5.

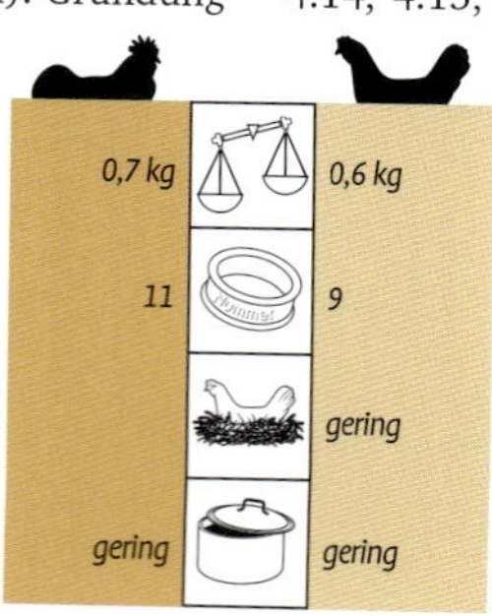

Besonderheiten: Aussehen und Verhalten wirken durch den bärtigen Kopf, den trippelnden Gang und das kecke Wesen anziehend. Auch in begrenzten Raumverhältnissen ist die rassegerechte Haltung möglich.

Rebhuhnfarbig

Rebhuhnfarbig

Appenzeller Barthühner

Herkunft: Im Schweizer Kanton Appenzell um 1860 aus Polverara und rebhuhnfarbigen Italienern von W. Züst erzüchtet.

Rassegeschichte: Zunächst existierten nur goldhalsige Barthühner, später schwarze, rebhuhnfarbige und nach 1980 blaue beim Schweizer Züchter Büchler. Nach 1959 von K. Fischer unter Verwendung von Rheinländern, Thüringer Barthühnern und Lachshühnern Sicherung der Restbestände. Goldhalsige und Blaue wurden im deutschen Standard 1990 offiziell zugelassen.

Form und Kopf: Fast rechteckige, kräftige Landhuhnform mit breiten Schultern, mittellangem, leicht abfallenden Rücken und breit angesetztem Schwanz. Die Henne zeigt noch mehr Brustwölbung und ist in der Körperhaltung noch mehr waagerecht. Gut entwickelter Bauch. Hervortretende, straff befiederte Schenkel. Mittellange Läufe. Markant die Kopfpunkte: Rosenkamm mit gerade auslaufendem Dorn, ungeteilter Kinn- und Backenbart, der Kehllappen und Ohrscheiben verdeckt. Augenfarbe dunkelbraun bis rot.

Farbenschläge: 1.1, 5.1, 5.4.

Besonderheiten: Zwar wenig verbreitet, aber vitales Huhn; wenig empfindlich gegen Frost; frohwüchsig, gute Legeleistung.

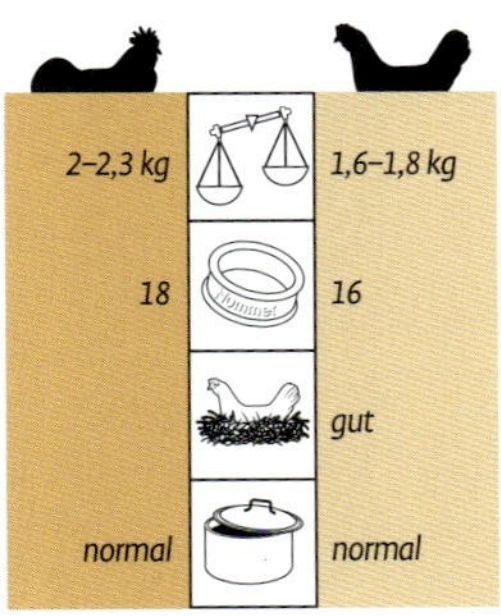

Silber-schwarzgetupft

Silber-schwarzgetupft

Appenzeller Spitzhauben

Herkunft: Aus alten Haubenhuhnschlägen im Kanton Appenzell entstanden.

Rassegeschichte: Um 1895 ist in der Ostschweiz diese Rasse recht zahlreich und in zehn Farbenschlägen verbreitet.

Zu den Ahnen zählen wahrscheinlich Brabanter aus den Niederlanden und Haubenhühner (Pawlowa) aus Sibirien. Inwieweit die ausgestorbene englische Rasse „Yorkshire Hornet" mit den Appenzellern identisch sein kann, ist unklar. In Deutschland weitere Verbreitung bis zur Gründung des Sondervereins für seltene Hühnerrassen 1953.

Form und Kopf: Unter den großen Hühnerrassen eine der kleinsten. Schlanke Figur in Walzenform und mit hoch getragener Brust. Rechtwinklig zur leicht abfallenden Rückenlinie getragener Hahnenschwanz mit voller Besichelung. Die Haltung der Henne ist mehr waagerecht. Schlanke, sichtbare Schenkel über den mittellangen, feinknochigen Läufen. Den Oberkopf ziert die mittelgroße, nach vorne geneigte Spitzhaube und der Hörnerkamm mit zwei kleinen, runden, oben schräg nach außen stehenden hörnerartigen Fleischzapfen. Die Lauffarbe ist blau, die Augenfarbe dunkelbraun.

Hahn		Henne
1,5–1,8 kg	Gewicht	1,2–1,5 kg
16	Ring	15
	Legeleistung	gut
gering	Futterbedarf	gering

Farbenschläge: 5.1, 5.3, 10.1, 10.2, 10.3.

Besonderheiten: Das ideale Huhn für den Freilauf; sehr agiles Huhn mit guten Flugeigenschaften. Bei Eingrenzung ist ein recht hoher Zaun erforderlich. Legeleistung im Jahr durchschnittlich 150 Eier. Interessantes Huhn für den Ausstellungskäfig.

Goldhalsig

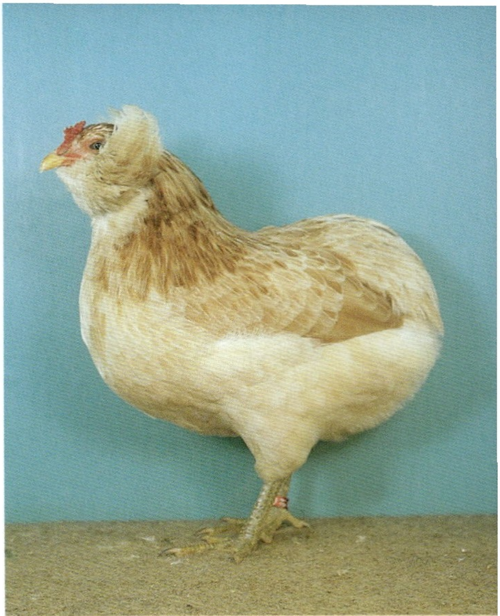

Blau-weizenfarbig

Araucana

Herkunft: Wahrscheinlich stammen die Vorfahren aus dem Südseegebiet, im 16. Jahrhundert von spanischen Seefahrern zur Südspitze Südamerikas gebracht. Vermutungen über antike, wilde Dschungelhühner als Ausgangsformen sind bisher nicht bestätigt.

Rassegeschichte: 1881 fand R. Bustos bei Indianern des Arauca-Distriktes Vorläufer der heutigen Araucana. Züchtung in Nordamerika durch W. Brower ab 1930 und Vermischung mit anderen Rassen. Seit 1920 ist die Rasse in Spanien und England. Araucana der „Neuzeit“: 1964 Import durch Fr. Proebsting aus einem Indianerdorf bei Valparaiso einige Tiere. Offizielle Anerkennung der Rasse in Deutschland 1965.

Form und Kopf: Schwanzlosigkeit, gut gerundeter Rumpf; in der Draufsicht oval. Mäßig langer Rücken, breite Schultern (geringer Kämpfereinschlag). Sattelbehang des Hahnes recht voll, Schwingen nicht über das Körperende hinausragend; breite Brust- und volle Bauchregion. Kräftige, mäßig hervortretende Schenkel und mittellange Läufe. Kopfpunkte, drei Möglichkeiten: Federquasten („Bommeln“) an den Kopfseiten mit oder ohne Backenbart oder Backenbart ohne Bommeln. Seitliche Hautwarzen bilden die Unterlage für die Quasten. Schwache Kehllappen und fest aufsitzender Erbsenkamm.

Hahn		Henne
2–2,5 kg		1,6–2 kg
18		16
		gut
normal		normal

Farbenschläge: 1., 1.4, 1.8, 1.19, 1.21, 1.26, 2.1, 5.1, 5.3, 5.4, 6.1.

Besonderheiten: Die Eier können blau, olivgrün oder türkisfarbig sein. Frühreife und gute Legeleistung.

Rotbunt

Rotbunt

Asil

Herkunft: Die Vorläufer in Siam, Indien und auf Sumatra lassen sich bis 3000 Jahre zurückverfolgen. Unterschiedliche Asil-Typen in den Heimatgebieten (Siyah Rampuri, Haiderabad, Ayam Gallak, Sonatawal, Sonotol, Sontans, Eona-tha, Amirkhan, Shei Buddhu, Reza).

Rassegeschichte: 18. Jahrhundert Einfuhren durch Engländer und Holländer nach Europa. Verwendung im Hahnenkampfsport. Um 1860 gelangten die ersten Asil nach Deutschland. Inzwischen in Europa zum einheitlichen Schau-Typ durchgezüchtet.

Form und Kopf: Auffallend muskulöses, starkknochiges Huhn mit knappem Gefieder und aufgerichteter Haltung. Der kurze Rumpf wirkt eckig durch die mächtig hervorstehenden Schultern, den breiten, flachen Rücken und die sehr breite Brust. Fest anliegende Flügel und schmale Sattel vor dem geschlossenen, gesenkt getragenen Schwanz mit schmaler Befiederung. Kaum entwickelte Bauchregion. Der Stand ist breitspurig mit kurzen, aber muskulösen Schenkeln und kräftigen Läufen von gelber Farbe. „Kampflustig“ wirkt der breite Schädel mit dem kurzen Erbsenkamm und den nur angedeuteten Ohrlappen. An Stelle der Kehllappen sitzt die knappe Kehlhaut. Große perlfarbige Augen und der raubvogelartige starke, leicht gebogene Schnabel bewirken den Kämpferausdruck.

2,5–3 kg		1,75–2,25 kg
20		18
		gering
normal		normal

Farbenschläge: 1., 1.2, 1.14, 2.8, 5.3, 5.4, 5.5, 7.13, 10.76, 11.3.

Blaugesäumt

Blaugesäumt

Augsburger

Herkunft: Herauszüchtung durch J. Meyer, Haunstetten bei Augsburg ab 1870.

Rassegeschichte: Ausgangsrassen: italienische Lamotta-Hühner und französische La Flèche. Da die rassetypische Kammform nicht reinerbig auftrat, verbot das Bayerische Landwirtschaftsamt die relativ junge Rasse schon wieder 1905. Vor der Jahrhundertwende auch schon Weiße. Nach 1945 formten die Züchter aus den Restbeständen den heutigen Typ.

Form und Kopf: Gestreckte Landhuhnform, mittelschweres Huhn mit langem Rücken und leicht abfallender Haltung. Der Hahnenschwanz ist gut besichelt und wird etwas geöffnet getragen. Der Bauch der Henne gut entwickelt. Sichtbare Schenkel und mittellange Läufe (schiefergrau). Wichtigstes Rassemerkmal: Der aufrecht stehende Kamm mit doppelter Seitenausbildung. Nach der zweiten Kammzacke öffnet er sich kronenartig und läuft im Ideal hinten wieder zusammen. Dadurch entsteht in der Mitte eine längliche Mulde. Der Hennenkamm ist naturgemäß kleiner, zeigt jedoch die gleiche Struktur. Die Augefarbe ist dunkelbraun. Nur mittelgroße Kehllappen und länglich runde weiße Ohrscheiben.

Hahn		Henne
2,3–3 kg	Gewicht	2–2,5 kg
18	Ring	16
	Legeleistung	sehr gut
gut	Fleisch	gut

Farbenschläge: 5.1, 5.4.

Besonderheiten: Außer der ungewöhnlichen Kammbildung, die nicht leicht in vollendeter Form zu erzielen ist (Spalterbigkeit), reizt die Züchter die erstaunlich gute Legeleistung und die beachtliche Fleischnutzung durch leichte Mästbarkeit.

Blaugesäumt

Weiß

Australorps

Herkunft: Australien.

Rassegeschichte: Wahrscheinlich ab 1920 unter Verwendung von schwarzen Orpington und amerikanischen Croad-Langschan herausgezüchtet. In den zwanziger Jahren Import nach USA. Dort Festigung der ungewöhnlich hohen Legeleistung und der sehr guten Fleischnutzung (Zwiehuhn). Aufnahme in den Amerikanischen Standard: 1929. Einfuhr in Deutschland: 1950. Aufnahme in den Standard: 1952. Hier wurden weitere Rassen zur Veredlung verwendet: Rheinländer, Deutsche Langschan, Barnevelder und New Hampshire. In Südafrika spezieller Farbschlag: „Goldene".

Form und Kopf: Massiger Rumpf in waagerechter Haltung. Geschwungene Rückenlinie, Schultern und Sattel möglichst gleiche Breite. Der Hahnenschwanz ist gut mit Haupt- und Nebensicheln besetzt und wird mittelhoch getragen. Die Brustlinie soll bei Hahn und Henne vorgewölbt und gut gerundet sein. Die Hennenfigur ist überdies durch die gut entwickelte Hinterpartie gekennzeichnet. Wenig sichtbare Schenkel und mittellange Läufe bilden den Stand. Die Kopfpunkte: Einfachkamm mit 4 bis 6 Zacken; die Kammfahne folgt der Nackenlinie. Hennenkamm nicht umliegend. Mittelgroße Ohrlappen, dunkelbraune Augen und abgerundete Kehllappen bilden die weiteren Kopfpunkte. Das Gefieder soll gut ausgebildet, dennoch straff und sehr glanzreich sein.

Hahn		Henne
3–4 kg	Gewicht	2,5–3 kg
20	Ring	18
	Legeleistung	sehr gut
sehr gut	Fleisch	sehr gut

Farbenschläge: 5.1, 5.4, 5.5.

Besonderheiten: Mit bis zu über 200 Eiern pro Jahr und gutem Fleischansatz eine der leistungsstärksten Rassen.

Goldhalsig

Schwarz

Bantam

Herkunft: Entstehung vermutlich in Japan. Der Ortsname Bantam auf Java wurde immer wieder als Ursprungsregion angegeben.

Rassegeschichte: 1870 sollen die ersten dieser Zwerge nach Deutschland gelangt sein. 1909 wurde der deutsche Sonderverein gegründet. Danach Erzüchtung zahlreicher Farbenschläge (1909 Gelbe und Blaugesäumte, 1910 Gesperberte, 1914 Porzellanfarbige usw.)

Form und Kopf: Zwergenhaft gedrungen. Oberlinie: allseits gut gerundeter Rücken, breite Sattelpartie, langer, ziemlich hoch getragener Hahnenschwanz mit langen, halbkreisförmig gebogenen Sicheln. „Zirkelschlag" durch die breiten, an den Enden ab gerundeten Neben- und Hauptsicheln. Auch der Hennenschwanz ist leicht gefächert. Die Flügel sind gewölbt und werden gesenkt nach unten getragen. Breite, gewölbte Brust und mäßig entwickelter Bauch. Stand nur mittelhoch. Edle Kopfpunkte: fein geperlter Rosenkamm, nach hinten schmaler werdend. Er soll in einen langen, geraden, runden Dorn auslaufen. Runde, glatte Kehllappen. Große, runde Ohrscheiben von glatter, dicker Struktur, reinweiß glänzend. Unterschiedliche Augenfarbe.

0,6 kg	0,5 kg
11	9
	gering
gering	gering

Farbenschläge: 1., 1.4, 1.21, 2.1, 2.4, 3.3, 4.1, 4.5, 5.1, 5.4, 5.5, 5.6, 6.1, 10.5, 10.7, 11.4, 11.6.

Besonderheiten: Die Vielfalt der Farbenschläge, die anmutigen Formmerkmale und der ästhetische Gesamtausdruck in den Kopfpunkten führten zur starken Verbreitung und Beliebtheit.

Braun-schwarzdoppeltgesäumt

Braun-schwarzdoppeltgesäumt

Barnevelder

Herkunft: Im holländischen Ort Barneveld seit 1920 planmäßig erzüchtet.

Rassegeschichte: Der Holländer van Esveld soll schon ab 1850 Landhühner mit der Cochin-Rasse gekreuzt haben. Die enorme Legeleistung kam später durch Einkreuzung von Brahma, Croad Langschan und gelbe Orpington. Dadurch konnte auch die Fleischqualität gesteigert und die braune Eischalenfarbe erzielt werden. Leistungskontrollen ab 1920 erbrachten für die damaligen Verhältnisse erstaunliche Ergebnisse: 165 Eier Jahresleistung mit einem Eigewicht von 65 bis 70 g. Größere Mengen von Küken wurden nach England eingeführt. 1922 Einfuhr nach Deutschland; Gründung des Sondervereins 1923. Barnevelder führen „Blut“ von Goldwyandotten, Rhodeländer und wahrscheinlich auch Indischen Kämpfern.

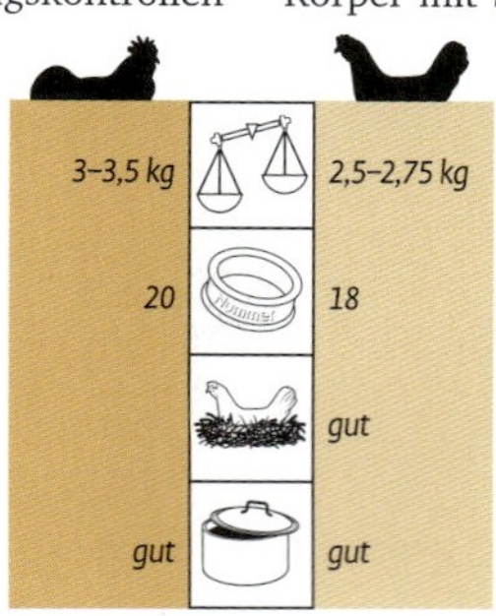

Form und Kopf: Breite, Tiefe des gedrungen wirkenden Rumpfes bilden den Rahmen des großen Huhnes mit breit gestelltem Körper. Vom tiefsten Rückenpunkt verläuft die Linie in die ansteigende Hinterpartie. Der Hahnenschwanz wird hoch und etwas offen getragen. Die Henne erscheint voll und tief im Körper mit breiter Brust und gut entwickeltem Legebauch. Einfachkamm mit 4 bis 6 Zacken. Orangerote Augenfarbe, kurze Kehllappen und rote, mittelgroße Ohrlappen. Kräftige, sichtbare Schenkel und feinknochige gelbe Läufe.

Farbenschläge: 4.12, 5.1, 5.3, 5.5, 7.16, 7.17.

Tauben 331

Service 527

Kennfarbig

Kennfarbig

Bielefelder Zwerg-Kennhühner

Herkunft: Zwischen 1981 und 1985 aus Zwerg-New Hampshire, Zwerg-Amrocks und Zwerg-Welsumern von G. Roth, Nauheim/Hessen herausgezüchtet.

Rassegeschichte: 1985 in Hannover vorgestellt und offiziell anerkannt und Gründung des Sondervereins. Seitdem enormer Aufschwung und Verbreitung.

Form und Kopf: Durch den tiefen Rumpf wirken Zwerg-Bielefelder etwas massig. Die heruntergehende Brust und der breite Bauch begrenzen den Rahmen an der Unterseite. Der lange, gerade Rücken wird waagerecht getragen. Breite Schultern, volle Sattelpartie. Der walzenförmige Rumpf schließt beim Hahn ab mit dem breit besichelten Schwanz, der im stumpfen Winkel getragen wird. Die kurzen Schenkel mit den kaum mittellangen Läufen bilden den eher tief wirkenden Stand. Die Fahne des Einfachkammes folgt der Nackenlinie. Bei der Henne darf die Fahne leicht umliegen. Nicht zu große Kehllappen, rote Ohrlappen. Orangerote Augen.

Farbenschläge: 6.6, 6.7.

Besonderheiten: Dunenfärbung des Hahnenkükens: ockergelb mit hellbraunem Rückenstreifen und weißem Sperberfleck auf dem Kopf. Hennenküken: dunkler im Farbton, satt dunkelbrauner Rückenstreifen, kleinerer Kopffleck. Hervorragende Leistungseigenschaften. Dunkelbraune Eischalenfarbe. Angenehme Zutraulichkeit.

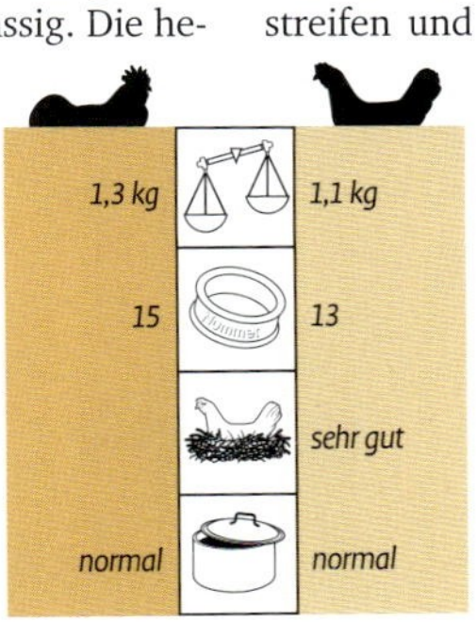

Wachtelfarbig

Silber-wachtelfarbig

Bassetten

Herkunft: Halbwild lebende kleinformatige Hühner zu Beginn des vorigen Jahrhunderts in der Umgebung von Lüttich/Belgien waren Ausgangstiere der zunächst als „Lütticher Bassetten" bezeichneten Rasse.

Rassegeschichte: Nach 1914 planmäßige Züchtung und drei Jahre später Gründung des „Bassette-Clubs". Erster Standard 1932. Nach dem Zweiten Weltkrieg waren die Bestände fast erloschen. Zuchtverbreitung in Deutschland ab 1958 durch Importe bei K. H. Collatz, Aurich.

Form und Kopf: Fast waagerecht getragener Körper, tiefer Legebauch, angewinkelter, voll besichelter Schwanz. Die Steuerfedern müssen etwas gefächert sein. Rücken und Schultern relativ breit. Mäßig lange Schenkel und kurze Läufe. Einfachkamm mit 5 regelmäßigen Zacken und der Nackenlinie folgende Fahne. Junghennen tragen den Stehkamm, bei Althennen neigt der Kamm sich zur Seite. Weiße Ohrscheiben mit leicht rötlichem Rand. Mittellange Kehllappen. Dunkelrote bis dunkelbraune Augenfarbe.

Farbenschläge: 4.13, 4.14.

Besonderheiten: Im Verhältnis zum Körpervolumen legen Bassetten erstaunlich große Eier. Sehr gute Aufzuchtergebnisse. Reizvolle Farbe und Zeichnung.

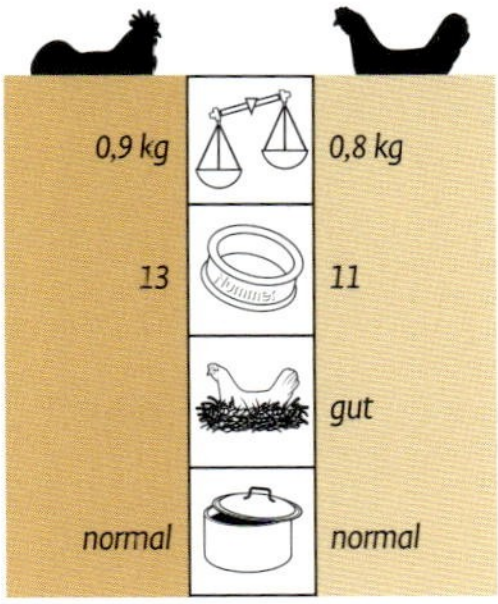

Schwarz-goldbraungedobbelt

Schwarz-goldbraungedobbelt

Bergische Kräher

Herkunft: Legendenhafte Berichte vom Ursprung dieser Rasse bei einem Köhler, später bei Graf Eberhard von Berg (Wuppergegend) im 12. Jahrhundert.

Rassegeschichte: Die genaue Entwicklung bis zum heutigen Rassetyp lässt sich wohl nicht mehr rekonstruieren. Wahrscheinlich haben spanische Mönche aus ihrem Heimatland lang krähende Hühner in das Bergische Land eingeführt. Langkräherwettbewerbe gab es schon im 15. Jahrhundert. Erwähnung dieser Rasse von P. Mangold 1885. Verbreitungsgebiet damals: Düsseldorf und benachbartes Westfalen. Nach neueren Annahmen wird diese Krährasse mit den Türkischen Langkrähern entstehungsmäßig in Verbindung gebracht.

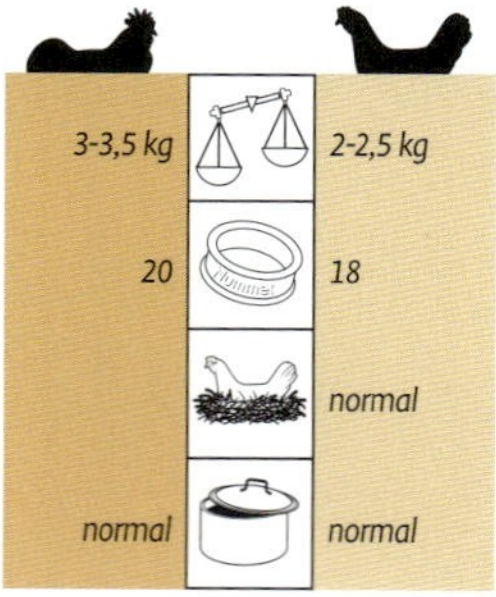

Form und Kopf: Die Oberlinie ist hervorstechendstes Rassemerkmal: Aufwölbung des langen Rückens; kräftige, lang gestreckte, schlanke Figur, gut mittelhohe Stellung, langer Hals, gerundete Schultern, lange, fest anliegende Flügel, voller Hahnenschwanz mit langen Sicheln – im stumpfen Winkel zum Rücken getragen. Aufrechte Haltung. Mittelgroßer Stehkamm beim Hahn, leicht umliegende Kammfahne bei der Henne. Mandelförmige, reinweiße Ohrscheiben, orangefarbene bis hellbraune Augen.

Farbenschläge: Ausschließlich schwarz-goldbraungedobbelt.

Schwarz-weißgedobbelt

Schwarz-weißgedobbelt

Bergische Schlotterkämme

Herkunft: Nachfahren der alten bergischen Landhuhnschläge Holthauser Schimmel und Kuchhauser Gelbe. Vor 1700 gab es dort gold- und silberhalsige, schwarze, gesperberte und weiße Landhühner, die dann mit spanischen Rassen, von Mönchen eingeführt, gekreuzt wurden.

Rassegeschichte: Um 1800 entstanden schlotterkämmige Hühner mit „Mittelmeerblut", die durch Verpaarung mit Bergischen Krähern, Krüpern und Kastilianern veredelt wurden.

Form und Kopf: Deutliche Unterschiede zum Bergischen Kräher; gedrungene Form, tiefer gestellt, im Habitus kleiner, fast flacher Rücken, breite Schultern. Die Brust wird breit und voll, der Bauch „gut gefüllt" verlangt. Kräftige Schenkel, mittellange Läufe. Die Kopfpunkte sind namensgebend: Der Kamm beim Hahn ist einfach-gezackt, steht aufrecht mit gut entwickelter Fahne, die der Nackenlinie folgt. Der Hennenkamm neigt sich im hinteren Teil zur Seite und „schlottert" in der Bewegung, d.h. er kippt von der einen auf die andere Seite. Rote bis dunkelbraune Augen, länglich runde, weiße Ohrscheiben und nur mittellange Kehllappen bilden die übrigen Kopfpunkte.

Hahn		Henne
2–2,75 kg		1,75–2,25 kg
18		16
		sehr gut
normal		normal

Farbenschläge: 5.1, 6.1, 7.18, 7,19.

Besonderheiten: Der Reiz ihrer Züchtung liegt in der Erhaltung alten Kulturgutes und der vitalen Robustheit. Die Züchterbasis müsste breiter werden.

Schwarz-goldbraungedobbelt

Schwarz-goldbraungedobbelt

Bergische Zwerg-Kräher

Herkunft: Ab 1925 von Fritz Gebigke, Lennep, erzüchtet.

Rassegeschichte: Die Tiere bei E. Schlesinger, Schneeberg, brachten zwar deutlich verlängertes Krähen, waren aber im Format noch zu wenig zwergenhaft. Seitdem ist die Rasse nur in geringen Beständen vorhanden.

Form und Kopf: Auffälligstes Merkmal: Analog der Großrasse muss die Rückenlinie recht lang und deutlich nach oben gebogen sein. Der Rumpf wirkt gestreckt walzenförmig und ist durch die leicht gewölbte Brust und den gut entwickelten Bauch unten begrenzt. Mittelhohe Stellung, kräftige, gut sichtbare Schenkel und mittelhohe Läufe. Die Befiederung ist nicht lang, sondern eher hart und fest. Der Hahnenschwanz wird in stumpfem Winkel getragen. Die Körperhaltung der Henne weniger aufgerichtet; auch wirkt sie im Stand tiefer. Mittelgroßer Stehkamm mit leicht ansteigender Fahne. Leicht umliegende Kammfahne bei der Henne gestattet. Weiße, mandelförmige Ohrscheiben und mittellange Kehllappen. Die Augen sind orangefarben bis hellbraun.

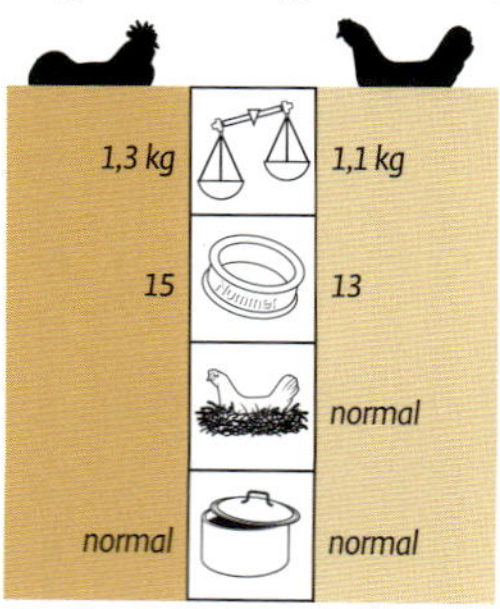

Farbenschlag: Ausschließlich schwarz-gold gedobbelt. („Dobbel" = rundes Holzstück als Kinderspielzeug).

Besonderheiten: Der Ruf des Hahnes entspricht dem der Großrasse. Allerdings ist er meistens nicht so lang und wird in einer höheren Tonlage vorgetragen. Recht gute Legeleistung. Verdient unbedingt größere Verbreitung.

Schwarz-weißgedobbelt

Schwarz-weißgedobbelt

Bergische Zwerg-Schlotterkämme

Herkunft: Um 1925 angebliches Vorkommen in Deutschland als „Bergisches Zwerghuhn“. Wiedererzüchtung durch H. Wieden 1985.

Rassegeschichte: Ausgangstiere waren ein Thüringer Bartzwerghahn mit einer geeigneten Zeichnungsanlage und Bergische Zwerg-Kräherhennen. Die Nachzucht war silberfarbig und trug Bartbildung nach Thüringer Art. Die geforderten umliegenden Kämme bei den Bergischen Zwergen erzielte der Züchter durch strenge Auslese. Standardaufnahme 1991.

Form und Kopf: Trotz Zwergenhaftigkeit muss eine gewisse Derbheit wie bei der Großrasse im Gesamteindruck vorhanden sein. Breite, leicht abfallende Walzenform des Rumpfes, gedrungener Hals, mittellange Rückenlinie sind rassetypisch. Brust und Schultern breit, volle Bauchpartie. Kräftige Schenkel. Die Hennenhaltung ist mehr waagerecht. Voll entwickelte Befiederung im Hahnenschwanz. Relativ großer Kamm, beim Hahn aufrecht, bei der Henne von einer auf die andere Seite „schlotternd“. Weiße Ohrscheiben, abgerundete Kehllappen. Die Augen sind rot bis dunkelbraun.

Farbenschlag: Ausschließlich schwarz-weiß gedoppelt.

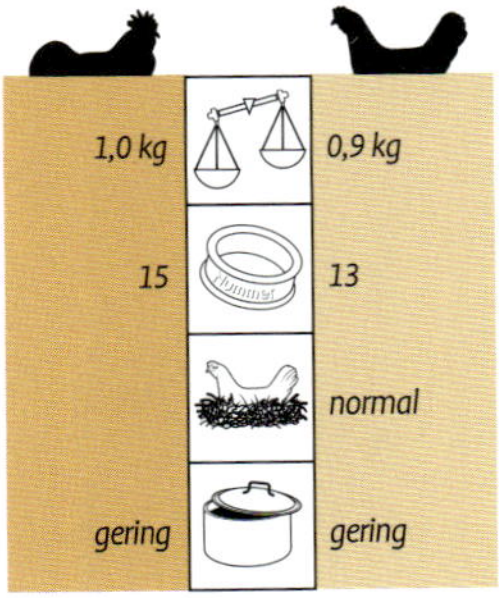

Besonderheiten: Kunstbrutfest, Frohwüchsigkeit der Küken und Eignung für eingeschränkte Platzverhältnisse sollten eigentlich dieser Zwergrasse mit der einzigartigen Zeichnung zu mehr Verbreitung verhelfen.

Kennfarbig

Kennfarbig

Bielefelder Kennhühner

Herkunft: Ab 1970 von G. Roth im Raum Bielefeld planmäßig entwickelt.

Rassegeschichte: Ausgangsrassen hauptsächlich gesperberte Hühner im „Halbasiaten-Typ“, Mechelner und Welsumer. Zunächst „Deutsches Kennhuhn“.

Form und Kopf: Im Schaukäfig kommt besonders der beachtliche Größenrahmen mit der geraden und langen Rückenlinie zur Geltung. Der waagerechte Rumpf soll formal einer Walze entsprechen. Die Schultern breit, tiefe Brust und volle Bauchregion, besonders bei der Henne in Legekondition. Zum Körpervolumen gehören die breiten Schultern und der kräftige Hals. Breite Steuerfedern und mittellange Sicheln im Hahnenschwanz. Der Kopf wird nur mäßig groß mit Einfachkamm beim Hahn und leicht umliegender Fahne bei der Henne verlangt. Kleine Kehllappen, rote Ohrlappen, orangerote Augen. Wichtig ist der Stand: Durch die kurzen Schenkel und die nur mittellangen Läufe wirkt er relativ niedrig.

Farbenschläge: 6.5, 6.7.

Besonderheiten: Ausgesprochene Leistungsrasse mit hervorragenden Nutzungseigenschaften und Widerstandsfähigkeit. Kennfarbigkeit lässt die Geschlechter beim frisch geschlüpften Eintagsküken erkennen: Hahn – ockergelb mit hellbraunem Rückenstreifen und weißem Sperberfleck auf dem Kopf. Henne – hellbraun mit satt dunkelbraunem Rückenstreifen und kleinem Sperberfleck auf dem Kopf.

Hahn		Henne
3–4 kg	Gewicht	2,5–3,25 kg
22	Ring	20
	Legeleistung	sehr gut
sehr gut	Fleisch	sehr gut

Chamois

Silber

Brabanter

Herkunft: Vorläufer der Helmhaubenhühner sind schon auf einem Gemälde des holländischen Malers Melchior d'Hondecoeter von 1668 abgebildet. Ihre Heimat ist Brabant. Rassebezeichnung seit 1896.

Rassegeschichte: In Deutschland wurden 1854 auf einer Ausstellung in Görlitz bereits Brabanter in schwarz und gesperbert gezeigt. 1865 wird die Rasse vorübergehend als „Hamburger Prachthuhn" bezeichnet. Einkreuzung von La Flèche in Frankreich und Deutschland. Gründung des deutschen Sondervereins 1984.

Form und Kopf: Relativ leichter, beweglicher Typ mit etwas aufgerichteter Haltung, vorne breiter, nach hinten schmaler werdender Rumpf. Reichlich besichelter Hahnenschwanz, hoch und etwas offen getragen. Brustlinie nach vorne gehend, wenig entwickelter Bauch. Freier Stand durch hervortretende Schenkel und mittellange Läufe. Hauptrassemerkmale sind der federreiche, dreigeteilte Bart und die aufrecht stehende, nach oben spitz zulaufende Haube, die wie ein seitlich zusammengedrückter Helm erscheint. Die langen Vorderfedern sind regulär etwas nach vorne gebogen.

Farbenschläge: 5.1, 5.2, 5.4, 5.5, 6.1, 7.1, 7.5, 7.8.

1,9–2,5 kg		1,5–2 kg
18		16
		normal
normal		normal

Besonderheiten: Reizvoll sind die Kopfpunkte. Die Nutzungseigenschaften sind begrenzt. Im Ausstellungskäfig wirken die abwechslungsreichen Farb- und Zeichnungsbilder interessant.

Wachtelfarbig

Wachtelfarbig

Brabanter Bauernhühner

Herkunft: Nach alten Gemälden gab es die Rasse schon im 17. Jahrhundert in Belgien. Ursprünglicher Rassename „Brabanconne“ (analog der belgischen Nationalhymne).
Rassegeschichte: In Flamen wurde die Rasse als „Topman“ und in Wallonien als „Houpette“ (Schopfbildung) bezeichnet. Gründung des Sondervereins in Belgien 1906. In Brüssel zeigten Züchter schon 6 Jahre später 400 Brabanter auf einer Schau.
Form und Kopf: Gesamteindruck: mittelgroßes Huhn mit breitem, leicht abfallendem Rumpf. Volle Hahnenbefiederung an Sattel und Schwanz; Sichelung nicht zu lang, eher geschlossen. Gut entwickelte Bauchregion; Brustlinie etwas vorgewölbt und leicht angehoben getragen. Einfacher, aufrechter Hahnenkamm; die Henne trägt den rassetypischen Wickelkamm, der im Vorderteil gewellt ist. Beide Geschlechter zeigen Schopfbildung am Hinterkopf, die nicht zu stark sein darf. Passende gerundete Kehllappen, weiße Ohrscheiben, dunkelbrauner Augenrand. Zu achten ist auf dunkelbraune, schwärzliche Augenumrandung als Rassemerkmal. Relativ niedriger Stand durch kurze Schenkel und mittellange Läufe.

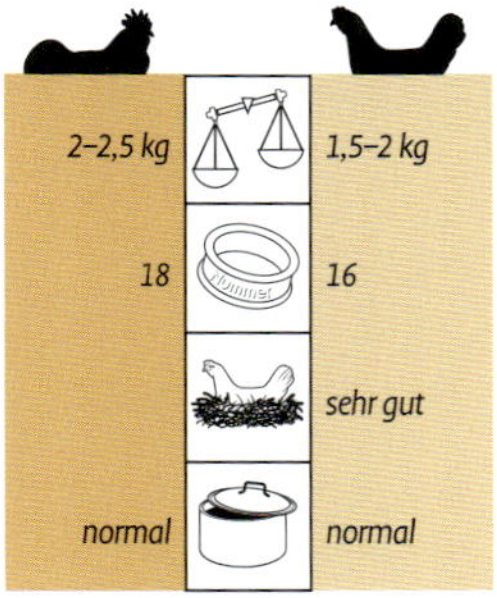

Farbenschläge: 4.13, 4.15.
Besonderheiten: Gute Widerstandskraft gegen Krankheiten und eine beachtliche Legeleistung (bis zu 200 Eier im ersten Jahr). Die Jungtiere sind etwas spätreif.

Blau-rebhuhnfarbiggebändert

Weiß-schwarzcolumbia

Brahma

Herkunft: Ausgangstiere sollen drei Paare „Riesenhühner“ gewesen sein, die 1846 von Indien in die USA gelangt sind. Bezeichnungen: „Brahmapootras“ und „Chittagongs“.

Rassegeschichte: Zunächst Züchtung auf Masterträge zur Belieferung des Marktes in Boston. Hahnengewicht von über 8 kg. Als Schaurasse durch Einkreuzung von Cochin. Vermutlich auch Verwendung von Malaien. 1852 Einfuhr nach Nürnberg.

Form und Kopf: Im Größenrahmen mächtigste Rasse im europäischen Standard. Breiter Rumpf, ansteigende Rückenlinie; Brust- und Bauchregion breit, voll und rund. Übermittellange Schenkel und starkknochige Läufe bilden den freien Stand. Die Läufe, die Mittel- und Außenzehen sind befiedert. Außerdem sitzt auf den Schenkeln eine stulpenartige Befiederung und die Latschen. Die Henne erscheint durch den etwas tieferen Stand noch gedrungener. Die Befiederung insgesamt soll sehr voll sein. Kleiner Erbsenkamm mit dreireihiger Perlung ohne Auslauf (Dorn), kleine Kehllappen, rote Ohrlappen, orangerote Augen.

Farbenschläge: 3.2, 4.1, 4.5, 4.6, 5.1, 5.3, 7.9, 7.10, 7.12.

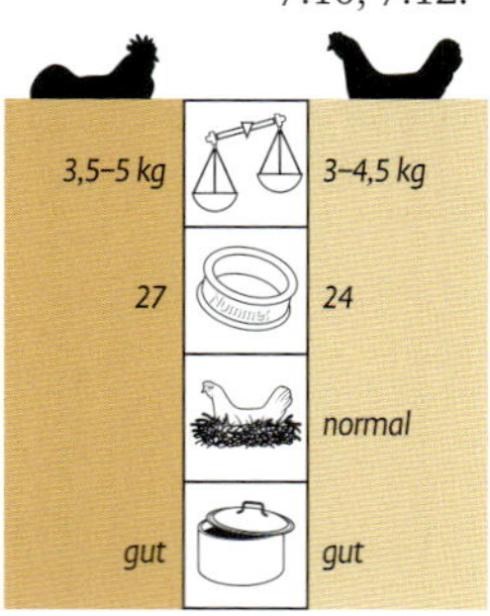

Besonderheiten: Attraktives Schauhuhn durch seine imposante Größe. Ruhiges Wesen. Frühbruten sind wegen recht langer Entwicklungszeit empfehlenswert.

Gold

Silber

Brakel

Herkunft: Belgische Campiner-Hühner sind die Vorläufer der Brakel-Rasse. Schon 1416 wird in einer Notarsakte der Handel mit solchen Hühnern zwischen den belgischen Dörfern Nederbrakel und Oudenaarde erwähnt. 1898 Gründung des ersten Sondervereins in Niederbrakel; Ausstellung von 550 Tieren dieser Rasse im gleichen Jahr.

Rassegeschichte: Ab 1880 in Deutschland „Bräkel-Hühner". Um 1895 weite Verbreitung, besonders in Norddeutschland. Gründung des Sondervereins in Bremen 1907. Zunächst zwei Zuchtrichtungen: leichter Typ und die mehr als 3 kg schweren „Geraadsbergsche". Vereinigung beider Typen durch Verbandsbeschluss 1925: „Kempische Brakel". Untergang dieser Rasse in Belgien bis ca. 1970. Zuchtbelebung in Deutschland.

Form und Kopf: Landhuhnform im breiten Rechteckschnitt, derb wirkend; breite Schultern, leicht abfallender Rücken. Üppige, breite Sicheln auf dem Hahnenschwanz; hoch getragen. Gut entwickelte Brust- und Bauchpartien. Wenig sichtbare Schenkel, mittelhohe Läufe. Einfachkamm mit 5 bis 6 Zacken, bei der Henne hinterer Teil zur Seite geneigt. Bläulich weiße Ohrscheiben, gut mittelgroße Kehllappen, dunkelbraune Augen mit schwärzlicher Lidbildung.

Farbenschläge: 7.1,7.2.

Besonderheiten: Überdurchschnittliche Legeleistung. Nichtbrüter. Temperamentvolles Verhalten. Feines Farb- und Zeichnungsmuster. Attraktive Ausstellungsrasse.

2–2,75 kg		1,75–2,25 kg
18		16
		sehr gut
normal		normal

Blaugesäumt

Schwarz

Breda

Herkunft: Erwähnungen und Namensgebung in Breda/Nordbrabant. Schon im 17. Jahrhundert werden Breda-Typen auf Gemälden abgebildet („De Hoenderhof" von Jan Steens um 1600). Frühere Bezeichnung „Gelderisches Huhn" und „Krähenschnabelhuhn".

Rassegeschichte: Wahrscheinlich um 1650 züchterisch geformt unter Verwendung von Crève Coeur und La Flèche.

Form und Kopf: Die Körperlinien umreißen ein mittelgroßes, lang gestrecktes Huhn in leicht abfallender Walzenform. Die harte Besichelung des Hahnenschwanzes bringt die säbelförmig gebogenen Hauptsicheln. Brust zwar vorgewölbt, aber hoch angesetzt. Besonders der Legebauch der Henne wird voll und breit verlangt. Die Kombination von kräftigen, stulpenartig befiederten Schenkeln, an der Außenseite mit Federn besetzten Läufe und die Kammstruktur sind einzigartig. Eigentlich fehlt der Kamm; stattdessen sitzt auf dem Schädel eine mit roter Fleischhaut ausgekleidete Vertiefung mit leicht wulstigen Rändern, an der Stirn etwas erhöht. Hinter dieser Stelle sitzt ein kleiner Federschopf. Kleine, mandelförmige, weiße Ohrscheiben und große orangefarbene bis dunkelrote Augen gehören zum Kopfausdruck.

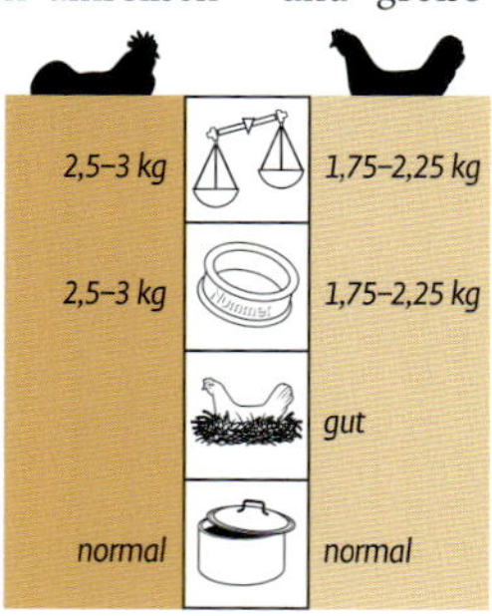

Farbenschläge: 5.1, 5.2, 5.4, 5.5, 6.1.

Besonderheiten: Die Rasse stellt ein echtes westeuropäisches Kulturgut dar. Überdies loben die Züchter die gute Legeleistung und begeistern sich an den Merkmalen des Kopfes und der Beinbefiederung.

Silberhalsig mit Orangerücken

Schwarz

Brügger Kämpfer

Herkunft: Vorfahren waren wahrscheinlich alte Kampfhuhnschläge, die schon zur Römerzeit in Flandern gezüchtet wurden. In Belgien entstanden dann mehr einheitliche Kämpfer aus Malaien und landhuhnartigen Kämpfern um 1850.

Rassegeschichte: Zusammenfassung aller belgischen Kämpferrassen (Brügger, Lütticher und Brabanter) in eine Schauklasse 1923. In Deutschland vor dem Ersten Weltkrieg „grobschlächtige Riesen mit ungewöhnlicher Muskulatur" (W. Detering). Trennung der Brügger vom Lütticher Kämpfer erfolgte im deutschen Standard 1975.

Form und Kopf: Auffallend breiter Körper mit wuchtigem Gesamtausdruck. Waagerecht gehaltener Rücken von mäßiger Länge. Breite, vorgewölbte Brust. Sehr breite Schultern und gut entwickelter Bauch. Kämpferartige Halslänge, knapp besichelter Hahnenschwanz. Auffallend starke Läufe mit gut entwickelten Sporen, manchmal auch zulässige Doppelsporen. Kräftige, hervortretende Schenkel. Schmaler, maulbeerfarbiger Erbsenkamm, dunkle Gesichtsfarbe, starker Schädelbau, wenig entwickelte Kehllappen, dunkle Augen. Sporenbildung bei der Henne gilt als Vorzug.

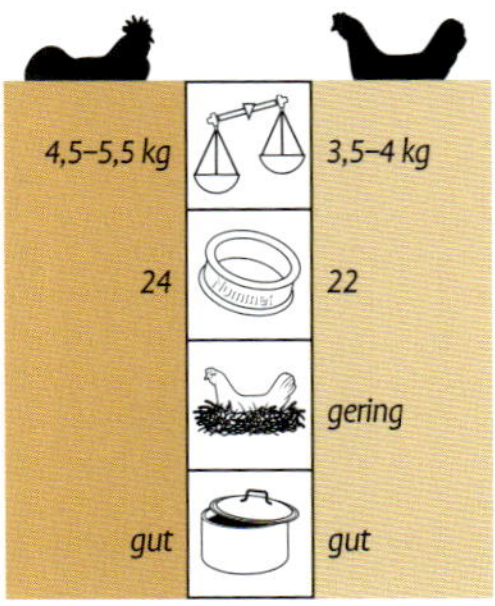

Farbenschläge: 1.4, 1.7, 1.8, 1.24, 2.4, 2.9, 3.1, 3.2, 5.1, 5.4.

Besonderheiten: Kraftstrotzendes Körpervolumen, kämpferischer Ausdruck und Muskelmasse. Bestandssicherung und weitere Verbreitung erforderlich. Recht gute Nutzungseigenschaften. Etwas hitzeempfindlich.

Schwarz-rot

Blau-rot

Brügger Zwerg-Kämpfer

Herkunft: Nach dem Standard in Deutschland erzüchtet.

Rassegeschichte: Vermutlich haben die Brügger Zwergkämpfer eine parallele Entwicklung mit den Lüttichern als anfangs gemeinsame Rasse „Belgische Zwergkämpfer". (Siehe Rassegeschichte bei „Lütticher Zwergkämpfer").

Form und Kopf: Der Brügger wirkt insgesamt kräftiger und robuster. Breite und kurze Rumpfpartie. Knapp mittellange Rückenlinie. Körperhaltung mehr waagerecht. Breite, aber nicht so extrem vorstehende Schultern. Der Stand wird durch die kräftigen, hervortretenden Schenkel und die starkknochigen, mit Doppelsporen besetzten Läufer gebildet. Im Unterschied zum Lütticher trägt der Brügger-Hahn das mäßig entwickelte Schwanzgefieder etwas flacher. Der Kopf ist größer als beim Lütticher. Die Gesichtshaut muss möglichst dunkel bis violettrot sein, besonders bei der Henne. Kleiner Erbsenkamm und kleine maulbeerfarbige bis schwarzrote Kehllappen, gleichfarbige kleine Ohrlappen und dunkle Augen mit schwärzlichen Lidrändern.

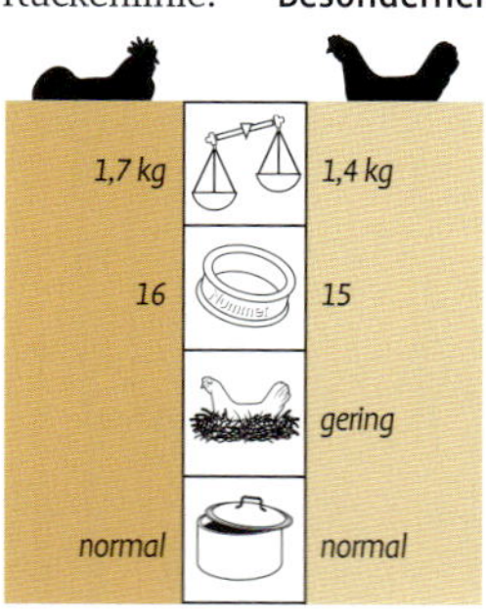

Farbenschläge: 1.6, 1.9, 1.23, 1.24, 2.5, 2.8, 5.1, 5.3.

Besonderheiten: Die Rasse gehört zu den Raritäten. Erstrebenswert wären zur Rasseerhaltung Fördermaßnahmen und besondere Anreize durch ländergreifende Maßnahmen. Die Legeleistung kann mit nutzungsbetonten Rassen nicht mithalten. Bei der Aufzucht muss die Aggressivität der Junghähne beachtet werden.

Schwarz

Gold-weizenfarbig

Chabo

Herkunft: Einfuhren aus China nach Japan um 1630. Nach England bei Woodcock ab 1850. Chabo-ähnliche Typen sind auf dem Gemälde des Holländers Jan Steens 1660 abgebildet.

Rassegeschichte: Importe nach Deutschland 1857 aus London und 1860 nach Dresden. Seidenfiedrige ab 1881 und Gelockte ab 1884 (Baronin von Ulm-Erbach). Zuvor waren glattfedrige 1877 und 1881 eingeführt worden.

Form und Kopf: Kurzer Rumpf mit breiter, stark gewölbter Brust, breiten Schultern, sehr kurzer Rücken und tief getragene Flügel. Haltung des Schwanzes mit recht langen Steuerfedern und den säbelförmigen Hahnensicheln hochragend. Gestaffelte, anliegende Nebensicheln. Der Schwanz der Henne ragt mit einem Drittel der Länge über den Kopf hinaus. Volle Bauchpartie. Sehr tiefer Stand durch sehr kurze Schenkel und Läufe. Runde, dicke Beinknochen, in den Gelenken gewinkelt. Kamm und Kehllappen wirken auf dem breiten Kopf groß. Bei der Henne Stehkamm gestattet. Rote Ohrlappen. Federstrukturen: glatt, seidenfiedrig und gelockt.

Farbenschläge: 1.2, 1.4, 1.15, 2.1, 2.5, 2.8, 3.7, 4.3, 4.4, 4.7, 4.8, 5.2, 5.3, 6.1, 7.9, 7.12, 10.4, 10.5, 10.7, 11.4, schwarz mit rotem Kamm und mit rotem Gesicht, schwarz mit dunklem Kamm und mit dunklem Gesicht.

Besonderheiten: Altes asiatisches Kulturgut, zahlreiche Spielarten in Farben und Federform. Spalterbig.

Hahn		Henne
0,6–0,7 kg	Gewicht	*0,5–0,6 kg*
13	Ring	*11*
	Legeleistung	*gering*
gering	Fleisch	*gering*

Gelb

Schwarz-weiß gescheckt

Cochin

Herkunft: Ursprungsheimat ist das heutige Vietnam, früher als Cochin China bezeichnet. 1843 Einfuhr nach England in den Besitz der Königin Viktoria. Erneute Einfuhr 1847 aus Shanghai. Schon 1860 alle wesentlichen Rassemerkmale des heutigen Typs.

Rassegeschichte: In USA und Frankreich separate Einfuhr aus China 1848. Erstvorkommen der Rasse im Berliner Zoo 1850. Das Genmaterial der Cochin fließt in einigen heutigen schweren Rassen.

Form und Kopf: Im Vordergrund steht der tiefe, breite und massige Rumpf. Der breite Rücken ist kurz und geht in die nach oben gewölbte Kruppe über. Volles und bauschiges Gefieder im Sattel. Hahnenbefiederung im Abschluss nur wenig über die Steuerfedern hinausragend. Deutlich tieferer Stand als die Brahmas. Besonders die Hennenfigur zeigt durch breite und runde, tief getragene Brust und die niedrige Stellung den großen „Federball". Üppige Schenkelbefiederung, kräftige Läufe mit befiederten Außen- und Mittelzehen (Latschen). Kopf und Kamm klein, einfache Zackung, feine Kehllappen, schmale, rote Ohrlappen, orangerote Augen.

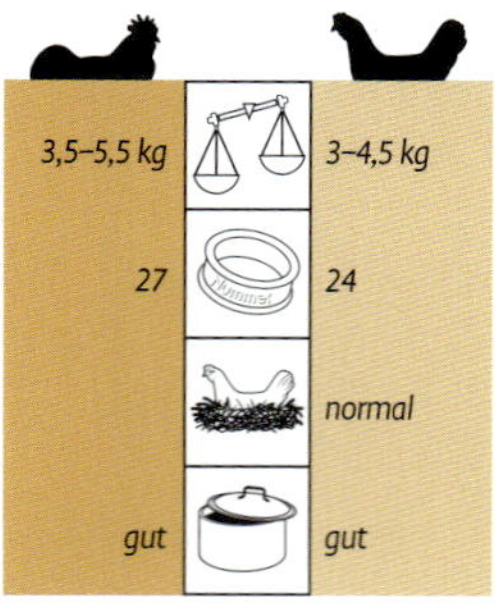

Farbenschläge: 5.1, 5.3, 5.5, 5.6, 6.2, 7.9, 10.7.

Besonderheiten: Problemlose Aufzucht und Frohwüchsigkeit der Küken. Ausgesprochene Zahmheit und wenig Flugtrieb, daher auf relativ kleinem Raum unterzubringen. Hoher Schauwert im Ausstellungskäfig.

Schwarz

Schwarz

Crève-Coeur

Herkunft: Um 1550 in Frankreich beschrieben. Vorläufer waren wahrscheinlich Paduaner-Hühner und Polvera aus Russland und Persien. Die Namensgebung von dem französischen Dorf und Kloster Crève Coeur, allerdings werden auch andere Orte genannt.

Rassegeschichte: Aus regionalen Landhühnern wurden unter Verwendung von Dorking gut mastfähige Hühner erzielt. Spätere Einkreuzung von Englischen Kämpfern. 1857 Einfuhr nach Dresden. 1911 Gründung eines Spezialclubs für diese Rasse. Geringe Bestände überlebten den Zweiten Weltkrieg. Größere Bestände nur noch in Sachsen.

Form und Kopf: Walzenförmiger Rumpf in recht massiger Ausprägung. Breiter Rücken, volle Brust, gut entwickelte Bauchpartie. Fast waagerechte Haltung, breiter Stand, kaum mittellange Läufe und kurze Schenkel. Geweihkamm, d.h. zwei gleichförmige, im Querschnitt runde, wenig gebogene „Hörner". Diese Zapfen stehen im Ideal wie ein erweitertes lateinisches V auseinander. Sehr dichte Haube aus breiten, langen Federn. Augen und Kamm müssen freiliegen. Kleine Kehllappen vom Bart verdeckt. Rotgelbe Augenfarbe.

Farbenschläge: 5.1, 5.3, 5.5, 5.6, 6.1, 7.9, 10.7.

Besonderheiten: Einzigartige Kopfmerkmale unter den Hühnerrassen; ruhiges Temperament, gute Aufzuchtergebnisse durch Frohwüchsigkeit.

Hahn		Henne
2,5–3,5 kg	Gewicht	2–3 kg
20	Ring	18
	Brut	normal
normal	Fleisch	normal

Schwarz

Schwarz

Croad-Langschan

Herkunft: Als Vorläufer der heutigen Rasse gelten „robuste Riesenhühner“ (R. Wandelt) aus Nordchina vor 5000 Jahren. Die Entstehungsgebiete sind umstritten, z. B. wird das Nordufer des Jangtsekiang angenommen.

Rassegeschichte: 1872 gelangten die ersten Tiere nach England (Durrington). In gleicher Zeit Importe nach den USA und nach Frankreich. Namensgebung nach der Nichte eines englischen Majors A. C. Croad. Einfuhr nach Deutschland (Kiel) in 1879. Langschan-Züchter-Club in England 1904. Erneute Verbreitung ab 1955 in Deutschland. Gründung des Sondervereins 1980.

Form und Kopf: Auffallende Standhöhe durch lange und starke Schenkel mit recht langen, in den Fersengelenken nur gering gewinkelten Läufen. Befiederung dort an den Außenseiten bis zur Spitze der Außenzehen. Mittel- und Innenzehen glatt. Breiter und tiefer Rumpf, gedrungen wirkend. Lyraform im Rücken vom Hinterhals bis zum hoch getragenen Schwanz, der beim Hahn voll mit Sicheln besetzt ist. Brust breit und voll, dabei etwas angehoben getragen. Bauchlinie betont. Auf dem breiten Kopf sitzt der Einfachkamm bei beiden Geschlechtern in stehender Struktur. Abgerundete Kehllappen, rote Ohrlappen und große, schwarzbraune Augen.

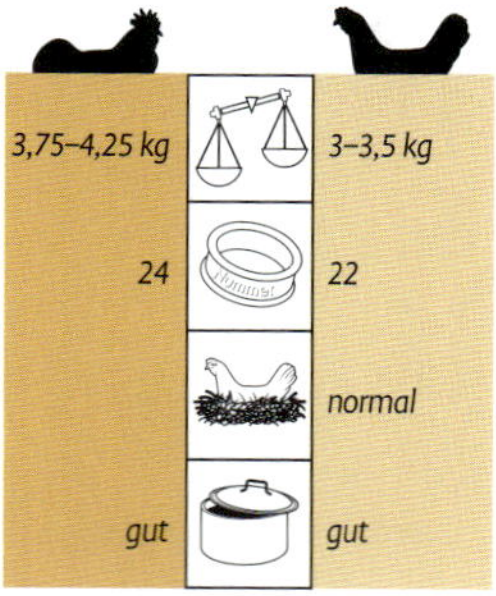

Farbenschläge: 5.1, 5.5.

Besonderheiten: Eindrucksvolle Größe, Vitalität und Robustheit. Beliebt sind die dunkelbraunen Eier.

Wildfarbig-zimtfarbig

Wildfarbig-zimtfarbig

Cubalaya

Herkunft: Spanier und Portugiesen brachten von der Insel Kuba seit dem 16. Jahrhundert die Ahnen der heutigen Cubalaya nach Europa. Außerdem gelten die Manilos de Regla von den Philippinen und eine erbsenkämmige Malaienrasse zu den Ausgangsstämmen.
Rassegeschichte: Seit 1935 gibt es diese Rasse im kubanischen, seit 1939 im amerikanischen Standard. Nach Deutschland kamen die ersten Tiere 1978 durch F. Swist aus der Zucht von W. Schmudde/ USA. Offizielle Anerkennung in Deutschland 1983.
Form und Kopf: Auffallend ist die abfallende Haltung, besonders im Hinterkörper und im langen, breiten Hahnenschwanz. Dieser soll gut gespreizt (ähnlich wie beim Hummer) sein und etwas gewölbt erscheinen. Durch lange Neben- und Hauptsicheln wird der Schwanz schleppend getragen. Die breiten Schultern verraten etwas Kämpfererbe im „Blut".
Die Unterlinie wird durch die breite, hervortretende Brust und den knappen, angezogen getragenen Bauch gebildet. Die Senkung der Oberlinie ist bei der Henne noch mehr ausgeprägt. Die etwas hervorstehenden Augenwülste erinnern wieder an die Kämpferabstammung. Dreireihiger Erbsenkamm mit Anstieg nach hinten. Kleine, glatte, rote Ohrlappen, sehr kleine Kehllappen; rot bis rotbraune Augenfarbe. Der Stand entsteht durch die langen, muskulösen Schenkel und die mittellangen Läufe, die auch Mehrfachsporn tragen können.
Farbenschläge: wildfarbigzimtfarbig, blau-zimtfarbig, weiß.

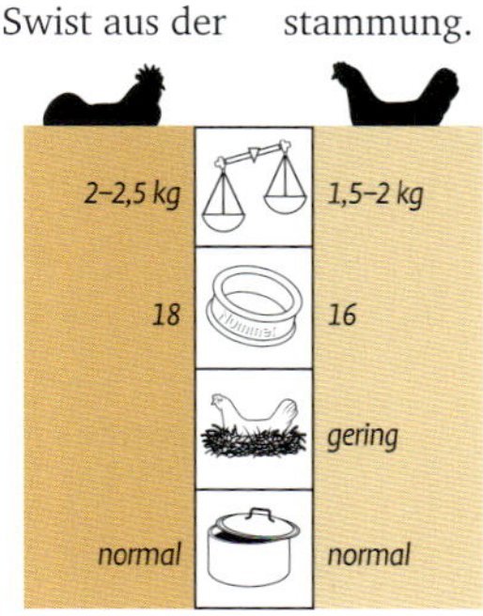

Schwarz-gold

Schwarz

Denizli-Kräher

Herkunft: Als „älteste Langkräherrasse des vorderasiatischen Raumes" bezeichnet. Nach Angaben aus einer westanatolischen Zuchtstation soll der dortige „Denizli horos" schon im Osmanischen Reich (ab 1300) vorkommen. Ob diese türkische Kräherrasse die Vorläufer der Bergischen Kräher darstellt, ist ungewiss.

Rassegeschichte: Der deutsche Züchter W. Vits importierte um 1987 die ersten Denizli-Kräher nach Deutschland. Die Rasse wurde 1991 in den deutschen Standard aufgenommen. Der Phänotyp war zunächst im Vergleich zu deutschen Rassen uneinheitlich, hat aber inzwischen einen klaren Zuchtstand erreicht.

Form und Kopf: Der Habitus gilt als „derbe Landhuhnform". Schlanker, walzenförmiger Rumpf, recht langer Hals, gerader, mittellanger Rücken, „verjüngter" Sattel. Der Schwanz, beim Hahn zwar breitfedrig, aber mäßig besichelt, wird im rechten Winkel zum Rücken getragen. Brust und Bauch sind nicht stark entwickelt. Hervortretende Schenkel und lange Läufe bilden den freien Stand. Die Henne steht niedriger und wirkt mehr waagerecht in der Haltung. Mittelgroßer Kamm mit 5 bis 6 tief geschnittenen Zacken; bei der Henne darf er im hinteren Teil umliegen. Rote Ohrlappen, leichte Weißeinlagerung gestattet; mittellange Kehllappen und dunkelbraune Augen. Manche Tiere zeigen den zugelassenen Schopf.

Farbenschläge: 1.9, 2.5, 5.1.

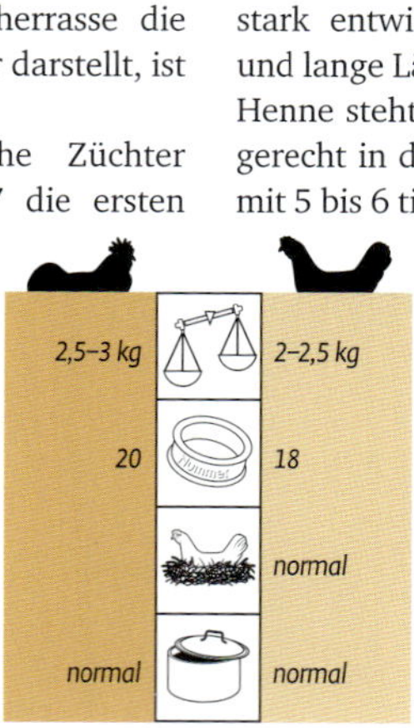

Lachsfarbig

Lachsfarbig

Deutsche Lachshühner/Deutsche Faverolles

Herkunft: Entwickelt aus dem französischen Faverolles-Huhn. Die Bezeichnung erstmals 1866. Ursprünglich reines Schlachtgeflügel. Blutführung von Houdan, Brahma und Dorking. In England gleichzeitig veredelt.

Rassegeschichte: In Deutschland schon um 1890 Beginn der Umzüchtung. 1912 eigener Standard für die deutsche Zuchtrichtung. Die meisten Tiere waren damals noch bartlos, glattbeinig und vierzehig. Seit der Sondervereinsgründung 1910 Umstellung auf lachsfarbige Zuchthähne. Umbenennung in „Deutsche Lachshühner“.

Form und Kopf: Die Umrisse gleichen in der Seitenansicht einem breiten, langen Viereck mit mehr Tiefe in der Hinterpartie. Breites, volles Gefieder. Langer Rücken, waagerechte Haltung, breite Schultern, volle Brust und Bauchlinie. Der Hahnenschwanz ist relativ kurzfedrig, wenn auch mit kurzen Sicheln gut bedeckt. Die Henne wirkt gedrungener als der Hahn. Sie zeigt verlängerte, seitliche Halsfedern (Krause). Einfachkamm, der auch bei der Henne stehen soll. Wenig Kehllappen, verdeckt vom sehr vollen Federbart. Orangefarbene bis rote Augen. Fünfzehigkeit, wobei die fünfte Zehe an der Innenseite des Laufes steht und gut getrennt sein soll von der vierten Zehe. Läufe an den Außenseiten und Außenzehen befiedert.

Hahn		Henne
3–4 kg		2,5–3,25 kg
24		22
		gut
sehr gut		sehr gut

Farbenschläge: 3.6, 4.1, 5.5.

Besonderheiten: Apartes Farbspiel; üppiges Gefieder. Geringe Flugeigenschaft, Zutraulichkeit.

Schwarz

Schwarz

Deutsche Langschan

Herkunft: In Deutschland ab 1879 aus der alten Croad-Langschan-Rasse, Plymouth Rocks, Minorka und Sumatra erzüchtet.

Rassegeschichte: Zur Erzielung der Weißen wurden um 1880 weiße Orpington und weiße Wyandotten beim Wiener Züchter Baron Villa-Secca verwendet. Erster deutscher Standard 1904, 1907 erster Spezialclub. 1921 werden Rehbraune, Gestreifte, Gelbe („Lincolnshire Buff", „Cröllwitzer") erwähnt. Vorübergehend gab es Weizenfarbige, die jedoch nicht zur Anerkennung kamen. Die neu anerkannten Braunbrüstigen waren damals schon vorhanden.

Form und Kopf: Langer Körper mit langem Hals und ansteigender Rückenlinie. Dabei wird der Vorderkörper durch die tief liegende Brust abgerundet; der Hinterkörper ist mehr dreieckig. Eingehüllte Steuerfedern beim Hahn durch breite Sicheln und Deckfedern. Auffallend hoher Stand durch mittellange Schenkel und lange Läufe. Kleiner, stehender Einfachkamm, kleine Kehllappen und rote Ohrlappen. Schwarzbraune Augen.

Farbenschläge: 1.7, 5.1, 5.4, 5.5.

Besonderheiten: Edle Linienführung durch den Kontrast von Vorder- und Hinterkörper. Frühreife, Wetterhärte und lebhaftes Temperament.

Hahn		Henne
3–4,5 kg		2,5–3,5 kg
22		20
		normal
gut		gut

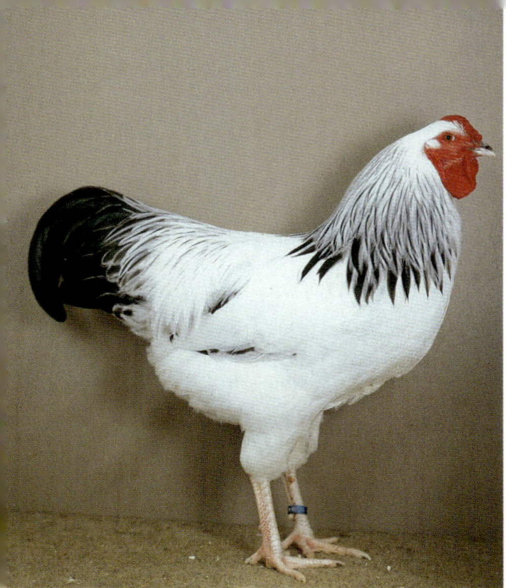

Weiß-schwarzcolumbia

Weiß-schwarzcolumbia

Deutsche Reichshühner

Herkunft: Der deutsche Offizier K. Cremat entwickelte um 1900 die Vorstellung von einem leistungsbetonten Huhn mit guter Winterlegetätigkeit, Widerstandsfähigkeit und gutem Fleischertrag.

Rassegeschichte: Zuerst gab es Weiße und Helle. Dazu standen weiße Wyandotten, rosenkämmige weiße Orpington, weiße Dorking und Minorka, Sussex und gesperberte Mechelner bzw. Dominikaner Pate. 1907: „Deutsches Reichshuhn".

Form und Kopf: Zwar elegant und feinknochig, jedoch langer Körper im Rechteckschnitt mit parallel verlaufender Ober- und Unterlinie. Breiter Rücken in waagerechter Haltung. Stumpfer Winkel zwischen flachem Sattel und Schwanz. Tiefe, breite Brust und volle Bauchregion. Mittellange, geschlossene Besichelung des Hahnes. Auf dem kleinen Kopf sitzt der mittelgroße, fein geperlte Rosenkamm, dessen schmales Ende (Dorn) dem Nacken folgt. Fein strukturierte Kehllappen, rote Ohrlappen, rote bis orangerote Augenfarbe; bei birkenfarbigen Hennen auch braun gestattet. Zum Stand gehören gut sichtbare Schenkel und feinknochige Läufe.

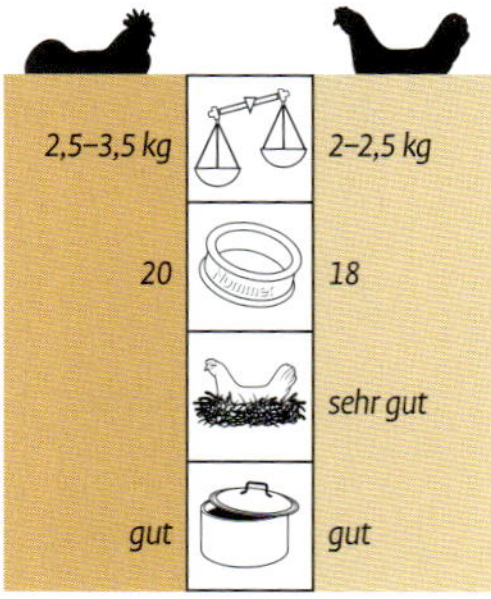

Farbenschläge: 2.4, 4.1, 4.5, 5.1, 5.5, 5.7, 6.4, 7.3, 7.4.

Besonderheiten: Die ursprünglich genannten Zuchtziele sind inzwischen gesteigert. Legeleistung von oft mehr als 200 Eier pro Henne und Jahr. Feines, weißes Tafelfleisch. Gute Mästbarkeit. Imposantes Rassehuhn im Schaukäfig.

Deutsche Sperber

Herkunft: Der Duisburger Züchter O. Trieloff erzielte durch Verpaarungen von Italienern, Plymoth Rocks, Bergischen Schlotterkämmen und Minorka um 1900 eine neue Rasse, die er zunächst „Rheinische Sperber", später dann „Gesperberte Minorka" nannte.

Rassegeschichte: Nach Gründung des ersten Sondervereins 1907 Umzüchtung des zunächst leichten Typs auf mehr Körpervolumen. 1917 Rassename Deutsche Sperber. Andere Zuchtrichtung bei A. Schneider, Dresden, unter Verwendung von Grauen Schotten. Nach 1945 Aufschwung durch beachtliche Leistungsattribute. Nach 1970 Rückgang und bis heute ausgesprochene Rarität.

Form und Kopf: Stattliche Landhuhnrasse mit kraftvollem Typ. Rumpf lang und breit. Sattel und Schwanz des Hahnes mit vollem Behang, im stumpfen Winkel zum Rücken getragen. Ausgeprägte Brust- und Bauchlinie, besonders bei der Henne. Kaum hervortretende Schenkel und eher feinknochige Läufe. Mittelgroßer Einfachkamm, bei der Henne umliegend, ohne das Auge zu bedecken. Nicht zu große Kehllappen, glatte, reinweiße Ohrscheiben, rote bis hellbraune Augenfarbe.

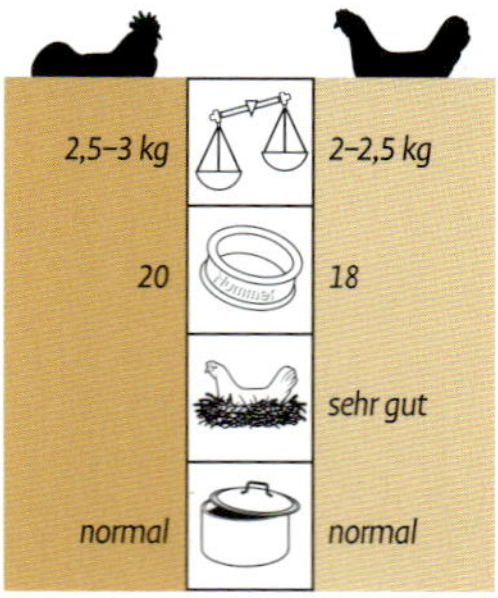

Farbenschlag: Ausschließlich gesperbert.

Besonderheiten: Die Rasse verdient eigentlich aufgrund ihrer sehr guten Legeleistung und des feinen Tafelfleisches mehr Verbreitung. Vorteilhaft ist auch der fehlende Bruttrieb, sodass die Legeperiode recht lange ist. Nichtflieger, ohne hohe Umzäunung zu halten.

Gestreift

Schwarz

Deutsche Wyandotten

Herkunft: Vorläufer waren mittelschwere Hühner mit beliebter Zeichnung der Silbersebright, in den USA schon ab 1865. Aus den Ergebnissen, den „Amerikanischen Sebright“ oder „Sebright-Cochin“ entstanden silber-schwarz gesäumte schwere Hühner, die ab 1883 nach einem Indianerstamm benannt wurden.

Rassegeschichte: Zur Typ- und Farbbildfestigung wurden Chittagongs, Sebrights, Paduaner und Hamburger verwendet. Gold-schwarz gesäumte und Weiße wurden 1888 in den US-Standard aufgenommen. Um 1898 Herauszüchtung weiterer Farbenschläge in Deutschland durch Verwendung von Plymoth Rocks, Italienern, Langschan, Cochin, Orpington und Hamburgern.

Form und Kopf: Gedrungene Figur. Allseitige Breite. Die Rückenlinie geht hinter den Schultern leicht ausgebogen in den schön ansteigenden Schwung über. Volle Unterlinie durch tief gehende Brust und gut entwickelte Bauchregion. Nur mittellange, aber gut sichtbare Schenkel und mäßig lange Läufe. Schwanz beim Hahn kurz und breit. Der Hinterkörper der Henne wird mit gutem Anstieg und flaumreicher Ausfüllung gewünscht. Fein geperlter Rosenkamm mit gesenktem schmalen Auslauf. Rote Ohrlappen und nicht zu lange Kehllappen. Augenfarbe orangerot.

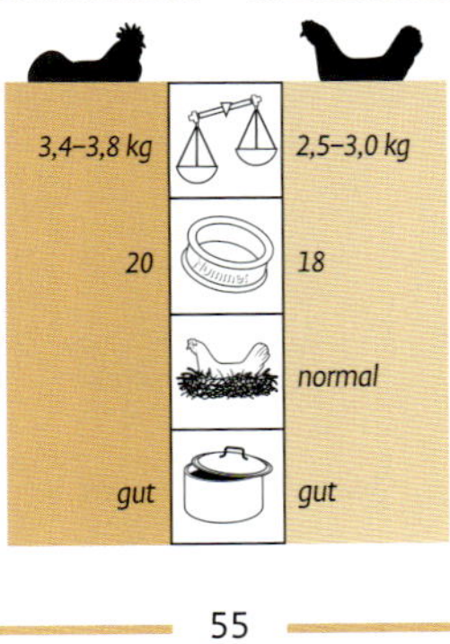

Farbenschläge: 1.4, 2.1, 4.1, 4.5, 7.3, 7.4, 7.5, 7.6, 7.9, 7.12, 5.1, 5.3, 5.5, 5.6, 5.7, 10.7, 11.4, 6.4.

Besonderheiten: Kaum Flugverhalten, dadurch sind niedrige Zäune möglich.

Schwarz

Rot gesattelt

Deutsche Zwerghühner

Herkunft: Als Erzüchter gilt Wilhelm Müller, Magdeburg. Ausgangspaarungen zwischen Bantam und Zwerg-Phönix wurden später ergänzt durch Verwendung von Landzwerghühnern und Altenglischen Zwerg-Kämpfern in der Zeit zwischen 1911 und 1917.

Rassegeschichte: Ab 1918 Vorstellung anderer Farbenschläge wie schwarz, weiß und orangehalsig. 1924 Goldhalsige und Rotgesattelte. Ab 1962 die übrigen Farbenschläge.

Form und Kopf: Der Körper muss doppelt so lang wie hoch sein. Der walzenförmige Rumpf wird waagerecht getragen. Die Überlinie verläuft über den geraden Rücken ohne Knick und Winkel in die leicht angehobene Schwanzpartie, die beim Hahn reichlich mit Neben- und Hauptsicheln befiedert ist. Dem entspricht der volle Halsbehang, der die Schultern bedeckt. Die Flügel sollen mit dem Körperende abschließen. Brust leicht vorgewölbt, etwas betonte Bauchlinie. Kaum mittelhoher Stand. Die Kammlinie ist edel: Klein, regelmäßige Zackung, die Fahne freistehend. Kleine Kehllappen, weiße Ohrscheiben. Die Augenfarbe ist leuchtend dunkelrot.

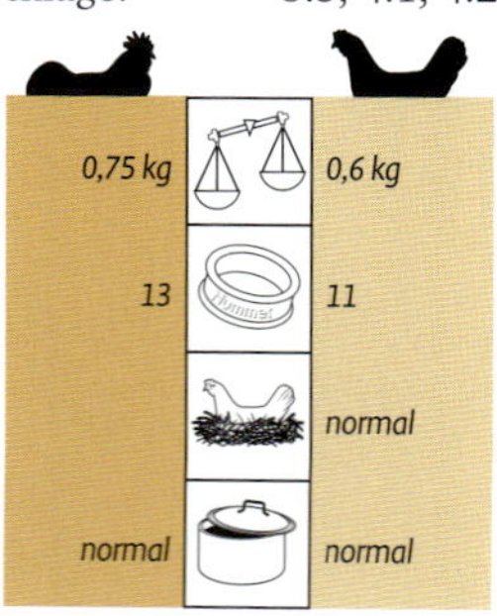

Farbenschläge: 1., 1.4, 1.14, 1.21, 2.1, 2.4, 3.3, 4.1, 4.2, 4.5, 5.6, 10.7, 11.4, blau-orangehalsig.

Besonderheiten: Zucht und Haltung in jeder Hinsicht ohne Probleme. Legefreudige Hennen, leicht aufzuziehende Küken. Reichliche Auswahl unter den zahlreichen Farbenschlägen.

Lachsfarbig

Lachsfarbig

Deutsche Zwerg-Lachshühner

Herkunft: Bemühungen ab 1922 zur Verzwergung bei E. Heinz, Dresden. 1929 erste Ausstellungstiere in Leipzig.

Rassegeschichte: Ein Hahn der Großrasse in geeignetem Mini-Format, Federfüßige Zwerghennen und helle Zwerg-Brahma bildeten den Ausgangsstamm. Probleme bereiteten die Erzielung der Trapezform und die richtige Lauffarbe. 1953 Vorstellung des weißen Farbschlages. 1959 Schwarze und Blaugesperberte. 1981 Neuzüchtung der Farbenschläge „Hell" und Schwarz.

Form und Kopf: Trapezförmiger Rahmen. Breiter, tiefer, langer Rumpf mit weit nach unten und vorn reichender Brust und voller Bauchlinie. Die Hennenform ist gedrungener. Die Schwanzbefiederung ist eher kurz, die Oberlinie dort leicht ansteigend. Kräftige, kaum mittellange Schenkel und feinknochige Läufe (an den Außenseiten befiedert). Die fünfte Zehe ist gut von der vierten getrennt und leicht aufwärts gerichtet. Wenig auffallend der Einfachkamm. Ohr- und Kehllappen vom sehr vollen Backen- und Kehlbart verdeckt. Orangefarbige bis rote Augen.

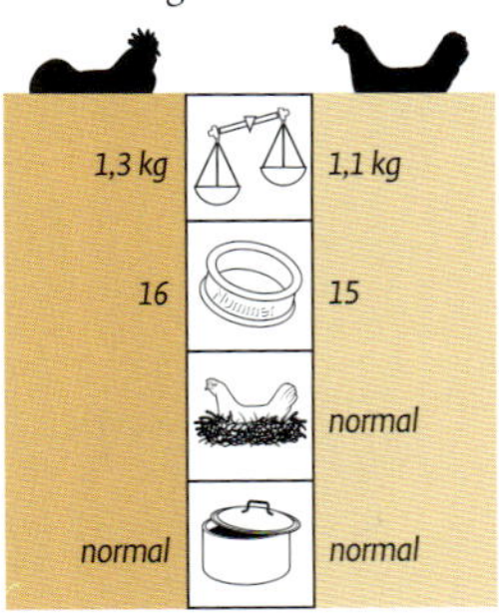

Farbenschläge: 3.6, 4.1, 5.5.

Besonderheiten: Leistungsstarkes Zwerghuhn bezüglich Eier und Tafelfleisch. Grundsatz: „Leistung und Schönheit". Sehr angenehme Farbbilder (bei Hahn und Henne stark unterschiedlich). Frühe Geschlechterkennung an dem Erstlingsgefieder.

Schwarz

Gestreift

Deutsche Zwerg-Langschan

Herkunft: Johann Heermann, Wedel/Holstein wollte „ein kleines Hühnchen, vornehm und edel, alles harmonisiert in vollkommener Weise“. Dies gelang durch die Verpaarung von großen Langschan, Zwerg-Cochin, Bantam und silberhalsigen Landzwerghühnern vor 1910.

Rassegeschichte: Spätere Einkreuzung von Modernen Englischen Zwerg-Kämpfern. 1910 erstmalige Vorstellung auf einer Ausstellung in Hamburg. 1916 entstanden die Roten, 1924 die Blau-Gesäumten, 1962 die Birkenfarbigen und Orangebrüstigen, 1969 die Gesperberten, 1993 die Blau-Orangebrüstigen.

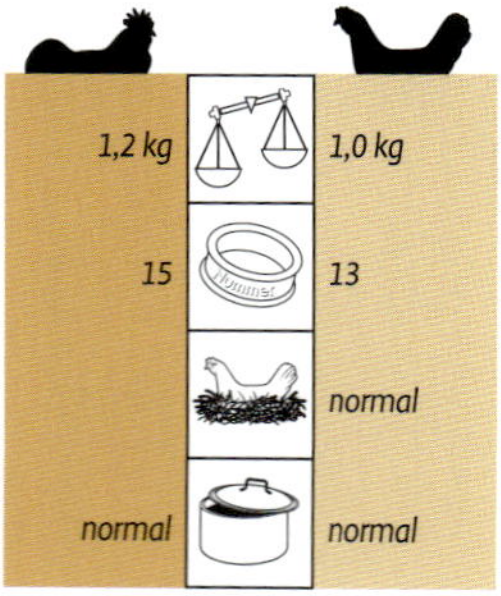

Form und Kopf: Harmonische Gesamterscheinung durch das Exterieur. Tief gehende Brust, Rückenanstieg ohne Unterbrechung bis zur Schwanzspitze. Breite, jedoch gut gerundete Schultern. Schenkel fast gleich lang, über mittelhoch. Einfacher kleiner Kamm, lange, schmale, rote Ohrlappen, kleine, länglich runde Kehllappen. Dunkelbraune Augen (bei Weißen und Roten rotbraun).

Farbenschläge: 1.6, 1.23, 5.1, 5.4, 5.5, 5.7, 5.6.

Besonderheiten: Empfehlenswert in wirtschaftlicher Hinsicht. Eigewicht von 35 g recht hoch für ein Zwerghuhn. Legeleistung etwa 140 Eier pro Jahr und Henne. Elegantes Huhn im Schaukäfig.

Gelb-schwarzcolumbia

Gelb-schwarzcolumbia

Deutsche Zwerg-Reichshühner

Herkunft: Beginn der Herauszüchtung 1930. Pate standen helle Zwerg-Wyandotten und klein gebliebene Hähne der großen Reichshühner, später dann auch weiße Zwerg-Italiener und weiße Plymouth Rocks.

Rassegeschichte: Erste öffentliche Vorstellung 1932 in Hamburg, dann 1935 in Leipzig. 1961 kamen Birkenfarbige und 1965 die Roten. 1970 Anerkennung der Gelb-columbia und 2003 der jüngste Farbschlag rost-rebhuhnfarbig bei Karl Dersch, Wetter/Hessen.

Form und Kopf: Lang gestreckte Körperform mit breitem, fast waagerechten Rücken und parallel laufende Unterlinie. Die Schultern sind zwar breit, sollen aber nicht hervortreten. Hahn und Henne tragen den Schwanz im stumpfen Winkel. Die Hauptsicheln dürfen nicht übermäßig in der Länge sein. Zur Unterlinie gehören die tief gehende Brust und die breite, gut entwickelte Bauchregion. Nicht zu hoch, jedoch gut freistehend. Auf dem relativ kleinen Kopf sitzt der mittelgroße, fein geperlte Rosenkamm mit schmaler werdendem Dorn. Fein im Gewebe müssen die Kehllappen sein; die Ohrlappen glatt und rot. Augenfarbe rot bis orangerot, bei birkenfarbigen Hennen auch braun.

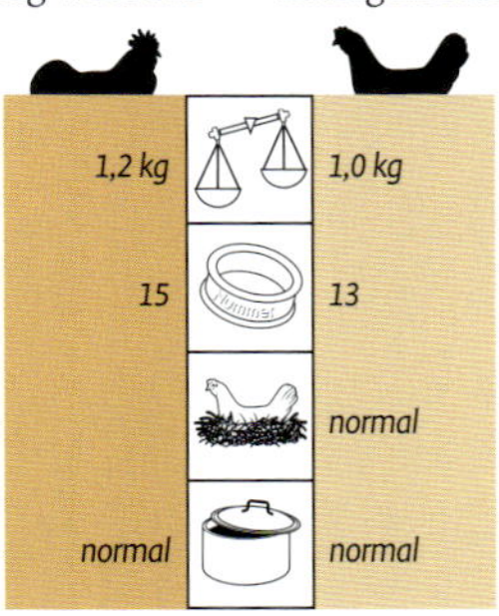

Farbenschläge: 1.2, 2.4, 4.1, 4.5, 5.1, 5.5, 5.7, 6.4.

Besonderheiten: Zwerg-Reichshühner verkörpern recht gute Leistungseigenschaften mit beliebten Schaumerkmalen. Feinfasriges Tafelfleisch ist für Selbstversorger interessant. Leichte Aufzucht der Küken bei geeigneten Bedingungen.

Deutsche Zwerg-Sperber

Herkunft: Die Rasse existiert seit 1974. Bei P. Adam/Mülheim und Heinz Rehme/Osnabrück 10 Jahre vorher Versuche, die Großrasse mit allen Attributen und Vorzügen zu verzwergen.

Rassegeschichte: Ausgangstiere waren ein Hahn der Großrasse und Deutsche Zwerghennen. Zum ersten Mal Präsentation auf einer Schau 1968. Einkreuzung von Zwerg-Rheinländern ab 1970. Offizielle Anerkennung 1974.

Form und Kopf: Der waagerecht getragene Rumpf ist gestreckt und breit, sowohl in der Rückenpartie als auch in den Schultern. Das Schmuckgefieder des Hahnes ist am Hals vollfedrig, im Sattel gut befiedert und auf dem breiten Schwanz mit vielen Neben- und Hauptsicheln besetzt. Die Brust ist nach Art der Leistungstypen tief angesetzt, breit und gewölbt. Dem entspricht die gefüllte Bauchlinie. Kräftige, gut sichtbare Schenkel, mittellange Läufe. Die Kopfpunkte: einfacher, mittelgroßer Kamm mit gleichmäßiger Zackung. Die Fahne soll der Nackenlinie folgen. Der Kamm der Henne darf sich hinten zur Seite neigen. Die Kehllappen nicht zu groß und gut gerundet. Glatte, länglich runde, weiße Ohrscheiben. Rot bis hellbraun ist die Augenfarbe.

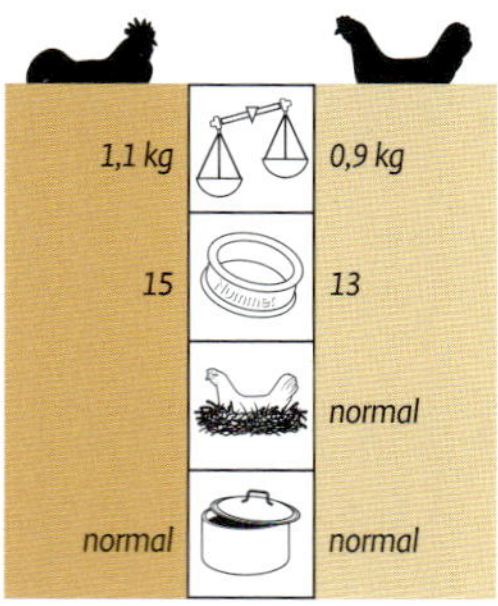

Farbenschlag: Gesperbert.

Besonderheiten: Die Rasse bietet gute Anreize für Züchter, die Verbesserungen vornehmen wollen. Hervorzuheben ist die Vitalität und Leistungsstärke.

Gestreift

Gold-blaugesäumt

Deutsche Zwerg-Wyandotten

Herkunft: Namensgebend war ein nordamerikanischer Indianerstamm (Wyandots). Seit 1906 in England.

Rassegeschichte: In Deutschland ebenfalls seit 1906, importiert von K. Huth, Frankfurt. Schwarze 1909, 1910 Gestreifte bei R. Günter, Leipzig, 1917 Dunkle, 1920 Helle, Gold-Schwarzgesäumte, Gelbe und Rote, Weiße 1922. Silber-Schwarzgesäumte 1921. In den Dreißigerjahren Blaue. Durchzüchtung der Roten ab 1988 bei W. Schulze, Siegen. Gelb-Columbia 1964 bei K. Nimmich, Wolfenbüttel. 1973 Bunte. 1980 Kennfarbige bei R. Weidling, Alsfeld, und Gelb-Weißgesperberte bei H. Odefey, Sterup. N. Hühn, Marburg, brachte 1992 die in Dänemark und Holland vorhandenen Weiß-Blaucolumbia zur Anerkennung. Neuere Farbenschläge sind Gelb-Blaucolumbia und Lachsfarbig.

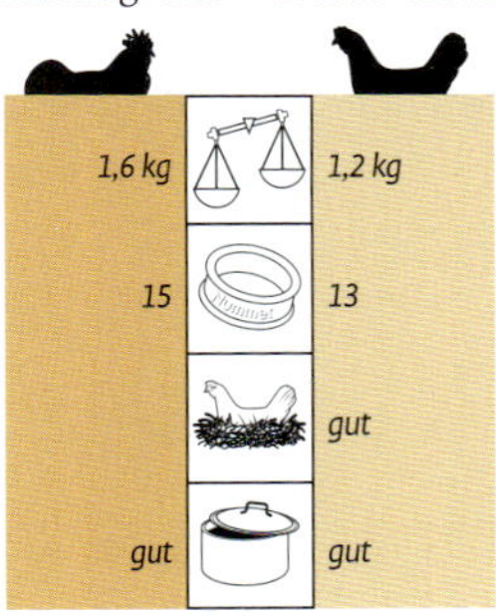

Form und Kopf: Voll und breit ist der Rumpf. Rückenpartie gleichmäßig breit. Die Oberlinie verläuft in kurzem Bogen und geht ansteigend in die hoch ragende Schwanzpartie über. Tief gehende Brust- und volle Bauchregion. Im Stand deutliche Schenkel. Rosenkamm mit feiner Perlung und gesenktem Dorn. Kleine, rote Ohrlappen, mittellange Kehllappen. Orangefarbige bis rote Augen.

Farbenschläge: 1.4, 2.1, 2.4, 3.3, 3.6, 4.1, 4.2, 4.5, 4.6, 5.1, 5.3, 5.5, 5.6, 5.7, 6.3, 6.4, 6.6, 7.3, 7.4, 7.5, 7.6, 7.7, 7.9, 7.11, 7.12, orangefarbig gebändert, 10.7, 11.4.

Besonderheiten: Die weit verbreitetste Zwerghuhnrasse.

Dominikaner

Herkunft: Älteste Hühnerrasse Nordamerikas. Heimatregion: Neuengland. Angebliche Stammeltern: Dorking, Italiener, Graue Schotten, Hamburger. Entstehungszeit: vor 1880.

Rassegeschichte: Durch Verwendung für die Herauszüchtung gestreifter Wyandotten entstand ein Zwischentyp, der als „Dominique-Wyandottes" bezeichnet wurde. Die ersten Dominikaner kamen 1880 nach Deutschland. Nach 1945 nur noch geringe Restbestände. Heute gesicherte, aber schmale Zuchtbasis.

Form und Kopf: Leichter Einschlag asiatischer Rassen. Langer, walzenförmiger Rumpf, kräftige Landhuhnform mit mittelhoher Stellung. Rücken und Schultern breit. Vorgestreckte Brust- und gut gefüllte Bauchlinie. Schwanzhaltung ziemlich flach; breite und lange Besichelung des Hahnenschwanzes. Die Henne zeigt die Walzenform voller und gedrungener. Auffallend kleiner Kopf mit flacher Stirn und schmalem, niedrigen Rosenkamm, der gleich breit sein soll. Feine Perlung und kurzer gerade Dornauslauf. Kleine Kehllappen, rote Ohrlappen, orangerote Augen.

Farbenschlag: Gesperbert.

Besonderheiten: Geschlechtsunterscheidung beim Eintagsküken: Männliche Tiere zeigen hellen Flaum und unzusammenhängenden hellen Fleck auf dem Kopf. Weibliche Küken: dunkler im Flaum und dunklere Lauffarbe. Lebhaftes Temperament, gute Legeleistung, ausgeprägter Fleischansatz.

Hahn		Henne
2–2,5 kg	Gewicht	1,75–2,25 kg
20	Ring	18
	Legeleistung	gut
gut	Fleisch	gut

Goldhalsig

Silberhalsig

Dorking

Herkunft: Sicherer Nachweis sind Beschreibungen von Brisson und Gmelin 1770 und 1766. Mutmaßlich aber viel ältere, möglicherweise die älteste Haushuhnrasse. Die Beschreibungen des römischen Schriftstellers Columnella um 3 n. Chr. schildern schon die Fünfzehigkeit und den schweren Typ dorkingähnlicher Hühner in Südengland.

Rassegeschichte: Starker Einfluss der „Urdorking“ auf die Herausbildung anderer Rassen: Crève Coeur, Houdan, Sundheimer, Faverolles, Italiener, Orpington, Wyandotten, Deutsche Reichshühner und Plymouth Rocks. Einfuhr nach Deutschland um 1850. Nach 1945 in Deutschland fast verschwunden.

Form und Kopf: Schweres Volumen, beachtliche Körpergröße durch Länge, Breite und Tiefe. Masthuhnartiger Ausdruck durch viel Brust und weit nach hinten ausladendem Bauch. Die vollfleischigen Schenkel sind kaum sichtbar, die Läufe kaum mittellang, sodass der Stand recht tief erscheint. Doppelte Hinterzehe: Die fünfte ist aufwärts gerichtet und deutlich von der vierten getrennt. Einfach- oder rosenkämmig, große Kehllappen, dagegen mäßig entwickelte rote Ohrlappen; orangerote Augen. Der Hahnenschwanz ist voll und breit, ziemlich hoch getragen mit breiten und langen Sicheln. Die Henne wirkt ausgesprochen kastenförmig.

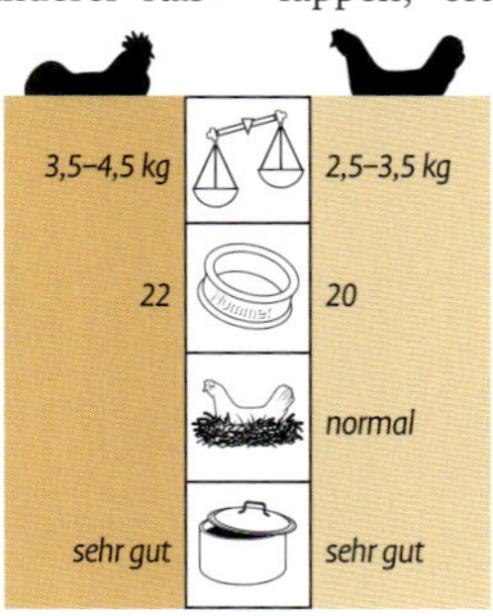

Farbenschläge: 1.3, 1.4, 2., 2.1, 5.5, 6.1.

Besonderheiten: Wertvolle, alte Kulturrasse mit sehr guter Fleischnutzung und zufrieden stellender Legeleistung.

Braun

Schwarz

Dresdner

Herkunft: Der Dresdner Züchter A. Lumpe entwickelte aus der Rasse New Hampshire und unter Verwendung von Rhodeländern und Wyandotten ab 1948 eine leistungsstarke Nutz- und Ausstellungsrasse.

Rassegeschichte: In fünfjähriger Zuchtarbeit entstanden die „Neuen Dresdner", deren Zulassung in der DDR 1955 erfolgte. In der Bundesrepublik wurde die neue Rasse bereits 1958 in den Standard aufgenommen. Zur Erzielung des schwarzen Farbenschlages wurden schwarze Plymouth Rocks, Barnevelder und Wyandotten eingekreuzt.

Form und Kopf: In der Figur müssen sich Dresdner von den sonst ähnlichen New Hampshire deutlich unterscheiden. Erstere haben mehr Rumpflänge, was sich besonders im mittellangen, ansteigenden Rücken zeigt. Allseits abgerundet sonst Form: breite und volle Brust, entsprechend die Bauchlinie. Schenkel zwar kräftig, aber wenig hervortretend; Läufe nur mittellang. Von den Wyandotten haben die Dresdner den ziemlich breit angesetzten Rosenkamm mit gesenktem Dorn geerbt. Kehllappen und rote Ohrlappen in der Größe dazu passend. Orangefarbige bis rote Augen.

Farbenschläge: 1.1, 4.12a, 5.1, 5.5.

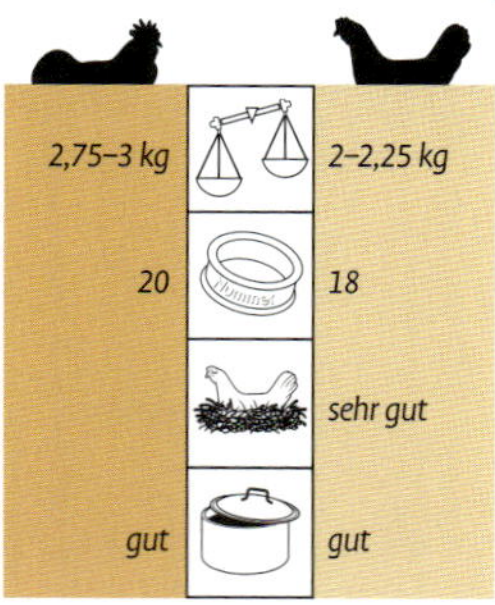

Besonderheiten: Die Zahlen sprechen für sich: 211 Eier im Durchschnitt pro Henne und Jahr bei einem Futterverbrauch von nur 359 Gramm auf 100 Gramm Eimasse. Spitzenleistung: 287 Eier in einem Jahr. Als Winterleger sehr geschätzt. Breite Zuchtbasis in Europa.

Gelb mit blauem Schwanz

Gelb mit schwarzem Schwanz

Empordanesa

Herkunft: Wahrscheinlich schon zu Beginn des vorigen Jahrhunderts in Spanien vorkommend; dann um 1920 in der Region Empordà entdeckt und in Barcelona veredelt.

Rassegeschichte: 1938 kam die Restzucht in einer Geflügelfarm in Caldes de Montbul zum Erliegen. Unter den Landhühnern der Gegend konnten einzelne Tiere zur Wiedererzüchtung ab 1982 verwendet werden. In Deutschland 1992 offiziell standardmäßig zugelassen.

Form und Kopf: Die Umrisse entsprechen einer kompakten Landhuhnform mit allseits abgerundeten Grenzen. Rückenlinie leicht abfallend. Vor dem Schwanz schmaler werdender Rücken. Hahnenschwanz eher knapp befiedert. Haltung im 45-Grad-Winkel zum Rücken. Etwas geöffnete Steuerfeder und Sicheln. Unterlinie: breite, tiefe, gewölbte Brust und knappe Bauchregion (bei der Henne deutlich stärker entwickelt). Ungewöhnliche Kammbildung: Auf der Fahne sitzen beiderseits ein bis zwei Auswüchse. In der Hinteransicht kreuzartiger Abschluss (Kreuzfahne). Sonst einfache Kammzackung, bei der Henne Seitenneigung zulässig. Nicht zu große Kehllappen, rote Ohrlappen, orangerote Augen.

Hahn		Henne
2,4–3 kg		1,7–2,3 kg
18		16
		normal
normal		normal

Farbenschläge: 4.7, 4,8, 4.9.

Besonderheiten: Sehr beliebte rotbraune, bisweilen auch bläuliche Eierschalenfarbe. Hohes Eigewicht: 60 bis 65 Gramm. Eine der jüngsten Rassen in Deutschland.

Silber-schwarzgetupft

Gold-schwarzgetupft

Eulenbarthühner

Herkunft: Schon im 17. Jahrhundert gab es in Holland Haubenhühner mit kleinem Federschopf und großen Bärten aus Federn. Daraus wurden die Uilebaarden entwickelt und um 1900 in Holland standardmäßig erfasst.

Rassegeschichte: Unter Verwendung von La Flèche und Thüringer Barthühnern konnte die Rasse vom Aussterben bewahrt werden. Im deutschen Standard seit 1979.

Form und Kopf: Ähnlich der Brabanter-Rasse, jedoch kräftiger im Rahmen. Breite Schultern, Verjüngung im Hinterkörper. Leicht hohle Rückenlinie, leichter Anstieg zum Schwanz hin. Dieser ist beim Hahn vollfedrig und wird ziemlich hoch getragen. Nur mäßig lange Schenkel und mittellange Läufe. Die Henne wirkt noch etwas tiefer stehend. Von den Brabantern unterscheiden sich Eulenbärte hauptsächlich durch die starke Federbartbildung. Ungeteilter Kinn- und Backenbart, der bis zur Kehle nach unten und bis zu den Augen nach oben reichen soll. Kehllappen und Ohrscheiben sind nicht sichtbar. Braunrote bis rote Augenfarbe. Der Kamm besteht aus zwei hornartigen Fleischzapfen, die V-förmig verlaufen müssen. Aufgeworfene Nasenlöcher sind damit genetisch gekoppelt.

Farbenschläge: 4.16, 5.5, 5.4, 6.1, 9.1, 9.2, 10.1, 10.2, 10.3, 10.10.

Besonderheiten: Interessante Kopfpunkte mit züchterischen Anreizen. Aparte Farben- und Zeichnungsmuster. Guter Winterleger. Zwar lebhaft-flugtüchtig, aber nicht scheu.

Hahn		Henne
2,2–2,5 kg	Gewicht	1,6–1,8 kg
18	Ring	16
	Brut	normal
normal	Fleisch	normal

Perlgrau mit weißen Tupfen

Gold-porzellanfarbig

Federfüßige Zwerghühner

Herkunft: Vorfahren sind dokumentiert: Columella „De re rustica" („Pulmiliones") – 60 n. Cr.; Aldrovandi „Ornithologie" – 1600; Bechstein – 1763; Pallas – um 1770. Auf einem niederländischen Gemälde sind schon 1639 hellbunte federfüßige Zwerghühner abgebildet.

Rassegeschichte: Seit Mitte des 19. Jahrhunderts kommt die Rasse in Deutschland als „Mille fleurs" (Tausend Blumen) vor. Seit etwa 1925 gibt es Blau-Porzellanfarbige, seit 1984 Zitron-Porzellanfarbige und seit 1996 Silber-Porzellanfarbige. Wiedererzüchtung der Gesperberten um 1975 bei E. Mensinger.

Form und Kopf: Hals-, Rücken- und Schwanzlinie bilden eine Lyraform. Die Unterlinie wird durch die vorgewölbte und doch hoch getragene Brust, den vollen, breiten Bauch und die nach unten gedrückten Flügel gebildet. Breite Schultern. Der hoch ragende, gefächerte Hahnenschwanz trägt säbelförmige Hauptsicheln und gestaffelte Nebensicheln. Namensgebende Bein- und Zehenbefiederung: Schenkelgefieder verlängert („Stulpen"), Außen- und Mittelzehe mit festen Federn besetzt, geschlossen („Latschen"). Mit und ohne Bart. Einfachkämmig, kleine Kehllappen, rote Ohrlappen.

Farbenschläge: 1.4, 1.21, 2.1, 2.4, 4.1, 4.5, 5.1, 5.2, 5.5, 6.4, 10.4, 10.5, 10.6, 10.7, 11.4, 11.5, 11.6, 11.7.

Besonderheiten: Reichhaltige Auswahl an Farbenschlägen. Scharrt nur wenig.

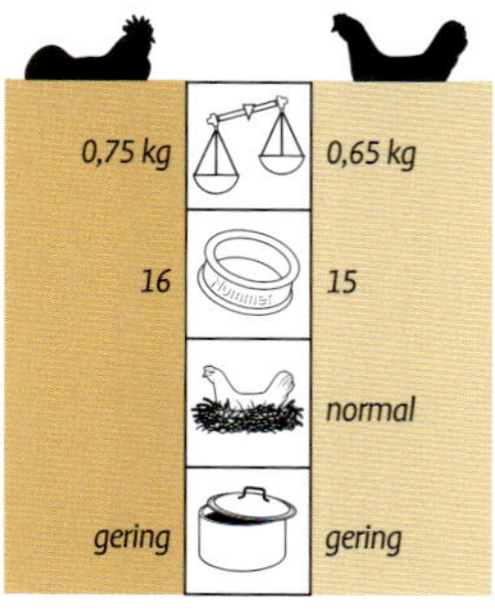

Frankfurter Zwerghühner

Herkunft: Im Frankfurter Raum entstanden, vermutlich aus Kreuzungen von Zwerg-Sundheimern, Zwerg-Wyandotten und Zwerg-Brahma.

Rassegeschichte: Kaum Einzelheiten bekannt. Zunächst in Fachpresseberichten sehr umstrittene Neuzüchtung („Simpelprodukt aus Kreuzungen gängiger Rassen" – R. Wandelt). Vom Bundeszuchtausschuss 1998 offiziell anerkannt.

Form und Kopf: Kräftiger Körperbau. Breiter, voller Rumpf in waagerechter Haltung. Die Oberlinie verläuft vom kaum mittellangen Hals über die hohlrunde Rückenlinie, über den breiten Sattel in den kurzen, aber breiten Schwanz, der beim Hahn mit vielen gebogenen, dabei etwas weichen Sicheln so besetzt ist, dass die hufeisenförmig angeordneten Steuerfedern bedeckt werden. Gut ausgeprägte Brust- und Bauchpartie. Die deutlich hervortretenden Schenkel sind bis zum Fersengelenk mit weicher, stulpenartiger Befiederung besetzt. Mittel- und Außenzehe hart befiedert in gemäßigter Länge. Keine Besonderheiten in den Kopfpunkten: Einfachkamm mit gesenkter Fahne, dazu passende, nicht zu große Kehllappen und rote Ohrlappen. Augenfarbe: Orangerot.

1,0 kg		0,9 kg
16		15
		gut
normal		normal

Farbenschlag: Weiß-schwarzcolumbia (Hell).

Besonderheiten: Eine der jüngsten deutschen Rassen. Bisher wenig Verbreitung. Kaum Profilierung gegenüber anderen ähnlichen Rassen. Recht gute Legetätigkeit aufgrund des Heterosiseffektes.

Gelb-weißgeflockt

Gelb-weißgeflockt

Friesenhühner

Herkunft: Nach Prof. van Giffen stammen die gesprenkelten und geflockten Hühnerschläge aus fränkischer Zeit. In die Niederlande sollen sie mit friesischen Volksstämmen gekommen sein. Als selbstständige Rasse sind friesische Hühner von R. Houwnik schon um 1880 beschrieben. In den Orten Appelschau, Makkinge, Oldeberkopp und Oberjissel fand er „goldgedrillte“ (Drill = Zeichnungsmuster, Design des grob gewebten Tuches) Hühner vor mit dem Grundmuster der heutigen gelb-weiß geflockten Friesenhühner.

Rassegeschichte: Nach 1945 gab es in Deutschland nur wenige Friesenhühner.

Form und Kopf: Breite Schultern mit nach hinten schmaler werdender Rückenpartie. Hahn und Henne tragen die Schwanzfedern gefächert und so hoch, dass in der Sattelgegend ein deutlicher Winkel entstehet. Leicht gesenkte Flügel sind zulässig. Schenkel zwar sichtbar, aber nur knapp mittellang. Die etwas vollere Bauchpartie kennzeichnet die Hennenfigur. Relativ kleiner Einfachkamm beim Hahn mit ansteigender Fahne. Leicht umliegende Kammfahne bei der Henne gestattet. Reinweiße, kleine Ohrscheiben, kurze Kehllappen, dunkelorangerote Augenfarbe.

Hahn		Henne
1,5–1,6 kg	Gewicht	1,2–1,3 kg
15	Ring	14
	Legeleistung	sehr gut
normal	Futter	normal

Farbenschläge: 8.1, 8.3, 8.5, 8.6, 8.8.

Besonderheiten: Attraktives Farb- und Zeichnungsmuster, temperamentvolle Beweglichkeit, Wetterunempfindlichkeit, beachtliche Legeleistung. Da die Rasse gut fliegt, sind höhere Zäune erforderlich.

Silberlack

Silberlack

Hamburger

Herkunft: Nachkommen der Sprenkelhühner von der Nordseeküste. Erste Abbildung von 1740 des Engländers Albin mit dem Text „Hamburghs". Auch sollen getüpfelte und gebänderte Hühner der Paduaner-Urrasse und englische Mooney-Hühner zu den Ahnen gehören.

Rassegeschichte: Mitte des 18. Jahrhunderts als „Samthosenhühner" aus Hamburg nach England eingeführt. Zunächst Albinos, Bolton, Chittiprats, Campiner, Creels, Kreolen, Hoograster, Corals, Fasan-, Gold-, Silber-, Mond- und Mooshühner genannt.

Form und Kopf: Bei dieser Rasse sind Eleganz, Feinlinigkeit, edler Ausdruck im Kopf und relativ kräftige Landhuhnform vereinigt. Rumpf lang gestreckt und leicht abfallend. Hoch getragene Brust, fest anliegende Flügel. Volle, lange Besichelung des Hahnenschwanzes. Fließender Übergang zum Rücken. Körperhaltung der Henne: fast waagerecht, etwas hervortretender Bauch. Auch sie zeigt leicht gebogene Steuer- und Schwanzfedern. Schlanke Schenkel, mittellange, feinknochige Läufe. Die Kopfpunkte wirken durch den fest und gerade aufsitzenden Rosenkamm mit dem nach hinten allmählich schmaler werdenden runden Dorn, die möglichst kreisrunden, weißen Ohrscheiben und den feinen Kehllappen. Augenfarbe dunkel- bis braunrot, bei Silberlack dunkelbraun.

Hahn		Henne
1,5–2,5 kg		1–2 kg
16		15
		normal
normal		normal

Farbenschläge: 5.1, 5.4, 5.5, 9.1, 9.2, 10.1, 10.2.

Besonderheiten: Die gold- und silbersprenkelfarbigen Hähne sind auch hennenfiedrig anerkannt.

Weißhaube, weiß

Weißhaube, schwarz

Holländer Haubenhühner

Herkunft: Vorläufer der heutigen Holländischen Haubenhühner auf einem Gemälde von J. Monkhorst schon 1657. Ende des 18. und Anfang des 19. Jahrhunderts bei J. M. Bechstein und D. J. Temminck.

Rassegeschichte: Unklar ist die Verbindung zwischen dieser Rasse und den von Dürigen 1921 erwähnten japanischen hörnerkämmigen Halbhaubenhühnern, die 1885 nach Deutschland gelangten, den Hauben tragenden „Polski"-Hühnern aus Russland und den holländischen Haubenhühnern.

Form und Kopf: Hauptrassemerkmal ist die gleichmäßig geformte Rundhaube, die beim Hahn durch die schmalen und spitzen und bei der Henne durch die breiten, kurzen und mehr abgerundeten Haubenfedern gebildet werden. Der Kamm fehlt völlig, die Kehllappen sind höchstens mittellang. Auf den weißen Ohrscheiben sind rötliche Einlagerungen gestattet. Augenfarbe: rot bis braun. Über dem Schnabel aufgetriebene Nasenlöcher. Die Körperform: breite Schultern, nach hinten leicht abfallende Rückenlinie; etwas vorgewölbte Brust- und füllige Bauchlinie. Offene Schwanzhaltung bei Hahn und Henne; breite, gut gebogene Sicheln beim Hahn. Schwanzhaltung nicht zu steil. Mittelhoher Stand.

Hahn		Henne
2–2,5 kg		1,5–2 kg
18		16
		normal
normal		normal

Farbenschläge: 5.1, 5.4, 5.5, 6.1, 10.7, Schwarzhauben, weiß.

Besonderheiten: Der Haubenfaktor vererbt dominant. Die Rasse bedarf besonderer Pflege hinsichtlich der Haubenstruktur.

Goldhalsig

Silberhalsig

Holländische Zwerghühner

Herkunft: Vorkommen in Holland schon in der Mitte des 18. Jahrhunderts. Ob die Rasse durch die Verpaarung von Altenglischen Zwerg-Kämpfern und Chabos entstanden ist, wie van Pieterson vermutet, ist eher unwahrscheinlich. Wandelt nimmt an, dass aber beide Rassen bei der Herauszüchtung Verwendung fanden.

Rassegeschichte: Erste Abbildung 1856 in England. Seit 1882 ist die Rasse eigenständig. Anerkennung in Holland 1906. Einfuhr nach Deutschland 1961 durch K. H. Collatz.

Form und Kopf: Bei waagerechter Körperhaltung aufgerichtetes Profil. Weit nach vorne durchgedrückte Brust; kurze, hohle Rückenlinie. Hoch getragene Schwanzpartie. Beim Hahn lange, gefächerte Steuerfedern und volle Sichelbefiederung. Der Bauch ist bei der Henne ausgefüllter. Die relativ großen Flügel werden abwärts gerichtet getragen. Ihre Spitzen verdecken die Bauchlinie. Der Stand ist recht tief durch kurze Schenkel und knapp mittellange Läufe. Kleine, stehende Einfachkämme mit leicht aufwärts gerichteter Fahne. Orange- bis braunrote Augen.

Hahn		Henne
0,5–0,55 kg		0,4–0,45 kg
11		9
		normal
gering		gering

Farbenschläge: 1.4, 1.12, 1.14, 1.21, 2.1, 2.8, 3.3, 3.7, 4.5, 4.13, 4.15, 5.1, 5.2, 5.3, 5.5, 6.1, 6.6, 10.7.

Besonderheiten: Weit verbreitete Rasse; beliebt aufgrund ihres „puppigen“ Aussehens und ihres „niedlichen“ Verhaltens. Benötigt nicht viel Raum. Trotz der Kleinheit erstaunliche Legeleistung. Frohwüchsige Küken.

Schwarz-weißgescheckt

Schwarz-weißgescheckt

Houdan

Herkunft: Benannt nach der französischen Stadt Houdan. Dort vor 1850 erzüchtet.

Rassegeschichte: Ausgangsrassen waren Brabanter, Crève-Coeur, Caumont, Gournay, Mentes, La Bresse, La Flèche, Le Mans, Caux, Merleaux und später auch Dorking, Brahma und Holländer Weißhauben. Um 1870 gelangten die ersten Houdan nach Deutschland. Nach 1945 gab es in Deutschland nur noch Restbestände. Importe aus Frankreich.

Form und Kopf: Durch die gestreckte, breite und tiefe Walzenform des Rumpfes stattlich erscheinendes Landhuhn. Volle Bauchpartie. Fast waagerechte Haltung. Federreich sind Sattel und Schwanz beim Hahn. Hohe, aber nicht steile Haltung des Schwanzes. Eher tiefer, aber breiter Stand. Fünf Zehen, wobei die beiden Hinterzehen gut getrennt sein sollen. Henne: breit angesetzter Schwanz, breite und tiefe Brust- und Bauchregion. Auf der kugelförmigen Erhöhung des Schädels sitzt die mittelgroße dichtfedrige Haube, die die Augen freilassen muss. Kleine, vom Bart verdeckte Kehllappen. Kleine Ohrscheiben. Kamm: zwei nebeneinander liegende fleischige Blätter mit mäßig großen Einzackungen und flach ausgehöhlt. Augenfarbe rotgelb. Schnabel mit aufgeworfenen Nasenlöchern.

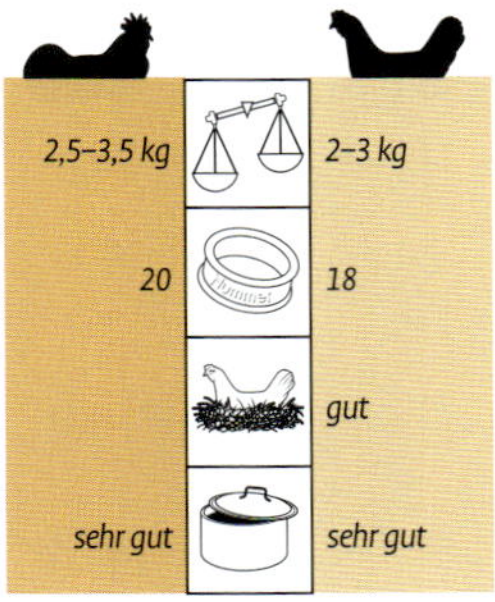

Farbenschläge: 5.2, 5.5, 6.1, 10.7.

Besonderheiten: Interessante Kombination von Kopfbefiederung (Haube, Bart), Kammbildung und Fünfzehigkeit. Hervorragende Leistungsmerkmale durch sehr gute Mastfähigkeit.

Weiß-fasanenbraun (Jubilee)

Weiß-fasanenbraun (Jubilee)

Indische Kämpfer

Herkunft: Zu den Vorfahren zählen die asiatischen Asil-Kampfhühner. Aus den Kreuzungen mit englischen Kämpfern gingen dann Ende des 18. Jahrhunderts die „Injees“ in den Grafschaften Cornwall, Devon und Somerset hervor.

Rassegeschichte: Nach 1880 Durchzüchtung in den Familien D. Brent, Dr. Goodall, H. S. Hassall und G. Joyce. Später sollen weiße Malaien, gelbe Cochin und Shamos eingekreuzt worden sein. Hervorragende Zuchtverwendung bei der Herausbildung hochleistungsfähiger Masttypen (White Cornish, osteuropäische Broiler).

Form und Kopf: Sehr breit abstehende Schultern, stark muskelbepackt, flach getragener Rumpf mit mäßig langem Hals und kurzem Behang. Rücken breit und flach. Kurze, hoch getragene Flügel, stellenweise unbefiedert („Rosen“). Sehr knapper Sattelbehang und ziemlich kurzer, geschlossener Schwanz beim Hahn. Breite, seitlich abgerundete Brust; eiförmig hoch gezogener Bauch. Mittellange, weit auseinander stehende Schenkel, fast kurze Läufe, dick und rund. Kleiner, breiter, dreireihiger Erbsenkamm, Kehl- und Ohrlappen klein. Perlfarbige bis hellgelbe, bei Jungtieren orangegelb gestattete Augenfarbe. Starker, kräftig gebogener Schnabel.

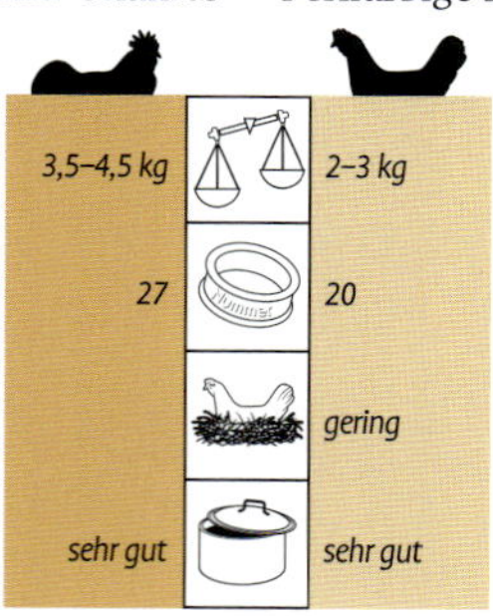

Farbenschläge: 5.5, 5.6, 7.13, 7.14, 7.15.

Besonderheiten: Zur Zucht nicht zu kurzbeinige und schwere Hähne einsetzen, da sonst die Befruchtung leidet. Zur Aufzucht ist kalkhaltiges Futter erforderlich.

Blau-fasanenbraun

Fasanenbraun

Indische Zwerg-Kämpfer

Herkunft: In England bei W. F. Entwisle um 1880 herausgezüchtet. Ausgangstiere waren die großen Indischen Kämpfer, Zwerg-Malaien und Englische Zwerg-Kämpfer.

Rassegeschichte: Die ersten „Zwerg-Inder" könnten auch auf Kleinheit gezüchtete Asil gewesen sein (W. Detering). Ende des 19. Jahrhunderts entstehen neben der „Stammfarbe" Fasanenbraune die Rotweißen, genannt „Jubilee" (nach dem Feiertagsdatum in der Biografie der Queen Victoria).

Form und Kopf: Der Inder-Typ entsteht durch den kurzen und breiten Rumpf, den flachen Rücken mit deutlicher „Verjüngung" nach hinten, den mächtig hervortretenden Schultern und der enormen Brustbreite. Die Befiederung ist überall hart und drahtig. Daher ist auch der Hahnenschwanz kurz mit schmalen, knappen Sicheln. Bei beiden Geschlechtern sind die Steuerfedern dachförmig angeordnet. Tiefer Stand durch mittellange, kräftige und hervortretende Schenkel und eher kurze, dicke und runde Läufe. Auf dem breiten, kurzen, stark gewölbten Kopf sitzt der kleine, dreireihige Erbsenkamm ohne Verlängerung nach hinten. Kehl- und Ohrlappen sind nur sehr klein. Perlfarbig bis hellgelb ist die Augenfarbe. Starker, kräftiger gebogener Schnabel.

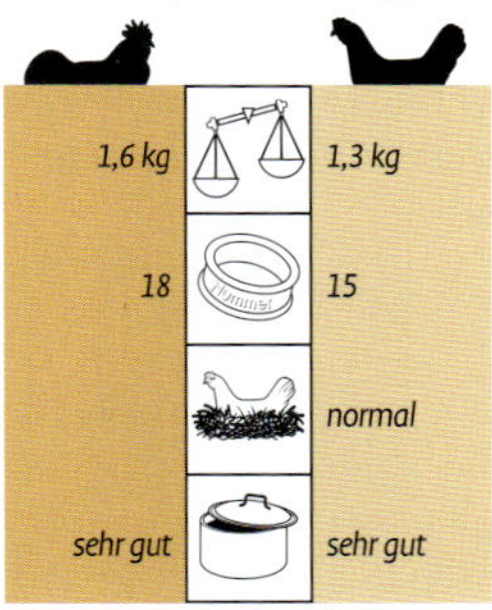

Farbenschläge: 5.5, 7.13, 7.14, 7.15.

Besonderheiten: Die Rasse ist ungewöhnlich robust und vital. Unter den Zwergkämpfern die beste Legeleistung. Aufgrund des starken Fleischansatzes hoher Ertrag.

Kennfarbig

Schwarz-weißgescheckt

Italiener

Herkunft: Ursprüngliche Landhühner in Italien (Lombardei). Vermutlich gelangten diese schon durch die Römer an den Rhein.

Rassegeschichte: Einfuhr nach Österreich, Schweiz und Süddeutschland schon um 1800. Der Züricher Händler Rumpf führte dann 1870 „Italiener" nach Deutschland ein.

Form und Kopf: Kräftige Eleganz, gestreckte, nach hinten ausladende Form mit breiten Schultern und waagerecht getragenem Rumpf. Fließende Oberlinie und vorgewölbte Brust. Sattellinie leicht ansteigend in den voll befiederten Hahnenschwanz bzw. in den breit angesetzten Schwanz der Henne. Gut entwickelter, ausladender Bauch. Kräftige, hervortretende Schenkel und mittellange, feinknochige Läufe.

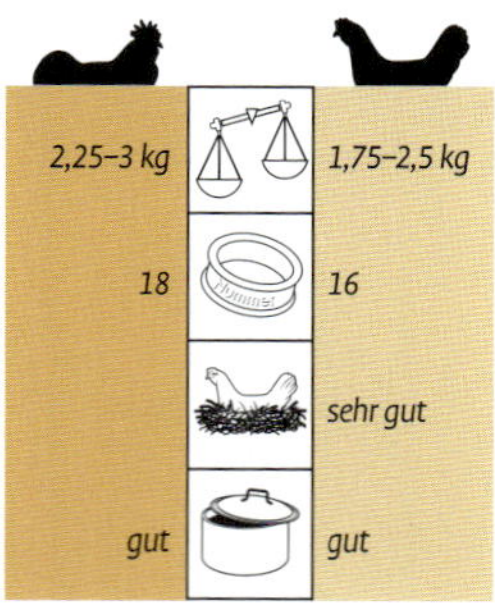

Fest anliegendes, volles Gefieder. Die Kopfpunkte: Hahnenkamm stehend mit 4 bis 5 Zacken. Fahne der Nackenlinie folgend, ohne aufzuliegen. Der Hennenkamm steht vorne aufrecht und neigt sich im hinteren Teil zur Seite, ohne das Auge zu verdecken. Rosenkämmige tragen den fein geperlten, fest aufgesetzten, nach hinten sich verjüngenden Kamm mit mittellangem, gesenkten Dorn. Mittellange, dünne Kehllappen, ovale, glatt anliegende weiße Ohrscheiben. Große, rote Augen.

Farbenschläge: 1.1, 1.4, 1.20, 1.22, 1.5, 2.2, 3.4, 3.5, 4.1, 5.1, 5.3, 5.5, 5.6, 5.7, 6.4, 6.5, 7.4, 7.5, 7.6, 10.4, 10.8, 11.4. Alle Farbenschläge mit Einfach- oder Rosenkamm.

Besonderheiten: Ideale, weit verbreitete Leistungs- und Ausstellungsrasse.

Schwarz

Blaugesäumt

Jersey Giants

Herkunft: Der Rassename ist 1915 in der Zucht von Dexter P. Uham im Staate New Jersey/USA entstanden. Zunächst wurden schwarze Riesenhühner 1922 in den Standard dort offiziell aufgenommen.

Rassegeschichte: Die Ausgangstiere waren schwarze Java, dunkle Brahma, schwarze Croad-Langschan und später auch Indische Kämpfer. Schon 1921 sollen Jersey Giants nach England gelangt sein. Etwa drei Jahre später waren diese Riesenhühner in den Niederlanden. Nach der deutschen Anerkennung gibt es seit 1987 den deutschen Sonderverein. Der blau gesäumte Farbenschlag kam aus England, ist seit 1982 in Holland und im deutschen Standard seit 1988. Die Weißen sind seit 1994 in Deutschland offiziell anerkannt.

Hahn		Henne
4,5–5,5 kg	Gewicht	3,6–4,5 kg
24	Ring	22
	Brut	gut
sehr gut	Fleisch	sehr gut

Form und Kopf: Langer und tiefer Körperbau in waagerechter Haltung gehört zum Riesentyp genauso dazu wie ein langer, breiter Rücken, breite Schultern, breite, tiefe und volle Brust, voll entwickelte Bauchpartie und kräftige, mittellange Schenkel. Der Hahnenschwanz ist nicht sehr lang besichelt, soll aber seitlich die Steuerfedern gut abdecken. Die Kopfpunkte sind einfach: gezackter Kamm mit der Fahne, die der Nackenlinie folgt. Mittelgroße Kehllappen, zarte, rote Ohrlappen und dunkelbraune Augen.

Farbenschläge: 5.1, 5.4, 5.5.

Besonderheiten: Als Fleisch-Legehuhn gute Rasse zur Selbstversorgung. Ruhiges Temperament, hohe Vitalität. Die Rasse benötigt relativ viel Stall- und Scharrraum.

Kastilianer

Herkunft: Die Rasse ist in Spanien nach W. Denningdorf schon im Jahre 800 nachgewiesen. Außer Schwarzen soll es auch Weiße und Graublaue gegeben haben. Die Mauren im Süden des Landes züchteten die Castella negra als konstante Rasse.

Rassegeschichte: Die Rasse gilt als Stammform der Minorka, Spanier und Andalusier. Ob es sich bei den „großen schwarzen Hühnern mit den weißen Ohrlappen“, die Columella in seinem Werk „De re rustica“ um die Zeitenwende beschrieb, um Kastilianer gehandelt hat, ist nicht sicher. Erst 1955 gelangte die stolze Rasse durch H. Zielke über Bruteierimporte von Mallorca nach Deutschland.

Form und Kopf: Der Rumpf wirkt gedrungen, walzenförmig. Der Rücken breit und in der Linie leicht abfallend. Gute Befiederung am Sattel und volle Besichelung am Hahnenschwanz, im rechten Winkel getragen. Die Walzenform der Henne ist „vollschlank“. Der einfache Hahnenkamm mit 5 bis 7 Zacken steht aufrecht und steht in der Fahne etwas vom Nacken ab. Der Kamm der Henne steht vorne aufrecht und neigt sich nach der Seite. Mittellange Kehllappen, weiße, ovale Ohrscheiben und rehbraune Augen. Freie Schenkel und mittellange Läufe.

Hahn		Henne
2,0–2,5 kg	(Gewicht)	1,75–2,0 kg
18	(Ring)	16
	(Brut)	normal
normal	(Kochtopf)	normal

Farbenschlag: Schwarz mit grünem Glanz.

Besonderheiten: Das Eigewicht beträgt meist mehr als 60 Gramm. Die Züchter schätzen Frühreife und Zutraulichkeit. Im Schaukäfig wirkungsvoll im Grünlack.

Silberfarbig-gebändert

Silberfarbig-gebändert

Kaulhühner

Herkunft: Aus nordwesteuropäischen Landhuhnschlägen hat sich diese Rasse in einer schwanzlosen Varietät entwickelt. Kaulhuhn bedeutet so viel wie „Kugelhuhn", eine Umschreibung der allseits gerundeten Körperform.

Rassegeschichte: Schwanzlose Hühner werden schon von dem Bologneser Gelehrten Aldrovandi in seinem Buch „Ornithologica" als „Persische Hühner" beschrieben. Bei C. v. Linné „Gallus persicus". Verbreitung in Oberlausitz, Sachsen und Thüringen um 1900.

Form und Kopf: Der Rumpf ist walzenförmig und allseits abgerundet. Waagerechte Haltung. Breite Schultern, zum Rücken hin schmaler werdend. Voller Sattelbehang. Breite, tiefe und volle Brust. Die Flügel sollen mit dem Körperende abschließen. Feinknochige Läufe und kurze Schenkel. Gleichmäßig gezackter mittelgroßer Kamm, der bei der Henne nach hinten leicht geneigt sein darf. Auch tragen manche Hennen zulässigerweise einen Wickelkamm und leichte Federschopfbildung, Runde, weiße Ohrscheiben und nur mittelgroße Kehllappen. Dunkelrote bis dunkelbraune Augenfarbe.

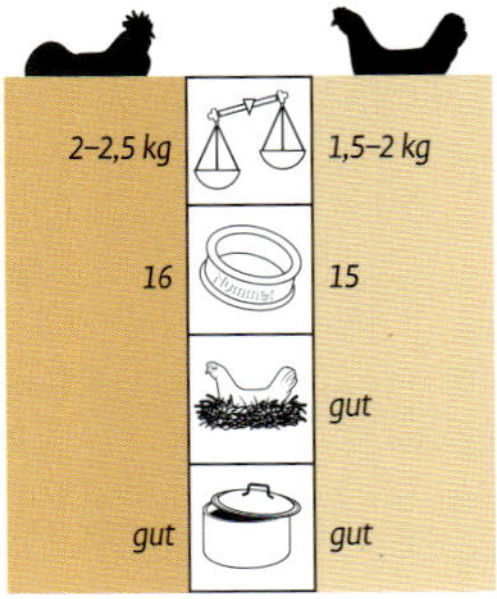

Farbenschläge: 1.4, 2.1, 3.3, diese Farbenschläge auch mit Mehrfachsäumung; 1, 1.12, 1.14, 1.21, 2,8, 5.1, 5.2, 5.5, 5.6, 6.1, 8.1, 8.3, 8.6, 9.1, 9.2, 10.7, 10.1, 10.2, 11.4.

Besonderheiten: Kaulschwänzigkeit kann prinzipiell als Verlustmutation bei allen Rassen vorkommen. Ihre Frühreife und Leistungsfähigkeit machen sie beliebt.

Koeyoshi

Herkunft: Nördliches Japan ist Heimatgebiet. Vermutlich ist die Rasse aus kämpferartigen Vorläufern entstanden und auch mit Shamo und Tomaru gekreuzt worden.

Rassegeschichte: Größere Bestände haben sich in den japanischen Regionen Aomori, Akita und Twate entwickelt. Einfuhr dieser Rasse nach Deutschland durch W. Vits 1993.

Form und Kopf: Kämpferartiges Aussehen. Kräftiger Rumpf in gestreckter, aufgerichteter Haltung. Relativ langer Hals, breite und flache Rückenlinie, breite Schultern. Der lange Hahnenschwanz wird zum Rücken hin nur wenig angehoben. Breite und gerundete Brust mit stellenweise sichtbarem Brustbein. Lange, kräftige Schenkel und starkknochige Läufe. Die Henne steht weniger abfallend. Ihr Schwanzgefieder ist in sich gewölbt, dachförmig nach unten geöffnet und wird ziemlich flach getragen. Dreireihiger Erbsenkamm mit leichtem Anstieg am Ende. Kleine Kehllappen, lange faltige, rote Ohrlappen mit leichten Weißeinlagerungen. Überstehende Augenbrauenwülste, große, perlfarbige bis hellorangefarbige Augen.

Farbenschlag: Ausschließlich silber-wildfarbig.

Hahn		Henne
4–4,5 kg	Gewicht	3–3,75 kg
22	Ring	20
	Legeleistung	gering
sehr gut	Küche	sehr gut

Besonderheiten: Der Name besagt so viel wie „gute, lange Stimme". Die Bewertung der Stimme bezieht sich nicht nur auf die Ruflänge, sondern schließt Stimmvolumen, Intonationsverlauf, Rufbeginn und -abschluss ein. Der Ruf ist unerwartet leise und wird in sehr tiefer Tonlage vorgetragen. Trotz des „Kämpferblutes" sind Koeyoshi erstaunlich friedlich.

Weiß

Gold-weizenfarbig

Ko Shamo

Herkunft: In Deutschland trug die Rasse zunächst die Bezeichnung Ko Gunkei, Heimat Japan. Nach W. van Balekom, Eindhoven, sollen schon um 880 n. Chr. zwergenhafte Kämpfer am kaiserlichen Hof gehalten worden sein.

Rassegeschichte: Sicheres Vorkommen in Japan seit 1933 unter den Bezeichnungen Ko Shamo, Nankin Shamo und Chibi. Seit 1841 sind in Japan Ko Shamo geschützt. Leider starke Unklarheiten im deutschen offiziellen Zucht- und Ausstellungswesen. Daher leider Vermischungen mit anderen kleinen Kämpferrassen.

Form und Kopf: Der Rumpf wirkt in der Front ungewöhnlich breit durch die hervorstehenden Schultergelenke. Haltung hoch aufgerichtet und abfallend. Mittellanger Rücken, zum Sattel hin schmaler werdend. Breite Brust, gut abgerundet, wenig Bauchentwicklung. Langer, leicht gebogener Hals mit sehr knapper Befiederung. Halsmitte am stärksten, zu den Schultern hin schmaler. Ungewöhnlich großer Kopf mit breitem Walnusskamm, sehr kleine Kehllappen; ausgeprägte Kehlwamme, gut entwickelte rote Ohrlappen. Große, perlfarbige Augen; kurzer, gebogener Schnabel. Über den Augen nach hinten offene Wülste. Muskulöse, gut mittelhohe Schenkel und Läufe. Kantige Schuppenbildung. Flügel in der Mitte etwas offen.

Farbenschläge: 1.8, 1.12, 1.26, 3.7, 5.1, 5.3, 6.1, gelb mit schwarzem Schwanz.

Hahn		Henne
0,8–1,0	Gewicht	0,6–0,8 kg
13	Ring	11
	Brut	gering
gering	Fleisch	gering

Goldhalsig

Silberhalsig

Kraienköppe

Herkunft: Um 1855 aus Verpaarungen von Landhühnern, Belgischen Kämpfern und Malaien im deutsch-niederländischen Grenzbereich um Enschede und Bentheim zu Kampfsportzwecken herausgezüchtet. Erste Bezeichnung: „Biethauner“ (Beißhühner).

Rassegeschichte: Zunächst gab es nur den silberhalsigen Farbschlag als „Twentse Grijzen“ (Graue von Twenten). Der Rassename kann verwechselt werden mit den „Kraaikoppen“ für die Breda-Rasse in den Niederlanden. Herauszüchter: Die Gebrüder Lazonder, Enschede. 1984 erste Ausstellungstiere. Nach 1900 in Deutschland gute Verbreitung in Westfalen und Hannover.

Form und Kopf: Nach Kämpferart tragen Kraienköppe den Rumpf mit den breiten Schultern etwas aufgerichtet. Gute Bemuskelung an der Brust. Lange und völlig gerade Rückenlinie. Volle Besichelung des Hahnenschwanzes mit stumpfem Winkel zum Rücken. Besonders bei der Henne erscheint die Bauchpartie voll. Ihre Haltung ist flacher. Kräftige, hervortretende Schenkel und mittelhohe Läufe. Schmaler Wulstkamm, dazu passende Kehl- und Ohrlappen. Der Schnabel ist kämpferartig kurz, stark und etwas nach unten gebogen. Verstärkte Bögen über den gelbroten bis roten Augen.

Hahn		Henne
2,5–3,0 kg	Gewicht	1,75–2,5 kg
20	Ring	18
	Legeleistung	sehr gut
gut	Fleisch	gut

Farbenschläge: 1.4, 2.1.

Besonderheiten: Kämpfertemperament, Robustheit und gute Wirtschaftlichkeit sind in dieser Rasse vereint. Rentable Frühreife, gute Winterlegetätigkeit und Mästbarkeit sind die weiteren Pluspunkte.

Schwarz

Rebhuhnhalsig

Krüper

Herkunft: Kurzbeinige Hühner durch Mutation sind schon seit dem Mittelalter bekannt (G. Longolius). In einer chinesischen Enzyklopädie werden 1596 krüperähnliche Hühner als „Hüpfer“ oder „Kriecher“ bezeichnet. Bei Gessner (um 1600), Aldrovandi, J. L. Frisch und C. v. Linné sind kurzbeinige Hühner bekannt. Buffon schildert Krüpertypen, die durch Spanier von Kambodscha auf die Philippinen gebracht worden seien.

Rassegeschichte: In Deutschland seit 1871. Zur gleichen Zeit gab es in Dänemark Bauernhühner, als „Ludehöns“ bezeichnet, die einen watschelnden Gang gehabt haben sollen. Die Bezeichnung Krüper wird in Deutschland um 1850 erstmals verwendet.

Form und Kopf: Die verkürzten Beinknochen ergeben den niedrigen Stand. Rumpf lang gestreckt, Walzenform. Tief heruntergehende Brustlinie, voller Bauch, besonders in der Hennenfigur. Reich besichelter Hahnenschwanz, im stumpfen Winkel getragen. Einfachkamm mit 4 bis 6 regelmäßigen Zacken, freistehende Fahne. Umliegender Kamm bei der Henne zulässig. Mittellange Kehllappen, weiße, mandelförmige Ohrscheiben, rote bis dunkelbraune Augenfarbe. Die Läufe beim Hahn sollen nicht höher als 8 cm, bei der Henne geschlechtsbedingt noch etwas kürzer sein.

Hahn		Henne
1,75–2,25 kg	Gewicht	1,5–2 kg
18	Ring	16
	Brut	gut
normal		normal

Farbenschläge: 1.1, 5.1, 5.5, 6.1, 7.18, 7.19.

Besonderheiten: Es handelt sich bei den Krüperanlagen um eine Verkürzung und Verdickung beider Läufe, die dominant vererbt wird.

Schwarz

Gesperbert

La Flèche

Herkunft: Die Ausgangsrassen sollen bis ins 15. Jahrhundert zurückdatiert werden können. Im Herkunftsort La Flèche im französischen Departement Sarthe wurde die Rasse systematisch erst im 17. Jahrhundert gezüchtet. Zu den Ahnen zählen die Polveras, Dorkings und Nordfranzösische Kämpfer.

Rassegeschichte: Um 1850 führte Dr. Lax, Hildesheim, die ersten La Flèche nach Deutschland ein. Nach 1945 in Deutschland fast ausgestorben. Unter Verwendung des Augsburger Huhnes ab 1949 wieder erzüchtet. 1953 Gründung des Sondervereins.

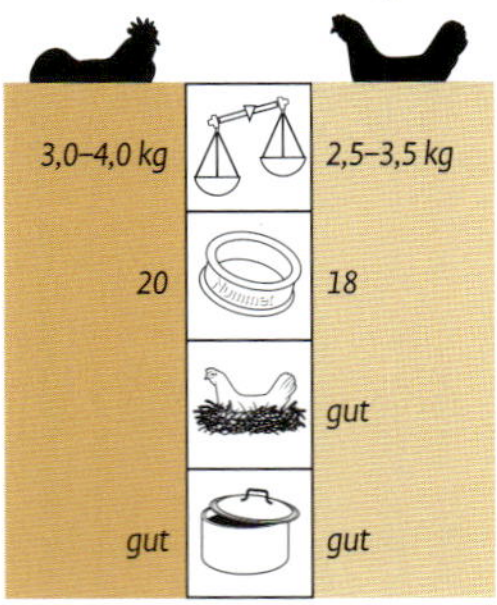

Form und Kopf: Der Kamm wird aus zwei gleich langen, walzenförmigen Hörnern gebildet, deren Spitzen abgerundet sind und senkrecht stehen. Länge beim Hahn: 2 bis 3 cm, bei der Henne 1 bis 2 cm. Hinter dem Kamm sitzt ein kleiner Schopf aus wenigen schmalen Federn. Die Nasenlöcher sind etwas aufgeweitet. Auf dem Schnabelrücken sitzt ein hufeisenförmiger Quersattel mit einer kleinen Fleischwarze. Augenfarbe: rotgelb. Im Gesamteindruck sind La Flèche hoch gestellt mit gestrecktem Körperbau. Reichliche Halslänge, breiter, leicht abfallender Rücken, kräftige Schultern und lange, hoch getragene Flügel. Brust- und Bauchpartie breit, gewölbt bzw. voll und breit.

Farbenschläge: 5.1, 5.2, 5.4, 5.5, 6.1.

Besonderheiten: Im mittelschweren Typ verkörpern La Flèche eine Leistungs- und Schaurasse zugleich. Die Eischalenfarbe spielt zuweilen in die Rosafarbe.

Lakenfelder

Herkunft: Zwei Entstehungsregionen werden überliefert: Im holländischen Lakervelt, südlich von Utrecht einerseits und andererseits in der Nähe des Dümmer Sees in Westfalen soll diese Rasse aus Totlegern, Campinern und aus den belgischen Zottegems entstanden sein.

Rassegeschichte: In Westfalen gab es schon 1835 Hühner mit weißer Grundfarbe und schwarzen Hälsen und Schwänzen. Mit den neuen Leistungsrassen konnten die Lakenfelder zunächst nicht konkurrieren. Die Gründung des deutschen Sondervereins 1967 brachte aber die Rasse gut voran.

Form und Kopf: Geräumig und gestreckt ist der Rumpf. Die Haltung waagerecht, Brust und Bauch voll gut entwickelt. Rücken und Schultern breit. Auch genügende Breite im Schwanzansatz, der beim Hahn aus breiten Steuer- und Sichelfedern besteht. Die Henne hält den Rumpf fast waagerecht; sie zeigt besonders volle Brust- und Bauchpartie. Der Stand wirkt nicht hoch, die Schenkel sind wenig sichtbar. Mittelhoher Stehkamm bei Hahn und Henne, der hier leicht geneigt sein darf. Kleine, ovale weiße Ohrscheiben und nur mittellange Kehllappen. Augenfarbe braunrot.

Hahn		Henne
1,75–2,25 kg	Gewicht	1,5–2,0 kg
18	Ring	16
	Legeleistung	gut
gut	Fleisch	gut

Farbenschlag: Ausschließlich weißes Rumpfgefieder und Kopf, Halsbehang und Schwanz tiefsamtschwarz.

Besonderheiten: Interessantes, kontrastreiches Farb- und Zeichnungsbild. Gehört zu den förderungswürdigen Rassen, da die Bestände bedroht sind.

Silberhalsig mit Orangerücken

Blau-rot

Lütticher Kämpfer

Herkunft: Heimatland ist Belgien. Ende des 19. Jahrhunderts aus Kampfhühnern der Flamen und Wallonen erzüchtet. In der Provinz Lüttich entstanden aus Brügger Kämpfern und Malaien höher stehende Kämpfer mit stärkeren Knochen.

Rassegeschichte: Ab 1923 wurden die Lütticher zusammen mit den Brüggern in einer gemeinsamen Schauklasse geführt. Ab 1975 werden die beiden Rassen getrennt aufgeführt.

Form und Kopf: Lütticher sind im Unterschied zu den Brüggern im Rumpf mehr gestreckt und schlanker in den Halslinien. Der Rücken länger mit schräg abfallender Linie. Kaum ausgeprägte Bauchregion. Lange, hervortretende Schenkel, starkknochige Läufe. Der Hahnenschwanz ist ziemlich lang, gut besichelt und wird etwas offen getragen. Leichter Winkel zum Rücken. Die Henne ist in der Körperhaltung flacher. Auch bei ihr deutliche Sporen erwünscht. Dreireihiger Erbsenkamm, möglichst schmal. Einfachkämme sind zugelassen, sogar bei der Henne leicht umliegend. Wenig entwickelte Kehllappen, kleine Ohrlappen, deren Farbe wie die des Gesichts maulbeerfarbig bis schwarzrot sein soll. Dunkle Augen.

Hahn		Henne
4,0–5,0 kg	Gewicht	3,5–4,0 kg
24	Ring	22
	Legeleistung	gering
sehr gut	Fleisch	sehr gut

Farbenschläge: 1.4, 1.6, 1.8, 1.24, 2.4, 2.9, 3.1, 3.2, 5.1, 5,3, 5.4, 5.5.

Besonderheiten: Kraftstrotzende Erscheinung, interessante Vielfalt der Farben und Zeichnungen.

Birkenfarbig

Birkenfarbig

Lütticher Zwerg-Kämpfer

Herkunft: In Belgien gab es ab 1960 die ungetrennte Rasse „Belgische Zwergkämpfer". Die Aufspaltung in den Brügger und Lütticher Typ erfolgte wenig später, sodass schon ab 1990 die Lütticher Variante in Belgien und dann auch in Berlin die deutlich von den Brüggern unterscheidbaren Lütticher Zwerg-Kämpfer gezüchtet wurden.

Rassegeschichte: Im deutschen Standard werden die Lütticher ab 1991 als eigenständige Rasse aufgeführt.

Form und Kopf: Entsprechend der riesenhaft wirkenden Großrasse ist auch deren Zwergtyp stark bemuskelt und wirkt in der Gesamterscheinung „vierschrötig". Auffallende Breitschultrigkeit. Die Rückenlinie muss deutlich stärker als beim Brügger abfallen und ist länger. Kaum vorgewölbte, aber breite Brust, wenig Bauchentwicklung. Lange, anliegend getragene Flügel. Im Winkel zum Rücken getragener, voll besichelter Hahnenschwanz mit etwas geöffneten Steuerfedern. Dreireihiger, eher flacher Erbsenkamm, der wie die wenig entwickelten Kehl- und Ohrlappen maulbeerfarbig bis schwarzrot sein muss. So auch die Gesichtsfarbe. Dunkelbraune Augen. Lange Schenkel und Läufe. Starke Knochen und gut entwickelte Sporen (auch mit Doppelsporen).

Hahn		Henne
1,7 kg		1,4 kg
16		15
		gering
normal		normal

Farbenschläge: 1.8, 2.4, 5.1.

Besonderheiten: Im Rahmen wirken Lütticher etwas leichter und schnittiger als die Brügger. Die Legeleistung hält sich in Grenzen.

Blau-wildfarbig

Blau-wildfarbig

Madras

Herkunft: In Indien werden schon seit einigen Jahrtausenden große Kampfhühner (Asil-Schläge) gezüchtet. In diese Gruppe sind die Madras einzuordnen. Der Rassename stammt von der Millionenstadt Madras.

Rassegeschichte: Um 1964 gelangten Madras über Holland nach Deutschland. Ob die damals anerkannten Vietnamesischen Kämpfer identisch oder nahe verwandt waren, ist unklar. Auch der Tierpark Berlin-Friedrichsfeld züchtete mit Tieren aus Indien-Importen Anfang der Siebzigerjahre. 1970 wurden sie in der DDR offiziell anerkannt.

Form und Kopf: Durch die aufgerichtete Haltung, die breit stehenden, sehr muskulösen Schenkel und den sehr breiten Rumpf verkörpert die Rasse den großen Kampfhuhntyp. Im Unterschied zum Malaien ist der Hals kürzer, der Stand etwas niedriger und die Rückenlinie leicht aufgebogen. Der Hahnenschwanz trägt nur kurze, schmale Sicheln. Besonders wichtig sind die breit abgesetzten Schultern. Die Kopfpunkte sind raubvogelartig: breite Stirn und hervortretende Augenbrauen, abgesetztes Genick, kaum entwickelter, fest aufsitzender Erbsenkamm, kleine Kehllappen, deutliche nackte Kehlhaut, dunkelrote Ohrlappen und perlfarbige Augen,

Hahn		Henne
3,0–3,5 kg	Gewicht	2,5–3,0 kg
22	Ring	20
	Brut	gering
sehr gut	Fleisch	sehr gut

Farbenschläge: 1., 1.12, 11.3, weiß-rot.

Besonderheiten: Madras begeistern durch ihr urtümliches Aussehen und Verhalten. Die Hennen brüten sehr zuverlässig. Bei der Aufzucht ist die Aggressivität der Junghähne zu beachten.

Gold-weizenfarbig

Gold-weizenfarbig

Malaien

Herkunft: Stammheimat Indien und Malaiischer Archipel. Bis zu 3000 Jahre zurückreichend. Unbewiesene Annahme, es habe ein ausgestorbenes Riesenwildhuhn gegeben (Gallus Giganteus).

Rassegeschichte: Pallas beschrieb um 1770 das Riesenhuhn „Gallinaces procecea“. Nach Europa kamen die ersten Malaien durch englische Handelsschiffe um 1830. Ein Züchter namens Mehlsbach entwickelte aus diesen Importen, gekreuzt mit mehrsporigen Indischen Kämpfern, die heute ausgestorbenen „Mehlsbachschen Kämpfer“.

Form und Kopf: Die Höhe des Hahnes kann bis zu 90 cm betragen. Kennzeichnend ist die so genannte Dreibogenlinie, die aus dem nach hinten gebogenen Hals, dem langen, breiten und gewölbten Rücken und dem gesenkt getragenen Schwanz aus schmalen, nur leicht gebogenen Sicheln gebildet wird. Der Rumpf wird an der Vorderseite durch Hals, Brust und Beine in einer senkrechten Linie abgegrenzt. Sehr hoch gezogene Schultern mit durchschimmernder Haut, abstehender Flügelbug. Breite, nur leicht gewölbte Brust, wenig entwickelter Bauch. Breiter Schädel, stark hervortretende Augenbrauen, absetzende Genicklinie, kleiner, breiter Wulstkamm, sehr kleine Kehl- und Ohrlappen, perlfarbige bis gelbliche Augen, starker, gekrümmter Schnabel. Hartes, knappes Gefieder.

Hahn		Henne
3,5–4,5 kg	Gewicht	2,5–3,5 kg
24	Ring	22
	Legeleistung	gering
sehr gut	Fleisch	sehr gut

Farbenschläge: 1., 1.12, 1.14, 5.1, 5.5, 6.1, 7.13, 11.4.

Besonderheiten: Der Riese unter den Kampfhuhnrassen.

Schwarz-kupfer

Schwarz-kupfer

Marans

Herkunft: Namensgebung nach dem Ort Marans in Frankreich, nordöstlich von La Rochelle gelegen. Entstanden um 1895.

Rassegeschichte: In England gab es die Rasse schon 1929. Nach Angaben in „British Poultry Standards“ (Hawkworths) gingen Marans aus Kreuzungen von Faverolles, Barred Rocks, Brakeln und Gàtinaise hervor.

Form und Kopf: Trotz geräumigen Körpers soll der Gesamteindruck nicht plump wirken. Der Rumpf ist recht lang, breit und tief. Der lange Rücken ist flach und fällt leicht nach hinten ab. Breite Schultern, volle, gut gerundete Brust. Gut entwickelter Bauch, besonders bei der legenden Henne. Kräftige Schenkel, wenig sichtbar; mittellange, an den Außenseiten leicht befiederte Läufe und Außenzehen. Einfachkamm, der bei der Henne seitlich geneigt sein kann. Rote Ohrlappen, mittelgroße Kehllappen, rote bis orangefarbige Augen.

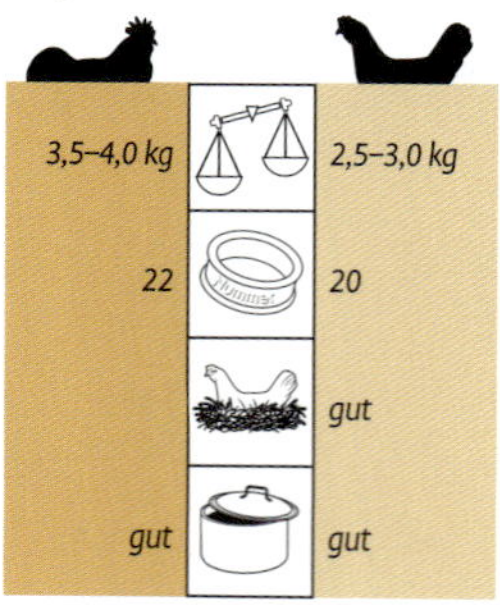

Farbenschläge: 1.11, 6.1.

Besonderheiten: Leistungsstarke Rasse mit hoher Eizahl und hohem Eigewicht. Vorzügliches Tafelfleisch. Ihre große Beliebtheit verdankt diese Rasse in erster Linie der schönen Eischalenfarbe. Beliebt sind die dunkelrotbraunen Eier; in Frankreich legen die Züchter besonderen Wert auf die intensive goldbraune Schalenfarbe („extra-roux“). Beweglicher Typ mit kräftigem Körperbau und robuster Konstitution.

Gesperbert

Gesperbert

Mechelner

Herkunft: Die Anfänge gehen zurück bis Mitte des 19. Jahrhunderts. 1850 vom Antwerpener Zoo aus China eingeführte Schanghais; Brahma-Hühner aus den USA wurden mit Fleischhühnern aus der Umgebung der belgischen Stadt Mechelen gekreuzt. Zufuhr wertvoller Erbmasse durch Flandrische Kuckuckshühner („Coucon de Flandres"), Mechelner Kuckuckshühner („Coucon de Malines") und Flämische Sperber.

Rassegeschichte: Das Mechelner Huhn war Favorit auf den Geflügelmärkten. Begehrte Fleischrasse zur Erzielung der „Stubenküken". Spätere Einkreuzung des großformatigen Campiner-Huhns (Grammot). 1905 Gründung des deutschen Sondervereins. 1979 Spezialclub in Belgien.

Form und Kopf: Masthuhntyp: breites, tiefes Rechteck in der Rumpfform. Langer, gerader Rücken, starker Fleischansatz an der Brust, voll ausladende Bauchregion. Muskulöse Schenkel und kräftige, mittellange Läufe mit Befiederung an den Außenseiten bilden den Stand. „Vierschrötiger Rumpf" (Standard) der Henne. Der Hahnenschwanz ist relativ kurz und wird mit leichtem Winkel zum Rücken getragen. Mittelgroßer Einfachkamm, stehend auch bei der Henne. Rote, schmale Ohrlappen, orangerote Augenfarbe.

Hahn		Henne
4,0–5,0 kg		3,0–4,0 kg
24		22
		gut
sehr gut		sehr gut

Farbenschläge: 5.5, 6.1.

Besonderheiten: Ruhiges Temperament, hervorragende Nutzungseigenschaften auch in der Legeleistung. Rentable Futterverwertung, wertvolles züchterisches Kulturgut.

Schwarz

Weiß

Minorka

Herkunft: Als Stammformen gelten alte spanische Landhuhnschläge. Der Rassename ist von der spanischen Insel Menorca abgeleitet.
Rassegeschichte: Um 1835 nach England eingeführt. Ab 1850 starke Verbreitung und etwa 20 Jahre später Einfuhr nach Deutschland. Gründung des deutschen Sondervereins 1895. Steigerung der wirtschaftlichen Bedeutung in Deutschland durch Umzüchtung auf körperliche Leistungsmerkmale nach 1920.
Form und Kopf: Lang gestreckter Körper mit viel Rumpftiefe und -breite stehen im Vordergrund. Die Figur der Henne wirkt im Hinterteil deutlich ausladend. Breite Schultern, gerade, leicht abfallende Rückenlinie, volle Brust, füllige Hinterpartie. Mittellange Haupt- und viele Nebensicheln im Hahnenschwanz. Hennenschwanz geschlossen. Kräftige, aus dem Gefieder hervortretende Schenkel, reichlich mittellange, feinknochige Läufe. Markante Kopfpunkte: relative großer Einfachkamm mit hoher Wölbung. Die Henne trägt den großen Kamm vorne aufrecht und dann nach der Seite geneigt. Rosenkämmige Minorka sind ebenfalls zugelassen. Die Ohrscheiben des Hahnes sind groß, glatt und reinweiß glänzend, die der Henne mehr kreisrund. Die Augenfarbe ist dunkelbraun bis schwarz bei Schwarzen, rot bei Weißen.

Hahn		Henne
2,5–3,5 kg	Gewicht	2,25–3,0 kg
20	Ring	18
	Brut	gut
gut	Fleisch	gut

Farbenschläge: 5.1, 5.5.
Besonderheiten: „Aristokraten des Geflügelhofes"; lebhaftes Temperament, Wetterhärte, Frühreife, Leistungsstärke. Seltene Rasse, Erhalt der Bestände vordringlich.

Birkenfarbig

Silberhalsig

Moderne Englische Kämpfer

Herkunft: In England aus Altenglischen Kämpfern und Malaien nach 1850. Nach dem Verbot des Hahnenkampfsportes entstand im Zeitraum von 70 Jahren ein feingliedriger Schautyp.

Rassegeschichte: Bis zur Jahrhundertwende starke Verbreitung. Rückgang ab 1910 bis 1962 auf wenige hundert Tiere. 1967 Wiedereinbürgerung in Deutschland.

Form und Kopf: In der Draufsicht entspricht die Körperform einem umgekehrten Bügeleisen: breit in den Schultern, deutliche „Verjüngung“ bis in die Sattelgegend. Stark abfallender, völlig flacher Rücken. Langer Hals mit kurzem, fest anliegenden Behang. Abstehende Schultern, eckig, gut abgesetzt. Die flachen Flügel liegen fest an und werden hoch getragen; Schwingspitzen unter dem Sattelbehang. Dieser ist beim Hahn kurz und geht in den dünnen, schmalen, flach getragenen Schwanz über. Schmale Sicheln, leicht gebogen. Hoch getragene, in der Seitenansicht flache Brust. Lange Läufe mit hoch ragenden Schenkeln. Kleiner Einfachkamm, rote Ohrlappen und kleine Kehllappen. Die Augenfarbe ist feurigrot, bei Birkenfarbigen; bei Orangebrüstigen und Schwarzen dunkel. Sehr knappes, hartes und fest anliegendes Gefieder.

Hahn		Henne
2,0–3,0 kg		1,75–2,5 kg
20		18
		gering
normal		normal

Farbenschläge: 1.4, 1.6, 1.23, 1.12, 1.14, 1.21, 2.1, 2.4, 2.8, 2.9, 3.1, 5.1, 5.3, 5.4, 5.5.

Kennfarbig

Blau-birkenfarbig

Moderne Englische Zwerg-Kämpfer

Herkunft: Die Engländer J. Crosland und W. F. Entwisle in Nordengland gelten als Herauszüchter Mitte des 19. Jahrhunderts. Paradoxerweise sind die Modernen älter als die Altenglischen Zwerg-Kämpfer.

Rassegeschichte: Gründung des Clubs 1880. Vermutlich wurde zur Erzüchtung dieser zierlichen Rasse ausschließlich die Großrasse durch Selektion auf Kleinheit und Zierlichkeit verwendet. 1871 Importe nach Deutschland durch H. Marten, Lehrte.

Form und Kopf: Der Rumpf: in der Vorderpartie breit mit hoch gezogenen, abstehenden Schultern, breiter Brust und knappem Bauch. Die Sattelbreite am Ende des betont flachen Rückens fein ausgezogen. Das Gefieder ist so knapp, dass auch der Hahnenschwanz nur aus kurzen, schmalen Sicheln besteht, die wenig über der Waagerechten getragen werden. Die kurzen Flügel müssen flach anliegen und mit dem Körperende abschließen. Langer, schlanker Hals, der dünn aus dem Rumpf kommt und lange Schenkel mit langen und straff stehenden Läufen. Auf dem keilförmigen schmalen Kopf sitzt ein kleiner Einfachkamm. Kleine Kehl- und Ohrlappen. Unterschiedliche Augenfarbe je nach Farbschlag.

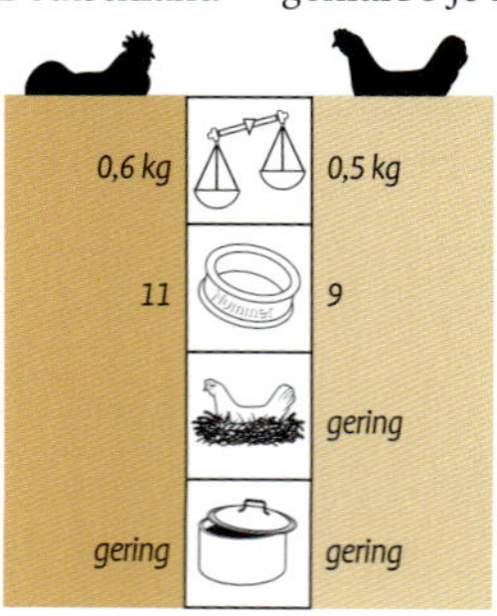

Farbenschläge: 1.12, 1.14, 1.4, 1.6, 1.21, 1.23, 2.1, 2.4, 2.8, 2.9, 3.1, 3.2, 5.1, 5.3, 5.4, 5.5, 6.1, 6.6.

Besonderheiten: Zier- und Ausstellungsrasse von hoher kultureller Bedeutung. Sie gelten als „Perlen unter den Zwerghuhnrassen“.

Rosenkämmig, rot

Schwarz

Nackthalshühner

Herkunft: Erste Präsentation dieser Kuriosität in Wien 1875. Zu den Ahnen zählt das indische Kulmhuhn, ein kämpferartiger Typ mit Nackthalsigkeit und Federarmut.

Rassegeschichte: Nach B. Noack gelten Malaien und Cochins zur Herauszüchtung, aber ungesicherte Theorie. Einleuchtender sind Ausführungen von W. Meier, wonach der Arzt J. Klutsch 1873 die Nackt- oder Kahlhälse, auch Türkische Hühner und Bosniaten genannt, in einem Dorf bei Schässburg/Österreich entdeckt hat. Von dort gelangten die Tiere nach Deutschland.

Form und Kopf: Hauptrassemerkmal ist der unbefiederte, leicht S-förmig gebogene Hals, der leuchtend rote Haut zeigen soll. Der Rumpf ist lang gestreckt walzenförmig in leicht abfallender Haltung. Unbefiederte Hautstellen befinden sich auf der vollfleischigen Brust. Breiter und voller Bauch. Unbefiedertes, dreieckiges Hautstück auf der Innenseite der kräftigen Schenkel. Mittellang und feinknochig sind die Läufe. Sowohl der Einfach-, als auch der Rosenkamm sind zugelassen. Dünn und rund sind die Kehllappen, rot die anliegenden Ohrlappen. Orangerot ist die Augenfarbe.

Farbenschläge: 1.1, 5.1, 5.4, 5.5, 5.6, 5.7, 6.1, 10.7.

Hahn		Henne
2,5–3,0 kg		2,0–2,5 kg
20		18
		gut
normal		normal

Besonderheiten: Die Nackthalsigkeit ist im Erbgut dominant. Trotz ihrer reduzierten Befiederung sind Nackthalshühner ausgesprochen wetterhart und schnellwüchsig. Manchmal Verwunderung und Ablehnung bei Schaubesuchern.

Goldbraun

Weiß

New Hampshire

Herkunft: Ab 1915 im US-Staat New Hampshire aus Rhodeländern (Rhode Island Reds) durch strenge Auslese erzüchtet.

Rassegeschichte: Es ist nicht bekannt, ob außer den wirtschaftlichen Rhodeländern in der Anfangszeit noch andere Rassen verwendet wurden. Kurz nach 1945 wurden die goldbraunen „Wunderhühner“ in die Niederlande importiert. In Österreich und um 1950 auch in Deutschland kamen die Zuchten in Blüte. Gründung des Sondervereins im gleichen Jahr.

Form und Kopf: Der breite und tiefe Körper bestimmt im Wesentlichen die Form. Hohlrund verläuft die Rückenlinie über die Sattelpartie in den gut ausgebreitet getragenen und ansteigenden Schwanz. Sowohl die Schultern als auch der Rücken erscheinen in der Draufsicht breit. Beim Hahn sind die etwas offen getragenen Steuerfedern gut mit Neben- und Hauptsicheln abgedeckt. Tiefe und gut gerundete Brust und voller Bauch bilden die Unterlinie. Bei der Henne wird breiter Körper- und Schwanzabschluss verlangt. Der Stand ist durch gut sichtbare Schenkel und mittellange Läufe gebildet. Die Kopfpunkte sind einfach: Stehkamm bei beiden Geschlechtern ohne aufliegende Kammfahne, passende Kehllappen und leuchtend rote Ohrlappen. Große orangefarbige bis rote Augen.

Farbenschläge: 4.11, 5.5.

Besonderheiten: Zutrauliches Wesen. Ausgesprochenes Lege- und Masthuhn bei guter Futterverwertung. Eine der zahlenmäßig stärksten Rassen.

Hahn		Henne
3,0–3,5 kg		2,25–2,7 kg
22		20
		sehr gut
sehr gut		sehr gut

Blausperber

Blausperber

Niederrheiner

Herkunft: Deutschland. Erzüchter J. Jobs und F. Regenstein ab 1938. Zunächst Aufnahme in den Standard 1943 als „Blaues Masthuhn".

Rassegeschichte: „Nordholländische Blaue" mit dem genetischen Erbe der Mechelner Kuckucksperber, Orpington, Plymouth Rocks und einigen Kampfhuhnrassen. Neuer Name: „Blaue Sperberhühner". 1943 Anerkennung der Kennsperber und Gelbsperber. Gründung des Sondervereins 1947. Mitte der sechziger Jahre Blaue und Birkenfarbige.

Form und Kopf: Breiter, abgerundeter, gedrungener Rumpf, mittellanger, breiter Rücken. Übergang der Oberlinie über den Sattel ohne eckige Unterbrechung in den im stumpfen Winkel getragenen Schwanz. Dieser ist beim Hahn mit breiten, gut gerundeten Sichelfedern besetzt. Breite Brustfront und gut entwickelte Bauchregion zeigen die Leistungsmerkmale an. Mittelhoher Stand durch muskulös hervortretende Schenkel und mittellange Läufe. Die Henne erscheint in den Umrissen noch etwas gedrungener und voluminöser. Einfacher Hahnenkamm mit mindestens vier, höchstens sechs Zacken. Bei der Henne darf der Kamm im hinteren Teil etwas zur Seite geneigt sein. Die übrigen Kopfbehänge sind klein. Feurigrot ist die Augenfarbe.

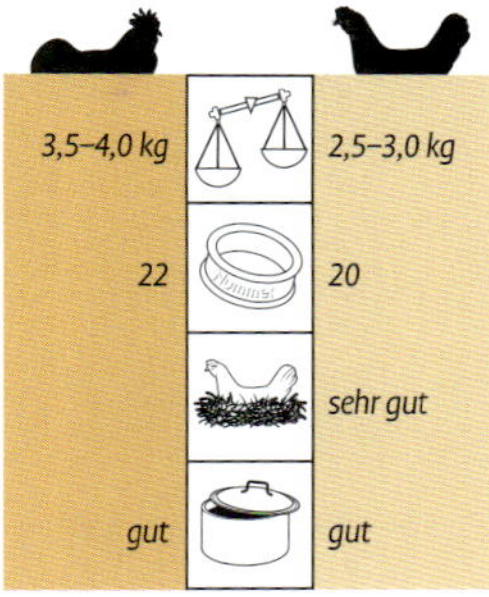

Farbenschläge: 2.4, 5.3, 6.2, 6.3, 6.5.

Besonderheiten: Pro Henne und Jahr durchschnittlich 180 Eier. Rentable Frühreife. Zahmheit und Nichtflieger sind weitere Vorteile. Gute Mästbarkeit, weiße Haut und feinfasriges Fleisch.

Norwegische Jaerhühner

Herkunft: Seit etwa 1925 Beginn der Herauszüchtung in Norwegen.

Rassegeschichte: Wahrscheinlich hat das Jaerhuhn zusammen mit den Friesenhühnern die gleichen Wurzeln in den nordwesteuropäischen Sprenkelrassen. In Norwegen gibt es die Farbvarianten Braun, Hell und Dunkel. Seit 1992 im deutschen Standard.

Form und Kopf: Stolze Körperhaltung, gute Beweglichkeit, etwas gedrungene, walzenförmige Figur. Rückenlinie leicht nach oben gebogen. Abgerundete Schultern, lange, kräftige, fest am Körper getragene Flügel. Brustlinie gut gerundet und vorgewölbt, volle, breite Bauchregion. Kräftige, nicht zu lange Schenkel, mittellange, starkknochige Läufe. Der Hahnenschwanz wird sehr hoch getragen. Die Henne fächert etwas die Steuerfedern. Ihr Kamm soll klein und fein sein. Der Hahn trägt den Einfachkamm mit 4 bis 5 Zacken. Ohrscheiben klein und möglichst weiß, Kehllappen gut gerundet in mittlerer Größe. Große, lebhafte, rotbraune Augen.

Hahn		Henne
1,75–2,0 kg		1,5–1,75 kg
16		15
		normal
normal		normal

Farbenschlag: Ausschließlich cremefarbig bis strohgelb auf weißem Untergrund, gelbbraune Sperberung. Strohgelbe Querstreifen im Halsbehang des Hahnes. Rücken der Henne dunkelbraun mit gelber Sperberung. Die Henne wirkt im Gesamtbild dunkler.

Besonderheiten: Die Eintagshähnchen tragen auf dem Kopf einen großen hellen Fleck und sind in den Dunen heller gefärbt. Die Hennchen sind mehr graubraun.

Silberhalsig

Goldhalsig

Ohiki

Herkunft: Um 1780 Bestände in Südjapan. Der Rassename bedeutet so viel wie „Schleppender Schwanz“.

Rassegeschichte: Angeblich sollen Ohikis schon 1921 zur Herauszüchtung der Zwerg-Phönix verwendet worden sein. Wiedereinfuhr 1955 durch W. Vits, Marburg. Ursprünglicher Rassename: Minohiki-Chabo.

Form und Kopf: Die Figur wirkt durch den breiten Rumpf, die etwas vorgewölbte Brust und die volle Bauchlinie gedrungen. Breit sind auch Rücken und Schultern. Durch die kurzen, im Bauchgefieder versteckten Schenkel und die kaum mittellangen Läufe ist der Stand eher tief. Die Schwingen des Hahnes werden etwas gesenkt getragen, die der Henne mehr waagerecht. Hals und Körperende sind beim Hahn üppig mit Federn besetzt. Der Schwanz soll breit und in sich gewölbt sein. Die sehr langen und schmalen Sichelfedern mit den weichen Schäften reichen bis zum Boden. Im ausgereiften Zustand bilden sie eine Schleppe. Der Abschluss der Henne besteht aus den gewölbt angeordneten Steuerfedern und dem etwas lockeren Sattel- und Schwanzdeckgefieder. Kleine Stehkämme mit leicht ansteigender Fahne. Dazu passende mittelgroße Kehl- und Ohrlappen. Diese sollen rund bis oval und gelblich weiß sein. Orangerot ist die Augenfarbe.

Hahn		Henne
0,9 kg	Gewicht	0,75 kg
13	Ring	11
	Legeleistung	gering
gering	Fleisch	gering

Farbenschläge: 1.4, 2.1.

Besonderheiten: Erstaunlich gute Verbreitung in Deutschland in letzter Zeit. Interessante Verhaltensweisen. Zahm und temperamentvoll zugleich.

Okina-Chabo

Herkunft: Zur Entstehungszeit in Japan gibt es unterschiedliche Angaben: 1923 (Bartl), 1927 und 1935 (Borger) und 1930 (Deutscher Rassestandard).

Rassegeschichte: Tahagi Richaaki verpaarte einen weißen Chabohahn mit einer bärtigen südjapanischen Jidorihenne. Die Rückpaarung einer bärtigen Henne mit dem Chabohahn ergaben angeblich dominant vererbende Bartträger. Die farbigen Tiere wurden zur Weiterzucht nicht verwendet. Der Rassename bedeutet so viel wie „Alter Mann mit weißem Bart“. In Deutschland erste Nachzucht aus japanischen Bruteiern 1990. Deutsche Musterbeschreibung 1996.

Form und Kopf: Im Format entspricht diese Rasse vollständig den Chabo. Kennzeichnend ist der tiefe Stand, der kurze, breite Rumpf mit den tief getragenen Flügeln. Zur Oberlinie gehört der haarnadelförmige Verlauf der Hals-, Rücken-, Schwanzlinie. Die Kopfpunkte sind hervorstechendes Rassemerkmal: Kamm und Augenfarbe sind mit den Chabo identisch. Die Kinnbefiederung besteht aus verlängerten Federn, die den vollen, ungeteilten Kinn- und Backenbart bilden. Die Kinn- und Ohrlappen sind vom Bart verdeckt.

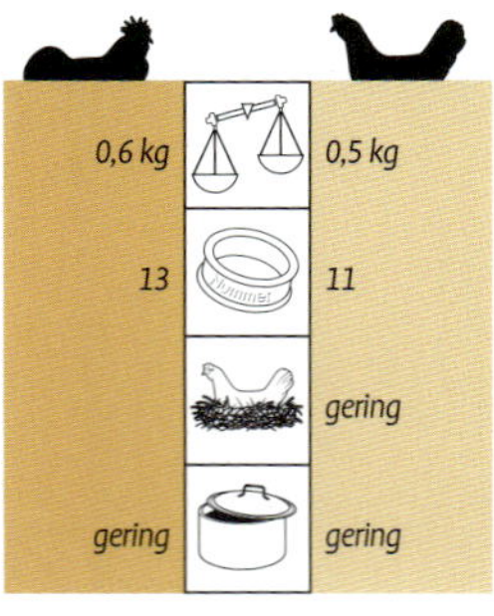

Farbenschlag: Ausschließlich weiß.

Besonderheiten: Okina-Chabo bedeuten eine interessante Bereicherung der „Kleinen Grotesken“ aus dem fernen Osten. In Japan gibt es nur wenige Zuchten, beschränkt auf die Insel Koshi.

Weiß

Goldhalsig

Onagadori

Herkunft: Bestand seit etwa 300 Jahren in Japan als extreme Langschwanzrasse mit ununterbrochenem Wachstum des Schwanzgefieders herausgezüchtet.

Rassegeschichte: Onagadori wurden 1923 in Japan zum Naturmonument erhoben und sind seitdem staatlich geschützt. Durch mutative Veränderungen entstanden Hähne, deren Sattel- und Schwanzgefieder ohne Unterbrechung weiterwuchs. Dadurch kann die Schwanzlänge bis zu 13 Meter erreichen. Nach dem Zweiten Weltkrieg waren die Bestände fast erloschen. Erneuter staatlicher Schutz ab 1952. Lebende Tiere dürfen nicht verkauft oder geschlachtet werden. Dennoch gelangten vor ca. 35 Jahren langschwänzige Originaltiere nach Deutschland.

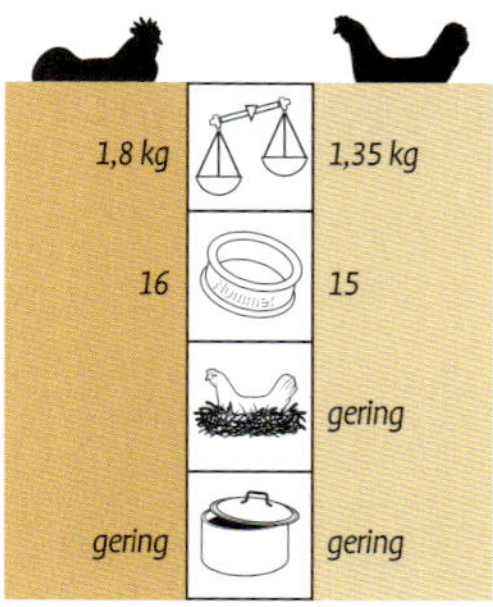

Form und Kopf: Hauptaugenmerk bei der Rassebeurteilung liegt auf dem Sattel- und Schwanzgefieder. Sehr lange und üppig entwickelte Schwanzpartien mit schmalen Federn. Auch die Henne zeigt säbelförmige Schwanzdeckfedern und verlängertes Hals- und Sattelgefieder. Hoch getragene Brust, schlanke Landhuhnform. Knapp entwickelter Bauch, gut mittellange, kräftige Schenkel. Einfacher Kamm, der bei Althähnen seitlich geneigt sein darf. Die Henne trägt den kleinen Stehkamm. Orangerote bis kastanienbraune Augenfarbe.

Farbenschläge: 1.4, 2.1, 3.3, 5.5, goldrot mit schwarzem Schwanz.

Besonderheiten: Ausgesprochenes Zierhuhn. Hohes Kulturgut. Bedarf sorgfältiger Unterbringung und Pflege.

Rotbunt

Rotbunt

Orloff

Herkunft: Die Ahnen der Orloff dürften im 17. und 18. Jahrhundert in Persien gelebt haben. Aus der persischen Provinz Gilan sollen die ersten Tiere nach Zentralrussland gekommen sein.

Rassegeschichte: Die Stadt Orlow wird als namensgebend angenommen. Russische Pawlowa-Barthühner und Malaien gehören wahrscheinlich zu den weiteren Stammtieren. Russisches Nationalhuhn (Gallus dom. pugnax barbatue) um 1908.

Form und Kopf: Breite Schulterpartie, gedrungener Körperbau, aufgerichtete Haltung. Der lange, aufgereckte Hals ist voll befiedert, darf aber die Schultern nicht bedecken. Aufgebauschtes Nackengefieder, im Genick abgesetzt. Breite Brust ohne Vorwölbung. Kurzes Abschlussgefieder des Hahnes; Schwanzhaltung aufrecht bis rechtwinklig. Die Rumpfhaltung der Henne ist mehr waagerecht; besondere Betonung der Bauchregion. Hervortretende Schenkel, mittellange Läufe ergeben den kämpferartigen Stand. Rassetypisch die volle Bartbildung (starker Backen- und Kinnbart). Ohr- und Kehllappen sind verdeckt. Überstehende Augenbrauen, perlfarbig bis orangerote Augen.

Farbenschläge: 1.17, 5.1, 5.5, 6.1, 10.7, 11.2.

Besonderheiten: Trotz „wildem“ Aussehen und kämpferischer Robustheit ausgesprochene Zahmheit und Anhänglichkeit gegenüber dem Züchter. Wetterunempfindlichkeit, sehr gute Legeleistung, leichte Mästbarkeit, feines Tafelfleisch.

Hahn		Henne
3,0–3,5 kg	(Gewicht)	2,25–2,75 kg
22	(Ring)	20
	(Legeleistung)	gut
sehr gut	(Fleisch)	sehr gut

Rot

Blaugesäumt

Orpington

Herkunft: Erzüchtung ab 1886 durch E. Cook in Orpington-House bei St. Mary in der südenglischen Grafschaft Kent aus Minorka, schwarzen Langschan, Plymouth Rocks und wahrscheinlich auch Sumatra.

Rassegeschichte: Weiterentwicklung durch J. Partington (Präsentation auf der Dairyschau in London 1891). 1881 waren die ersten Orpington schon bei K. Huth in Deutschland. Die Roten entstanden durch Verwendung von Sussex, Rhodeländern und Wyandotten 1905 durch Freiherrin von Weinbach-Diessen in München.

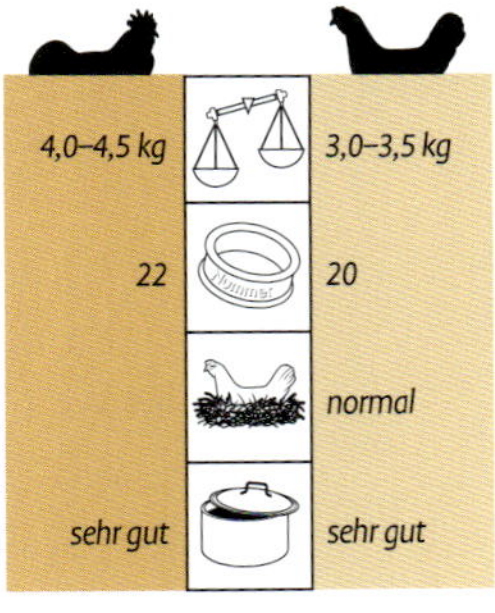

Form und Kopf: Wuchtige Erscheinung durch stattliche Größe und allseits ausladende Würfelform. Breite und Tiefe des Rumpfes bilden den Rahmen zusammen mit den starken Schultern, dem kurzen Schwanz und dem tiefen Stand. Das flaumreiche, volle Gefieder unterstützt diesen Eindruck. Die Henne wirkt in der Figur noch etwas gedrungener. Kleine Kopfpunkte: einfacher, aufrecht stehender Kamm oder rosenkämmig, mittelgroße Kehl- und Ohrlappen. Unterschiedliche Augenfarbe je nach Farbenschlägen.

Farbenschläge: 2.4, 5.1, 5.5, 5.4, 5.7, 5.6, 6.4, 7.7, 7.9, 10.7, 11.4.

Besonderheiten: Eindrucksvolle Gesamterscheinung im Schaukäfig. Relativ geringe Raumansprüche durch wenig Flugfähigkeit. Schnellwüchsigkeit und Zutraulichkeit.

Silber-schwarzgeflockt

Silber-schwarzgeflockt

Ostfriesische Möwen

Herkunft: Ursprüngliche „Tot- und Alltagsleger“ um 1820 im deutsch-niederländischen Grenzgebiet, auch als Sprenkelhühner und in Holland als Campiner bezeichnet.

Rassegeschichte: Gesichertes Vorkommen goldmöwenähnlicher Hühner in Deutschland um 1850 in Braunschweig. Bezeichnung „Möwe“ resultiert aus der Zeichnung des Kükenflaums, die den Jungen des Seevogels ähnelt. Die für das heutige Möwenhuhn charakteristische und unverwechselbare Flockenzeichnung wurde erst nach der Jahrhundertwende durch Auslesezucht erzielt.

Form und Kopf: Bei beiden Geschlechtern zeigen die Figuren ein längliches Viereck mit allseitiger Abrundung. Das Hahnengefieder zeigt voll bewachsenen Behang in Hals, Sattel und in dem breiten, hoch getragenen Schwanz. Bei der Henne kommt die tief angesetzte Brust und der volle Bauch in der Form als Landhuhn zur Geltung. Hinter den breiten Schultern verläuft möglichst waagerecht der mittellange Rücken. Feinknochige Läufe und hervortretende Schenkel bilden den Stand. Glatte, weiße Ohrscheiben, mittellange Kehllappen und der mittelgroße Einfachkamm (bei der Henne etwas Neigung zulässig) sind üblich. Rotgelbe bis rotbraune Augenfarbe.

Hahn		Henne
2,25–3,0 kg	Gewicht	1,75–2,5 kg
18	Ring	16
	Brut	gut
normal	Futter	normal

Farbenschläge: 8.1, 8.3.

Besonderheiten: Bestechender Kontrast im Farb- und Zeichnungsbild. Frohwüchsigkeit der Küken. Geschätzte Fleischqualität der Schlachttiere, recht hohe Legeleistung, fleißige Futtersuche im Freilauf.

Silber-schwarzgeflockt

Silber-schwarzgeflockt

Ostfriesische Zwerg-Möwen

Herkunft: Als Herauszüchter gelten L. Groen, Elisabeth Feen und E. Flemer, Aurich seit 1952. Heimatregion Ostfriesische Inseln.

Rassegeschichte: Deutsche Zwerge, große Ostfriesische Möwen und silberfarbige Zwerg-Italiener bildeten die Ausgangsstämme. Anerkennung 1959. Die Gold-Schwarzgeflockten kamen durch eine aus Holland eingeführte Henne bei H. Oncken, Engels, und bei Hildebrandt, Köln, durch die Verwendung porzellanfarbiger Bantams und schwarze Deutsche Zwerghühner zu Stande. Seit 1968 anerkannt. 1983 Gold-Blaugeflockte. 1993 Gelb-Weißgeflockte, 1995 Silber-Blaugeflockte.

Form und Kopf: Die Körperumrisse bilden ein längliches Viereck mit allseitiger Abrundung. Haltung und Rückenlinie fast waagerecht. Breite Schultern, fest anliegende Flügel. Unterlinie durch breite, tiefe Brust und vollen Bauch „landhuhnförmig“. Hoch getragenes Schwanzgefieder, beim Hahn breite Sicheln. Schenkel und Läufe mittelhoch. Mittelgroßer Einfachkamm mit etwas freistehender Fahne. Bei der Henne im hinteren Teil zur Seite geneigt. Glatte, weiße Ohrscheiben; beim Hahn rote, bei der Henne oft braune Augen.

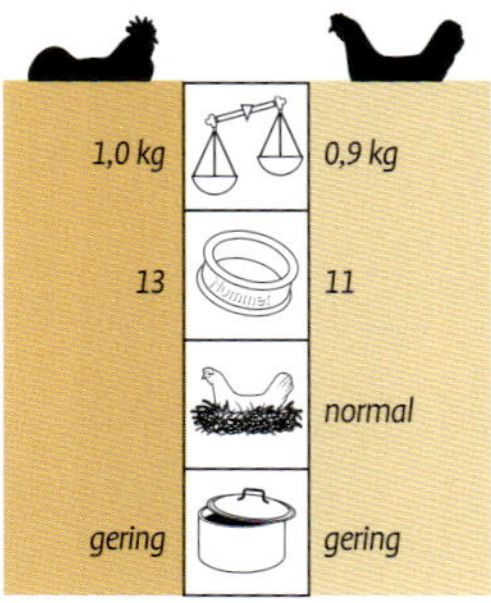

Farbenschläge: 8.1, 8.2, 8.3, 8.4, 8.6.

Besonderheiten: Deutliche Unterscheidung zu den Zwerg-Friesenhühnern, alleine schon durch das höhere Gewicht. Geeignet für raue Klimalagen. Legefreudig, auch im Winter. Apartes Zeichnungsmuster bei den Hennen.

Chamois-weißgesäumt

Blau gesäumt

Paduaner

Herkunft: Entwicklung seit 500 Jahren von Russland, Italien, Holland, England aus bis Deutschland 1869. Älteste Abbildung in Deutschland: 1793 (Frisch).

Rassegeschichte: Lange Zeit unspezifische Rasse; Haubenbildung, mit und ohne Federbart. Danach gute Weiterentwicklung und Herauszüchtung zahlreicher Farbenschläge, darunter die Singularität „Tollbunte" und die gelockte Variante als „Ganzkörperchrysanthemen" (Wandelt).

Form und Kopf: Die Kopfpunkte stehen im Vordergrund: volle Rundhaube, beim Hahn aus schmalen, spitzen Federn, bei der Henne kugelförmig fest, in jedem Fall die Augen so freilassend, dass die Tiere ungehindert sehen können. Starker Kinn- und Backenbart bei beiden Geschlechtern. Kamm und Kehllappen fehlen oder nur angedeutet. Die Ohrscheiben sind vom Bart und von der Haube völlig bedeckt. Braune Augen, bei Weißen und Gesperberten orangerot. Gestreckter Typ in leicht abfallender Haltung. Dazu gehören breite Schultern, nicht zu tief getragene Brust und gut gefüllte Bauchregion. Der gut besichelte Hahnenschwanz wird im rechten Winkel getragen. Die Haltung der Henne ist mehr waagerecht.

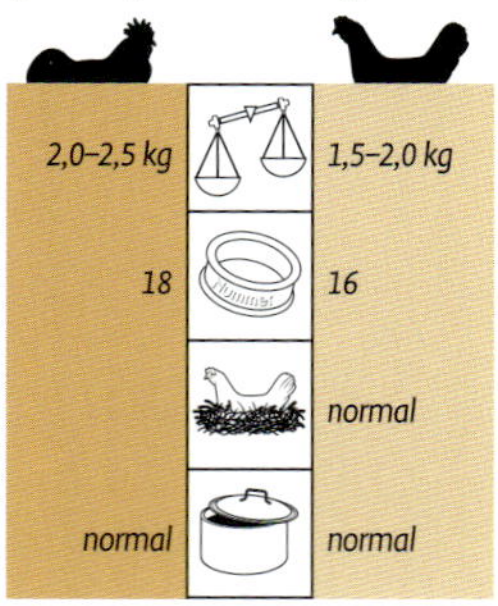

Farbenschläge: 5.1, 5.2, 5.3, 5.4, 5.5, 6.1, 7.3, 7.4, 7.8, tollbunt.

Besonderheiten: Altes europäisches Zucht-Kulturgut. Bei der Pflege ist der Haube besondere Sorgfalt zu widmen: Vorbeuge gegen Ektoparasiten, Schutz vor Durchnässung.

Gold-weizenfarbig

Gold-weizenfarbig

Penedesenca

Herkunft: Seit Jahrhunderten im spanischen Katalanien gezüchtete Rasse (benannt nach der Ortschaft Penedés).

Rassegeschichte: Die Rasse in ihrer heutigen Ausprägung soll ab 1921 in Spanien rein gezüchtet sein. In Deutschland einer der zuletzt durch Aufnahme in den Standard offiziell anerkannten Rassen.

Form und Kopf: Der Körper erscheint in der Walzenform muskulös. In Relation zum Rumpf ist der Hals lang und wird in leichtem Bogen nach hinten getragen. Gut befiedert trägt der Hahn den Schwanz etwas gefächert und fast steil. Brust und Bauch sind gut entwickelt, besonders bei der legenden Henne. Auch ist ihre Haltung mehr waagerecht. Nach Mittelmeertypik ist der Stand durch mittellange Schenkel und Läufe mitbeteiligt an dem „stolzen“ Gesamteindruck. Der Einfachkamm zeigt ein Merkmal, das bei allen anderen Rassen bei der Bewertung zum Ausschluss führen würde: der kreuzartige Abschluss durch die seitlichen Auswüchse. Der recht große Kamm der Henne hängt hinten seitlich herab und muss auch mit Auswüchsen versehen sein. Dazu passende große Kehllappen und länglich ovale Ohrscheiben, manchmal mit roten Farbfeldern. Die Augenfarbe ist orangerot.

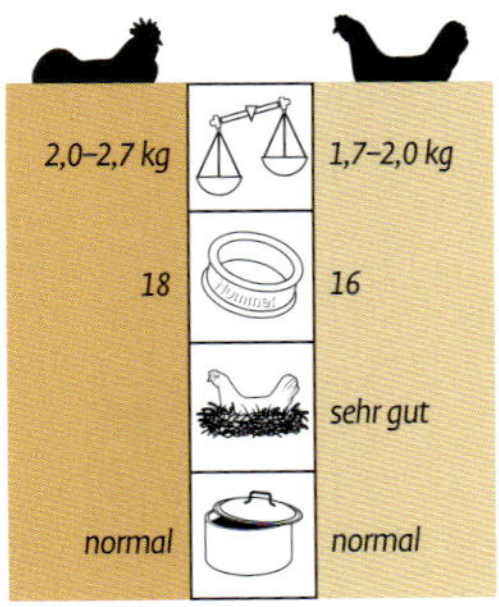

Farbenschläge: 1.12, 6.6, 7.9.

Besonderheiten: Mit 65 g Eigewicht interessanter Nutzaspekt. Sehr beliebt ist die dunkle, rotbraune Schale. Einzigartige Kammstruktur.

Goldhalsig

Goldhalsig

Pfälzer Kampfhühner

Herkunft: Rheinland-Pfalz im letzten Jahrzehnt des 20. Jahrhunderts erzüchtet.

Rassegeschichte: Das Anliegen des Züchters war, Moderne Englische Kämpfer mit kleinem Erbsenkamm zu erzüchten. Es gelang in relativ kurzer Zeit unter Zuhilfenahme von Malaien, den schlanken Typ des Englischen Kämpfers herauszubringen, allerdings vererbte sich die aufgebogene Rückenlinie der Malaien hartnäckig.

Form und Kopf: Nach dem Modell englischer Kampfhühner ist die Körperfront durch die kantigen, gut abgesetzten Schultern recht breit. Der Rumpf verjüngt sich nach hinten stark. Die kaum mittellange, leicht abfallende Rückenlinie ist leicht gewölbt. Die Halslänge ist etwas geringer als bei reinblütigen Modernen Englischen Kämpfern. Auch im relativ hohen Stand zeigt sich das Engländer- und Malaienerbe. Der Kopf aber unterscheidet sich vom Malaien durch die keilförmige Länge und die flache Stirnlinie. Nur wenig entwickelte Kehllappen, dafür eine deutliche Kehlwamme dazwischen. Dreireihiger Erbsenkamm ohne langen Dorn, möglichst klein und fest aufsitzend. Rote, glatt anliegende Ohrlappen; große, orangefarbene Augen. Hartes, flaumarmes, fest anliegendes Gefieder.

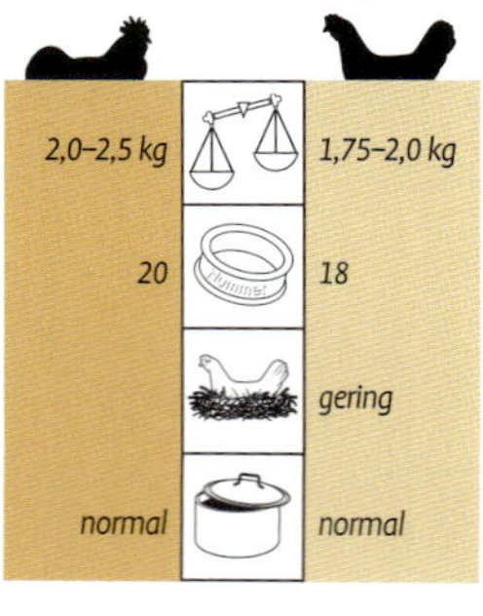

Farbenschlag: Ausschließlich goldhalsig.

Besonderheiten: Interessanter Neuerwerb in der europäischen Kampfhuhnzucht. Relativ fleißiger Leger. Die Glucken sind hervorragende Brüterinnen. Im Schaukäfig viel Eleganz und „stolze“ Erscheinung.

Goldhalsig

Orangehalsig

Phönix

Herkunft: Von den alten japanischen Shokuku unterscheiden sich die „deutschen“ Phönix nicht zuletzt durch die Lauf- und Ohrscheibenfarbe.

Rassegeschichte: Aus japanischen Langschwanzhühnern und englischen Kampfhühnern formten deutsche Züchter ab 1878 schwerere Typen mit weniger Rumpflänge, etwas breiteren Schultern und ausgeprägterem Sattel- und Schwanzgefieder. Zwischenzeitlich wurden in Deutschland die Nachzuchttiere als Phönix-Shokuku bezeichnet.

Form und Kopf: Langer, schlanker, leicht abfallend getragener Rumpf mit eleganten Proportionen und gestreckter Rückenlinie. Ungewöhnliche Länge der Sattel- und Sichelfedern beim Hahn. Üppiges Halsgefieder bedeckt mit schmalen Federn Schultern und Oberrücken. Auch die Henne zeigt den sehr langen, waagerecht getragenen Schwanz mit den säbelförmigen oberen Schwanzdeckfedern und den reich entwickelten seitlichen Deckfedern. Kräftige Schultern, breite, jedoch nicht tief gehende Brustlinie, nur knapp entwickelter Bauch. Stehkamm beim Hahn regulär ohne aufliegende Fahne; leichte Seitenneigung im hinteren Teil möglich. Der Hennenkamm soll stehen. Kaum mittellange Kehllappen, kleine weiße Ohrscheiben. Die Lauffarbe: blaugrau. Orangerote bis rote Augenfarbe.

Hahn		Henne
2,0–2,5 kg		1,5–2,0 kg
18		16
		gering
normal		normal

Farbenschläge: 1., 1.4, 2., 3.3, 5.5.

Besonderheiten: Attraktives Zierhuhn mit exklusiver Befiederung.

Gestreift

Gestreift

Plymouth Rocks

Herkunft: Herauszüchtung zunächst im gestreiften Farbschlag ab 1850 in den USA (Worcester/Massachusetts) aus Java-Hühnern, Dominikanern, Brahma und Cochin. Der Rassename bezieht sich auf das englische Wort Rocky für Felsen und bedeutet so viel wie „felsenfest", bezogen auf die Gesundheit dieser Rasse. Aufnahme in den Amerikanischen „Standard of Perfection" 1874.

Rassegeschichte: Schon 1889 sollen in England auf der Kristallpalastschau in London 170 gestreifte Tiere ausgestellt worden sein. Nach Deutschland kamen die ersten Plymouth Rocks um 1880 über England. 1906 Direktimporte aus den USA. 1909 offizielle Anerkennung in Deutschland.

Form und Kopf: In der Form eines angehobenen Dreiecks. Dazu gehören der lange, breite und tiefe Rumpf und die breite, mittellange, leicht ansteigende Rückenpartie, die über den voll befiederten Sattel in den kurzen und breit angesetzten Schwanz übergeht. Besonders der Hennenrumpf zeigt durch die Bauch- und Brustlinie die typhafte Plymouth-Figur. Mittellange Schenkel und Läufe ohne Besonderheiten. Auch die Kopfpunkte sind einfach: Stehkamm bei Hahn und Henne mit nicht zu tiefer Zackung. Mäßig lange Kehllappen und mittelgroße, rote Ohrlappen. Augenfarbe: gelb bis rot.

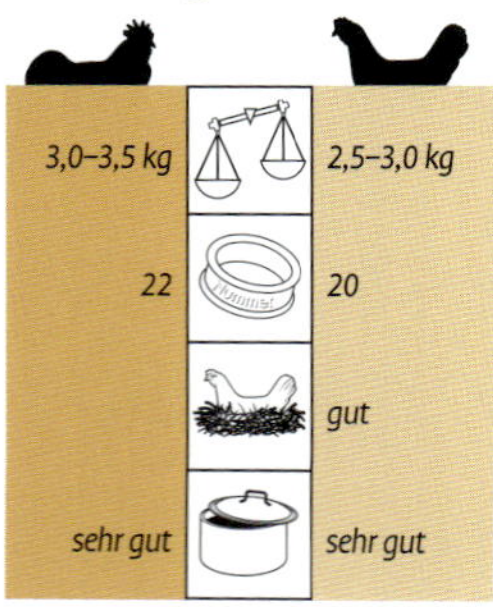

Farbenschläge: 4.1, 5.1, 5.5, 5.6, 6.4, 7.9, 7.12.

Besonderheiten: Leichte Mästbarkeit, relativ hohes Eigewicht, vortreffliche Fleischqualität.

Prat

Herkunft: Um die Jahrhundertwende in dem spanischen Städtchen Prat de Llobregat in der Nähe von Barcelona entstanden. Ihr spanischer Name: Catlane del Prat (Katalanier von Prat). Ihr Förderer in der Anfangszeit war Salvator Castelló, der auch für die Verbreitung in lateinamerikanischen Ländern sorgte.

Rassegeschichte: Seit 1902 als Schauhuhn (Weltmesse in Madrid) bekannt. 1949 Aufnahme in den US-„Standard of Perfection" als „Buff Catalanas". In Holland seit 1977 (G. B. J. van Dommelen) und seit 1985 in Deutschland (H. Donauer). 1990 Anerkennung im deutschen Standard.

Form und Kopf: Im Unterschied zu den sonst leichteren Mittelmeerrassen verkörpern Katalanier den schweren Landhuhntyp. Eleganz durch den relativ hohen Stand, den langen, breiten Rumpf, den langen Hals und den vollen, langen, gut besichelten Schwanz beim Hahn. Etwas „behäbiger" erscheint die Henne im Format. Die Brust soll tief gehend und gut gerundet sein. Der einfache Hahnenkamm ist recht groß und fleischig mit der Nackenlinie folgenden Fahne. Der Kamm der Henne senkt sich im hinteren Teil zur Seite, ohne die Sicht zu behindern. Kurze, runde Kehllappen, länglich große, reinweiße Ohrscheiben, rötlich bis dunkelbraune Augen.

Hahn		Henne
3,5 kg	Gewicht	2,5 kg
20	Ring	18
	Legeleistung	sehr gut
normal	Fleisch	normal

Farbenschlag: Hell-Goldbraun.

Besonderheiten: Apartes Farbbild in „warmem" Ton, sehr gute Wirtschaftlichkeit: Eier- und Tafelfleischlieferant.

Gelb

Gelb

Ramelsloher

Herkunft: Die Stammform, das Vierländerhuhn, ist ausgestorben. Zur Steigerung der Legetätigkeit Herausbildung eines kräftigen Huhns in einem Kloster bei Hamburg 1870.

Rassegeschichte: 1874 Namensgebung nach dem Ort Ramelsloh und Ausstellung in Hamburg. Erfolgreiche Ausbreitung, besonders auch zur Stubenkükenzucht im Winter. Gründung des Sondervereins 1904. Gelbe wurden durch Einkreuzung gelber Cochins erzielt. Starker Rückgang in den folgenden Jahrzehnten durch neue Wirtschaftsrassen.

Form und Kopf: Der Größenrahmen ist beeindruckend. Dennoch wird gestreckter, walzenförmiger Körper mit breitem, langen Rücken, breiter und voller Brust und ausgeprägter Bauchpartie verlangt. Die Schwanzbefiederung ist beim Hahn nur mittellang. Die Rückenlinie des Hahnes ist etwas abfallend, bei der Henne mehr waagerecht. Durch die hervortretenden Schenkel wirkt die Rasse etwas hoch stehend. Mäßig hoch ist der Stehkamm mit etwas freistehender Fahne. Die Henne darf umliegende Kammfahne haben. Die dunklen Augen sind mit schwarzem Lid umgeben.

Farbenschläge: 5.5, 5.6.

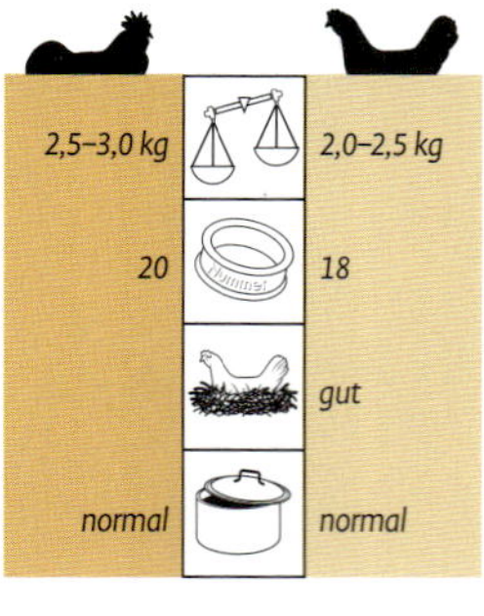

Besonderheiten: Schützenswerte Kultur-Rasse mit beachtlichen Leistungsmerkmalen. Eindeutiger Vorzug ist die Legeleistung, 170 bis 190 pro Jahr und Henne mit einem Eigewicht von 50 bis 58 Gramm. Hohe Befruchtungsrate.

Redcaps

Herkunft: Hamburger und Redcaps haben gemeinsame Vorfahren. Außerdem zählen Altenglische Kämpfer zu den Ahnen. Heimatgebiet ist Nordengland (Grafschaften Lancashire und Yorkshire). Das Altenglische Fasanenhuhn vereint die Form der Hamburger mit dem Zeichnungsbild der Redcaps.

Rassegeschichte: Wahrscheinlich seit Mitte des 19. Jahrhunderts als „Abart der Goldlack-Hamburger" (Dürigen) züchterisch gefestigt. 1985 Import durch R. Wandelt aus Holland. Gründung des Sondervereins und offizielle Anerkennung der Rasse in Deutschland 1988.

Form und Kopf: Die Kammbildung ist Hauptrassemerkmal. Schon Dürigen sprach 1906 von einem „gewaltigen Rosenkamm". Die Maße: 8,5 cm Länge, 7 cm Breite. Der Kamm ist besetzt mit feinen Fleischperlen. Bei aller Größe darf der Kamm nicht über die Schnabelspitze hinausragen und das Gesichtsfeld nicht einschränken. Mittelgroße, rote Ohrlappen. Die Augenfarbe ist rot. Gelbliche und bräunliche Augen ebenfalls gestattet. Der mäßig lange Rumpf wird von den vollen Brust- und Bauchlinien begrenzt. Der Stand wirkt mit den fleischigen Schenkeln eher tief. Probleme gibt es manchmal mit der Befiederung des Hahnenschwanzes. Angestrebt wird eine volle und stark gebogene Besichelung und Haltung im Winkel von 45 Grad.

2,5–3,0 kg		2,0–2,5 kg
20		18
		normal
normal		normal

Farbenschlag: Goldrotbraun-schwarzgetupft.

Besonderheiten: Einzigartige Kammgröße und -struktur.

Schwarz

Rebhuhnhalsig

Rheinländer

Herkunft: Entstanden in der Eifel ab 1894 bei H. R. v. Langen aus rebhuhnfarbigen Italienern und Landhühnern.

Rassegeschichte: Ursprüngliches Zuchtziel war die Verbindung hoher Widerstandskraft mit gesteigerter Legeleistung. Dazu wurden später noch Ramelsloher, Bergische Kräher und französische Le Mans-Hühner eingekreuzt. 1897 als „Silberhalsige Deutsche Landhühner" ausgestellt. Weiße schon 1897. Gesperberte wurden durch Verwendung von Deutschen Sperbern ab 1930 erzielt.

Form und Kopf: Rumpf im Verhältnis von Länge und Tiefe wie 8:5. Das Rechteck wird vom gleichmäßig breiten und langen Rücken in waagerechter Haltung, von der tief heruntergehenden Brust und dem flaumig bewachsenen Bauch begrenzt. Die Hennenform ist in allen Teilen noch typhafter. Der Hahnenschwanz ist lang, gleichmäßig breit und wird hoch getragen, sodass zum Rücken ein Winkel entsteht. Die Besichelung soll breitfedrig und an den Enden abgerundet sein. Nur knapp mittelhohe Stellung. Mittelgroßer, niedriger Rosenkamm, dessen Dorn dem Nacken folgt. Kleine Kehllappen und reinweiße, runde Ohrscheiben. Unterschiedliche Augenfarbe je nach Farbschlag.

Hahn		Henne
2,0–2,75 kg	Gewicht	1,75–2,5 kg
18	Ring	16
	Legeleistung	sehr gut
gut	Fleisch	gut

Farbenschläge: 1.1, 2.1, 5.1, 5.4, 5.5, 6.1, 6.6.

Besonderheiten: Neben der klar umrissenen „Kastenfigur" stehen die Nutzungseigenschaften, besonders die mehrjährige hohe Legeleistung im Vordergrund. Sehr starke Verbreitung.

Rhodeländer

Herkunft: USA. Seit Mitte des 19. Jahrhunderts aus Rhode-Island-Hühnern, gelben Cochins und braunroten Malaien. Inwieweit die von Wandelt angeführten Shakebags, Rote Shangaes und Chittagongs Verwendung fanden, ist nicht geklärt.

Rassegeschichte: 1901 Einfuhr nach Deutschland durch W. Radtke, Berlin. Aufnahme in den USA-Standard 1904 und Rosenkämmige 1905. Spezialclub in den USA mit 1200 Mitgliedern 1907.

Form und Kopf: Rassetypische Backsteinform mit waagerechter Haltung und freiem Stand (Schenkel gut sichtbar). Die Rückenlinie ist völlig gerade. Breite Schultern und ausgefüllter Sattel. Mittlere Schwanzlänge, angehoben getragen; voller, jedoch nicht zu langer Behang. Besonders ausgeprägte Formmerkmale bei der Henne in Brust- und Bauchlinie. Mittelgroßer Stehkamm mit gesenkter Fahne, ohne auf dem Nacken aufzuliegen. Passende mittelgroße Kehllappen und rote Ohrlappen. Rosenkämmig zugelassen: Breit, fest aufsitzender Kamm mit kleinen Fleischperlen und kurzem gesenkten Dorn.

Farbenschlag: Ausschließlich gleichmäßiges, sattes Dunkelrot mit viel Glanz. Schwarze Zeichnung an Schwingen und Schwanz.

Besonderheiten: Rhodeländer sind äußerst leistungsstark. Die früheren Probleme der Wachstumshemmung des Gefieders sind überwunden. Beweglichkeit und Temperament wirken sich günstig bei der Futtersuche im Freilauf aus.

Hahn		Henne
3,0–4,0 kg	Gewicht	2,4–3,0 kg
22	Ring	20
	Brut	gut
sehr gut	Fleisch	sehr gut

Perlgrau

Gold-porzellanfarbig

Ruhlaer Zwerg-Kaulhühner

Herkunft: Im „Klassiker-Buch der Rassegeflügelzucht“ von B. Dürigen ist diese Rasse schon 1905 beschrieben. Im thüringischen Ruhla und Umgebung wahrscheinlich um 1890 bis 1919 aus Zwerg-Kaulhühnern, Thüringer Zwerg-Barthühnern und Federfüßigen entstanden.

Rassegeschichte: Nach 1945 durch Initiative von G. Schneider, Viernau Aufschwung der Rasse. Unter Zuhilfenahme von Federfüßigen Zwergen und Antwerpener Bartzwergen entstanden in Westdeutschland bei E. Mang, Hasselroth und Th. Balbach, Seligenstadt, weitere Farbenschläge, jeweils mit und ohne Bart.

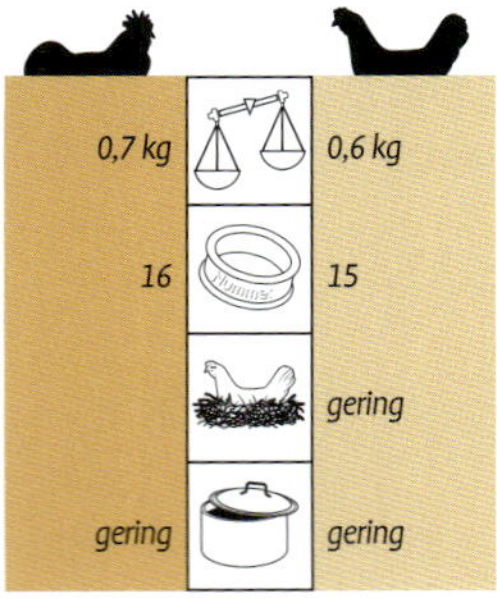

Form und Kopf: Die Körperhaltung ist mehr waagerecht, der Stand tiefer. Die sehr volle Sattelpartie am hinteren Rumpf unterstreicht die Schwanzlosigkeit. Im Gesamteindruck breite Schultern, volle und runde Brust, gut gefüllte Bauchpartie. Die Schenkel sind kurz befiedert und kaum mittellang. Die eher kurzen Läufe sind stark befiedert. Die Befiederung als „Fußwerk“ sitzt auf Läufen, Mittel- und Außenzehen. Klein sind Kämme und Kehllappen. Reinrote Ohrlappen und rotbraune Augen.

Farbenschläge: 1.4, 2.1, 2.4, 4.1, 4.5, 5.2, 5.5, 5.6, 5.7, 6.4, 10.9, 11.4, 11.5, 11.6, 11.8.

Besonderheiten: Zwerghuhn mit relativ geringer Verbreitung. Fehlen der Bürzeldrüse, der fünf freien Schwanzwirbel und des sechsten Wirbelgliedes. Robustheit und leichte Aufzucht sind Vorzüge.

Gelb

Schwarz

Sachsenhühner

Herkunft: Um 1885 im Erzgebirge und in Oberbayern aus Kreuzungen von schwarzen Langschan, schwarzen Minorka und Sumatra entstanden.

Rassegeschichte: Die Einkreuzung von schwarzen Italienern brachte noch einmal Eleganz und Schnittigkeit. 1914 Musterbeschreibung für das „Sächsische Landhuhn". Gesperberte und Weiße resultierten aus der Verpaarung mit Reichshühnern, Leghorn und Rheinländern ab 1923. Verwendung von gelben Italienern und Orpington ab 1960. Zwischenzeitlich gab es Blaue und Silberhalsige.

Form und Kopf: Kennzeichnend ist die leicht ansteigende Rückenlinie, die ohne Unterbrechung in den ebenfalls leicht ansteigenden Schwanz übergeht, dieser beim Hahn gut mit Haupt- und Nebensicheln besetzt. Bei der Henne breit im Ansatz und nach hinten schmaler werdend. Brust und Bauch sind gut ausgeprägt, sodass eine volle Unterlinie entsteht. Schenkel und Läufe mittellang. Kopfbehänge recht klein, weiße Ohrscheiben.

Farbenschläge: 5.1, 5.5, 5.6, 6.1.

Besonderheiten: Die Rasse zeigt lebhaftes Temperament und recht gute Legeleistung. Leichte Aufzucht und Frühreife. Weitere Verbreitung wäre wünschenswert.

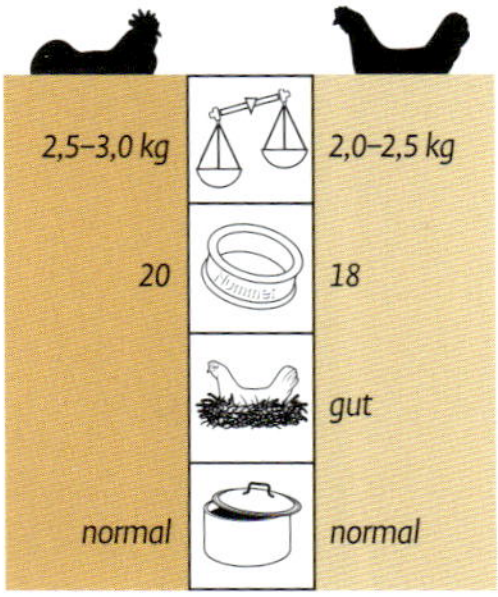

Wildbraun

Wildbraun

Satsumadori

Herkunft: Benannt nach dem früheren Namen der Präfektur Kagoshima/Japan „Satsuma“. Stammtiere: Shamo und Shokoku. Frühere Originalbezeichnungen: Ojidori (großes Landhuhn) und Kentzukedori (Messerfechter).

Rassegeschichte: In Europa zunächst in Holland und Belgien; seit 1996 in Deutschland.

Form und Kopf: Sehr großes Huhn mit muskulösem Körperbau. Die Rumpfhaltung ist nach Kämpferart aufgerichtet. Der mittellange Rücken verschmälert sich zum Schwanz hin. Auffallend breite, angehoben getragene und vorstehende Schultern. Das Schmuckgefieder des Hahnes ist gut entwickelt. Der sehr lange Schwanz, gebildet aus leicht ansteigenden, schirmartig gewölbten und gespreizten Steuerfedern und langen und schmalen Sicheln senkt sich bis fast zum Boden hin. Auch die Henne zeigt den gewölbten und gefächerten „Schirmschwanz“. Mittelhoher Stand, gebildet aus den stark bemuskelten, hervortretenden Schenkeln und den gut mittellangen Läufen. Der Stand ist breit. Dreireihiger Erbsenkamm mit leicht aufstrebendem Ende, kleine rote Ohrlappen und nur angedeutete Kehllappen. Hellorange bis hellgelbe Augen. Betonte Augenbrauen.

Hahn		Henne
3,0–3,5 kg		2,2–2,7 kg
20		18
		gering
normal		normal

Farbenschläge: 1., 2., 5.5.

Besonderheiten: Altes japanisches Kulturgut, das auch in europäischen Zuchten unvermischt bleiben sollte. Sehr eindrucksvolle Präsentation, besonders der Hähne in Erregung.

Gold

Silber

Sebright

Herkunft: Ab 1880 in England bei Sir John Sebright, anfangs als Gold- und Silberbantam bezeichnet. Sebright verwendete einen rötlich gefärbten, hennenfiedrigen Hahn, gelbe, blaubeinige Nangking-Bantamhennen und goldfarbige, gesprenkelte Hamburger Hennen und Goldpaduaner.

Rassegeschichte: Benennung der Rasse nach ihrem Herauszüchter erst um 1850. Gründung des deutschen Sebright-Clubs 1926.

Form und Kopf: Abgerundeter, gedrungener Rumpf, flacher und kurzer Rücken, breit angesetzter Schwanz. Die oberen Schwanzdeckfedern beim Hahn dürfen die übrigen leicht überragen. Sonst fehlen Neben- und Hauptsicheln. Der Schwanz bei beiden Geschlechtern gut gespreizt. Die einzelne Feder möglichst breit mit abgerundeten Ecken. Die Schwingen werden gesenkt getragen. Trotz „Zartheit“ muss die Schulterpartie etwas hervortreten. Die hoch getragene Brust ist relativ breit, der Bauch nur mäßig entwickelt. Schenkel und Läufe sind nur kurz bis mittellang. Der mittelgroße Rosenkamm muss auf dem Schädel fest aufsitzen. Vorne breit, nach hinten keilförmig, geperlt, nach hinten schmaler Dorn. Rote Ohrlappen, gut gerundete Kehllappen. Dunkel- bis schwärzlich braune Augen.

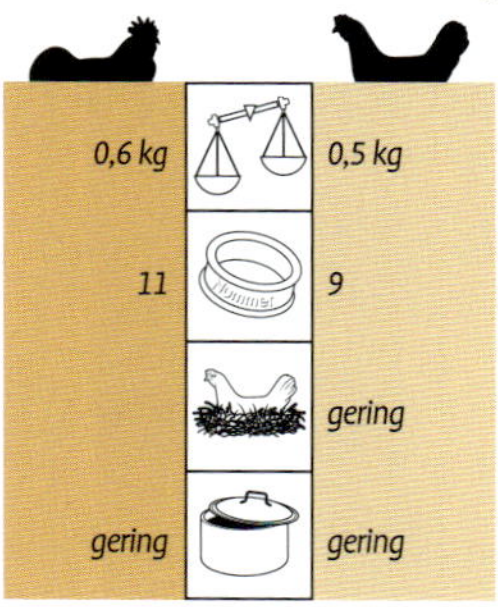

Farbenschläge: 7.1, 7.2.

Besonderheiten: Hähne zeigen ausschließlich „Hennengefieder“.

Schwarz

Weiß

Seidenhühner

Herkunft: Erwähnung durch Aristoteles (384–322 v. Chr.) als Hühner mit „Katzenhaar". In der chinesischen Tang-Dynastie (618–907 n. Chr.) werden „Schwarzknochenhühner" beschrieben, die zu medizinischen Zwecken verwendet wurden. Ursprünglich im südlichen China (Provinz Jiangxi), dort auch als „Wollhuhn" bezeichnet.

Rassegeschichte: Marco Polo sah Seidenhühner um 1270 in Südchina. Im Mittelalter in Europa nachweisbar als „Gauklerhuhn" (Kreuzung aus Kaninchen und Huhn).

Form und Kopf: Allseits abgerundete Form durch breiten, würfelförmigen Rumpf, kurzen breiten Rücken mit etwas hervortretenden Schultern. Die Unterlinie: sehr voll, breite Brust, flaumig befiederte Bauchregion, angehoben getragener Schwanz mit Steuerfedern und Hauptsicheln, mit geschlossenen Federfahnen, am Ende aber doch zerschlissen. Schenkel sind kurz, gut befiedert; Läufe knapp mittellang. Die Henne zeigt hinter dem walnussförmigen Kamm einen kleinen, haubenartigen Schopf. Beim Hahn sind dort etwas längliche Seidenfedern. Bei Bärtigen voller, ungeteilter Kehl- und Backenbart. Augenfarbe schwarzbraun. Schwarzbraune Farbe an Haut, Knochen und den inneren Organen. Fünfzehigkeit: Die fünfte Zehe soll von der vierten deutlich getrennt sein.

1,4–1,7 kg		1,1–1,4 kg
16		15
		gering
gering		gering

Farbenschläge: 1., 2.3, 5.1, 5.2, 5.3, 5.5, 5.6, 5.7.

Besonderheiten: Ausgesprochenes Zier- und Ausstellungshuhn mit guten Bruteigenschaften.

Fasanenbraun

Schwarz-weißgescheckt

Shamo

Herkunft: Der Rassename bedeutet im Japanischen Kämpfer. Stark unterschiedliche Typen in Größe und Gewicht. Aus China nach Japan in der Heian-Dynastie (794–1186 n. Chr.) eingeführt. Im 16. Jahrhundert weitere Einfuhr nach Japan aus Siam. Importe nach Deutschland durch Baronin von Ulm-Erbach 1891. Seit 1951 weitere Verbreitung durch Hagenbeck-Importe.

Form und Kopf: Sehr breiter Rumpf, besonders in den eckig vorstehenden, hoch gezogenen Schultern. Rücken lang, breit und völlig gerade (wichtiger Unterschied zum Malaien!). Fast senkrecht aufgereckte Haltung. Stand hoch. Kurzes, dichtes Gefieder, das auch im gesenkt getragenen Hahnenschwanz eher spärlich wirkt. Die Sicheln und Steuerfedern können aber verlängert sein. Der sehr lange Hals wird nach hinten bogig getragen. Die Henne ist in der Haltung etwas flacher. Kämpferausdruck in den Kopfpunkten: breiter, gewölbter Schädel mit kleinem Erbsenkamm; nur angedeutete oder fehlende Kehllappen, rote, sehr kleine Ohrlappen. Stark gekrümmter, kräftiger Schnabel. Über den perlfarbigen bis orangegelben Augen starke Wülste. Auf den kurzen, breiten Flügeln sind die nackten Flügelknochen (Rosen) sichtbar.

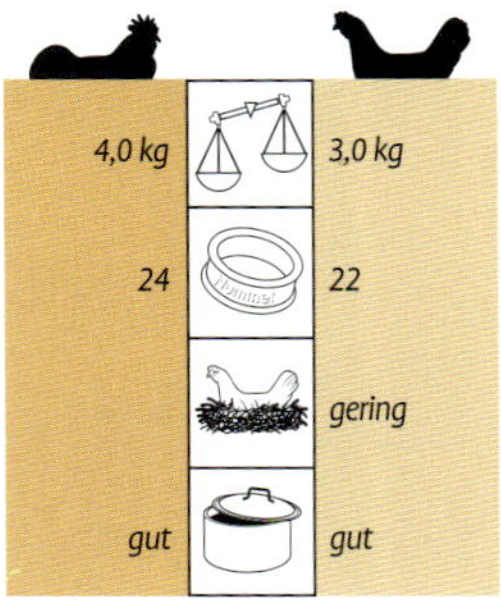

Farbenschläge: 1., 1.4, 1.8, 1.12, 1.14, 1.19, 1.24, 1.26, 2.4, 2.5, 2.8, 5.3, 5.5, 6.1, 7.10, 10.7, 11.2, 11.3.

Besonderheiten: Shamo sind seit 1951 in Japan durch den Staat unter Aufsicht für Kulturschutz genommen.

Siamesische Zwerg-Seidenhühner

Herkunft: In der Fachliteratur wird seit 1897 ein Seidenhuhn mit „gewöhnlicher" Haut- und Fleischfarbe beschrieben. Die genaue Herkunft ist unbekannt.

Rassegeschichte: Frühere, hellhäutige Seidenhühner sollen einfachkämmig, gelbläufig gewesen sein und geringe Schopfbildung gezeigt haben. Um 1905 war diese Spielart des uralten schwarzhäutigen Seidenhuhns in Europa anscheinend kaum noch vorhanden. Wiedererzüchtung durch S. Neumann, Oyten, 1989. Einkreuzung einer weißen Zwerg-Cochin-Henne. 1996 erste Vorstellung auf einer Schau.

Form und Kopf: Die breite, abgerundete Würfelform entsteht durch den kurzen, nach hinten ansteigenden Rücken, die sehr volle Brust und den reich befiederten Bauch. Die Federstruktur unterscheidet sich bei hochrassigen Tieren nicht von den großen Seidenhühnern und den dunkelhäutigen Zwergen. Die rote Gesichtsfarbe, die gelben Läufe und die helle Haut machen den entscheidenden Unterschied. Die Augenfarbe ist orange bis orangerot. Fünfzehigkeit wird verlangt.

Hahn		Henne
0,6 kg		0,5 kg
12		12
		gering
gering		gering

Farbenschlag: Ausschließlich weiß; leicht gelber Anflug im Schmuckgefieder des Hahnes gestattet.

Besonderheiten: Wie die ältere Zuchtform haarähnliches Gefieder. Keine bärtige Variante. Sehr geringe Verbreitung. Ausgezeichnete Eigenschaften als Brüterin und Glucke.

Spanier

Herkunft: Ob es sich bei den weißgesichtigen Hühnern der Hugenotten um 1680 um Vorläufer der Spanier-Hühner handelte, ist unsicher. Ursprungsgebiete der Spaniervorfahren: Westindien. Wahrscheinlich mehrere Landhuhnschläge in den Mittelmeergebieten um 1815. Von Altkastilien Ausfuhren nach USA, Kanada und 1844 nach Deutschland. Englischer Sonderverein 1867. Wiedergründung des deutschen Sondervereins 1953.

Form und Kopf: Die Figur ist walzenförmig gestreckt und fällt leicht nach hinten ab. Für die Henne gilt: „vollschlanke Walzenform". Breite, abgerundete Schultern, mäßig langer Rücken, gut gewölbte, hoch getragene, aber nicht zu breite Brust und möglichst gut ausgeprägte Bauchlinie bilden den Körperrahmen. Der Hahnenschwanz ist nur mit mittellangen Sicheln besetzt und wird angehoben getragen. Der Stand erscheint durch die langen Schenkel und die feinknochigen Läufe gut mittelhoch. Wichtig sind die Kopfpunkte: Gesicht und Ohrscheiben bilden eine glatte, reinweiße, glacélederartige Fläche. Die Kehllappen sind relativ groß. Mittelgroßer Einfachkamm, bei der Henne darf er hinten seitlich geneigt sein.

Hahn		Henne
2,5–3,0 kg	Gewicht	2,0–2,5 kg
20	Ring	18
	Brut	gut
normal	Küche	normal

Farbenschlag: Ausschließlich schwarz mit grünem Glanz.

Besonderheiten: Die einzigartige Gesichtsfarbe bietet züchterische Anreize. Zahlenmäßig sind Spanierhühner in Deutschland Seltenheiten. Große, weißschalige Eier. Wenig Bruttrieb. Lebhaftes Temperament. Schützenswerte Rarität.

Blau

Schwarz

Strupphühner

Herkunft: Vor mehr als 200 Jahren aus Südasien nach England und Holland eingeführt. Um 1900 in den Balkanländern verbreitet.

Rassegeschichte: In den USA seit 1874 im „Standard of Perfection" als „Frizzle" beschrieben. Zwischenzeitlich Zulassung einer federfüßigen Variante. Inzwischen im deutschen Standard als Großrasse enthalten.

Form und Kopf: Kräftiges Landhuhn mit breiter, etwas gedrungener Form. Breite Schultern, nur mittellanger Rücken, etwas ausladende Brust- und Bauchregion und volle Befiederung bilden die Abrundungen. Das Gefieder ist in den Handschwingen zerschlissen und in den Steuerfedern und Sicheln gewellt. Die Biegung zum Hals hin ist ausschlaggebend bei der Bewertung. Besonders die nach vorne gerichteten Halsfedern sind rassetypisch. Der Stand erscheint eher tief durch die im Gefieder verborgenen Schenkel. Kopfpunkte ohne Besonderheiten: einfachkämmig, leuchtend rote Ohrlappen.

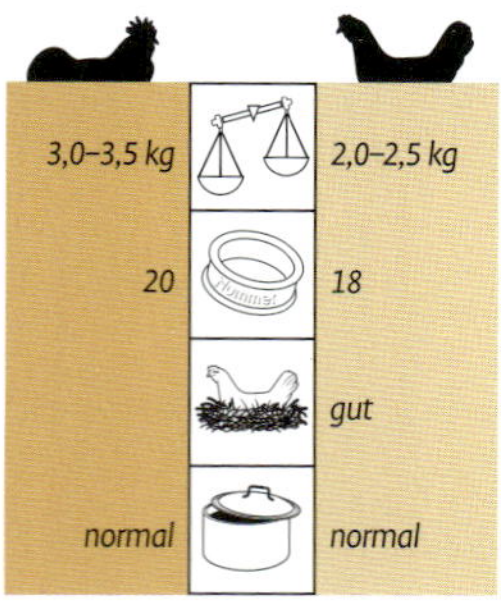

Farbenschläge: 5.1, 5.3, 5.5, 6.1.

Besonderheiten: Durch den Rückgang der Bestände in England auch auf dem europäischen Festland bedroht. Umso wichtiger sind die in Deutschland sich in den Anfängen befindlichen Zuchten. Die Hennen gelten als gute Legerinnen und fürsorgliche Glucken.

Weizenfarbig

Weizenfarbig

Sulmtaler

Herkunft: Zur Kapaunenerzeugung um 1800 in der Steiermark herausgezüchtet.

Rassegeschichte: Ab 1865 Einkreuzungen von Cochin, Brahma und Langschan. Dadurch ging der ursprüngliche Masthuhntyp fast verloren. Erst die Verwendung von Houdan und Dorking erbrachte wieder gesteigerte Fleischqualität. Ab 1907 Rassenamen durch den Schweizer Züchter A. Arbeiter. Altsteirer-Verpaarungen führten zu gelungenen Rückzüchtungen des einstigen Tafelhuhnes.

Form und Kopf: Als „vierschrötiges Landhuhn“ bezeichnet. Voller, tiefer, breiter Rumpf in Kastenform. Betonte Unterlinie durch die tiefe Brust und die volle Bauchpartie. Schwanzhaltung im rechten Winkel; Befiederung dort mittellang, aber breitfedrig mit vielen Nebensicheln. Aufrecht stehender Kamm, der bei der Henne im Vorderteil den „Wickelkamm“ aufweisen muss (vorne wellenförmig gefaltet). Kleiner Federschopf, bei der Henne etwas ausgeprägter. Kleine weiße Ohrscheiben, auch rot-weiß erlaubt. Orangerote Augenfarbe. Kaum hervortretende, gut bemuskelte Schenkel und mittellange Läufe.

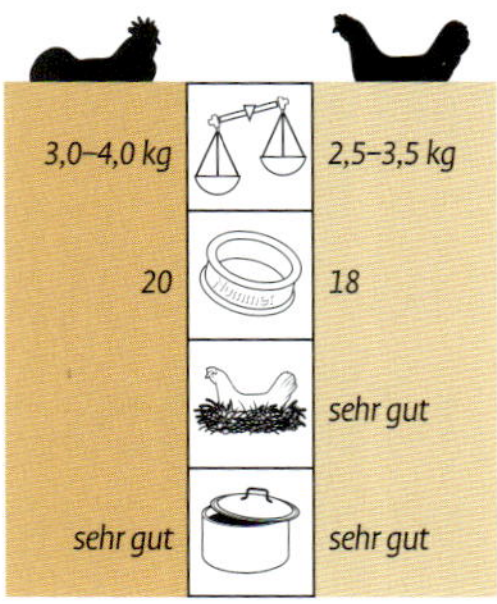

Farbenschläge: 1.12, 5.5.

Besonderheiten: Dreifache Vorteile: rassebetonte Ausstellungszucht, hohe Legeleistung, leichte Mästbarkeit bei ausgezeichneter Futterverwertung. Gehört inzwischen zu den seltenen Rassen, daher förderungswürdig.

Sultanhühner

Herkunft: Bereits 1838 wurde in einem Lexikon eine Rasse beschrieben: „Federbusch“ auf dem Kopf, Federbart statt Kehllappen. In Deutschland waren sie als „Blaugraue Türken“ bekannt. Weiße Originaltiere aus Konstantinopel gelangten 1854 nach Belgien als „Serail Tä-uk“.

Rassegeschichte: Um 1900 gelten die „Türkischen Haubenhühner“ als „mutmaßliche Stammrasse“ für die russischen Bart-Haubenhühner (Dürigen).

Form und Kopf: „Puppige“ Figur durch ziemlich kurzen, breiten, tiefen und waagerecht getragenen Rumpf. Rücken breit und kurz. Nach vorne gewölbte breite Brust. Etwas lose und abwärts gerichtete Flügelhaltung. Volle Bauchlinie. Hahnenschwanz breit mit hoher Haltung. Die Hauptsicheln sind säbelförmig. Die breit angesetzten Schenkel sind üppig befiedert und bilden die sogenannten Stulpen. Die recht kurzen Läufe sind an der Außenseite befiedert. Besondere Kopfpunkte: kurzer, stark gebogener Schnabel mit aufgeweiteten Löchern, runde, dichte, manchmal gescheitelte Haube, die nicht sichtbehindernd sein darf. Kleiner hörnerförmiger Kamm mit v-förmig angeordneten Fleischzapfen. Die kleinen Kehllappen sind vom zottigen Knebelbart verdeckt. Runder Backenbart. Die fünfte Zehe von der vierten gut getrennt. Die Augenfarbe ist rötlich braun.

Farbenschlag: Ausschließlich weiß, leichter gelber Anflug.

Besonderheiten: Die Kopf- und Fußbefiederung bedarf besonderer Pflege.

Hahn		Henne
1,5–2,0 kg	Gewicht	1,0–1,5 kg
18	Ring	16
	Legeleistung	gering
gering	Fleisch	gering

Schwarz

Schwarz

Sumatra

Herkunft: Eine der ältesten Hühnerrassen der Welt. Erstimporte von Sumatra in die USA 1847. Um 1890 Beobachtungen auf Sumatra, Java und Borneo von wild lebenden, d.h. verwilderten ehemaligen Haushühnern.

Rassegeschichte: Ob die schon 1840 in der US-Literatur erwähnten schwarz-weiß gefleckten „Sumatra-Games" identisch sind mit den „Ayam Sumatra-Kämpfern", ist unerklärt. In den Heimatgebieten wurden die Vorläufer der Sumatra als „Ayam Gallak" bezeichnet. 1870 Einfuhr nach England, 1882 in Deutschland. 1920 Gründung des deutschen Sondervereins.

Form und Kopf: Durch die vorstehenden Schultern, den gestreckten Rumpf und den freien Stand kommt das Kämpfererbe zum Vorschein. Leicht abfallend ist die Rückenlinie. Sehr federreich mit Sicheln, die in der zweiten Hälfte gebogen sein müssen, eingehüllt von vielen seitlichen Deckfedern ist der Hahnenschwanz. Auch die Henne zeigt den langen, waagerecht getragenen Schwanz mit breiter Befiederung. Rassetypisch ist die schwärzliche Gesichtsfarbe. Auch der kleine Erbsenkamm, die sehr kurzen Kehllappen und die dünnen Ohrlappen sollen so gefärbt sein. Die Augenfarbe ist dunkelrotbraun. Die hochrassigen Hähne tragen Mehrfachsporen. Auch die Hennen dürfen Sporen zeigen.

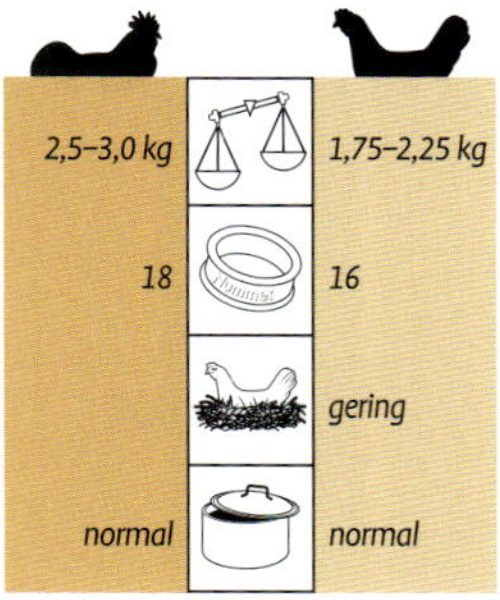

Farbenschläge: 1., 1.8, 5.1.

Besonderheiten: Hoher Schauwert aufgrund der eleganten Figur, dem ausgeprägten Grünlack und der üppigen Befiederung.

Gold-weizenfarbig

Schwarz

Sundanesische Kämpfer

Herkunft: Zu den Ahnen gehören wahrscheinlich die langschwänzigen Ayam Sumatra und die hochbeinigen AyamTolake, beides Kämpferschläge aus Indonesien.

Rassegeschichte: Aus diesen Mischtypen setzten sich die Stämme zusammen, die ab 1970 in den Niederlanden züchterisch bearbeitet wurden. 1993 existierten kleine Stämme in Belgien, ein Jahr später gelangten Zuchttiere nach Deutschland.

Form und Kopf: Aufgerichtete Haltung, mittelhoher Stand, lange, schlanke Halspartie sind Kennzeichen. Der Rumpf wird nach hinten deutlich schmaler, sodass die breiten Schultern wie eine Front wirken. Der Rücken ist flach, die Flügel werden etwas gesenkt getragen und zeigen auch damit gute Flugeigenschaften an. Die Schwanzhaltung ist waagerecht. Wenig breit die Brust, knappe Befiederung an der rückgebildeten Bauchregion. Die mittellangen Schenkel sind muskulös und treten deutlich hervor. Der Stand ist breit. Auf dem recht breiten Schädel mit den hervortretenden Augenbögen sitzt der kleine, dreireihige Erbsenkamm. Möglichst ohne Kehllappen, dafür gut sichtbare Kehlwamme. Kleine, rote Ohrlappen und hellorange bis perlfarbige Augen.

Hahn		Henne
2,5–3,0 kg	Gewicht	2,0–2,5 kg
20	Ring	18
	Legeleistung	gering
gut	Fleisch	gut

Farbenschläge: 1.12, 5.1.

Besonderheiten: Diese junge, in Europa geformte Rasse benötigt noch weitere Durchzüchtung. Ausgeprägte Wildheit und Fluchtdynamik sind Anzeichen der Eigenständigkeit im Freileben. Unverfälschtes Naturell im wildhuhnähnlichen Charakter.

Sundheimer

Herkunft: Älteste deutsche Zwiehuhnrasse; Rassename von der Ortschaft Sundheim bei Kehl/Rhein. Ab 1850 Herauszüchtung aus bodenständigen Landhühnern und Kreuzungstieren aus Houdan und Faverolles („Wanzenauer").

Rassegeschichte: Einkreuzungen von Dorking, Brahma, Cochin und „hermelinfarbenen" Faverolles. Typumwandlung 1966. Neugründung des Sondervereins 1978.

Form und Kopf: Der waagerechte Rumpf zeigt in seinen Breiten- und Tiefenverhältnissen den Leistungstyp. Mittellange und flache Rückenlinie; allerdings ist ein leichter Anstieg in der Sattelgegend rassetypisch, besonders bei der Henne. Die Unterlinie ist vorne durch die breite, vorgewölbte Brust und hinten durch den weit ausladenden Bauch begrenzt. Nur knapp mittellang sind die kräftigen Schenkel und die breitstehenden Läufe. An deren Außenseite leichte Befiederung bis über die Außenzehen. Einfacher, kleiner Kamm, ohne auf der Nackenlinie aufzuliegen. Stehkamm auch bei der Henne. Kurze, rundliche Kehllappen und rote Ohrlappen von dünner Struktur. Die Augen sind orangerot bis rot.

Hahn		Henne
3,0–3,5 kg		2,0–2,5 kg
22		20
		sehr gut
sehr gut		sehr gut

Farbenschlag: Ausschließlich weiß-schwarzcolumbia (hell).

Besonderheiten: Sundheimer zählen zu den seltenen Rassen in Europa. Beliebt sind sie bei Züchtern, die sich auch wirtschaftlich orientieren. Ihr feines Tafelfleisch ist begehrt. Die Jungtiere wachsen bei richtiger Versorgung erstaunlich schnell heran.

Weiß-schwarzcolumbia

Braun-porzellanfarbig (bunt)

Sussex

Herkunft: Seit Beginn des 19. Jahrhunderts Zuchtversuche mit Dorking, Cochin und Brahma in den südenglischen Grafschaften Kent, Surrey und Sussex. Fleischlieferanten für die Londoner Märkte.

Rassegeschichte: Gründung des englischen Sondervereins 1903. In dieser Zeit Einfuhr nach Deutschland. 1903 erste Darstellung in der Literatur. Die Farbe war noch mehr gelb und braun als hell. 1907 Import der Roten. Gründung des „Vereins Deutscher Sussex-Züchter“ 1907 in Hannover.

Form und Kopf: Der Körper ist kastenförmig ausladend in einem Verhältnis Tiefe zur Länge 1 zu 1,5. Die Oberlinie wird durch den breiten und langen Rücken in waagerechter Haltung, die Unterlinie durch die tiefe und breite Brust und die nach hinten ausladende Bauchregion gebildet. Breiter Schwanzansatz mit vielen Sicheln, ohne extreme Länge beim Hahn. Die Henne wirkt noch gedrungener und im Stand tiefer. Aufrecht stehender Einfachkamm von feiner Struktur. Feinhäutige Kehllappen, kleine, rote Ohrlappen. Die Augenfarbe ist orangerot.

Farbenschläge: 1.3, 2.3, 4.1, 4.5, 4.10, 11.1.

Besonderheiten: Die schon erwähnten Nutzeigenschaften stehen neben der Bedeutung als weit verbreitetes Ausstellungshuhn im Vordergrund. Frohwüchsigkeit und Winterhärte begünstigen Aufzucht und Legeleistung im Winter. Harmonische Gesamterscheinung in der Figur und den Farbbildern.

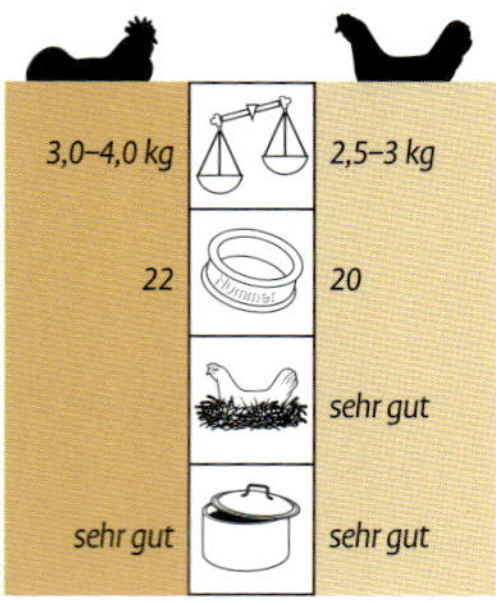

Schwarz

Gold-schwarzgetupft

Thüringer Barthühner

Herkunft: Erste Beschreibung durch Bechstein 1793. Angeblich Vorkommen anfangs nur im „Thüringer Waldstädtchen Ruhla". Um 1880 schon zwölf verschiedene Farbenschläge. Standardentwurf schon 1898.

Rassegeschichte: Nach 1945 fast völliger Zusammenbruch der Zuchten. Vorher soll es auch Gelbgetupfte und Tollbunte gegeben haben. Damaliger Name: „Thüringer Pausbäckchen". Anzunehmen sind Paduaner und die damals in West-Thüringen bodenständigen „Otterköpfe" als Ausgangstiere.

Form und Kopf: In leicht abfallender Haltung erscheint der gedrungene Körper mit den breiten Schultern und der vollen Brust- und Bauchpartie. Die kaum mittellangen Schenkel und die Läufe in „normaler" Höhe bilden den Stand. Die Kopfpunkte sind bedeutsam bei der Bewertung: Kaum mittelgroßer Stehkamm mit waagerechter Fahne, der volle, länglich runde, ungeteilte Bart mit den seitlichen Pausbacken verdeckt die kleinen Kehllappen und die Ohrscheiben. Zum Bart gehört der etwas nach hinten gebogene, volle Halsbehang, der bei der Henne als „Federkrause" ausgebildet sein muss. Die Augenfarbe ist je nach Farbenschlag verschieden.

2,0–2,5 kg		1,5–2,0 kg
18		16
		gut
normal		normal

Farbenschläge: 1.1, 5.1, 5.4, 5.5, 5.6, 6.1, 10.1, 10.2, 10.3.

Besonderheiten: Edle Landhuhnform mit lebhaftem Temperament. Interessante Kopfpunkte. Wertvolles züchterisches Kulturgut. Weitgehende Selbstversorgung mit Futter bei freiem Auslauf.

Silber-schwarzgetupft

Schwarz

Thüringer Zwerg-Barthühner

Herkunft: In der Umgebung von Jena und Berlin-Lichtenfeld Ende des 19. Jahrhunderts durch Verwendung der Großrasse, von Zwerg-Wyandotten und Landhuhnzwergen erzüchtet.

Rassegeschichte: Spätere Einkreuzung von Antwerpener Bartzwergen, Bantam und Deutschen Zwerg-Langschan zur Erzielung des schwarzen Farbschlages. Weitere Rassenverwendung: Deutsche Zwerg-Lachshühner, Deutsche Zwerge, Zwerg-Rheinländer und Federfüßige Zwerghühner mit Bart.

Form und Kopf: Der Rassename rührt von der vollen, ungeteilten Bartbildung her. Die frühere Bezeichnung „Pausbacken" bringt das zutreffend zum Ausdruck. Volle Halsbefiederung und Federkrause im Nacken der Henne. Kräftiger, walzenförmiger Rumpf mit gedrungenen Proportionen, leicht abfallende Rückenlinie. Die Besichelung soll breit sein. Breite, abgerundete Brustpartie und etwas locker getragene Flügel. Kurze, straff befiederte Schenkel, kaum mittelhohe Läufe. Fein gezackte Stehkämme; der Hennenkamm darf leicht geneigt sein. Kehl- und Ohrlappen ohne Bedeutung.

Farbenschläge: 1.1, 5.1, 5.3, 5.5, 5.6, 5.7, 6.1, 10.1, 10.2, 10.3.

Besonderheiten: Zunehmende Beliebtheit, auch außerhalb des Thüringer Heimatgebietes. Rentable Leistungserträge durch gute Futterverwertung und Widerstandsfähigkeit.

Hahn		Henne
1,0 kg	Gewicht	0,8 kg
13	Ring	11
	Brut	normal
normal	Legeleistung	normal

Tomaru

Herkunft: Zu den Ahnen gehören kampfhuhnartige Langkräher, die aus China nach Japan eingeführt wurden.

Rassegeschichte: Weiterentwicklung der „Otomaru“. Gewünscht wurde ein langer Krähruf, den die Tomaru Ende des 19. Jahrhunderts hervorbrachten. 1986 Import der Weißen nach Europa. 1994 Einfuhr des dominierenden schwarzen Farbenschlags nach Deutschland.

Form und Kopf: Eleganter Typ mit fließenden Linien. Rumpf kräftig, breit und wirkt gestreckt. Langer Rücken und breite Schultern. Der Hahnenschwanz ist mit breiten, langen und am Ende gut gerundeten Sicheln besetzt. Die Brustlinie geht nicht tief, ist aber nach Kämpferart leicht gewölbt. Kräftige, hervortretende Schenkel und breit gestellte Läufe. Außer dem Gesicht sind auch Kamm (einfacher Schnitt mit 4 bis 6 Zacken) und die Ohrlappen dunkel („maulbeerfarbig“). Die Kehllappen sind nur in Gesichtsnähe dunkel angelaufen. Dunkelbraune Augen. Die Kammfarbe der Henne hellt sich nach dem Beginn der Legereife deutlich auf und wird mehr dunkelkarminrot.

Farbenschlag: Ausschließlich schwarz mit Grün- oder Blaulack.

2,5–3,5 kg		2,0–2,8 kg
20		18
		gering
normal		normal

Besonderheiten: Tomaru sind altes japanisches Kulturgut und seit 1939 dort als „Naturdenkmal“ geschützt. Der wohltuende Krähruf dauert mindestens 7 Sekunden, kann aber bis zu 23 Sekunden lang sein. Bei Krähleistungswettbewerben wird außer der Länge auch die Stimmlage und Intonierung gewertet.

Goldhalsig

Goldhalsig

Totenko

Herkunft: In der Literatur erstmals 1879 erwähnt, vermutlich aber viel ältere Rasse. Nach neueren Genanalysen wahrscheinlich verwandt mit Onagadori und Totenko. Rassename bedeutet so viel wie „Dämmerungskräher – östlicher Himmel“.

Rassegeschichte: Aufnahme in den japanischen Standard 1913. Nach Deutschland erstmals eingeführt 1989. Zunächst wurde die offizielle Anerkennung verweigert wegen der angeblichen Identität mit dem Phönix. Inzwischen sowohl auf Langkräherwettbewerben als auch auf Rasseschauen vertreten.

Form und Kopf: Totenko sind in der Regel im Habitus stärker als die Phönix, wenn auch die Rumpflinien Schlankheit ausdrücken. Der lange Rücken fällt leicht ab und zeigt einen Winkel zum ansteigend getragenen Schwanz. Auch bei der Henne sind die Schwanzdeckfedern sichelartig gebogen und überragen die Steuerfedern. Weiteres Unterscheidungsmerkmal zur Phönixrasse: relativ große, runde Ohrscheiben. Die Unterlinie wird durch die breite und volle, hoch getragene Brust und den wenig ausgeprägten Bauch gebildet. Mittelgroßer Einfachkamm mit gesenkter Fahne. Die Kehllappen sind nur mittelgroß. Orangerote Augen.

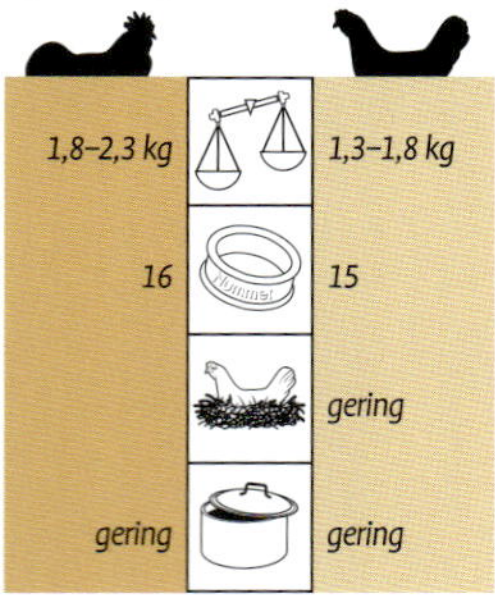

Farbenschlag: Ausschließlich goldhalsig.

Besonderheiten: Der Krähruf dauert 15 bis 20 Sekunden. In Japan werden Hähne, die nicht länger als 7 Sekunden krähen, bei Wettbewerben disqualifiziert.

Gold-weizenfarbig

Schwarz

Tuzo

Herkunft: Wahrscheinlicher Ursprung in Japan. Die japanischen Adligen sollen schwarze Tuzos, das einfache Volk dagegen weiße und wildfarbige gezüchtet haben. Älteste Erwähnung bei C. A. Finsterbusch 1928. Rassename in Japan aber unbekannt. Nach Wandelt sind Tuzos eigenständige amerikanische Züchtung.

Rassegeschichte: Die Rasse kann in den Heimatgebieten nicht mehr exakt zurückverfolgt werden. 1965 Import von Bruteiern aus den USA nach Holland. 1979 Ankunft schwarzer Tiere bei Detering/Bielefeld. 1983 Aufnahme in den deutschen Standard.

Form und Kopf: Mittellanger Rumpf mit stark abfallender Rückenlinie in völlig geradem Verlauf. Hochgezogene, abstehende Schultern und starke Verjüngung in der Sattelgegend. Kurzer Hals- und Sattelbehang. Dagegen ist der Hahnenschwanz recht lang besichelt und wird gesenkt getragen. Nackte Flügelknochen (Rosen) auf den kurzen, breiten Flügeln. Kaum entwickelte Bauchpartie. Die Henne ist in der Körperhaltung etwas flacher. Fein geschuppte Läufe mit starker Sporenbildung und gut muskulöse Schenkel, in den Fersengelenken etwas eingebogen. Überhöhte Augenbrauen und perlfarbige bis gelbliche Augenfarbe. Breite Stirn, dreireihiger, kleiner Erbsenkamm. Die Gesichtsfarbe der Henne ist regulär dunkler.

Farbenschläge: 1.12, 5.1, 5.5.

Besonderheiten: Interessante Schaurasse, Kämpfer im Kleinformat.

Hahn		Henne
1,3–1,5 kg	Gewicht	1,0–1,2 kg
16	Ring	15
	Legeleistung	gering
normal	Futter	normal

Vogtländer

Herkunft: Vorstellungen von einem greifvogelgeschützten Huhn gehen zurück bis etwa 1920. Um 1960 von dem Züchter M. Neudeck im Vogtland aus Andalusiern, Dominikanern und schwarzen Rheinländern erzüchtet.

Rassegeschichte: Spätere Einkreuzung von rebhuhnfarbigen Rheinländern und Welsumern. 1973 Aufnahme in den Standard.

Form und Kopf: Mittelgroßer, kräftiger Landhuhntyp, der in der Figur an die Rheinländer-Rasse erinnert. Lang gestreckter Rumpf mit breiten Schultern und leicht abfallende Rückenlinie. Betonte Brust- und Bauchregion. Etwas aufrecht getragener Schwanz; beim Hahn mit nur mittellangen Sicheln besetzt. Schenkel wenig sichtbar, Läufe mittelhoch. Kleiner, fast glatter Rosenkamm mit kleinem, geraden Dorn, der etwas abgeplattet sein darf. Kleine, gerundete Kehllappen und weiße Ohrscheiben, leicht gerötet zugelassen. Die Augen sind dunkelbraun.

Hahn		Henne
2,0–2,5 kg		1,75–2,25 kg
18	Ringe	16
		sehr gut
normal		normal

Farbenschlag: Grundfarbe ist mausgrau, bei der Henne über den ganzen Körper gehend. Jedoch Halsbehang etwas dunkler und mit etwas Goldfarbe durchsetzt. Der Hahn trägt rotgoldenen Hals- und Sattelbehang.

Besonderheiten: Eine der jüngsten deutschen Rassen mit bisher geringer Verbreitung. Aufgrund des Heterosiseffektes recht gute Legeleistung. Farbaufspaltungen in der Nachzucht: 25 % Schwärzlinge, 50 % Mausgraue, 25 % Weißlinge.

Vorwerkhühner

Herkunft: Zuchtversuche ab 1900 mit Lakenfeldern, gelben Sussex, gelben Orpington und Andalusiern bei O. Vorwerk in Hamburg. Einkreuzung: Hitfelder Landhühner und Sotteghems.

Rassegeschichte: 1919 wurde die neue Rasse zugelassen. Weitere Zuchten in Sachsen und Schlesien. Wiederaufbau der Rasse in Thüringen und im Lausitzer Land nach 1945. In Westdeutschland Einkreuzungen von Rhodeländern, Orpington, Italienern, Ramelslohern und Andalusiern. Tiefrote Vorwerk gab es zwischenzeitlich in Leipzig im Jahr 1959, erloschen aber wieder.

Form und Kopf: In guter Breite und Tiefe erscheint der Rumpf im abgerundeten Rechteckschnitt. Breiter, nach hinten leicht abfallender Rücken. Stumpfwinklige Schwanzlinie. Hahnenschwanz mäßig geschlossen und mittellang besichelt. Die Henne zeigt Brust und Bauch noch voller. Der Stand ist mittelhoch. Gleichmäßig gezackter Stehkamm beim Hahn, bei der Henne kann die Fahne zur Seite geneigt sein. Weiße Ohrscheiben mit rotem Rand. Orangegelbe bis orangerote Augen.

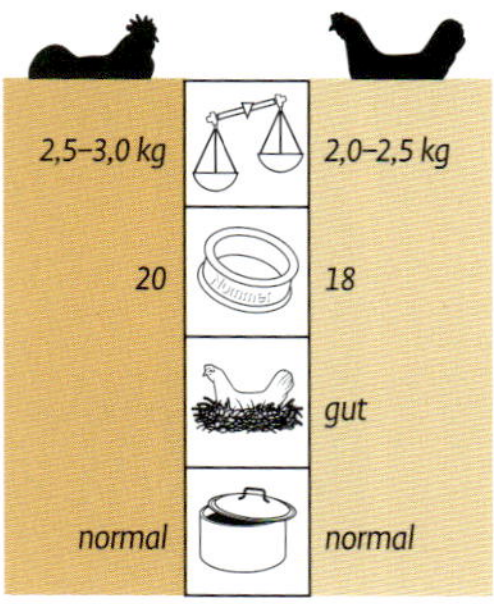

Farbenschlag: Ausschließlich tiefgoldgelbes Rumpfgefieder mit schwarzem Halsbehang. Im Sattel des Hahnes sitzen feine schwarze Schaftstriche. Schwarze Innenfahnen in den Schwingen. Steuerfedern bei beiden Geschlechtern schwarz. Besichelung des Hahnes schwarz.

Besonderheiten: Leistungsstarkes Huhn in angenehmem Farb- und Zeichnungsbild.

Silber-wachtelfarbig

Silber-wachtelfarbig

Watermaalsche Bartzwerge

Herkunft: Zu Beginn des 20. Jahrhunderts in Belgien vermutlich aus Zwerg-Paduanern und Antwerpener Bartzwergen.

Rassegeschichte: Zuerst auf einer Ausstellung in Brüssel 1922 gezeigt. In der Brüsseler Vorstadtgemeinde Watermaal-Bosvoorde bildete der Erzüchter Antoine Dresse die Neuschöpfung. Um 1955 zum ersten Mal in Deutschland ohne längeren Bestand. Erst 1976 kamen die Wachtelfarbigen in deutsche Zuchten und wurden 1979 offiziell anerkannt.

Form und Kopf: Gegensatz zwischen Vorder- und Hinterkörper: kurzer, zurückgebogener Hals mit voller Befiederung, breite Schultern und volle, leicht vorgedrückte Brust. Der Schwanz leicht gefächert im stumpfen Winkel zum abfallenden Rücken. Die Hauptsicheln sind kurz und nur wenig gebogen. Besonders die Henne zeigt eine mähnenartig verlängerte, zurückgebogene Halsbefiederung. Der Stand ist durch die kurzen Schenkel und mittellangen Läufe eher tief. Kopfpunkte: hinter dem mittelgroßen, dreireihigen Rosenkamm mit dem Dreifachdorn sitzt der gut entwickelte, etwas aufwärts nach hinten gerichtete Schopf; bei der Henne stärker ausgeprägt. Voller, dreigeteilter Bart. Kehl- und Ohrlappen verdeckt. Augenfarbe unterschiedlich.

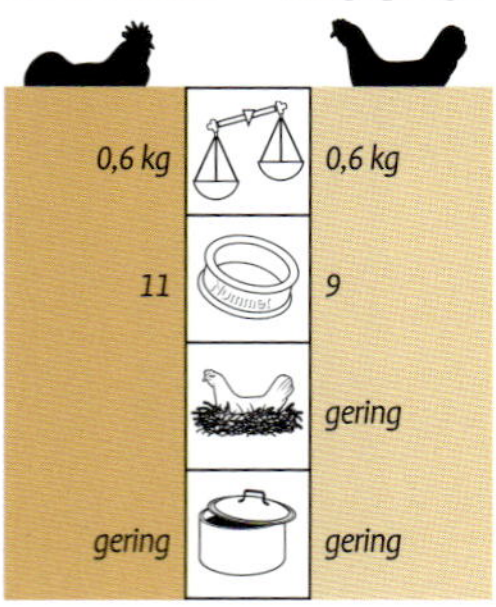

Farbenschläge: 4.13, 4.14, 4.15, 4.17, 5.1, 5.3, 5.5, 5.6, 6.1, 10.7, 10.9, 11.4, 11.5.

Besonderheiten: Deutliche Unterscheidung zum Antwerpener Bartzwerg in dem einzigartigen Kamm mit dem dreifachen Kammdorn.

Orangefarbig

Rost-rebhuhnfarbig

Welsumer

Herkunft: In den holländischen Orten Epe, Olst und Wijhe entwickelten Züchter seit 1911 aus Landhühnern, Orpington, Faverollos, Dorking, Cochin und Wyandotten einen Huhntyp, der große und dunkelbraune Eier legte.

Rassegeschichte: Vom Dorf Welsum aus der Züchterwerkstatt von A. Voorhorst erhielt die Rasse ihren Namen. Einkreuzung von Malaien, Brahma, rebhuhnfarbigen Leghorn, Barneveldern und Rhodeländern. Aufnahme in den holländischen Standard 1919. Import nach Deutschland 1924. Gründung des Spezialclubs 1927.

Form und Kopf: Nach Art der mittelschweren Rassen zeigen Welsumer den walzenförmig gestreckten Rumpf in waagerechter Haltung. Breiter Übergang zum Schwanz, beim Hahn mit nicht zu langen Sicheln. Beide Geschlechter tragen den Schwanz im stumpfen Winkel. Tiefe und volle Brust- und Bauchpartie. Sichtbare Schenkel, deutlich höher im Stand als die formverwandten Bielefelder. Die Kopfpunkte sind ohne Besonderheiten. Die Farbe der Ohrlappen ist im Standard nicht angegeben; sie muss aber bei Ausstellungstieren rot sein. Orangerote Augenfarbe.

Farbenschläge: 1.1, 3.4.

Hahn		Henne
2,75–3,25 kg		2,0–2,5 kg
20		18
		gut
sehr gut		sehr gut

Besonderheiten: Die dunkle Eischalenfarbe kann zwar nicht in der Intensität mit denen der Marans und Penedesenca konkurrieren, rangieren aber in der Beliebtheit weit vorn. Sehr gute Legeleistung, auch im Winter. Hohes Eigewicht von 80 bis 90 Gramm, gute Fleischnutzung.

Silber

Gold

Westfälische Totleger

Herkunft: Aus rosenkämmigen Sprenkelhühnern Anfang des 19. Jahrhunderts im Ravensberger Land erzüchtet. Im Unterschied zu den stehkämmigen, gesprenkelten Landhühnern in Ostfriesland und Belgien strebten die Züchter den weniger wetterempfindlichen kleinen Kamm an.

Rassegeschichte: Der Rassename entstand nach der Genehmigung der Musterbeschreibung 1904. Nach dem Ersten Weltkrieg ging die Rasse durch die Konkurrenz fremdländischer Leistungsrassen erheblich zurück. Gründung des Sondervereins und neue Förderung der Wirtschaftlichkeit dieser Rasse 1926. Der Rassename sollte nicht eine gefährliche, mortale Leistung ausdrücken, sondern die überdurchschnittliche Legetätigkeit.

2,0–2,5 kg		1,5–2,0 kg
18		16
		gut
normal		normal

Form und Kopf: Allseits abgerundete Landhuhnform mit ausgefüllter Unterlinie (Brust und Bauch). Der Rücken ist mäßig lang und geht nach hinten etwas abfallend. Breite Schultern gehören zur kräftigen Figur. Der Hahn trägt den voll besichelten Schwanz hoch, sodass zum Sattel hin ein Winkel entsteht. Die Schenkel werden kräftig und mittellang, die Läufe feinknochig verlangt. Der fein geperlte Rosenkamm endet in einem dünnen, geraden oder etwas geneigten Dorn. Die kleinen Ohrscheiben sind bläulich weiß. Dunkelbraune Augenfarbe.

Farbenschläge: 7.1, 7.2.

Besonderheiten: Im Freilauf sehr gute Futtersucher. Frohwüchsigkeit in der Aufzucht. Lebhaftes Verhalten. Aparte Zeichnungsbilder.

Gold-weizenfarbig

Gold-weizenfarbig

Yamato Gunkei

Herkunft: Der Rassename bedeutet so viel wie „Japanische Soldaten". Aus indischen Asilabkömmlingen im Zeitraum von über 500 Jahren entstanden.

Rassegeschichte: Einfuhr nach Europa über die USA und Holland. Die Neigung Nippons zu Miniaturzuchten von Lebewesen, ähnlich der Bonsaikultur, führte zu der Entwicklung der zwergenhaft wirkenden Yamato. Außerdem mag das Vorbild der Samurai-Kämpfer entscheidend gewesen sein.

Form und Kopf: Hoch aufgerichtet ist der vorne breite, hinten eiförmige Körper. Schon der mittellange, sehr kurz befiederte Hals zeigt den Kämpfertyp. Passend dazu die breiten, stark hervortretenden Schultern. Der Hahnenschwanz ist kurz, in sich geschlossen und wird in einer Linie mit dem Rücken gesenkt getragen. Die seitlichen Steuerfedern ragen als Rassemerkmal seitlich nach oben und stehen seitlich etwas ab. Nur kurze Hauptsicheln. Die knappe Befiederung lässt in der Brustbeingegend die nackte Haut durchscheinen. Stand kaum mittelhoch, aber muskulöse Schenkel und dicke Läufe mit feiner, mehrreihiger Schuppenbildung. Kopfpunkte: Großer, kurzer, breiter Schädel mit hervortretenden Augenbrauen. Fest aufsitzender, kleiner walnussförmiger Kamm. Sehr kleine Kehllappen; stark ausgeprägte Kehlhaut. Faltige, relativ große Ohrlappen. Die Augenfarbe ist hellorange bis perlweiß.

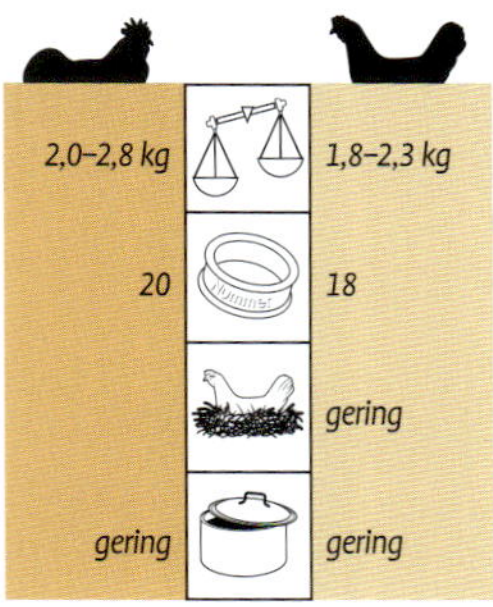

Farbenschläge: 1., 1.12, 3.7.

Besonderheiten: Im Mutterland gibt es auch weiße, gescheckte und gesperberte Yamatos.

Weiß-rotgezeichnet

Weiß-rotgezeichnet

Yokohama

Herkunft: Ursprungsgebiete in China. Einfuhr angeblicher „Shokoku" nach Japan in der Heian-Periode (794–1186 n. Chr.). Nach Detering sind die Minohiki (entstanden in der Tokugawa-Periode (1603–1867 n. Chr.) identisch mit den heutigen Yokohama.

Rassegeschichte: 1864 Einfuhr in den „Jardin d'Acclimatisation" durch den Missionar Girard. Import nach Deutschland 1869 und später zur Baronin von Ulm-Erbach. Nach 1870 Verpaarungen mit Malaien bei Hugo du Roi.

Form und Kopf: In der Gesamterscheinung „wie ein Araber-Vollblutpferd unter Ackergäulen" (K. Fischer). Ungewöhnlicher langer und breiter, sehr voll befiederter, waagerecht getragener Sattel und Schwanz des Hahnes. Fasanenartige Körperform mit schlankem Hals. Wenig ausgebildeter Bauch, hoch getragene Brust. Schlanke Schenkel, feinknochige Läufe. Kleiner Wulstkamm. Die übrigen Kopfbehänge sind klein; rotorange die Augenfarbe. Die Henne zeigt ebenfalls elegante Länge und säbelartig gebogene Schwanzdeckfedern, die seitlich über den Schwanz hinausragen.

2,0–2,5 kg		1,3–1,8 kg
18		16
		gering
gering		gering

Farbenschläge: Rot gesattelt in abweichender Anordnung der Farbfelder: rahmweißes Gefieder an Kopf, Körper und Schwanz. Beim Hahn blutrote Flügeldecken, Brust und Schenkel rotbraun mit kleinen weißen Tupfen. Die Henne zeigt lachsrote Brust und Schenkel mit weißer Perlung (Tupfen).

Besonderheiten: Ästhetisch anziehende Ausstellungsrasse in Figur, Farbe und Zeichnung. Zuverlässige Brüter.

Wildbraun

Weiß

Zwerg-Altsteirer

Herkunft: In Groß-Umstadt erzielte H. Noll seit 1954 die ersten Zwerge dieser Rasse durch Verpaarung von Hennen der Großrasse mit einem rost-rebhuhnfarbigen Zwerg-Welsumer-Hahn.

Rassegeschichte: Diese Vorformen wurden einer strengen Zuchtauslese unterworfen und zudem mit wildfarbigen und goldhalsigen Deutschen Zwergen gekreuzt. Anfangsprobleme gab es mit der uneinheitlichen Lauffarbe und der unterschiedlichen Körpergröße. Dennoch konnte die Rasse 1961 in den deutschen Standard aufgenommen werden.

Form und Kopf: Nicht ganz so „kastenförmig“ wie die Großrasse, jedoch im gestreckten Viereck verkörpern auch die Zwerge den Altsteirer-Typ. Dazu gehören langer Rücken, breite Sattelpartie, volle Brust- und Bauchlinie, kräftige Schenkel und breit angesetzter Schwanz. Die Besichelung beim Hahn ist reichlich und soll breit sein. Der Kamm ist (wie bei Sulmtalern) rasseeigentümlich: beim Hahn aufrecht stehender Einfachkamm, bei der Henne im vorderen Teil gewickelt („Quetschfalte“). Kurze Kehllappen, weiße Ohrscheiben. Rote Augenfarbe.

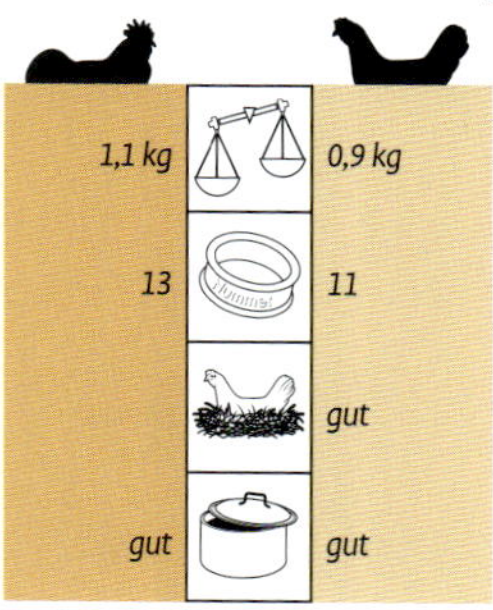

Farbenschläge: 1.3, 5.5.

Besonderheiten: Wirtschaftlich interessante Zwergrasse mit lebhaftem Temperament, jedoch nicht scheu. Anspruchslosigkeit, Wetterempfindlichkeit.

Zwerg-Andalusier

Herkunft: Die Ausgangsrassen waren schwarze, einfachkämmige Bantam, Zwerg-Minorka und große Andalusier ab 1919. Sowohl in England als auch in Deutschland formten die Züchter Miniaturen der stolzen Andalusier.

Rassegeschichte: Zur Verkleinerung wurden später noch Deutsche Zwerghühner und Deutsche Zwerg-Langschan verwendet. Dennoch traten viele Tiere mit Übergröße auf. Gründung des Sondervereins 1895. Auslöschung der Anfangsbestände im Zweiten Weltkrieg. Wiedererzüchtung durch W. Woith ab 1949 aus Verpaarungen mit schwarzen Zwerg-Minorkas, blauen Bantams und Zwerg-Italienern.

Form und Kopf: Gestreckte Figur mit leicht abfallender, fast gerader Rückenlinie und breiten Schultern. Die hoch getragene Brust ist etwas vorgewölbt. Die Henne ist in der Körperhaltung etwas mehr waagerecht. Der „edle“ Gesamtausdruck entsteht nicht zuletzt durch den recht hohen Stand. Fest aufsitzender Stehkamm, bei der Henne im hinteren Teil umliegend, Kehllappen in feinem Gewebe, mittelgroße, weiße Ohrscheiben, regulär dunkelbraune Augen (rote gestattet).

Hahn		Henne
1,0 kg	Gewicht	0,9 kg
13	Ring	11
	Brut	normal
gering	Fleisch	gering

Farbenschlag: Blaugesäumt; taubenblaue Grundfarbe mit schwarzen Federsäumen.

Besonderheiten: Spanische „Sonnenkinder“ aus deutscher und englischer Züchterwerkstatt. Aufspaltung in der Farbe. Für den Schaukäfig ist die richtige Farbe nicht leicht zu erzielen. Jahresleistung der Henne im Durchschnitt 100 Eier.

Gesperbert

Wildfarbig

Zwerg-Araucana

Herkunft: In den USA sollen angeblich um 1975 Zwerg-Araucana erzüchtet worden sein, die 1984 in den dortigen Standard aufgenommen wurden.

Rassegeschichte: In Deutschland erzielte W. Pröbsting/St. Augustin Ende des vorigen Jahrhunderts die Kleinausgabe der Araucana-Rasse.

Form und Kopf: Der Rumpf in aufgerichteter Haltung ist allseits gut gerundet. Dazu tragen die breiten Schultern und der mäßig lange Rücken bei. Der Hinterkörper ohne Schwanzgefieder ist allerdings beim Hahn durch volles und dichtes Sattelgefieder recht breit. Die Vorderseite zeigt die breite, leicht vorgewölbte Brust. Die Bauchregion ist, besonders bei der legenden Henne, gut entwickelt. Der Stand ist übermittelhoch durch die kräftigen Schenkel und die feinknochigen Läufe. Die Flügel dürfen den Körper nicht überragen. Unregelmäßiger Erbsenkamm, rote Ohrlappen. Drei Formen der Kopfbefiederung: a) Federquasten (Tuffs, Bommeln) am seitlichen Kopf, b) ausgeprägter Backenbart ohne Quasten, c) mit Federquaste und Bart. Rote bis orangefarbene Augen.

Hahn		Henne
0,85 kg	Gewicht	0,75 kg
13	Ring	11
	Legeleistung	normal
gering	Fleisch	gering

Farbenschläge: 1., 1.8, 1.4, 1.12, 5.1, 5.3, 5.4, 5.5, 6.1.

Besonderheiten: Sehr reizvoll sind die kleinen, türkisfarbenen Eier. Die Rasse zählt zu den Seltenheiten. Bei rassegerechter Haltung ist die Konstitution und Kondition optimal.

Gelbbunt

Gelbbunt

Zwerg-Asil

Herkunft: Ersterwähnung in der englischen Zeitschrift „Fanciers Gazette" 1890. W. F. Entwisle beschrieb die Rasse 1894.

Rassegeschichte: Zur Verzwergung der stattlichen, großen Asil dienten zunächst Zwerg-Malaien. Um 1970 Wiedererzüchtung in Belgien (W. Coppens) und in Deutschland durch W. Kämmerling. Weiße Indische Zwerg-Kämpfer, englische Zwerg-Asil und Ko Shamo bildeten das Zuchtpotenzial.

Form und Kopf: Breiter, gedrungener Rumpf mit starker Muskelbildung. Rücken breit, flach und abfallend. Stark hervortretende Schultern (abstehender Flügelbug). Knapp ist die Sattelregion, geschlossen der gesenkt getragene Schwanz, beim Hahn nur mit schmalen, leicht gebogenen Sicheln und kurzen Schwanzdeckfedern besetzt. Sehr breite Brust und kurze, muskulöse Schenkel unterstützen den Asil-Eindruck. Die Läufe kurz und kräftig in den Knochen, dabei breit stehend und mit Sporen versehen. Auf dem kurzen, breiten Schädel sitzen der wenig entwickelte Erbsenkamm, die unbefiederte Kehlwamme und die kleinen, roten Ohrlappen. Das Gefieder ist überall sehr knapp und flaumarm. Die Augenfarbe ist perlfarbig bzw. bei Jungtieren gelb bis orangegelb.

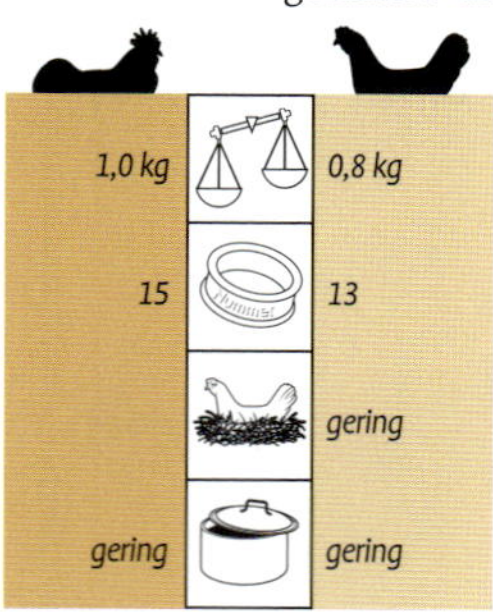

Farbenschläge: 5.5, 22.2, gelbbunt.

Besonderheiten: Zwerg-Asil sind zwar relativ neu bei deutschen Schauen, haben aber in letzter Zeit eine gute Verbreitung erreicht. Geeignet für begrenzte Raummöglichkeiten.

Zwerg-Augsburger

Herkunft: Versuche, in Deutschland ein Miniaturhuhn mit Becherkamm zu züchten, reichen zurück bis in die Zeit um 1930.

Rassegeschichte: Die Anfänge sind nicht dokumentiert. Um 1958 Wiedererzüchtung durch O. Knöpfler. Große Augsburger, Deutsche Zwerghühner und Zwerg-Italiener waren daran beteiligt. Erste Vorstellungen 1963 und 1965 in Stuttgart und Frankfurt. Offizielle Anerkennung 1975.

Form und Kopf: Der Rumpf erscheint durch die aufgerichtete Haltung und die gestreckte Rückenlinie nach hinten abfallend. Der Rahmen darf trotz Zwergengröße nicht zu gering erscheinen. Breit sind demgemäß Schultern und Rücken. Unterlinie: volle und breite Brust und gut entwickelter Bauch. Die kräftigen Schenkel und die mittellangen Läufe gehören zum Stand. Der Hahnenschwanz soll recht lang und breit sein. Die stark gebogenen Haupt- und Nebensicheln werden hoch getragen. Der Hennenschwanz ist flacher und wird leicht gefächert. Hauptrassemerkmal: Aufrecht stehender Kamm, der nach den ersten Kammzacken sich zu einer becherförmigen „Krone" erweitert, möglichst hinten geschlossen. Mittelgroße Kehllappen, länglich runde, weiße Ohrscheiben, dunkelbraune Augen.

Hahn		Henne
0,9 kg	[scale]	0,8 kg
13	[ring]	11
	[brooding hen]	normal
normal	[cooking pot]	normal

Farbenschlag: Ausschließlich schwarz mit grünem Glanz.

Besonderheiten: Die Rasse entspricht durchaus der Großrasse in leistungsmäßiger Hinsicht. Sie ist wegen ihrer geringen Verbreitung unbedingt schützenswert und förderungswürdig.

Schwarz

Weiß

Zwerg-Australorps

Herkunft: 1950 Herauszüchtung der Zwergform in Deutschland und in den USA. Unklar sind die Züchternamen und Orte, in denen die Schwarzen entstanden sind.

Rassegeschichte: Der weiße Farbschlag entstand 1973 bei Fr. W. Mayland, Wermelskirchen, die Blau-Gesäumten bei H. Tödtmann, Minden-Stemmer 1986. Andere Rassen standen Pate: Zwerg-Wyandotten, Zwerg-Barnevelder und Zwerg-Langschan.

Form und Kopf: Waagerechte Körperhaltung. Die Oberlinie geht vom Hinterhals in leichter Senkung zum Anstieg über Sattel und Schwanz in einem harmonischen Bogen. Breite Neben- und Hauptsicheln besetzen den Hahnenschwanz. Tief gehende Brustlinie mit deutlicher Vorwölbung. Die Unterlinie geht hinter den Schenkeln in die gut gefüllte Bauchlinie. Sichtbare Schenkel, mittelhohe Läufe. Die Hennenform erscheint noch etwas gedrungener. Das Schwanzgefieder soll aufgelockert sein, ohne stark zu fächern. Einfach gezackter, nicht zu großer Kamm, passende Kehllappen und rote Ohrlappen. Wichtig ist rote, nicht helle oder schwärzliche Gesichtsfarbe. Die Augenfarbe ist dunkelbraun.

Farbenschläge: 5.1, 5.4, 5.5.

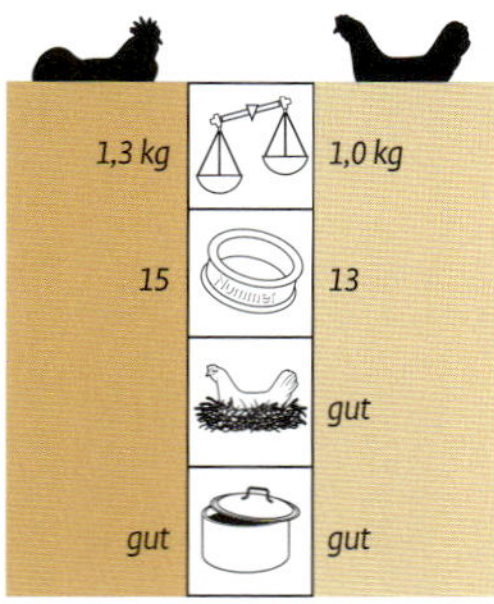

Besonderheiten: Starke Verbreitung aufgrund der hohen Legeleistung. Das Eigewicht ist mit 45 Gramm für ein Zwerghuhn erstaunlich hoch. Hervorragende Futterverwertung. Frohwüchsigkeit der Küken.

Braun-schwarzdoppeltgesäumt

Braun-schwarzdoppeltgesäumt

Zwerg-Barnevelder

Herkunft: Als Erzüchter gilt D. Giesen, Mühlheim/Ruhr. Verpaarungen von klein gebliebener Henne mit Zwerg-Rhodeländern und Deutschen Zwerg-Langschan ab 1922.

Rassegeschichte: Spätere Verwendung von gold-schwarz gesäumten Zwerg-Wyandotten und fasanenbraunen Indischen Zwerg-Kämpfern. Vorstellungen ab 1927 in Hannover, Essen, Berlin und Dresden. Anerkennung 1930. Gründung des Sondervereins 1931 in Gießen. 1954 Erzüchtung der Schwarzen und Weißen bei H. Altheinz in Kirchhain. Dunkelbraune erzielte K. Röder, Maintal zwischen 1981 und 1987. Kennfarbige bei K. Göbel, Hochheim und Importe der Blau-Doppelgesäumten aus Holland 1988 durch K. H. Holtkampf, Hille.

Form und Kopf: Der Rumpf muss von der breiten Rückenlinie bis zu den Schenkelansätzen tief erscheinen. Geräumiger Körperrahmen. Die Rückenlinie geht hohlrund ansteigend in den hoch getragenen Schwanz über, der beim Hahn mit voller Besichelung ausgestattet ist. Tief gehende Unterlinie durch etwas vorgewölbte Brust und tiefe Bauchregion. Kräftige, sichtbare Schenkel und feinknochige Läufe. Einfacher Stehkamm bei beiden Geschlechtern. Kehllappen kurz gerundet. Ohrlappen länglich, rot. Die Augenfarbe ist orangerot.

Hahn		Henne
1,2 kg		*1,0 kg*
15		*13*
		gut
normal		*normal*

Farbenschläge: 4.12, 5.1, 5.5, 6.6, 7.16, 7.17, 7.18.

Besonderheiten: Beliebt ist die Rasse wegen des relativ hohen Eigewichts, der Anspruchslosigkeit und des ruhigen Wesens.

Gesperbert

Weiß

Zwerg-Brabanter

Herkunft: Erste Bestände in Holland schon 1935 auf einer Ausstellung in Utrecht (Ornithophilia). Während des Zweiten Weltkrieges erloschen die dortigen Zuchten. 1945 Wiedererzüchtung in Apeldoorn.

Rassegeschichte: Ab 1966 in Deutschland die vier Farbenschläge Schwarz, Blau-Gesäumt, Perlgrau und Weiß. Aufnahme aller acht Farbenschläge in den deutschen Standard 1975. Gründung des Sondervereins 1992.

Form und Kopf: Zwar soll der Landhuhntyp erkennbar sein, aber Zwerg-Brabanter zeigen eine „stolze" Haltung durch den aufrecht getragenen Hals, den etwas ausgerundeten, leicht abfallenden Rücken, die breiten Schultern und beim Hahn den voll entwickelten, etwas offen und hoch getragenen Schwanz. Schenkel und Läufe recht frei, meistens mehr als mittellang. Der Kamm besteht aus zwei runden, v-förmigen, etwa 1 cm langen Fleischzapfen („Hörnern"), nach hinten gerichtet. Die aufrecht stehende, seitlich zusammengedrückte, recht große Helmhaube steht demgegenüber mit den Federspitzen nach vorne. Dazu kommt der federreiche, seitlich eingeschnürte Bart, gebildet aus Kinn- und Backenfedern. Die Kehl- und Ohrlappen sind bedeckt; die orangefarbigen bis rötlichen Augen müssen freibleiben.

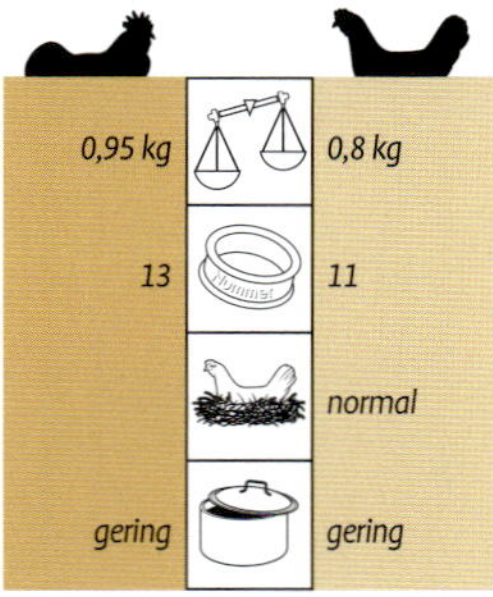

Farbenschläge: 7.1, 7.2, 7.8, 5.1, 5.2, 5.4, 5.5, 6.1.

Besonderheiten: Seit ihrem Vorkommen in Deutschland hat die Rasse zwar gute Verbreitung erfahren, ist aber dennoch relativ selten.

Silberfarbig-gebändert

Rebhuhnfarbig-gebändert

Zwerg-Brahma

Herkunft: Die ersten Versuche der Verzwergung dieser Rasse bei W. F. Entwisle im Jahr 1887 scheiterten an der Übergröße der Tiere. 1889 brachte L. Neubert, Niederbobritzsch, die Hellen und 1891 die Dunklen heraus.

Rassegeschichte: Tiere der Großrasse, Federfüßige Zwerghühner und Seidenhennen stellten die Elterntiere. Gelb-columbia wurden erst 1950 anerkannt. 1980 Rebhunfarbig-Gebänderte, 1988 Rebhunfarbig-Blaugebänderte.

Form und Kopf: Körper voluminös durch den breiten Rücken und die abgerundeten, breiten Schultern. Zwar soll die Brust breit, rund und voll sein, wird aber etwas hoch getragen. Die Rückenlinie muss so ausgerundet sein, dass hinter dem breiten Sattel die Schwanzbefiederung in fast gerader Linie ansteigt. Steuerfedern dachförmig angeordnet und mit Flaumfedern ausgefüllt. Die breiten Hauptsicheln des Hahnes gehen am Ende etwas auseinander. Die sehr voll befiederten Schenkel tragen stulpenartig verlängerte Federn. Auch die Läufe sind an den Seiten bis zu den Mittel- und Außenzehen befiedert. Der Stand wirkt relativ hoch. Kleiner, dreireihiger Erbsenkamm, kleine Kehllappen und Kehlwamme. Die Ohrlappen sind rot, die Augen orangerot bis rot.

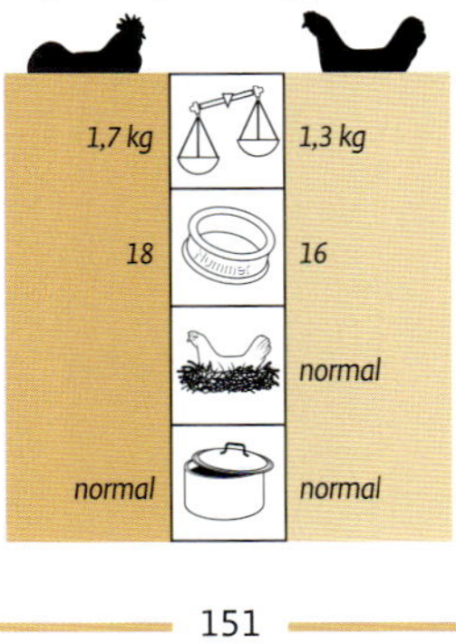

Farbenschläge: 4.1, 4.2, 4.5, 4.6, 7.9, 7.10, 7.12.

Besonderheiten: Frühbruten sind wegen der relativ langen Entwicklungszeit ratsam.

Gold

Gold

Zwerg-Brakel

Herkunft: Versuche der Herauszüchtung ab 1900 in Deutschland. Vorstellung in Dresden 1927. In Holland 1933 Zwerg-Brakel aus der Großrasse und Sebright erzüchtet.

Rassegeschichte: Aus Silberbrakeln und schwarzen Deutschen Zwerghühnern entwickelte dann seit 1952 F. Werthmann, Arnsberg die Zwerg-Brakel heutigen Typs. 1956 Aufnahme der Silberfarbigen, 1976 der Goldfarbigen in den Standard. Eigenständige Herauszüchtung durch K. Zohns, Uelleben/Thüringen, aus der Großrasse, Zwerg-Hamburgern und Zwerg-Rheinländern.

Form und Kopf: Der Körperrahmen wird oben durch die leicht abfallende Rückenlinie, die breiten Schultern und die volle Sattelpartie, unten durch die tief gehende Brust- und Bauchlinie gebildet. Der Schwanz wird ziemlich hoch getragen. Beim Hahn breite Sicheln und lange Steuerfedern. Die Schenkel sind im Gefieder verborgen und relativ kurz. Zum Kopfausdruck gehören die dunkelbraunen Augen mit den schwärzlichen Augenlidern. Der Einfachkamm hat 5 bis 6 Zacken. Der Hennenkamm neigt sich in der Blüte hinten zur Seite. Nur mittelgroße Kehllappen und bläulich weiße Ohrscheiben.

Hahn		Henne
1,0 kg		0,9 kg
13		11
		sehr gut
normal		normal

Farbenschläge: 7.1, 7.2

Besonderheiten: Sehr aparte Bänderzeichnung auf silberweißem bzw. goldbraunem Hintergrund. Leichte Aufzucht bei richtigen Bedingungen. Rasche Kükenbefiederung. Gemäß der Legeleistung der Großrasse liefern auch die Zwerge viele Eier.

Gesperbert

Gesperbert

Zwerg-Breda

Herkunft: Um 1930 in Holland (L. van Muilwijk, Dordrecht). Herauszüchtung des schwarzen Farbschlages.

Rassegeschichte: Später weitere Versuche bei Stork, Hengelo, durch Kreuzung von großen Breda mit Zwerg-Eulenbarthühnern und durch Spriel, Ede, ab 1969 durch Verwendung von Federfüßigen Zwerghühnern. Der weiße Farbschlag entstand um 1970, der blaue durch Einkreuzung von Andalusiern bei De Ruiters in Hasselt.

Form und Kopf: Breite Walzenform, die im Hinterteil schmaler wird. Die Rückenlinie ist lang, breit und fällt leicht nach hinten ab. Der übermittellange Hals ist leicht gebogen und voll befiedert. Breite, runde Schultern, volles Sattel- und hartes Sichelgefieder. Steuerfedern, auch bei der Henne, etwas gespreizt. Brust vorgewölbt, an der breitesten Stelle wird sie leicht angehoben getragen. Die etwas übermittellangen Schenkel tragen verlängertes Gefieder an den Außenseiten. Auch die hoch erscheinenden Läufe sind an den Außenseiten bis über die Außenzehen kurz befiedert. Anstelle des Kammes sitzt eine Vertiefung, die mit roter Fleischhaut ausgekleidet ist. Als Haubenhuhnvariante tragen Zwerg-Breda einen kleinen Schopf, aus spitzen und steif nach hinten gerichteten Federn. Weiße Ohrscheiben, gut gerundete Kehllappen, orangerote bis rotbraune Augen.

1,1 kg		0,85 kg
16		14
		normal
gering		gering

Farbenschläge: 5.1, 5.4, 5.5, 6.1.

Besonderheiten: Die Rasse zählt in Deutschland zu den Seltenheiten.

Silberfarbig-gebändert

Blau

Zwerg-Cochin

Herkunft: Anfängliche Bezeichnung „Peking-Bantams“. Keine Verzwergung der Großrasse, sondern „Urzwerge“. 1860 Einfuhr aus China. Das erste Paar Gelbe gelangte als Beutegut zum Hof der britischen Königin.

Rassegeschichte: 1866 Einkreuzung einer weißen Vorform der Federfüßigen Zwerghühner und Nankin-Zwerghühnern. 1883 die ersten Schwarzen durch weitere China-Importe und 1886 Gelbe in Deutschland. Weiße und Rebhuhnfarbige 1890.

Form und Kopf: Trotz Zwergentyp viel Volumen im Rumpf, Schultern und Körperabschluss. Auffallende Körpertiefe durch die breite und tief getragene Brust und den vollen, reich befiederten Bauch. Tiefer Stand, kurze, voll befiederte Schenkel mit starker „Kissenbildung“ und kurze, stark befiederte Läufe. Der Hinterkörper (Kruppe) besteht aus weichen Federn, stark gewölbt und allseitig abgerundet. Die Rasse kommt auch als gelockte Variante vor. Deckgefieder in einer halben Drehung aufgebogen. Die Halsfedern sind zum Kopf hin aufgerichtet. Kleiner Einfachkamm, dünne Kehllappen und rote Ohrlappen. Augenfarbe orange bis rot.

Hahn		Henne
0,85 kg	Gewicht	0,75 kg
16	Ring	15
	Legeleistung	gering
gering	Fleisch	gering

Farbenschläge: 1.4, 1.12, 1.21, 2.1, 2.4, 3.7, 4.1, 4.2, 4.5, 4.6, 5.1, 5.2, 5.3, 5.5, 5.6, 5.7, 6.1, 6.3, 7.11, 7.12, 10.7, 11.4., perlgrau gesperbert.

Besonderheiten: „Gemütliche“, ruhige Rasse mit liebenswertem, zahmen Wesen.

Schwarz-weißgescheckt

Schwarz-weißgescheckt

Zwerg-Crève Coeur

Herkunft: Seit 1960 im amerikanischen „Standard of Perfection".

Rassegeschichte: Eine der jüngsten in Deutschland herausgezüchteten Zwergrasse. Elterntiere waren Vertreter der Großrasse, schwarze Zwerg-Paduaner und Zwerg-La Flèche. Anerkennung nach 13-jähriger Zuchtzeit 1995.

Form und Kopf: Der Körper bildet ein breites, gestrecktes Rechteck. Waagerechte Haltung. Mittellanger Rücken mit breiter Sattelpartie. Der Hahnenschwanz wird mäßig hoch getragen und ist mit breiter Besichelung besetzt. Tief gehende Unterlinie durch breite Brust und vollen Bauch. Wenig sichtbare, aber kräftige Schenkel, kaum mittellange Läufe. Der Körper der Henne wirkt noch etwas gedrungener und ausgefüllter. Dreifache Abweichung von normalen Kopfpunkten: Der Geweihkamm besteht aus zwei gleichförmigen, v-förmigen, fleischigen Hörnern, die nach hinten gerichtet sind. Der große, volle Bart ist, besonders bei der Henne, in den Kinn- und Backenteil getrennt. Die Haube soll groß und dicht sein; ihre Struktur ist beim Hahn mehr langfedrig, bei der Henne mehr breitfedrig. Kehl- und Ohrlappen sind verdeckt. Die Augenfarbe ist rötlich gelb.

1,1 kg		*0,9 kg*
15		*13*
		gut
normal		*normal*

Farbenschlag: Ausschließlich schwarz.

Besonderheiten: Der geräumige Körper zeigt gute Leistungsmerkmale an. Die Hennen legen fleißig; für eine Zwerghuhnrasse auch rentable Fleischnutzung.

Schwarz

Weiß

Zwerg-Croad Langschan

Herkunft: Seit 1970 in England. 1981 Importe nach Holland zu H. van Rijswijk. Im amerikanischen Standard seit 1960 enthalten.

Rassegeschichte: In Deutschland Weiterentwicklung ab 1993 durch H. B. Laudage und D. Höper. Weiße traten unerwartet aus dem schwarzen Farbschlag auf. Einkreuzung von Zwerg-Australorps. Weniger erfolgreich war die Verwendung von Federfüßigen Zwergen. Chabos förderten die Rasse durch Verkürzung der runden Rückenlinie. Sonderverein in Deutschland seit 1997.

Form und Kopf: Beträchtliche Rumpftiefe. Kurzer, lyraförmiger Rücken; breite, gut gerundete Brust; volle Bauchregion. Die Oberlinie wird mitgeprägt durch den voll befiederten, breiten Sattel und die hoch getragene Schwanzbefiederung. Die langen Sicheln bedecken seitlich die Steuerfedern, die besonders bei der Henne aus der Schwanzdecke hervorragen. Breite Schultern gehören zum Rahmen. Die langen und starken Schenkel mit den hohen Läufen, die in den Fersengelenken nur gering gewinkelt sind, bilden den Stand. Läufe und die Außenzehen sind befiedert. Circa 5 Zacken trägt der Einfachkamm, der auch bei der Henne stehen soll. Rote Ohrlappen, Kehllappen ohne Besonderheiten. Dunkelbraune bis schwarzbraune Augen.

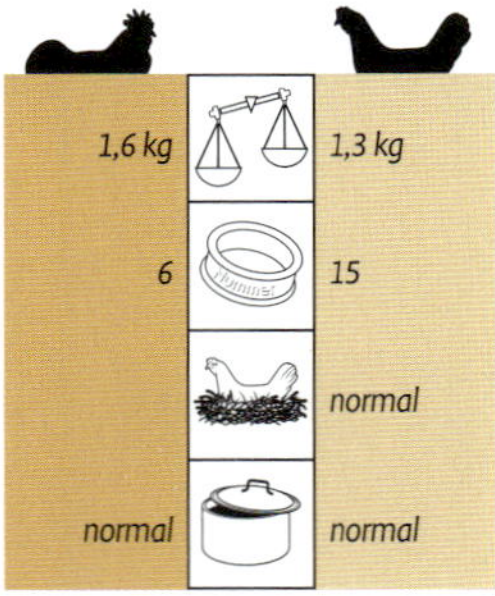

Farbenschläge: 5.1, 5.5.

Besonderheiten: Attraktive Figur durch die geschwungene Oberlinie und den hohen Stand. Recht gute Nutzungseigenschaften.

Zwerg-Dominikaner

Herkunft: Vor den in Deutschland erzüchteten gab es schon seit 1960 in den USA Zwerg-Dominikaner.

Rassegeschichte: Erst durch Züchtungen bei F. Pohle, Springe und E. Kowert, Rödinghausen, unter Verwendung von Sumatra, schwarzen Zwerg-Italienern, Deutschen Zwerg-Sperbern, Zwerg-Rheinländern und gestreiften Plymouth Rocks kam der gegenwärtige Typ heraus. Kowert war erfolgreich durch Einkreuzung von Zwerg-Kraienköppen. Offizielle Anerkennung 1990.

Form und Kopf: Elegantes Exterieur durch den langen, walzenförmigen, leicht abfallenden Rumpf mit dem schlanken Hals. Die Rückenlinie wird fortgesetzt in dem breiten, flach getragenen Hahnenschwanz mit möglichst breiten und herunterhängenden Sichelfedern. Die Brust wird hoch getragen und etwas vorgestreckt, der Bauch ist gut ausgebildet. Kräftige, straff befiederte Schenkel und mittellange Läufe. Der möglichst gleich breite Rosenkamm soll schmal, niedrig und mit feinen Fleischperlen besetzt sein. Hinten läuft er in einem kurzen, geraden Dorn aus. Die Henne erscheint etwas gedrungener in der Figur. Kehl- und Ohrlappen klein, sodass der auffallend kleine Kopf mit flacher Stirn länglich erscheint. Orangerote Augen.

Farbenschlag: Gesperbert.

Besonderheiten: Das „Huhn mit dem Schlangenkopf“ soll auch bei der Zwergform zum Ausdruck kommen.

Hahn		Henne
0,9 kg		0,7 kg
15		13
		gut
normal		normal

Braun

Schwarz

Zwerg-Dresdener

Herkunft: Beginn der Verzwergung 1951 durch S. Zumpe, Wilschdorf.

Rassegeschichte: Aus klein gebliebenen Hennen der Großrasse, Antwerpener Bartzwergen und hellen Zwerg-Wyandotten waren die ersten Tiere kombiniert. Auf westdeutschem Gebiet wurden dann goldbraune Zwerg-New Hampshire und gelbe Zwerg-Wyandotten zur Typfestigung verwendet. Im westdeutschen Standard Aufnahme 1967.

Form und Kopf: In deutlicher Unterscheidung zu den sonst ähnlichen Zwerg-New Hampshire zeigen die Zwerg-Dresdener einen etwas längeren Rumpf. Breite Sattelpartie, der Schulterbreite entsprechend. Die Rückenlinie verläuft zunächst waagerecht und steigt dann ohne eckigen Verlauf in den im stumpfen Winkel getragenen Schwanz. Die Hahnensicheln sollen nicht zu lang sein. Brust- und Bauchpartie erscheint recht voll. Mittelhoher Stand durch wenig hervortretende Schenkel und mittelhohe Läufe. Auch der Hennenschwanz soll breit sein und offen getragen werden. Vorne breit angesetzter Rosenkamm, dessen Dorn dem Nacken folgt. Dazu passende, nicht zu lange Kehllappen, rote Ohrlappen. Die Augenfarbe ist orangefarbig bis rot.

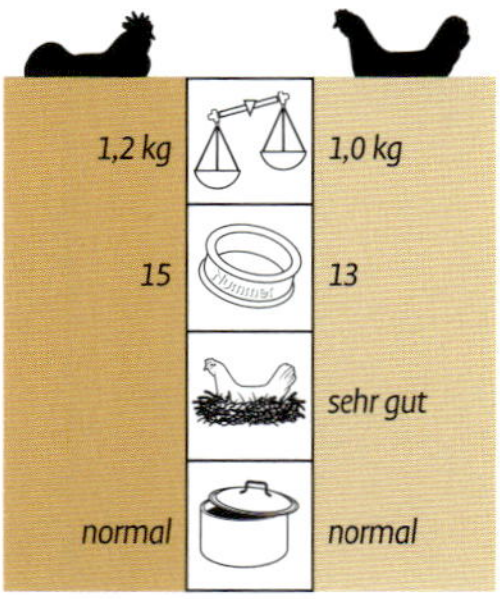

Farbenschläge: 1.2, 4.12a, 5.1, 5.5, 6.1.

Besonderheiten: Etwas derb erscheinendes, aber temperamentvolles Zwerghuhn. Winterhart; fleißiger Leger. Ermittelter Durchschnitt: pro Henne und Jahr 182 Eier. Spitzenhenne: 237 Eier.

Weiß

Chamois-weißgetupft

Zwerg-Eulenbarthühner

Herkunft: In Holland um das Jahr 1934 entstanden.

Rassegeschichte: Auf holländischen Ausstellungen wurden 1992 Zwerg-Eulenbarthühner in den Farbenschlägen Goldlack, Schwarz und Gesperbert gezeigt. Zwei Jahre später standen dort schon 48 Tiere in sechs Farbenschlägen. 1994 und 1995 erste Vorstellungen in Deutschland (sechs Farbenschläge); seit 1996 standardisiert.

Form und Kopf: Zwischen den Schultern ist der Rumpf ziemlich breit und wird im hinteren Teil schmaler. Das Halsgefieder soll im Nackenbereich etwas aufgebauscht sein. Die voll befiederte Sattelregion geht hohlrund in den Schwanz über, der beim Hahn hoch, aber nicht rechtwinklig getragen wird. Die Neben- und Hauptsicheln hüllen die langen Schwanzfedern seitlich ein. Betonte, volle, etwas nach vorne getragene Brustlinie. Nicht hervortretend dagegen die Bauchlinie. Kräftige, mittellange Schenkel und breit stehende Läufe. Vor dem v-förmigen „Hörnerkamm" sitzt eine rosafarbige Wölbung, mit kleinen Federchen bewachsen. Der volle, federreiche, ungeteilte Kinn- und Backenbart verdeckt die Kehl- und Ohrlappen. Lebhafte, große, braune Augen.

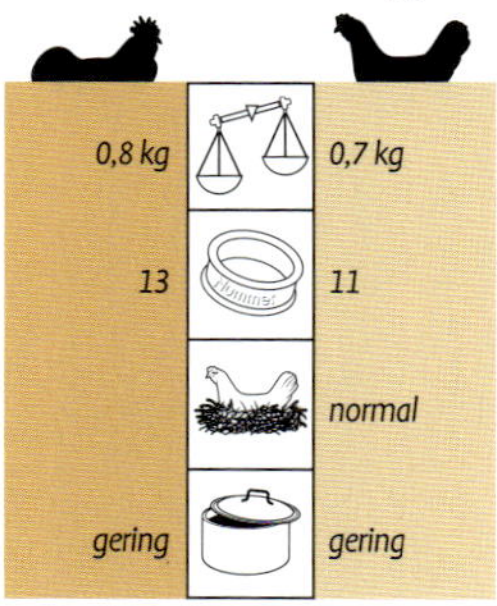

Farbenschläge: 5.1, 5.4, 5.5, 6.1, 10.1, 10.2, 10.3.

Besonderheiten: Als eine der jüngsten Zwerghuhnrassen noch relativ geringe Verbreitung. Durch die bartgeschützten Kopfteile recht widerstandsfähig gegen Kälte.

Zitron-schwarzgeflockt

Zitron-schwarzgeflockt

Zwerg-Friesenhühner

Herkunft: In den Niederlanden um 1930 aus Verpaarungen von Friesenhühnern und Sebrights entstanden.

Rassegeschichte: Wenig bekannt. In Deutschland zeigte zuerst E. Mensinger, Geiselwind, Zitron-Schwarzgeflockte. K. Strickstrock und J. Wolters erfüllten dann 1990 mit ihren Tieren die Bedingungen zur Anerkennung.

Form und Kopf: Schlank, leichte Walzenform in wenig abfallender Haltung. Die Befiederung ist gut ausgeprägt, besonders am Hahnenschwanz mit breiten Steuerfedern und langen Sicheln. Mäßig entwickelter Bauch, vorgewölbte Brust. Die Flügel werden leicht gesenkt getragen; ihre Enden ruhen auf den Flan-ken. Stand und Kopfpunkte ohne Abweichungen vom „Normaltyp“. Dunkelorangerote Augenfarbe. Reinweiße Ohrscheiben.

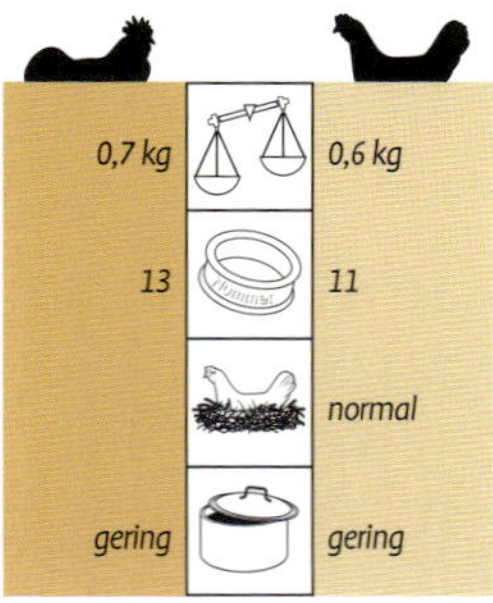

Farbenschläge: 5.3, 8.1, 8.3, 8.6, 8.8.

Besonderheiten: Ausgesprochenes Zier- und Ausstellungshuhn. Sehr fluggewand, daher hohe Umzäunung erforderlich. Feine Farb- und Zeichnungsbilder. Zusätzliche Verkleinerung des ohnehin schon leichten Friesenhuhnes. Mit durchschnittlich 550 Gramm eine der zierlichsten Zwerghuhnrasse.

Silberlack

Schwarz

Zwerg-Hamburger

Herkunft: Ende des 19. Jahrhunderts in England aus einem Hahn der Großrasse und schwarzen und weißen Bantam-Hennen von J. Farnsworth herausgezüchtet.

Rassegeschichte: 1883 berichtet B. Dürigen von Zwerg-Hamburgern, die aber keine Verbreitung fanden. A. Krauß, Dresden-Hellerau, und H. Dirks, Emden, gelten als eigentliche Herauszüchter. Große Hamburger-Hühner und Bantam waren dabei beteiligt. 1977 Anerkennung der Schwarzen, 1992 Zulassung der Goldsprenkel, 1994 Weiße, 1995 Silbersprenkel, 1996 Blaue.

Form und Kopf: Sehr schlanker, walzenförmiger Rumpf. Voller Halsbehang und starke Besichelung beim Hahn. Lange, nach hinten leicht abfallende Rückenlinie. Unterlinie durch gerundete Brust und abgerundeten Bauch. Hervortretende Schenkel und feinknochige Läufe. Die Körperhaltung der Henne ist mehr waagerecht. Ihr Schwanzgefieder ist geschlossen und zeigt leicht gebogene Deckfedern. Edel sind die Kopfpunkte: fest und gerade aufsitzender Rosenkamm mit tropfenartigen Perlen und in gerader Linie auslaufender, runder Dorn. Große, weiße Ohrscheiben, kleine Kehllappen, dunkelbraune Augen.

Farbenschläge: 5.1, 5.3, 5.5, 9.1, 10.1, 10.2.

Besonderheiten: Die Rasse gilt als „Perle“ unter den Zwerghühnern aufgrund der feinen Körperlinien, der edlen Kopfpunkte und der abwechslungsreichen Farb- und Zeichnungsbilder.

Weißhaube, blaugesäumt

Weißhaube, gelb

Zwerg-Holländer Haubenhühner

Herkunft: Auf einem Gemälde von Monckhorst 1657 ist eine Henne mit weißer Haube dargestellt. In England gab es um 1900 weißhäubige Hühner mit wenig Zwergenformat.
Rassegeschichte: Der heutige Typ geht auf die Züchtung von K. Boseld/Hamburg zurück. Nach 1914 hatten deutsche und holländische Züchter in vorbildlicher Zusammenarbeit einen sehr hohen Zuchtstand erreicht. Die Zulassung der anderen Farbenschläge erfolgte erst ab 1969.
Form und Kopf: Oberlinie im leicht abfallenden Rücken etwas hohlrund. Rumpf gestreckt. Kaum sichtbare Schenkel, hervorstehende Brust. Der Sichelschwanz des Hahnes ist seitlich gut mit Deckfedern besetzt und wird etwas offen und hoch, jedoch nicht steil, getragen. Hauptrassemerkmal ist die gleichmäßig geformte Rundhaube, die beim Hahn aus schmalen, spitzen Federn besteht. Vorne und seitlich wird die Haube durch kleinere Federn gestützt. Über dem Schnabel ist bei den Weißhauben ein farbiges Feld („Schmetterling“) gestattet. Die Haube der Henne ist durch die kurzen und abgerundeten Federn dichter. Der Kamm fehlt, die Kehllappen und weißen Ohrscheiben dürfen nicht zu groß sein. Rot bis rotbraune Augenfarbe.

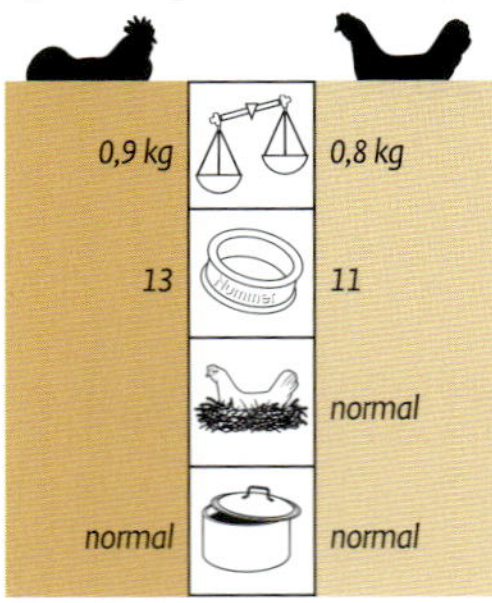

Farbenschläge: Weißhauben in Weiß, Blau gesäumt, Gelb, gesperbert und Schwarz-weiß gescheckt. Schwarzhauben in Weiß.
Besonderheiten: Ungewöhnliche Haubenbildung in scharfem Kontrast zum Körpergefieder.

Schwarz-weißgescheckt

Schwarz-weißgescheckt

Zwerg-Houdan

Herkunft: Nach 1945 in England aus Tieren der Großrasse, bunten Zwerg-Sussex und schwarz-weiß gescheckten Zwerg-Ancona erzüchtet.

Rassegeschichte: Wahrscheinlich schon bald Export von Bruteiern in die USA. Im amerikanischen Standard ist die Rasse seit 1960 aufgeführt. Eigenständige Erzüchtung in Deutschland durch H. Schierloh, Bremen. Verwendung von schwarzen Zwerg-Paduanern. Anerkennung 1959.

Form und Kopf: Schon im kaum mittelhohen Stand und durch die breiten Schultern kommt der Landhuhntyp zum Ausdruck. Tiefe und gut gerundete Brust, voller Bauch. Rumpf in gestreckter Walzenform mit breiten Schultern. Der Hahnenschwanz ist sehr voll besichelt und wird nur wenig über der Waagerechten getragen. Der große, vollfedrige Bart verdeckt Kehllappen und Ohrscheiben. Die mittelgroße, dicht befiederte Haube darf die Augen nicht bedecken. Der Kamm besteht aus zwei nebeneinander liegenden fleischigen Blättern, oben gezackt. Rotgelbe bis rotbraune Augenfarbe. Die fünfte Zehe muss von der vierten deutlich getrennt sein und etwas nach oben stehen.

Farbenschläge: 5.5, 10.7.

Hahn		Henne
1,1 kg		0,9 kg
15		13
		normal
normal		normal

Besonderheiten: Neben dem attraktiven Schauwert bringt die Rasse gute Legeleistung und hochwertiges Tafelfleisch. Die Küken sind frohwüchsig und leicht aufzuziehen.

Goldfarbig

Blau

Zwerg-Italiener

Herkunft: Um 1900 soll es schon Zwerg-Italiener in Deutschland im rebhuhnfarbigen Schlag gegeben haben.

Rassegeschichte: 1920 zeigte Schumann, Gotha, zum ersten Mal Tiere in der richtigen Zwergengröße. Die Hähne waren rebhuhnfarbig, die Hennen goldfarbig. Gleichzeitig gab es Weiße von O. Bartsch, Berlin. Wurden 1956 von R. Ernst und L. Höner wieder erzüchtet. Schwarze 1919 von O. Bartsch, zunächst nur in rosenkämmig. Silberfarbige und Blaue 1924, Gestreifte und Orangefarbige 1935. Porzellanfarbige wurden ab 1975 bei E. Imberger, Frielendorf, wieder erzüchtet.

Form und Kopf: Lange, schlanke Walzenform mit fließenden Linien. Volle Brust- und Schulterpartie, gerundeter Bauch. Möglichst waagerechte Körperhaltung. Gut besichelter Hahnenschwanz, leicht aufsteigend. Auch bei der Henne Schwanzansatz recht breit. Der lange Rücken steigt im Sattel leicht an. Noch sichtbare Schenkel, mittelhohe Läufe. Zwei Kammvarianten: stehkämmig mit umliegender Fahne bei der Henne; rosenkämmig, fein geperlt, nach hinten schmaler werdend mit einem gesenkten, nicht aufliegenden Dorn. Nicht zu lange Kehllappen, weiße Ohrscheiben, rote Augen.

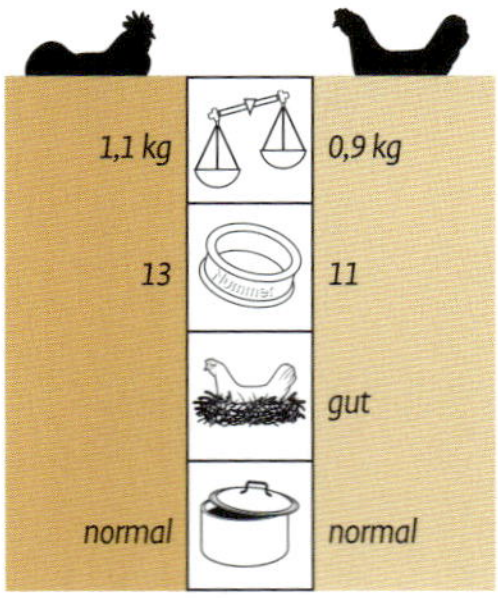

Farbenschläge: 1.1, 1.5, 1.14, 1.20, 1.22, 2.2, 3.4, 4.1, 4.5, 5.1, 5.3, 5.5, 5.6, 5.7, 6.4, 6.6, 7.6, 11.4.

Besonderheiten: Stark verbreitetes Zwerghuhn mit Vorzügen in der Haltung: es ist genügsam mit relativ geringem Futter-Raumaufwand.

Zwerg-Kastilianer

Herkunft: 1969 in der Zucht von R. Fuhrmann, Bielefeld, entstanden.

Rassegeschichte: Ein etwas klein geratener Hahn der Großrasse wurde mit schwarzen Rheinländer-Hennen verpaart. Da anfangs überwiegend rosenkämmige Küken fielen, wurden einfachkämmige Zwerg-Minorka und später zur Verringerung der Größe ein schwarzer Holländischer Zwerghahn eingekreuzt. Seit 1974 vorgestellt, 1976 Aufnahme in den Standard.

Form und Kopf: Langer Rücken, walzenförmiger, nach hinten leicht abfallender Rumpf mit betonter Unterlinie durch die breite, tiefe Brust und die gut gefüllte Bauchregion bilden den Rahmen. Wichtig ist der Schwanzwinkel: Er wird fast senkrecht getragen. Breite Sicheln, nicht lange schleppend. Schenkel und Läufe normale Höhe. Beim Hahn stehender, bei der Henne geneigter Kamm. Mittellange Kehllappen, weiße, ovale Ohrscheiben. Die Augenfarbe ist rehbraun.

Farbenschlag: Ausschließlich schwarz mit grünem Glanz.

Besonderheiten: Miniaturausgabe einer alten spanischen Landhuhnrasse mit gefälliger Eleganz und Lebhaftigkeit. Hohes Eigewicht, gute Legeleistung und Vitalität. Die ausgeprägte Flugfähigkeit verlangt hohe Umzäunung. Weitere Verkleinerung wird angestrebt.

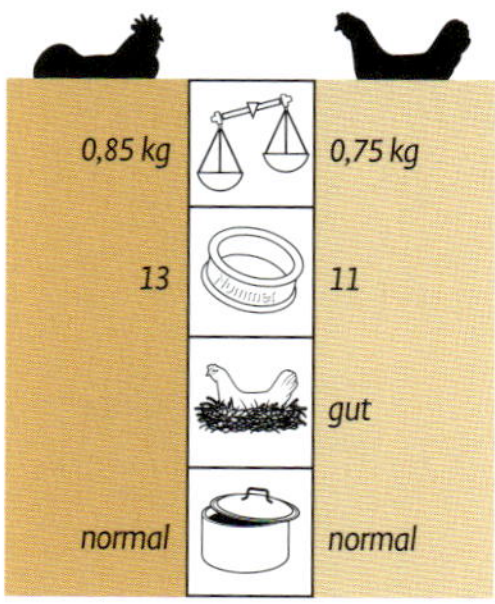

Goldhalsig

Gold-weizenfarbig mit Schopf

Zwerg-Kaulhühner

Herkunft: Um 1920 werden in der Fachliteratur kaulschwänzige Federfüßige Zwerghühner und Bantam beschrieben. In England waren schwanzlose schwarze Zwerg-Sultanhühner („Gondooks") bekannt.

Rassegeschichte: Um 1900 brachte K. Huth/Frankfurt ein nackthalsiges, schwanzloses Zwerghuhn heraus. 1926 züchtete H. Ballabene, Wachenstedt, diese Variante in mindestens vier Farbenschlägen. 1926 offizielle Anerkennung. Gründung des Sondervereins 1959.

Form und Kopf: Wegen des fehlenden Schwanzes erscheint der Körper als gedrungene Walzenform. Auch der Hinterkörper soll die Breite der Schultern aufweisen. Die Vorderpartie ist bestimmt durch den vollen, bis auf die Schultern und die Oberbrust fallenden Halsbehang und die gut vorgewölbte Brustlinie. Nur kurze Schenkel und mittelhohe Läufe. Die Rumpfhaltung ist leicht abfallend. Die Schwingen sollen möglichst mit dem Körperende abschließen. Beide Geschlechter tragen Stehkämme mit etwas aufgerichteter Fahne. Kleine, runde Kehllappen und weiße, herzförmige Ohrscheiben. Rote bis braune Augenfarbe.

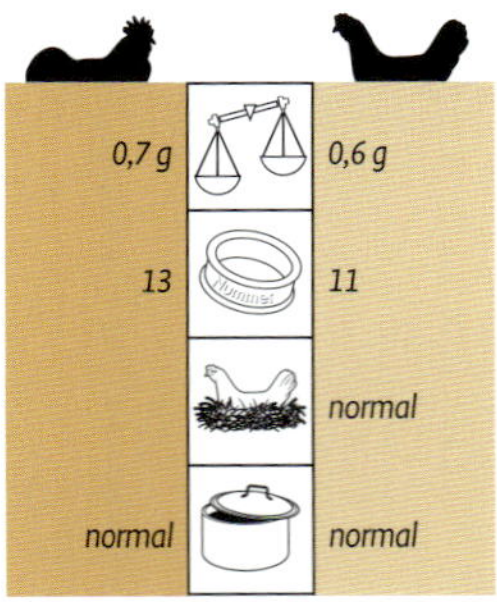

Farbenschläge: 1., 1.12, 1.14, 1.21, 1.4, 2.1, 2.8, 3.3 (diese drei Farbenschläge jeweils auch mit Mehrfachsäumung), 5.1, 5.2, 5.3, 5.6, 6.1, 8.1, 8.3, 8.6, 8.7, 9.1, 9.2, 10.7, 10.1, 10.2, 11.4.

Besonderheiten: Schwanzlosigkeit vererbt dominant. Relativ unempfindlich gegen raue Witterung.

Silberhalsig

Goldhalsig

Zwerg-Kraienköppe

Herkunft: Erste Vorstellung um 1940 in Holland (Hengelo/Enschede) des Züchters Siemerink als Twense Grijze Krielen. Weiterzucht durch G. ten Cate, Vierden.

Rassegeschichte: Große Kraienköppe, Zwerg-Malaien und Altenglische Zwergkämpfer waren die Ausgangstiere. 1955 Import der Rasse über Bruteier durch B. Ahlbrand, Recklinghausen. Aufnahme der Silberhalsigen in den deutschen Standard 1957. Goldhalsige wurden 1964 anerkannt.

Form und Kopf: Die Körperhaltung ist leicht nach hinten abfallend. Das Kämpfererbe zeigt sich in den breiten, etwas hervortretenden Schultern. Die Brust ist nicht tief gehend, aber voll und breit. Lang und breit soll die Schwanzpartie des Hahnes sein, mit Sichelenden, die zum Körper zeigen. Die Henne trägt die Steuerfedern leicht offen. Übermittellange Schenkel und Läufe bringen den etwas hohen Stand nach Kämpferart. Die Rumpfhaltung der Henne ist mehr waagerecht. Auch die Kopfpunkte wirken leicht kämpferartig: kurzer, breiter, gewölbter Schädel mit fest aufliegendem Wulstkamm. Kehllappen sehr klein, kleine Wamme dazwischen. Wenig entwickelte, rote Ohrlappen. Etwas tief liegende, gelblich rote Augen.

Hahn		Henne
1,1 kg	Gewicht	0,9 kg
13	Ring	11
	Legeleistung	sehr gut
normal	Fleisch	normal

Farbenschläge: 1.4, 2.1.

Besonderheiten: Zwerg-Kraienköppe liegen in der Legeleistung unter den Zwergrassen mit an der Spitze: Relativ anspruchslos und robust. Feines Farb- und Zeichnungsspiel im Schaukäfig.

Silberhalsig

Silberhalsig

Zwerg-Krüper

Herkunft: Vor 1921 gab es schon in Deutschland Bemühungen, die Krüper-Rasse zu verzwergen. Dürigen erwähnt „possierliche Miniaturbilder der Krüper“. Seit 1989 befinden sich Zwerg-Krüper in der „Züchterwerkstatt“.
Rassegeschichte: Das braune dänische Zwerg-Luttehuhn wirkte bei der Herauszüchtung der rebhuhnfarbigen Zwerg-Krüper mit. Silberhalsige der Großrasse und silberhalsige Deutsche Zwerghühner brachten den weißen Farbschlag hervor. Dieser und die Silberhalsigen wurden 1994 anerkannt.
Form und Kopf: Vorne ist der walzenförmige, lange Körper etwas angehoben. Langer und breiter Rücken. Sattel möglichst in der gleichen Breite wie die Schultern. Große, fest anliegende Flügel. Die Unterlinie wird gebildet durch die tief gehende Brust- und Bauchpartie. Der rasseeigene Stand ist durch die kurzen Schenkel und Läufe sehr tief. Abschlussgefieder ohne Besonderheiten. Der Hahn trägt den einfachen Stehkamm, die Henne den hinten umliegenden fein gezackten Kamm. Nicht zu große Kehllappen, mandelförmige, weiße Ohrscheiben. Rote bis dunkelbraune Augenfarbe.
Farbenschläge: 2.1, 5.5.

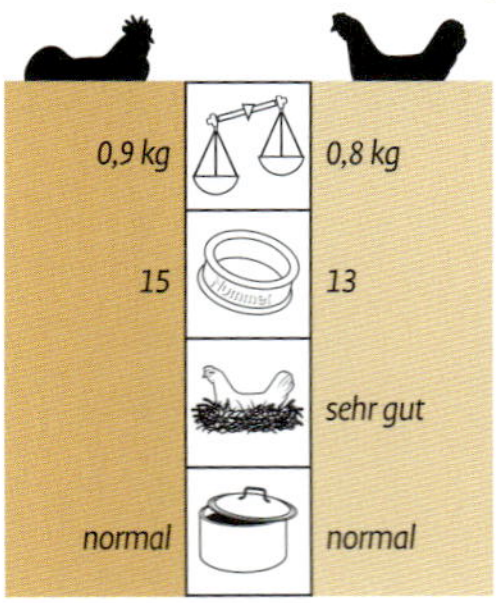

Besonderheiten: Trotz der Kurzbeinigkeit sind Zwerg-Krüper wie die Großrasse sehr agil und bewegungsfreudig. Ihre gute Flugfähigkeit erfordert recht hohe Umzäunung. Der Experte R. Wandelt bezeichnet sie zutreffend als „ungemein legefreudige Robusthühnchen“.

Schwarz

Schwarz

Zwerg-La Flèche

Herkunft: Angeblich sollen vor den deutschen Erstzuchten in Frankreich verkleinerte Zwerg-La Flèche vorgekommen sein (L. Paret).

Rassegeschichte: Als eigentlicher Erzüchter gilt H. Seebach, Vechte, der Deutsche Zwerghühner, Zwerg-Rheinländer und große La Flèche verwendete. Erstvorstellung 1961. Die Anerkennung wurde aber erst 1970 vollzogen.

Form und Kopf: Walzenform mit der breiten, vorgewölbten Brust und voller Bauchrundung. Der lange Rücken fällt beim Hahn stärker ab als bei der Henne in fast waagerechter Haltung. Die Sicheln des Hahnes sind recht lang, nur knapp dagegen ist die Nebenbesichelung. Der Kamm besteht aus zwei, möglichst gleich langen, runden ca. 1 cm langen Fleischhörnern, die senkrecht stehen sollen. Auf dem Nasenrücken befindet sich Kammfleisch und bildet in der Mitte eine kleine, federbesetzte Rinne. Beim Hahn ein kleiner, bei der Henne ein deutlich größerer Federschopf. Große, aufgeweitete Nasenlöcher mit einer kleinen Fleischwarze dazwischen. Der Stand ist durch die kräftigen Schenkel und die langen Läufe höher als normal. Lange, breite Kehllappen, reinweiße Ohrscheiben, rötlich gelbe bis rote Augen.

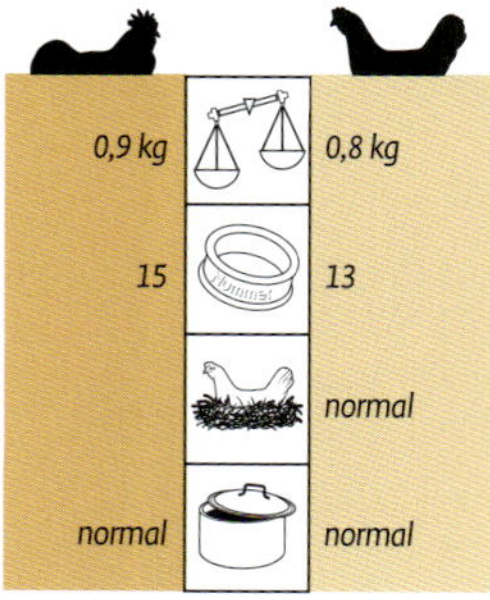

Farbenschläge: 5.1, 5.4, 5.5.

Besonderheiten: Als Erbe der Großrasse sind die Zwerge gegen ungünstige Klimaverhältnisse widerstandsfähig, legen gut und suchen sich bei freiem Auslauf aufgrund ihrer Beweglichkeit einen Teil ihres Futters selbst.

Zwerg-Lakenfelder

Herkunft: Die Angabe im deutschen Standard „Deutschland“ als Herkunftsland ist deshalb unzutreffend, weil schon 1937 und möglicherweise 1939 in der niederländischen Region Twente Zwerg-Lakenfelder existiert haben.

Rassegeschichte: In Deutschland brachte F. Börger in Bremen 1972 unter Verwendung von Bassetten, wachtelfarbigen Antwerpener Bartzwergen und klein gebliebenen Lakenfeldern die Rasse zur Anerkennung.

Form und Kopf: Gerundete-Rechteckform. Dabei wirkt die Henne diesbezüglich durch die fast waagerechte Haltung, die volle Brust und den gut entwickelten Bauch noch typhafter. Breite Steuer- und Sichelfedern. Durch die wenig sichtbaren Schenkel ist der Stand kaum mittelhoch. Die Fahne des Stehkamms beim Hahn steigt etwas an. Die Henne zeigt manchmal zulässigerweise das zur Seite geneigte Kammblatt. Die weißen Ohrscheiben dürfen rot gerändert sein. Die Kehllappen sind fein im Gewebe.

Farbenschlag: Bei weißem Rumpfgefieder zeigen Hahn und Henne tiefsamtschwarzes Gefieder an Kopf, Hals und Schwanz. Außerdem sind die Schwingen in den Innenfahnen schwarz bis schwarzgrau.

Besonderheiten: Von der leistungsstarken Großrasse haben auch die Zwerge die sehr gute Legeleistung, die leichte Aufzucht der Küken und die Beweglichkeit bei der Futtersuche geerbt.

Hahn		Henne
0,9 kg	Gewicht	0,8 kg
13	Ring	11
	Brut	normal
normal	Verbrauch	normal

Gold-weizenfarbig

Schwarz-weißgescheckt

Zwerg-Malaien

Herkunft: Seit Mitte des 19. Jahrhunderts bei W. F. Entwisle/Wakefield aus Asil und großen Malaien entstanden.

Rassegeschichte: Der Deutsche H. Marten/Lehrte importierte noch vor 1900 englische Tiere. 1984 Schwarze bei A. Lück, Rosenheim, und N. Stockhaus, Hamm. 1990 Blau-Weizenfarbige bei E. Fuß, Maintal.

Form und Kopf: Die Oberlinie beginnt hinter dem sehr kräftigen, kurzen Kopf mit dem langen Hals, dessen Gefieder in der Mitte am stärksten ist und sich dann nach unten vermindert, nach hinten bogenförmig, über den breiten, mittellangen, gewölbten Rücken in abfallender Haltung bis zum kurzen, wenig befiederten Schwanz, der den dritten Bogen bildet und abwärts getragen wird. Die Schultern stehen ab und treten eckig hervor. Gut geschlossene Flügel, die auf dem Sattel zusammengelegt werden. Muskulöse, lange, starke Schenkel und lange, kräftige Läufe. Das Gefieder ist überall hart und schmal. Kleiner eiförmiger Wulstkamm ohne Dorn. Kaum Kehllappen, stattdessen an der Kehle nackte, rote Haut in Form einer kleinen Wamme. Kleine, rote Ohrlappen; perlfarbige bis gelbliche Augen, die bei Jungtieren gelb bis orangefarbig sein dürfen.

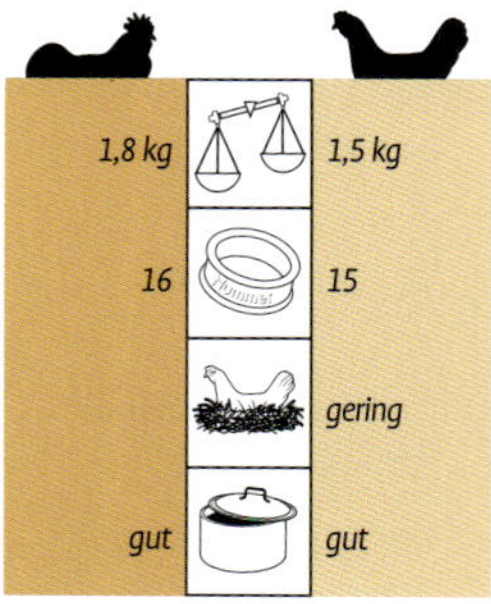

Farbenschläge: 1.12, 1.14, 1.26, 2.1, 3.1, 3.7, 5.1, 5.5, 6.1, 7.13, 10.7, 11.4.

Besonderheiten: Die Legeleistung ist nicht sehr hoch. Bei der Aufzucht der Jungtiere ist Knochen bildendes Futter erforderlich.

Zwerg-Marans

Herkunft: Entgegen der Darstellung im deutschen Standard ist nicht Frankreich, sondern England die Entstehungsregion.

Rassegeschichte: Wenig bekannt. In britischen Zuchten sollen ab 1929 Zwerg-Marans ohne Laufbefiederung entwickelt worden sein. Zunächst gab es nur die Farbenschläge Gold und Silber, entstanden aus den großen Marans. Weiße und Schwarze konnten sich nicht durchsetzen. Relativ neu sind die Dunkel-Gesperberten. In Deutschland sind nur die Schwarz-Kupferfarbigen anerkannt, die wiederum in England unbekannt sind.

Form und Kopf: Der Körper ist breit, vom Rücken bis zu den Beinansätzen tief und wirkt gestreckt. Der lange, flache Rücken ist auch in der Sattelpartie breit und wird fast waagerecht gehalten. Die breiten Schultern sind hoch angesetzt. Breiter Schwanzansatz, beim Hahn kaum mittellange Sicheln, jedoch volle Nebenbesichelung. Unterlinie: breite, tiefe Brust, volle, gut entwickelte Bauchpartie. Kaum mittellange, jedoch kräftige Schenkel und starke Läufe. Der Einfachkamm trägt 4 bis 6 Zacken; bei der Henne ist er hinten geneigt. Rote Ohrlappen, normale Kehllappen. Die Augenfarbe ist orangerot.

Hahn		Henne
1,0–1,1 kg	Gewicht	0,9–1,0 kg
15	Ring	13
	Brut	normal
normal	Futter	normal

Farbenschlag: Schwarz-kupfer.

Besonderheiten: Wer über wenig Stallraum und Auslauf verfügt und dennoch gerne die attraktive rotbraune Schalenfarbe haben möchte, dem seien Zwerg-Marans empfohlen.

Zwerg-Mechelner

Herkunft: In Deutschland erzüchtet; 2003 als eine der neuesten Zwerghuhnrasse offiziell anerkannt.

Rassegeschichte: Veröffentlichungen aus den „Züchterwerkstätten" liegen noch nicht vor. Vermutlich wurde durch Selektion aus der Großrasse und unter Verwendung nicht bekannter Zwerghuhnschläge die Miniaturausgabe des Zwiehuhns Mechelner erzielt.

Form und Kopf: Das Exterieur wird aus der breiten, tiefen und langen Rechteckform des Rumpfes gebildet. Dazu trägt schon der reich befiederte Hals bei. Die Rückenlinie ist recht lang und gerade. Breite, abgerundete Schultern, tief heruntergehende Brust und die gefüllt erscheinende Bauchlinie zeigt auch beim Zwerg den Masthuhntyp an. Die muskulösen Schenkel stehen relativ breit auseinander. Die Läufe sind an den Außenseiten bis zu den Außenzehen befiedert, wobei auch leichte Mittelzehenbefiederung vorkommen kann. Zum „vierschrötigen" Typ passt nur ein kurzer, breiter Schwanz, der beim Hahn nicht zu lange Sicheln tragen darf. Der kräftige Landhuhntyp kommt bei der Henne formlich noch mehr zur Geltung. Einfache Kopfpunkte ohne Besonderheiten. Die Augenfarbe ist orangerot.

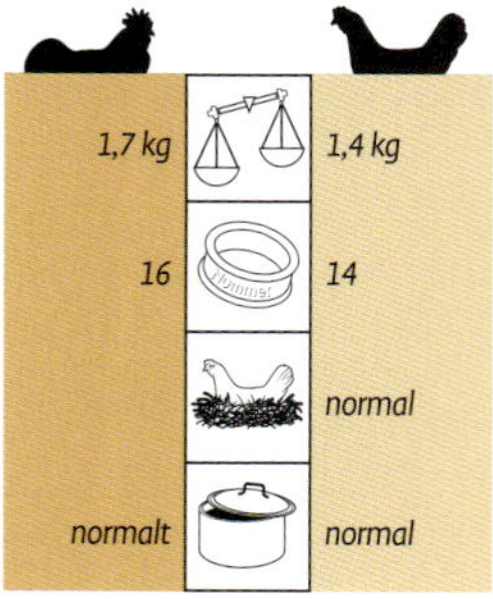

Farbenschlag: Ausschließlich gesperbert.

Besonderheiten: Ruhiges Temperament. Da die Tiere wenig fliegen, ist nur geringe Zaunhöhe erforderlich.

Schwarz

Schwarz

Zwerg-Minorka

Herkunft: Auf englischen Schauen zeigte 1910 H. McFarlane, Durham, Schwarze und Weiße.

Rassegeschichte: In Deutschland gilt als älteste Zucht die um 1920 in Kötzschenbroda existierende von Lützner. Weiße gab es noch vor 1938 in Leipzig, waren vorübergehend ausgestorben, wurden aber 1977 neu herausgebracht. 1985 Rosenkämmige in Schwarz durch die Einkreuzung von Zwerg-Rheinländern.

Form und Kopf: Langer Körper in fast waagerechter Haltung. Eleganz kommt durch den langen Hals und die mindestens mittellange Standhöhe zum Ausdruck. Die breiten Schultern treten etwas hervor, die Brust und der Bauch sind betont entwickelt. Der Hahnenschwanz ist mit mittellangen Haupt- und zahlreichen Nebensicheln besetzt. Der Schwanz der Henne ist geschlossen und wird möglichst flach getragen. Wichtig sind die Kopfpunkte: entweder großer Einfachkamm, der bei der Henne nach der Seite hin umgelegt sein kann, oder niedriger, fest aufsitzender Rosenkamm mit einem schmalen Dorn, der dem Nacken folgt. Große, glatte, weiße Ohrscheiben, die glänzen müssen. Nicht zu kleine Kehllappen. Die Augenfarbe ist bei den Schwarzen dunkel- bis schwarzbraun, bei Weißen gelbrot.

Hahn		Henne
1,2 kg	Gewicht	1,0 kg
15	Ring	13
	Legeleistung	normal
normal	Futter	normal

Farbenschlag: 5.1, 5,5.

Besonderheiten: Ein Experte formuliert: „Hart, frohwüchsig, widerstandsfähig, fleißig und sehr bescheiden“ (Diekmann).

Silber-schwarzgeflockt

Gesperbert

Zwerg-Nackthalshühner

Herkunft: Erster Versuch der Herauszüchtung bei K. Huth, Frankfurt, 1898. Erst ab 1905 fanden die Tiere von O. Marholf, Berlin, offizielle Zustimmung.

Rassegeschichte: Tiere der Großrasse und deutsche Landzwerghühner stellten die Elterntiere für die weißen und rebhuhnfarbigen Zwerge. Erst der Experte für die Großrasse, B. Noack, Zossen, brachte 1937 typische Tiere heraus, die aber seinerzeit wieder verboten wurden. In Sachsen entstanden dann ab 1945 auch die Gesperberten. Rote wurden ab 1950 von K. Hülich, Neusalza-Spremberg, in Leipzig ausgestellt. 1970 die Silber-Schwarzgeflockten, 1978 die Blau-Gesäumten.

Form und Kopf: Kräftiger, gestreckter Körper und leicht abfallende Rückenlinie. Hinter dem Halsansatz erscheint der Rücken leicht nach oben gewölbt. Ohne Eckenbildung verläuft die Sattellinie in den mit voller Besichelung ausgestatteten Hahnenschwanz. Gesamte Hinterpartie in der Seitenansicht breit. Kräftige Schenkel, feinknochige Läufe. Volle Unterlinie. Der leicht s-förmige, gebogene Hals ist völlig federfrei, einschließlich Kropf und rothäutig. Entweder einfach- oder rosenkämmig. Rote Ohrlappen. Das Brustbein ist aufgrund der knappen Befiederung frei von Federwuchs.

Hahn		Henne
1,1 kg		0,9 kg
13		11
		sehr gut
normal		normal

Farbenschläge: 1.1, 5.1, 5.4, 5.5, 5.6, 5.7, 6.1, 8.1, 11.4.

Besonderheiten: Ausgefallene Rasse mit relativ geringer Verbreitung, jedoch hoher Schauwert.

Goldbraun

Weiß

Zwerg-New Hampshire

Herkunft: Ab 1960 Versuche in Österreich, die überaus beliebte Großrasse zu verzwergen.

Rassegeschichte: Erst Anfang der Sechzigerjahre gelang die Miniaturausgabe bei E. Runne, Ehlershausen und A. Zumpe, Dresden. Die Ausgangstiere waren Zwerg-Welsumer, Zwerg-Wyandotten, Antwerpener Bartzwerge und Tiere der Großrasse. Anfänglich noch viele Tiere in Übergröße. In Deutschland 1961 anerkannt. Seitdem sehr starke Verbreitung.

Form und Kopf: Der Körper muss breit sein. Dazu tragen die breite, leicht durchgebogene Rückenpartie (tiefster Punkt über den Beinen), die breiten Schultern, die volle Brust- und Bauchpartie bei. Der Sattel soll nicht schmaler sein als die Schultern. Im Stand deutlich frei durch die kräftigen Schenkel und die mittellangen Läufe. Der Hahnenschwanz wird etwas geöffnet getragen und ist seitlich mit abdeckenden Neben- und hinten mit breiten Hauptsicheln besetzt. Der Schwanz der Henne ist breit angesetzt und soll etwas geöffnet sein. Keine Abweichungen in den Kopfbehängen. Augenfarbe orangefarbig bis rötlich braun.

Farbenschläge: 4.11, 5.5.

Hahn		Henne
1,3 kg	Gewicht	1,1 kg
15	Ring	13
	Legeleistung	sehr gut
gut	Fleisch	gut

Besonderheiten: Eine der am meisten verbreitetsten Zwerghuhnrassen mit ausgesprochenen Vorteilen hinsichtlich Frühreife, Wetterfestigkeit, ausgezeichneter Futterverwertung, hoher Legeleistung, Zutraulichkeit und beliebter brauner Eischalenfarbe.

Kennsperber

Blausperber

Zwerg-Niederrheiner

Herkunft: Um 1940 von E. Runne, Ehlershausen, aus großen Niederrheiner Blausperbern erzüchtet.

Rassegeschichte: Im damaligen politischen Regime wurde die Rasse eliminiert, obwohl sie schon seit ihrem Anfang ungewöhnlich leistungsstark war. Erst 1954 war der Erzüchter wieder erfolgreich und brachte die Rasse in den Farbenschlägen Blau-, Gelb- und Kennsperber zur Anerkennung. 1961 endgültiger Rassename. 1969 entstanden bei G. Roth die Blauen, 1971 bei H. Schrage, Bielefeld, die Birkenfarbigen. Nach 1979 kamen die Blau-Birkenfarbigen und die Blau-Orangebrüstigen. 1985 Gelbsperber bei E. Reiche, Beckwitz, und G. Morgenstern, Belzig.

Form und Kopf: Waagerechte Rückenlinie, vor dem Sattel hohlrunder Anstieg in den breiten Schwanz mit hoher Steigung und gerundeten Sichelfedern beim Hahn. Diesen „Rückenschwung" muss auch die Henne zeigen; ihr Schwanz ist in der Seitenansicht recht breit. Unterlinie: starke Ausprägung von Brust und Bauch bei der Henne; beim Hahn etwas weniger. Muskulöse, hervortretende Schenkel, mittelhohe Läufe. Einfachkamm mit gesenkter Fahne; kleine rote Ohrlappen, mittelgroße Kehllappen. Die Augenfarbe ist je nach Farbenschlag unterschiedlich.

Hahn		Henne
1,2 kg	Gewicht	1,0 kg
15	Ring	13
	Legeleistung	sehr gut
gut	Fleisch	gut

Farbenschläge: 1.23, 2.4, 2.9, 5.3, 6.2, 6.3, 6.5.

Besonderheiten: Gute Mästbarkeit, feines Tafelfleisch. Starke Verbreitung, sehr beliebtes Zwerghuhn, auch für Ausstellungen.

Rotbunt

Rotbunt

Zwerg-Orloff

Herkunft: Die ersten Exemplare bei K. Lohmann, Paderborn, und Beckhoff, Nordwalde, um 1925 konnten sie sich rasse- und verbreitungsmäßig nicht durchsetzen.

Rassegeschichte: Neuzüchtung 1947 bei O. Squarr, Wilhelmshaven. 1952 Aufnahme in den Standard. In der Weiterzucht wurden bärtige Zwerg-Rhodeländerhennen und Altenglische Zwerg-Kämpfer eingesetzt. 1975 Zulassung der Weißen, Erzüchter G. Pien, Hamburg. 1979 Gesperberte.

Form und Kopf: Vorderkörper nach Kämpferart etwas aufgerichtet. Die breiten Schultern sind deutlich abgesetzt. Auch der lange, gerade Hals passt zum Typ. Halsgefieder beim Hahn im Nacken aufgebauscht. Bei der Henne ist die Halsbefiederung zur Halskrause gebildet. Mittellanger, breiter und flacher Rücken. Hahnengefieder hinter dem breiten Sattel nicht zu stark. Haltung des Schwanzes rechtwinklig. Die Brust ist zwar breit, aber nicht vorgewölbt. Bauch der Henne noch etwas voller. Gut hervortretende Schenkel, mehr als mittelhohe Läufe. Die Kopfpunkte: Backen- und Kinnbart sind deutlich getrennt und üppig. Kehl- und Ohrlappen vom Bart verdeckt. Kleiner Wulstkamm mit Mulden, teilweise mit borstigen Federchen bewachsen. Überstehende Augenbrauen, perlfarbige bis orangerote Augen.

1,2 kg		*1,0 kg*
15		*13*
		normal
normal		*normal*

Farbenschläge: 1.17, 5.1, 5.5, 6.1, 10.7, 11.2.

Besonderheiten: Früher Legebeginn, relativ hohe Jahresleistung. Die Kopfbefiederung ist vorteilhaft bei strenger Witterung.

Birkenfarbig

Gelb

Zwerg-Orpington

Herkunft: In Deutschland entstanden die ersten Zwerg-Orpington bei E. Kühn, Leipzig, ab 1907.

Rassegeschichte: Aus schwarzen Zwerg-Cochin und schwarzen, einfachkämmigen Bantams fielen Schwarze und Weiße. Blau-Gesäumte konnten sich zunächst nicht durchsetzen. Mitte der Zwanzigerjahre entstanden Weiße, um 1930 Rebhuhnfarbige bei Prösdorf, Altenburg. Nach 1945 Wiedererzüchtung der Blau-Gesäumten. K. H. Schmidt, Frielendorf, setzte die Zucht der Gestreiften von Segiêts ab 1952 fort. 1965 Rote. 1972 Birkenfarbige von K. H. Schmidt. 1976 Bunte. 1993 Gelb-Schwarzgesäumte.

Form und Kopf: Der Körperrahmen entspricht einem Würfel. Waagerechte Haltung, kurzer Rücken, breite Schultern, tief gehende Brust, voller Bauch. Die Abschlusspartie der Henne geht vom sehr breiten Sattel in den kurzen und breiten Schwanz mit den eingedeckten Steuerfedern über. Kurz vor dem Schwanzende ist der höchste Punkt. In der dritten Steuerfeder soll der äußerste Punkt sitzen. Gut anliegende Flügel. Auf kurzem Kopf einfach gezackter Kamm. Kleine Ohr- und Kehllappen. Orangerote bis schwarze Augenfarbe. Tiefer Stand durch flaumiges Gefieder an den Schenkeln und breit stehende kurze Läufe.

Hahn		Henne
1,5 kg	Gewicht	1,3 kg
15	Ring	13
	Brut	normal
normal	Küche	normal

Farbenschläge: 2.4, 4.5, 5.1, 5.4, 5.5, 5.6, 5.7, 6.4, 7.7, 10.7, 11.4.

Besonderheiten: Günstige Eigenschaft als Nichtflieger.

Chamois-weißgesäumt

Blaugesäumt

Zwerg-Paduaner

Herkunft: Bei W. F. Entwisle, Wakefield/England, entstanden auch Ende des 19. Jahrhunderts Zwerg-Paduaner in gleich 10 Farbenschlägen. 1894 Anerkennung der Weißen, 1898 Chamois-Weißgesäumte.

Rassegeschichte: Um 1890 die ersten Tiere in Deutschland. 1910 Nationale Schau in Berlin mit Weißen von M. Bachmann, Grimma. Gold-Schwarzgesäumte und Chamois-Weißgesäumte gab es in hohem Zuchtstand um 1925. In dieser Zeit Herauszüchtung der Silber-Schwarzgesäumten durch H. Beyer, Solingen. Starker Rückgang der Rasse durch die beiden Weltkriege. 1971 Herauszüchtung der Blauen mit und ohne Säumung durch F. Ahlgrimm, Kirchhain, und W. Wagner, Launsbach.

Form und Kopf: Rumpf zwar gestreckt, Rücken nur mäßig lang. Das Schmuckgefieder des Hahnes ist gut entwickelt. Die Schwanzhaltung ist offen und steht im rechten Winkel. Hervorstechendes Rassemerkmal: Die Kopfbefiederung besteht aus der kugelförmigen Haube, beim Hahn aus schmalen, spitzen, verlängerten, bei der Henne aus breiten und dichten Federn. Der Bart wird unterteilt in Kinn- und Backenbart. Kehl- und Ohrlappen sind davon bedeckt. Mittelhoher Stand. Augenfarbe bräunlich, bei Weißen und Gesperberten orangerot.

Hahn		Henne
0,9 kg		0,8 kg
13		11
		normal
normal		normal

Farbenschläge: 5.1, 5.4, 5.5, 6.1, 7.3, 7.4, 7.8.

Besonderheiten: Zur Pflege und Schauvorbereitung gehören Vorbeuge gegen Ektoparasiten im Haubengefieder.

Goldhalsig

Wildfarbig

Zwerg-Phönix

Herkunft: Verzwergung der legendären Großrasse ab 1880 durch L. Neubert, Niederbobritzsch, aus großen Phönix und Altenglischen Zwerg-Kämpfern. Erstvorstellung in Dresden 1889.

Rassegeschichte: Bei O. Giesche, Forst/Lausitz,entstanden Tiere mit eher kurzer Körperform und Befiederung. „Echte Zwerg-Phönix“ des langfedrigen Typs brachte dann G. Hartung, Grimma, heraus. Später dann Silber- und Orangehalsige. 1988 Anerkennung der Schwarzen. Vorher war dieser Farbschlag schon experimentell bei H. Falk, Willingshausen, und H. J. Stirn, Schwalmstadt, vorhanden.

Form und Kopf: Leicht abfallende Haltung, walzenförmiger, schlanker Rumpf. Langer Rücken, abgerundete Schultern, hoch getragene, gut geschlossene Flügel. Sattel des Hahnes reichlich befiedert; die üppig befiederte Partie ist der Schwanz mit langen, festen Steuerfedern und sehr langen Haupt- und Nebensicheln. Die Henne trägt säbelförmige, obere Schwanzdeckfedern und seitlich gebogene Deckfedern. Verlängert ist auch bei ihr das Hals- und Sattelgefieder. Klein sind Stehkamm, Kehllappen und Ohrscheiben in Weiß. Orangerot bis rot ist die Augenfarbe. Mehr als mittelhoch ist der Stand.

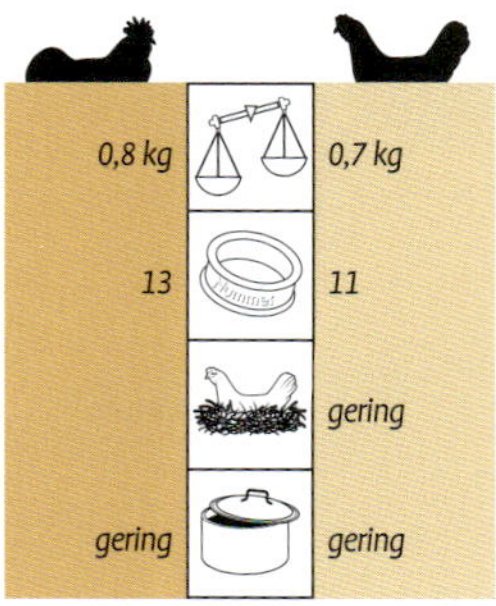

Farbenschläge: 1., 1.4, 2.1, 3.3, 5.1, 5.5.

Besonderheiten: Nach Meinung vieler Züchter sind Zwerg-Phönix die „Perlen“ unter den Zwerghühnern. Sehr edle Figur, attraktives Federwerk, feine Farbenspiele.

Schwarz

Gestreift

Zwerg-Plymouth Rocks

Herkunft: Entgegen der Angabe im deutschen Standard „Deutsche Züchtung“ gilt der Amerikaner Latham als Herauszüchter um die Wende vom 19. zum 20. Jahrhundert. Nach W. Detering soll der Amerikaner auch „schlechte Schottenzwerge mit gelben Läufen und Schnäbeln“ verwendet haben.

Rassegeschichte: P. Büttner in Stürza, Sachsen, arbeitete ab 1908 mit großen Plymouth Rocks, grauen Zwerg-Schotten, Bantams und Zwerg-Cochin. 1916 Vorstellung in Berlin. Später Einkreuzung gestreifter Zwerg-Wyandotten. 1918 gab es Gelbe, Schwarze, Weiße und Rebhuhnfarbige. 1925 Schwarze bei J. Plock, Leipzig und Weiße bei A. Rennert, Plauen. 1959 wurden die Braungebänderten zugelassen.

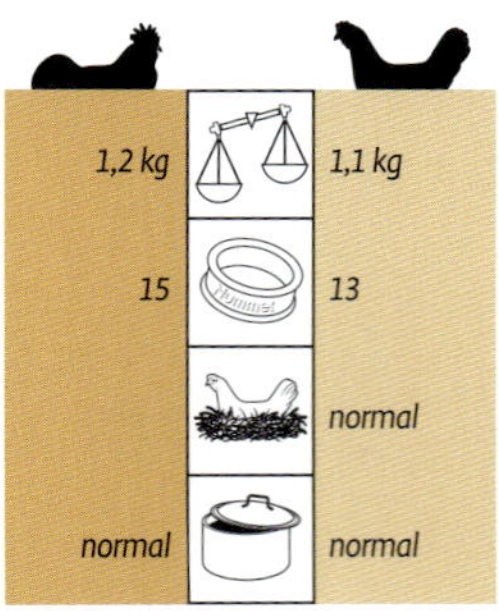

Form und Kopf: In der Draufsicht soll der Sattel möglichst so breit wie die Schultern sein. Der Rücken steigt hinter dem Hals ohne Unterbrechung bis in die Schwanzspitze an. Der Hahnenschwanz ist durch die kurzen Sicheln eher klein, soll aber breit angesetzt sein. Die Bauchregion ist besonders bei der Henne voll und breit. Dem entspricht die gut gerundete, tief gehende Brust. Schenkel und Läufe sind mittellang. Fünfzackiger, kleiner Stehkamm, mäßig lange Kehllappen, schmale, sehr dünne, rote Ohrlappen. Die Augenfarbe ist rot.

Farbenschläge: 1.4, 5.1, 5.5, 5.6, 6.4, 7.9, 7.11, 7.12.

Besonderheiten: Vitalität, Fruchtbarkeit, Schlupffreudigkeit und Frohwüchsigkeit sind eindeutige Pluspunkte. Durch die Frühreife der Hennen beachtliche Legeleistung.

Schwarz

Schwarz

Zwerg-Rheinländer

Herkunft: Der Erzüchter der Großrasse R. von Langen, Köln, brachte auch schon Zwergtypen heraus.

Rassegeschichte: 1921 Erstvorstellung der Schwarzen in Leipzig ohne Anerkennung. Gründung des Sondervereins 1923. Standardaufnahme erst 1932. Zulassung der Weißen 1938. Fast völliges Erlöschen der Bestände während des Krieges. Um 1950 Weiterentwicklung durch K. Lohmann, Paderborn. Blau-Gesäumte bei K. Brandes, Sehlem, H. Hinz, Bobenheim, und K. Städtler, Alferde, ab 1960 im Standard. 1972 Gesperberte von O. Hermjaten, Steinhagen, und H. Völkening, Kamen-Methler. B. Bäuerle, Esslingen-Sirnau, brachte 1964 Rebhuhnfarbige heraus.

Form und Kopf: Der Rumpf in der Länge zur Tiefe im Verhältnis 8:5. Der breite, flache und recht lange Rücken wird waagerecht gehalten. Volle und tiefe Brust, hinten gut gefüllte Bauchpartie. Die kräftigen Schenkel müssen sichtbar sein. Mittellange, feinknochige Läufe. Hoch getragener Hahnenschwanz aus breiten Steuer- und stark gebogenen, breiten Hauptsicheln mit stumpfen Enden. Kleiner, fein geperlter Rosenkamm mit gesenktem Dorn. Kleine, abgerundete Kehllappen und weiße, mittelgroße Ohrscheiben. Unterschiedliche Augenfarbe je nach Farbenschlägen.

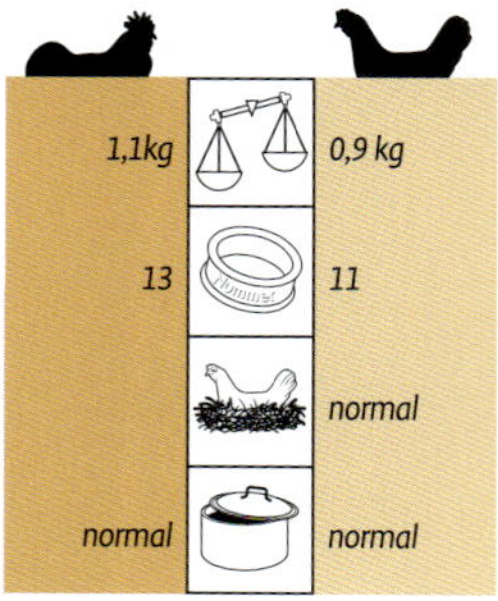

Farbenschläge: 1.1, 2.1, 5.1, 5.4, 5.5, 6.1.

Besonderheiten: Robustes Landhuhn. Lebhaftes, doch zutrauliches Wesen.

Zwerg-Rhodeländer

Herkunft: Entstehungsgebiet ist nicht Deutschland, wie im Standard angegeben, sondern England um 1910. Erste Präsentation in Deutschland 1914 aus der Zucht von A. Schlegel, Eilenburg/Sachsen.

Rassegeschichte: Wenige Jahre später experimentierten die Züchter Schank, Gelsenkirchen, Illing, Dresden und Weinberg, Zossen, mit klein geratenen Rhodeländern, rasselosen Zwerghühnern, gelben Zwerg-Cochin, Deutschen Zwerg-Langschan und Bantam. In den dreißiger Jahren war bei der Erstellung der Musterbeschreibung auch der bekannte Zoologe Prof. B. Grzimek beteiligt.

Form und Kopf: Abgerundete Rechteckform mit langer, gerade und waagerecht verlaufender Rückenlinie. Mittellanger, leicht angehoben getragener Schwanz mit breiten Sicheln beim Hahn, die die Steuerfedern nur leicht überragen. Die tiefe, volle und breite Brust zeigt wie die gut gefüllte Bauchregion den Leistungstyp an. Zwei Kammformen: entweder einfacher Stehkamm mit der Fahne über der Nackenlinie oder breiter, fest aufgesetzter Rosenkamm mit kurzem Dorn. Möglichst glatte Kehllappen; kleine, rote Ohrlappen. Rote bis orangerote Augenfarbe.

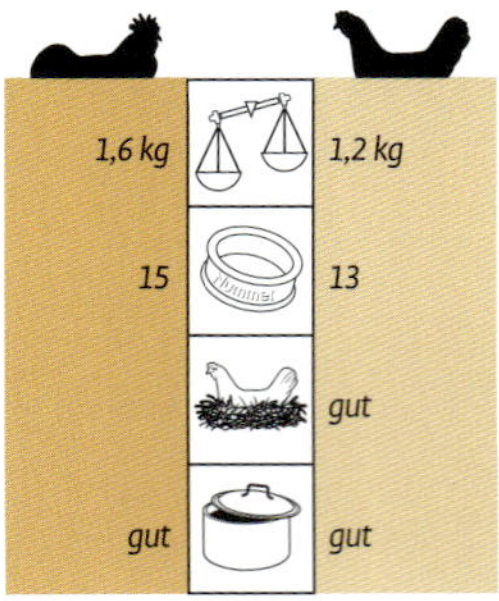

Farbenschlag: Ausschließlich dunkelrote, glänzende Hauptfarbe. Schwarze Zeichnung in den Innenfahnen der Schwingen, in den Steuer-, Sichel- und Schwanzdeckfedern.

Besonderheiten: Zwerg-Rhodeländer sind stark verbreitet und beliebt. Leichte Aufzucht und das lackrote Erscheinungsbild tragen dazu bei.

Schwarz

Schwarz

Zwerg-Sachsenhühner

Herkunft: Aus schwarzen Tieren der Großrasse, Deutschen Zwergen, Zwerg-Australorps und Zwerg-Rheinländern erzüchtete zwischen 1971 und 1974 F. Bilzer, Trebur, die ersten Zwerge dieser Rasse.

Rassegeschichte: Die Anerkennung wurde seinerzeit, sowohl im Westen als auch im Osten Deutschlands abgelehnt, sodass ein erneuter Versuch beim gleichen Züchter zwischen 1981 und 1991 gestartet wurde. Offizielle Anerkennung 1995. Weiße bei H. Fricke, Rüsseina, 1997.

Form und Kopf: Mit breiten Schultern, vollem Sattel und langem Rumpf wirkt die Rasse gestreckt und kräftig zugleich. Ohne Unterbrechung geht die Sattellinie in den ebenfalls ansteigenden Schwanz über, der breit angesetzt und mit nicht zu schmaler Besichelung besetzt ist. Der Hennenschwanz ist in der Draufsicht leicht gerundet und von hinten leicht geöffnet. Etwas hervortretende Brust und lang ausgezogene Bauchlinie. Freier Stand in den gut sichtbaren Schenkeln. Mit 5 regelmäßigen Zacken ist der Kamm versehen, der auch bei der Henne stehen soll. Kleine Kehllappen; weiße, mandelförmige Ohrscheiben. Die Augenfarbe ist bei Schwarzen dunkelbraun, bei Weißen rot.

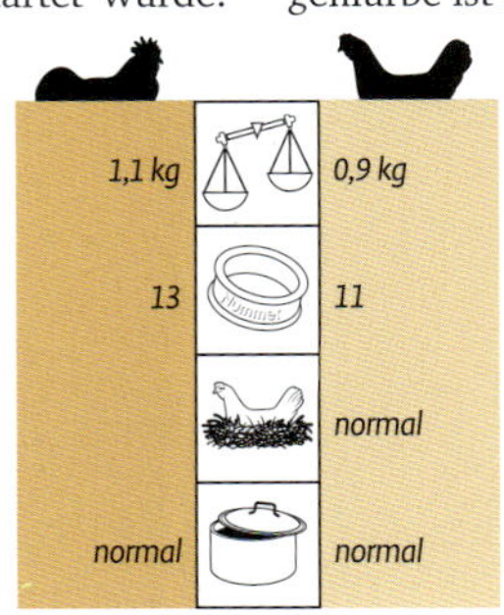

Farbenschläge: 5.1, 5.5.

Besonderheiten: Noch zählt diese junge Rasse zu den Raritäten, aber hinsichtlich der Legeleistung steht sie der Großrasse nicht nach, freilich mit geringerem Eigewicht. Schlichtes Huhn mit lebhaftem Temperament.

weiß

Silbergrau

Zwerg-Seidenhühner

Herkunft: In älterer Fachliteratur, zwischen 1879 und 1922, werden Zwerg-Seidenhühner erwähnt. Die seit vielen Jahrhunderten gezüchteten „großen“ Seidenhühner galten bis 1987 als Zwergrasse.

Rassegeschichte: Beginn der Wiedererzüchtung der Zwergrasse bei dem Holländer Van‘t Wout um 1960. Zwischen 1977 und 1979 Wildfarbige, Blaue und Silbergraue. Aus Watermaalschen Bartzwergen entstanden dann bärtige Zwerg-Seidenhühner.

Form und Kopf: Das seidige Gefieder sorgt optisch für die allseitige Abrundung. Die kurze Rückenlinie steigt leicht nach hinten an. Der Stand ist durch die kurzen Schenkel mit der vollen Befiederung und den knapp mittellangen Läufen recht tief. Außenseite der Beine bis in die Außenzehen befiedert. Fünfzehigkeit: Die fünfte Zehe steht, gut getrennt von der vierten, etwas nach oben. Die Steuer- und Sichelfedern sind beim Hahn zum Grund hin in geschlossener Federfahne, am Ende möglichst weich und zerschlissen. Allerdings sitzen auch geschlossene Federn am inneren Teil der Hand- und Armschwingen. Schwärzlich blaue Farbe im Gesicht, am kleinen, walnussförmigen Kamm und den Kehllappen. Kleine, türkisblaue Ohrscheiben. Schwarzbraune Augen.

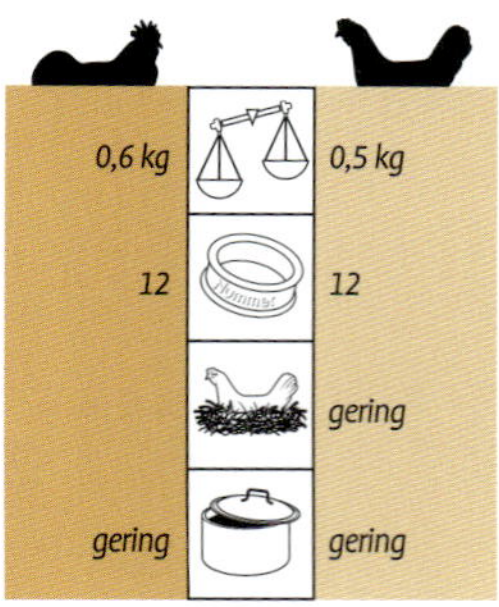

Farbenschläge: 1., 2.6, 5.1, 5.5, 5.6.

Besonderheiten: „Leichtgewicht“ unter den Zwerghuhnrassen. Verkörpert durch ihr Aussehen das „Kindchenschema“. Gute Brüterinnen.

Zwerg-Spanier

Herkunft: Um 1880 soll es in England bei J. C. Cyell-Dundee Zwerg-Spanier gegeben haben. Nach L. Paret gelangten von diesen Tieren auch einige nach Deutschland.

Rassegeschichte: Wiedererzüchtung ab 1980 bei F. Hams, Ashord in Kent/England. Unabhängige Erzüchtung durch H. Kolb, Sandhausen ab 1987. Zwei Jahre später Importe von englischen Bruteiern durch R. Wandelt. Kolb hatte mit großen Spanierhähnen und Zwerg-Minorkahennen experimentiert. Aus drei Linien konnte die Nachzucht zur Anerkennung in Deutschland gebracht werden.

Form und Kopf: Schlanker, mittelgroßer Typ in stolzer Haltung. Walzenförmiger Rumpf mit mäßig langer, nach hinten leicht abfallender Rückenlinie. Wenig hervortretende, eher „eingebaute" Schultern. Der geschlossene Hahnenschwanz wird etwas angehoben getragen. Lange, nicht sehr voll befiederte Schenkel und lange, feinknochige Läufe. Reinweiße Gesichtsfarbe mit glacélederartiger Struktur in großer Ausdehnung vom Kamm bis zum Schnabelansatz. Dunkelbraue Augen. Einfach sind Kamm und Kehllappen. Weiße Ohrscheiben.

0,9 kg		0,8 kg
13		11
		normal
normal		normal

Farbenschlag: Ausschließlich schwarz mit grünem Glanz.

Besonderheiten: Das „geschminkte" Aussehen macht diese Rasse im Schaukäfig in Verbindung mit der roten Farbe des Kammes, der Kehllappen und der grün glänzenden Gefiederfarbe interessant. Relativ hohes Eigewicht. Reinweiße Schalenfarbe.

Schwarz

Schwarz

Zwerg-Strupphühner

Herkunft: Wahrscheinlich ist diese Rasse auch als Zwergform seit langem in Ostasien gezüchtet. Wiedererzüchtung in England um 1975. Aufnahme in den deutschen Standard 1980. Gründung des Sondervereins 1989.

Rassegeschichte: Irrtümlich wurden Zwerg-Strupphühner in Deutschland zu den Urzwergen gezählt, obwohl die Großrasse in England und in den USA vorhanden war.

Form und Kopf: Die Front des Körpers soll breit erscheinen; nach hinten schmaler werdend. Relativ kurzer Rücken, breite, etwas abgerundete Schultern, hoch getragene und vorgewölbte, dabei jedoch breite Brust. Kaum sichtbare Schenkel. Die Flügelhaltung ist etwas nach unten gerichtet. Der aufgerichtet getragene Schwanz ist beim Hahn voll besetzt mit gestruppten, gewellten und gedrehten Sicheln. Im Vordergrund steht die veränderte Gefiederstruktur: Lang und flaumreich wird diese verlangt. Jede Feder soll deutlich nach vorne gebogen sein, wobei das Halsgefieder des Hahnes eine starke, das der Henne eine weniger ausgebildete Krause bildet. Einfache Kopfpunkte mit roten Ohrlappen. Unterschiedliche Augenfarbe, den Farbenschlägen entsprechend.

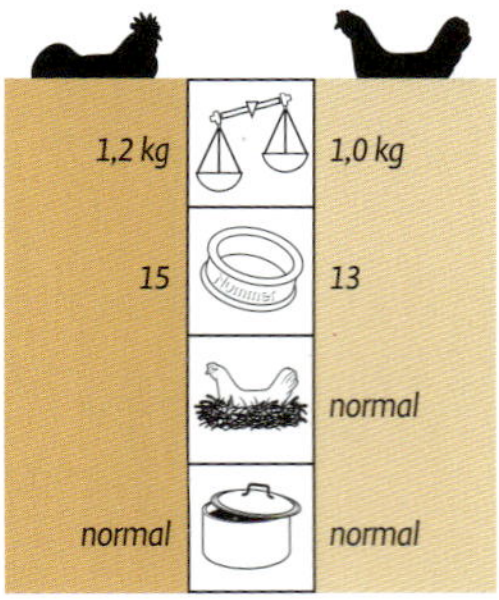

Farbenschläge: 5.1, 5.3, 5.5, 5.6, 5.7.

Besonderheiten: Dominant vererbende Mutation. In der Forschung werden drei verschiedene Typen unterschieden.

Blau-weizenfarbig

Weizenfarbig

Zwerg-Sulmtaler

Herkunft: Herauszüchter H. J. Webers, Isernhagen. Beteiligte Rassen: Große Sulmtaler, chamois-weiß gesäumte Zwerg-Paduaner, wildfarbige Deutsche Zwerge, gelbe Zwerg-Orpington.

Rassegeschichte: Erste Vorstellung 1960 in Hannover mit 32 Tieren. Aufnahme in den Standard 1961. Rückschläge in der Lauffarbe wurden durch weitere Verwendung einer rasselosen Zwerghenne, weizenfarbigen Zwerg-Kämpfern, Deutschen Zwerg-Lachshühnern und roten Zwerg-Orpington überwunden.

Form und Kopf: Von der breiten Rückenpartie zu den Schenkelansätzen viel Tiefe. Der Rumpf wird als Kastenform bezeichnet. Dazu die breite und volle Brust- und Bauchpartie. Schultern und Sattel in nahezu gleicher Breite. Voll bemuskelte, aber kaum sichtbare Schenkel, kaum mittelhohe Läufe. Der Hahnenschwanz ist voll besetzt mit breiter, aber mäßig langer Besichelung. Die Henne erscheint im Stand noch niedriger und waagerechter in der Körperhaltung. Beim Hahn stehender Einfachkamm mit ansteigender Fahne; bei der Henne im vorderen Teil ausgeprägter Wickelkamm. Ihr Schopf ist größer als der des Hahnes. Gut mittelgroße Kehllappen, kleinere, weiße Ohrscheiben, manchmal mit roten Rändern. Orangerote Augen.

Farbenschläge: 1.12, 1.26.

Besonderheiten: Gefällige, warme Farbtöne. Zutraulichkeit und Genügsamkeit macht diese Zwergrasse in Verbindung mit der erstaunlich hohen Legeleistung zunehmend beliebt.

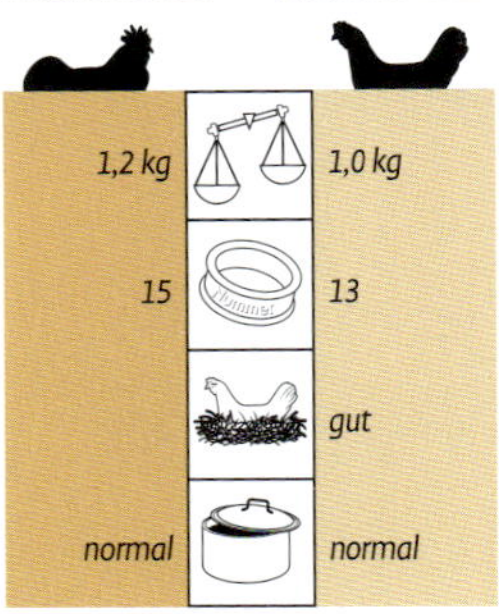

Hahn		Henne
1,2 kg		1,0 kg
15		13
		gut
normal		normal

Zwerg-Sumatra

Herkunft: Nach Wolters belegt ein Fachaufsatz von 1936 die Existenz. Zunächst keine Verbreitung in Deutschland.

Rassegeschichte: Im amerikanischen „Standard of Perfection" ist die Rasse ab 1960 verzeichnet. In England sollen Zwerg-Sumatra Ende der siebziger Jahre wieder erzüchtet sein. In Deutschland ab 1982 Importe aus Holland und Belgien durch G. Ernst, Rodgau. Einkreuzung von Altenglischen Zwerg-Kämpfern, Zwerg-Hamburgern und Zwerg-Rheinländern. Aufbau einer eigenständigen Linie durch K. Oeste und K. Bornträger, Kirchhain. Offizielle Anerkennung 1989.

Form und Kopf: Die etwas hervorstehenden Schultern zeigen Kämpfererbe, die walzenförmige Figur und der freie Stand bringen die Eleganz. Federreiches Hals-, Sattel- und Schwanzgefieder beim Hahn. Die langen Sicheln sind nur in der zweiten Hälfte gebogen und in den Fahnen sehr breit. Schwanzhaltung waagerecht, ohne zu schleppen. Hoch getragene, fest anliegende Flügel. Über den etwas hervorstehenden Augenbrauen sitzt der kleine Erbsenkamm in schwärzlicher Färbung, wie auch Gesicht und Kehllappen. Die Ohrlappen sind dunkelrot bis schwärzlich. Dunkelrotbraune Augen. Wie bei der Großrasse wird Mehrfachsporn, in Ansätzen auch bei der Henne, angestrebt.

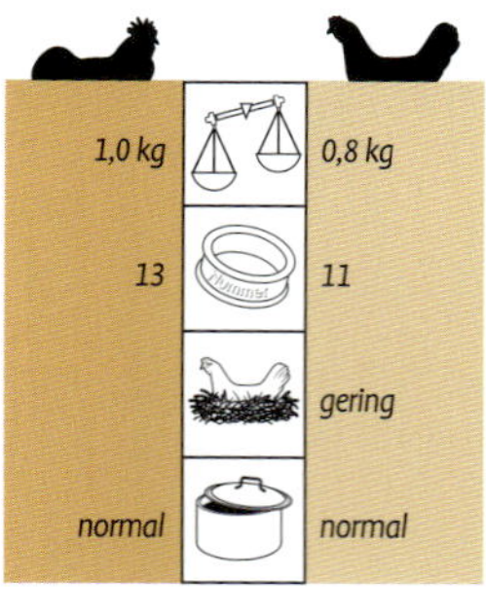

Farbenschlag: Ausschließlich schwarz mit intensivem smaragdgrünen Glanz.

Besonderheiten: Zwerg-Sumatra brillieren bei Ausstellungen durch ihre anmutige Eleganz und die feine Farbe.

Zwerg-Sundheimer

Herkunft: Vor 1945 gab es schon Zwerg-Sundheimer, erzüchtet aus Zwerg-Sussex und klein gebliebenen Tieren der Großrasse in Kehl-Sundheim.

Rassegeschichte: Nur wenige Tiere waren nach dem Zweiten Weltkrieg verblieben. Der Züchter F. Walter stellte 1952 in Hannover Zwerge aus, die leichter waren als die heutigen. Abbruch dieser Zucht 1961. Ab 1980 erneute Zucht bei J. Bilina, G. Copi und W. Wolff. Stammeltern waren Zwerg-Cochin, Deutsche Zwerg-Lachshühner, Zwerg-Sussex und große Sundheimer. Anerkennung als neue Rasse 1980.

Form und Kopf: Voller, breiter, tiefer Rumpf in fast waagerechter Haltung. Flacher, nur mittellanger Rücken. Hoch angesetzte Flügel. Leichter Anstieg über die Sattellinie zum kaum mittellangen Schwanz, der beim Hahn mit eher kurzen Sicheln besetzt ist. Ausgeprägte Unterlinie in Brust und Bauch. Knapp mittellange Schenkel, ebensolche Läufe, die an den Außenseiten bis über die Außenzehen kurze Befiederung tragen. Einfachkamm, bei beiden Geschlechtern stehend und gesenkte Fahne. Rote Ohrlappen, kurze, rundliche Kehllappen. Orangerote bis rote Augenfarbe.

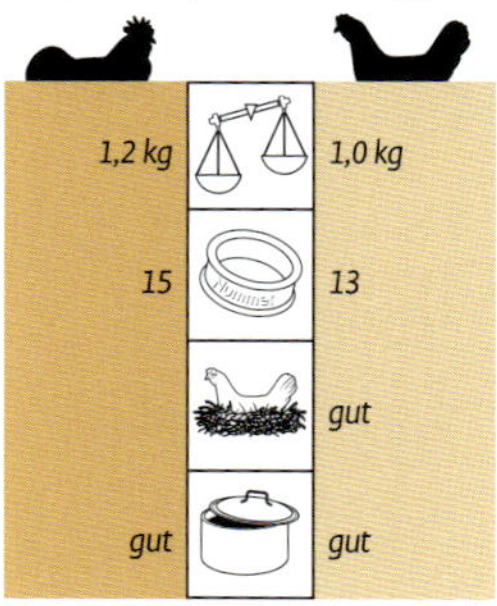

Farbenschlag: Ausschließlich weiß-schwarzcolumbia (Hell).

Besonderheiten: Wie bei der Großrasse bringen auch die Zwerge eine beachtliche Anzahl bräunlicher, manchmal punktierter Eier. Gute Widerstandskraft gegen raue Witterung.

Braun-porzellanfarbig (bunt)

Schwarz-weißcolumbia

Zwerg-Sussex

Herkunft: Namensgebend ist die englische Grafschaft. Erste Vorstellung auf einer Schau in London 1924 im Farbschlag Hell.

Rassegeschichte: In Deutschland zeigte K. Lohmann, Paderborn, 1924 in Erfurt den bunten Farbschlag. Durch den Krieg erloschen die Zuchten fast völlig. Erst wieder 1956 standen die Farbenschläge Hell und Bunt auf der Nationalen Schau in Köln. Helle entstanden wieder bei D. Mohrdieck, Horst/Holstein aus weißen Deutschen Zwerghühnern und einer Henne der Großrasse. Bunte führen das „Blut“ von porzellanfarbigen Federfüßigen Zwergen, Altenglischen Zwerg-Kämpfern, Zwerg-Rhodeländern und schwarz-weiß gescheckten Zwerg-Wyandotten. E. H. S. Duckworth, Cotorne in der englischen Grafschaft Sussex, schwarzen Zwerg-Plymouth und Indischen Zwerg-Kämpfern den Farbschlag Grausilber. Zulassung in Deutschland 1969. Gelb-Columbia 1972 bei K. Bühler, Männdorf/Schweiz.

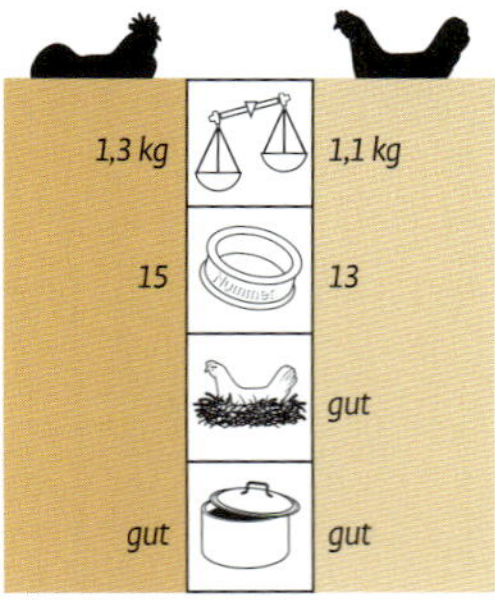

Form und Kopf: Kastenförmiger Rumpf, Verhältnis Tiefe zur Länge möglichst 2:3. Waagerecht gehaltener breiter, flacher Rücken. Möglichst gleich bleibende Breite in Schultern und Sattel. Tief getragene Brust mit guter Breite, besonders bei der Henne. Stand ohne Besonderheiten. Einfachkamm, stehend auch bei der Henne. Kleine rote Ohrlappen, mittellange Kehllappen. Augenfarbe: Orangerot.

Farbenschläge: 1.3, 2.3, 4.1, 4.5, 4.10, 11.3.

Besonderheiten: Beachtliche Leistungsstärke.

Zwerg-Vorwerkhühner

Herkunft: Die ersten Zuchtversuche um 1930 in Dresden führten nicht zum Erfolg. Wiederaufnahme der Rassebildung ab 1954 im Harz.

Rassegeschichte: Als eigentliche Herauszüchter gelten Reichstein, Halle, K. Josek, Weimar, und R. Zinner, Steinach. Erste Vorstellung 1956 in Leipzig. Im Westen brachte W. Avemarie, Groß-Rohrheim, 1963 unter Verwendung von doppelt gesäumten Zwerg-Barneveldern die ersten Zwerg-Vorwerkhühner heraus.

Form und Kopf: Der Körperrahmen bildet eine Rechteckform. Dabei ist Tiefe des Rumpfes vom breiten, leicht abfallenden Rücken bis zur breiten, voll ausgerundeten Brust und dem voluminösen Bauch ausschlaggebend. Der mittellange Hahnenschwanz trägt im Ideal recht breite Haupt- und Nebensicheln. Die Haltung der Henne ist mehr waagerecht. Das Abschlussgefieder ist etwas geschlossen, im Schwanzansatz in der Seitenansicht jedoch breit. Nur wenig sichtbare, aber kräftige Schenkel; feinknochige Läufe. Mittelgroßer Einfachkamm, der bei der Henne hinten geneigt sein darf. Rotgeränderte, weiße Ohrscheiben. Abgerundete Kehllappen. Die Augenfarbe ist orangegelb bis orangerot.

Hahn		Henne
1,1 kg		0,9 kg
13		11
		gut
normal		normal

Farbenschlag: Ausschließlich Schwarz-gelb, d. h. Rumpfgefieder tiefgoldgelb, Kopf, Halsbehang, Hahnensattel, schwarze bis schwarzgraue Innenfahnen der Schwingen und Schwanzgefieder schwarz.

Besonderheiten: Angenehmes, kontrastreiches Farb- und Zeichnungsbild.

Rost-rebhuhnfarbig

Orangefarbig

Zwerg-Welsumer

Herkunft: Verzwergung der Großrasse um 1930 bei P. Wagner, Altenburg. Aus ideologischen Gründen zunächst nicht anerkannt.

Rassegeschichte: Wahrscheinlich war eine einzige überlebende Henne die Stammmutter der Nachkriegszucht, die dann 1947 anerkannt wurde. Mitbeteiligt waren Zwerg-Rhodeländer und Zwerg-Italiener. 1969 brachte A. Pesch, Rheydt, die Orangefarbigen heraus. Anerkennung der Silberfarbenen 1998.

Form und Kopf: Lang gestreckter geräumiger Körper mit breitem Rücken und gut gefüllter Unterlinie. Besonders die Henne zeigt den breiten Rumpfrahmen mit dem gut entwickelten Hinterteil. Die Haltung ist waagerecht, der Stand durch die kräftigen Schenkel und die mittelhohen Läufe eher frei als zu tief. Die Schwanzbefiederung beim Hahn besteht aus breiten Sicheln, die nicht italienerhaft lang sein dürfen. Einfachkämmig mit der Nackenlinie folgenden Fahne. Die Henne mit kleinem Stehkamm. Kurze Kehllappen; kleine, mandelförmige Ohrlappen. Orangerote Augenfarbe.

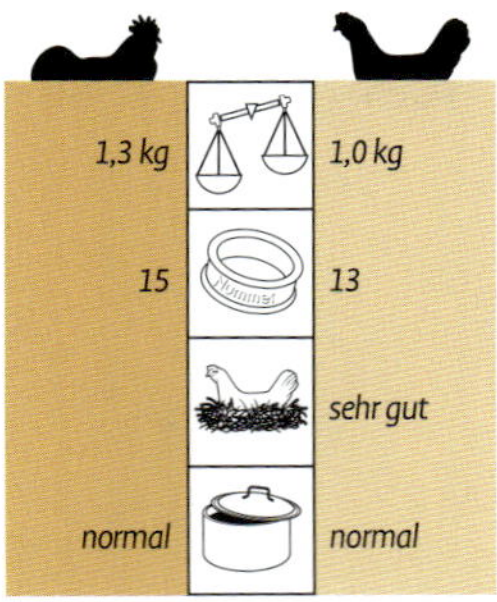

Farbenschläge: 1.2, 2.2, 3.4.

Besonderheiten: Gelungene Kombination von förmlicher Eleganz, feinem Farb- und Zeichnungsspiel und außergewöhnlicher Leistungseigenschaften. Das Eigewicht ist mit 50 Gramm für eine Zwergrasse überraschend hoch. Beliebt ist die rötlich braune Eischalenfarbe.

Weiß-rotgezeichnet

Weiß

Zwerg-Yokohama

Herkunft: Erste Präsentation 1922 in Essen aus der Zucht von H. Sack, Leipzig-Connewitz.

Rassegeschichte: Aus weißen deutschen Zwerghühnern und großen Yokohama hatte A. Beyrich 1922 im Erzgebirge mit der deutschen Herauszüchtung begonnen. Weiterentwicklung bei W. Urbanski über rot gesattelte Moderne Englische Zwergkämpfer, schwarze und weiße Deutsche Zwerghühner. Anerkennung in Deutschland 1968.

Form und Kopf: Schon die Körperhaltung mit dem schlanken Hals und der langen Rückenlinie bringt etwas Kämpferartiges zum Ausdruck. Vollends wird die „edle“ Figur ergänzt durch die ungewöhnliche, verlängerte Federbildung am Sattel und im Schwanz des Hahnes. Hier wallen sehr lange und schmale Sichelfedern an den Seiten der langen und breiten Steuerfedern. Auch der Schwanz der Henne zeigt verlängerte Schwanzdeckfedern, die die Steuerfedern überragen. Die Spitzen sind säbelartig gebogen. Seitlich sitzen die über die Steuerfedern hinausragenden, gebogenen Deckfedern. Schlanke Schenkel, sehr feinknochige Läufe. Auf dem kleinen, flachen Kopf sitzt der kleine Wulstkamm. Kaum Kehllappen; kleine, rote Ohrlappen. Rotorangefarbene Augen.

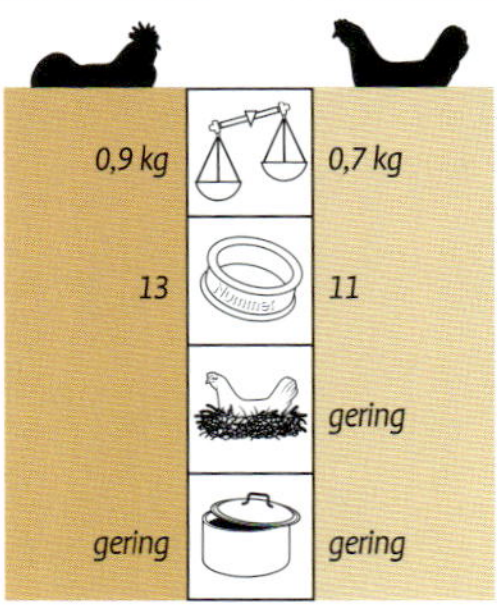

Farbenschläge: 1.14, 5.5.

Besonderheiten: Die Rasse imponiert durch ihr elegantes Exterieur, die leuchtende blutrote Grundfarbe bei den Weiß-Rotgezeichneten und das üppige, feine Gefieder.

Groß- und Wassergeflügel

Erklärung der Piktogramme

6,5 kg	*5,5 kg*	*27 mm*	*gering*

Körpergewicht der männlichen Tiere:
in Kilogramm

Körpergewicht der weiblichen Tiere:
in Kilogramm

Ringgröße:
in Millimeter

Verbreitung:
gering, mittel oder hoch

Verzeichnis der Rassen Groß- und Wassergeflügel

Anerkannte Farbenschläge

Puten

Amerikanische Narragansettpute

Deutsche Puten
bronzefarbig
weiß
Schwarzflügel
bourbon
schwarz
Rotflügel
narragansettfarbig
blau
kupfer
rot
gelb
Cröllwitzer

Euganeische Pute

Perlhühner

mit Perlung
blau
perlgrau
lavendelblau
chamois
weiß

mit reduzierter Perlung
violett
azurblau
lavendelblau
chamois

Gänse

Afrikanische Höckergänse
graubraun

Böhmische Gänse
weiß

Celler Gänse

Deutsche Legegänse
weiß

Diepholzer Gänse
weiß

Elsässer Gänse
grau
grau gescheckt

Emdener Gänse
weiß

Empordà-Gänse
weiß

Fränkische Landgänse
blau

Höckergänse
graubraun
weiß

Lippe-Gänse
weiß

Lockengänse
weiß

Mecklenburger Gänse
lederbraun

Pilgrim-Gänse
kennfarbig

Pommern-Gänse
weiß
grau
grau gescheckt

Russische Gänse
grau

Steinbacher Kampfgänse
blau
grau

Toulouser Gänse
grau

Enten

Altrheiner Elster-Enten (Magpie)
schwarz
blau
braun

Amerikanische Peking-Enten
weiß

Aylesbury-Enten
weiß

Campbell-Enten
khakifarbig
weiß

Cayuga-Enten
schwarz

Deutsche Peking-Enten
weiß

Gimbsheimer Enten
blau

Hochbrut-Flugenten
wildfarbig
silber-wildfarbig
dunkel-wildfarbig
blau-wildfarbig
wildfarbig mit Latz
wildfarbig-gescheckt
blau-wildfarbig mit Latz
weiß
schwarz
schwarz mit Latz
schwarz-gescheckt
blau
blau mit Latz
blau-gescheckt
blau-gelb
alle Farbenschläge auch mit Haube

Krummschnabel-Enten
dunkelwildfarbig mit Latz
weiß

Landenten
ohne Haube
mit Haube

Laufenten
wildfarbig
forellenfarbig
silber-wildfarbig
weiß
schwarz
braun
blau
rehfarbig-weiß-gescheckt
erbsgelb
blau-gelb

Orpington-Enten
gelb

Overberger Enten
blaubronze

Pommern-Enten
blau
schwarz

Rouen-Clair-Enten

Rouen-Enten
wildfarbig
blau-wildfarbig

Sachsen-Enten
blau-gelb

Schweden-Enten
gelb

Smaragd-Enten
schwarz

Streicher-Enten
silber-wildfarbig

Vorster-Enten
weiß

Warzen-Enten
wildfarbig
blau-wildfarbig
perlgrau-wildfarbig
braun-wildfarbig
wildfarbig mit Latz
schwarz
weiß
blau mit und ohne Saum
Schecken in Schwarz, Blau mit und ohne Saum, braun

Welsh-Harlekin-Enten
creme-wildfarbig

Zwerg-Enten
wildfarbig
blau-wildfarbig
silber-wildfarbig
wildfarbig-gescheckt
weiß
schwarz
braun
blau
gelb
blau-gelb
schwarz mit Latz
braun mit Latz
blau mit Latz

alle Farbenschläge auch mit Haube

Wilde Stammformen und Kulturgeschichte des Groß- und Wassergeflügels

Puten

Domestizierte Puten kommen in mehreren Farbenschlägen und in unterschiedlichen Größenverhältnissen vor. Alle haben eine einzige wilde Stammform gemeinsam: die Wildpute, *Meleagris gallopavo*. Diese Art wird in die im Folgenden aufgelisteten sieben Unterarten untergliedert:

Ostamerikanisches Truthuhn, *M. g. silvestris*, VEILLOT 1817,
Florida-Truthuhn, *M. g. osceola*, SCOTT 1890,
Rio-Grande Truthuhn, *M. g. intermedia*, SENNET 1879,
Merriam-Truthuhn, *M. g. merriami*, NELSON 1900,
Südmexikanisches Truthuhn, *M. g. gallopavo*, LINNÉ 1758,
Gould-Truthuhn, *M. g. mexicana*, GOULD 1856,
Moore-Truthuhn, *M. g. onusta*, MOORE 1938.

Bei allen Unterarten handelt es sich um sehr große Hühnervögel. Auffallend sind ihre hohen Läufe und die schlanke Gestalt. Hahn und Henne tragen glanzreiches Gefieder; nackte, rote und blaue Haut an Kopf und Hals. Besonders die Hähne tragen dort Falten und Warzen, die bei der Balz anschwellen. In Stirnnähe sitzt auf der Oberschnabelhaut ein zapfenförmiger, dehnbarer, fleischiger Auswuchs. Aus dem Brustgefieder des Hahnes ragt ein Büschel aus langen, groben Haaren heraus. Die beidseitigen Sporen sind beim Hahn stärker entwickelt als bei der Henne. Kopf und Schnabel wirken im Verhältnis zum großen Körper klein und kurz. Bei der Balz richten Wildputenhähne den Schwanz mit 18 Federn zu einem Rad auf.

Die einzelnen Unterarten unterscheiden sich meist nur geringfügig in der Farbtönung des Gefiederglanzes, durch die Zeichnung auf den Schwingen, die Färbung des Bürzelgefieders, die Zeichnung der Flanken und Unterschwanzdecken, des Metallglanzes auf den Steuerfedern und den Binden auf der Schwanzunterseite. Das Körpergewicht schwankt von durchschnittlich 6800 g der Henne bis 8100 g beim Hahn.

Das Gelege besteht aus 8 bis 15 hellocker-isabellfarbenen bis rötlich isabellfarbenen Eiern, die fein mit Pünktchen und Flecken überzogen sind. Eigewicht: 65 bis 75 g; Maße 62,6 mm – 44,6 mm.

Vorkommen: Östliches Nordamerika, Florida, Nebraska, Kansas, Mittel-Texas, Mexico, Mittel- und Südwest-Colorado, Veracruz, Ost-Kordilleren-Gebiete je nach Unterart. Wildputen bevorzugen als Lebensräume lichtdurchzogene Waldungen mit Flussläufen. Die Nahrung besteht nach neueren Analysen aus 354 Pflanzen und 313 Kleintierarten. Zur Brutzeit bilden die Hähne mit mehreren Hennen Gemeinschaften. Im April brüten die Hennen im Unterholz die Gelege bis zu 28 Tagen. Im Alter von drei Wochen fliegen die Jungputen zur Übernachtung auf Bäume. Im Laufen können Wildputen eine Geschwindigkeit bis zu 25 Stundenkilometer erreichen.

Domestikation: In Europa gab es Einbürgerungsversuche mit Wildputen: Ab 1871 in Österreich, 1885 in Norddeutschland. Fast ausschließlich wurde die Unterart *M. g. silvestris* in europäischen Tiergärten gehalten. In Berlin züchtete ab 1874 diese Unterart, ab 1891 auch ein Paar des Gould-Truthuhnes. Möglicherweise hatte schon Kolumbus auf seiner Entdeckungs-

Puter auf altem Gemälde, um 1906

reise 1502 auf der Insel Guanaja zahme, von den dortigen Einheimischen domestizierte Puten angetroffen. Belege für zahme Hausputen liegen erst von 1519 vor. Der Spanier Cortez hatte in Mexiko Puten vorgefunden und nannte sie „Indische Hühner", weil er glaubte, Westindien entdeckt zu haben.

Die erste Beschreibung in Europa stammt von Gonzalo Hernandes Oviedo aus Kastilien, der das Truthuhn in seiner Schrift „Hystoria natural y general de las Indias" als eine Art Pfau beschrieb. Wahrscheinlich gingen diese Bestände auf domestizierte Puten zurück, die schon um 500 v. Chr. von mittelamerikanischen Eingeborenen gehalten worden waren. Aber auch wilde, eingefangene Puten wurden gehalten, wie die Unterscheidung in einem Buch von Fernandez 1576 bestätigt.

Als Ersteinfuhr nach Europa gibt es unterschiedliche Angaben: 1522 (Zeuner 1963), 1499 (Wulf) und 1497 (Riedel 1933). Vor 1520 dürften aber keine lebenden Puten nach Europa gekommen sein. In England sind seit 1524, in Frankreich seit 1540 Hausputen nachgewiesen. In Italien gab es seit 1556 zahme Puten. Um die gleiche Zeit zählten Puten in Deutschland zu den Festspeisen. 1565 sollen auf einer Hochzeit in Arnstadt nicht weniger als 150 gebratene Puten verzehrt worden sein. Auf den dänischen Inseln wurden im 16. Jahrhundert die ersten Puten gezüchtet; in Holland erst Anfang des 18. Jahrhundert. In Persien und Südamerika hielt die Hauspute nach 1669 bzw. nach 1650 Einzug.

Weiße Puten sollen schon von den spanischen Einwanderern in Mexiko angetroffen worden sein. Das wären deutliche Zeichen von Farbveränderungen durch Domestikation in dieser frühen Zeit.

Perlhühner

Die wilde Stammform des Hausperlhuhnes, aus dem dann alle heutigen Farbenschläge herausgezüchtet wurden, ist das Westafrikanische Guinea-Helmperlhuhn, *Numida meleagris galeata*, Pallas 1767. In die Gattungsgruppe der Helmperlhühner (*Numida*) werden außerdem noch folgende Arten und Unterarten eingeordnet:

Marokko-Helmperlhuhn, *N. meleagris sabyi*, Hartert 1919,

Gabun-Helmperlhuhn, *N. m. marachei*, Oustalet 1882,

Straßen-Helmperlhuhn, *N. m. strasseni*, Reichenow 1911,

Uganda-Pinselperlhuhn, *N. m. major*, Hartlaub 1884,

Sudan-Pinselperlhuhn, *N. m. meleagris*, Linné 1758,

Somali-Pinselperlhuhn, *N. m. somaliensis*, Neumann 1899,

Erlanger-Helmperlhuhn, *N. m. macroceros*, ERLANGER 1904,
Reichenow-Helmperlhuhn, *N. m. reichenowi*, OGILVIE-GRANT 1894,
Sambesi-Helmperlhuhn, *N. m. mitrata*, PALLAS 1767,
Natal-Helmperlhuhn, *N. m. coronata*, GURNEY 1868,
Damara-Helmperlhuhn, *N. m. damarensis*, ROBERTS 1917,
Kalahari-Helmperlhuhn, *N. m. papillosa*, REICHENOW 1894.

Alle Arten der Gattung *Numida* tragen ein mehr oder weniger stark ausgebildetes knöchernes Gebilde auf dem Oberschädel, das wie ein Horn aufragt. Kopf und Hals sind unbefiedert. Unter den Schnabelwinkeln befinden sich fleischige Hautlappen. Die zu dieser Gruppe gehörenden Pinselperlhühner haben borstenartige Haarfederbüschel auf den Nasenlöchern. In Farbe und Zeichnung gleichen sich die Geschlechter völlig.

Alle Farb- und Zeichnungsvarianten des Rasseperlhuhnes stammen vom Guinea-Helmperlhuhn, *N. m. galeata*, ab, daher können hier die anderen Wildperlhuhnarten außer Acht bleiben. Die Lebensräume dieser Stammform befinden sich in westafrikanischen Steppengebieten der nördlichen Saharagrenzen bis nördlich des Tschadsees, südwärts bis zum Sanagafluss in Kamerun. *N. m. galeata* wurde auf den Kapverdischen Inseln, auf den Westindischen Inseln (Kuba, Jamaika, Haiti, Puerto Rico) und auf St. Helena eingebürgert. Wilde Guinea-Helmperlhühner entsprechen in Farbe und Zeichnungsmuster im Wesentlichen dem Rasseperlhuhn im Farbschlag „Wildfarbig". Wildhennen sind etwas kleiner als die Hähne, während es beim domestizierten Perlhuhn umgekehrt ist. Das durchschnittliche Gewicht der Wildform ist 1000 g; Rasseperlhühner können 2500 g und die auf Mast gezüchteten Farmtiere

Perlhühner auf altem Gemälde, um 1906 aus Düringen

noch schwerer werden. Die Artmerkmale des Kopfes, des Halses und der Läufe entsprechen denen des Hausperlhuhnes (siehe dort). Die Küken der Wildform sind am Kopf braun und isabellfarben und tragen mehrere stark ausgeprägte Längsstreifen. Isabellgelb ist die Oberseite des Dunenkleides mit dunkelbrauner und schwarzer Sprenkelung. Die Unterseite ist isabellweiß.

Vorkommen: In ihrer afrikanischen Heimat leben Helmperlhühner in trockenen Savannen und Dornbuschsteppen. Sie halten sich auch an Waldrändern auf, gehen aber nicht in dicht bewachsenes Baumland. Zwar suchen sie auch bestellte Felder auf, bleiben aber sehr vorsichtig und scheu. In kleinen Gruppen, aber auch in Schwärmen bis zu 100 Exemplaren wurden Wildperlhühner beobachtet. Stets muss Wasser vorhanden sein und Sand zum Baden. Im Unterschied zu *N. m. meleagris* ist die wilde Stammform des Hausperlhuhnes mehr standorttreu. Nach dem Tränken am frühen Morgen nehmen die Vögel Nahrung auf: Beeren, Sämereien, Heuschrecken, Wurzeln, Spinnen, Käfer, Ameisen und besonders Wildgurken (*Coccinia sessilifolia*). Während der täglichen Hitzezeit ruhen die Perlhühner im Schatten von Gebüsch oder unter Felsen. Stets halten die Hühner

Wache. Ihre laute Stimme lassen sie nur vor Einbruch der Dunkelheit hören, während sie sich frühmorgens ruhig verhalten.

Zu Beginn der Regenzeit scharrt die Henne eine flache Nestmulde unter einem Busch oder Felsen und legt 12 bis 25 hellgelbe bis hellbraune Eier. Kennzeichnend für Perlhuhneier, auch für die der domestizierten Rasse, ist die erstaunlich dicke Eischale. Die Brutzeit beträgt 23 Tage. In den Heimatgebieten werden die Gelege oft von den Einheimischen ausgenommen und von Haushühnern erbrütet. Die reinen Wildperlhühner bleiben trotz ihrer halbwilden Lebensweise sehr scheu.

Domestikation: In der antiken Sagenwelt Griechenlands beginnt die Kulturgeschichte des Perlhuhns. Die tränenförmigen Perlflecken des Federkleides wurden als Abbildung erstarrter Tränen der Schwester des auf einer Wildschweinjagd ums Leben gekommenen Königssohnes Meleagrides gedeutet. Daher auch der lateinische Name *Numida meleagris*. In Aetolien und Böotien sollen Perlhühner schon Anfang des 3. Jahrhunderts v. Chr. gezüchtet worden sein. Nach VARRO (116 bis 28 v. Chr.) waren sie in Italien noch selten vertreten und galten als teuer, allerdings schon 79 n. Chr. bei den Römern in Großzuchten verbreitet. Mosaiken aus den Thermen des Kaisers Diokletian (242 bis 313 n. Chr.) zeigen Perlhühner. Wahrscheinlich hielten die Römer zu Speisezwecken die beiden Unterarten *N. m. sabyi* und *N. m. meleagris*.

Erneut kamen Perlhühner im 15. Jahrhundert nach Europa, sogar eine Abbildung ist in dem Buch von GESSNER „Icones animalium“ von 1563 enthalten. Weiße und gescheckte Perlhühner aus dieser Zeit zeigen fortgeschrittene Mutationen.

In Spanien und Portugal wurden Perlhühner als „Polla pintada“ (Gemaltes Huhn). in England „Guineafowl“, in Ägypten „Gallinie di Faraone“ und in Russland „Zessarka“ (abgeleitet von Cäsar) bezeichnet. Die holländischen Buren in Südafrika nannten die Vögel „Tarentaal“.

Gänse

Obwohl noch vor wenigen Jahren drei Wildgansarten als Stammformen in Betracht gezogen wurden, kann doch gegenwärtig angenommen werden, dass alleine die Graugans, *Anser anser*, LINNÉ 1758 die wilde Ausgangsform der meisten Gänserassen darstellt. Die Blässgans, *A. albifrons*, und die Nilgans, *Alopochen aegyptiacus*, wurden früher u. a. von ZEUNER 1963 und KRUMMBIEGEL 1947 als Stammformen der Hausgans spekulativ genannt.

Neben den Graugansabkömmlingen galt für die beiden Höckergansrassen die wild lebende Schwanengans, *Anser cygnoides*, LINNÉ 1758 als gesichert.

Von der Graugans ist außer der Nominatform *A. a. anser* die Unterart *A. a. rubistrostris* bekannt. Die Abtrennung von *A. a. sylvestris* als eigene Unterart aus Island, Schottland und Norwegen (kürzere Schnäbel) ist umstritten. *A. a. rubirostris* erscheint im Federkleid etwas blasser, in der Schnabelfarbe einheitlich mehr leuchtendrosa, die Augenringe sind rosa.

Graugänse erreichen bei den Gantern ein mittleres Gewicht von 3455 g, bei der Gans 2921 g. Die Farbe und Zeichnung entsprechen denen wildfarbiger Rassegänse (z. B. Elsässer Gans).

Vorkommen: Das Verbreitungsgebiet der Nominatform erstreckt sich über ganz Europa, das von *A. a. rubirostris* über Russland und Zentralasien.

Biotope mit Moor- und Sumpfcharakter, Seen mit Randdickicht, Flussmündungen, aber auch bebaute Felder und Kulturwiesen sind bevorzugte Lebensräume. Überwinterungsgebiet für die mitteleuropäische Population ist Spanien. Die nordischen Graugänse überwintern im Nordseegebiet. Fast ausschließlich pflanzliche Stoffe wie Wiesen- und Ackerpflanzen, Samen, Wurzeln, Knollen, Gras und Wasserlinsen, daneben weniger Schnecken und kleine Fische bilden die Nahrung. Im Unterschied zur Hausgans ist die Graugans erst mit 2 Jahren geschlechtsreif.

In Schilf oder Röhricht baut die Gans ihr Nest und bebrütet das Gelege von 5 bis 10 weißen Eiern (Maße 76 bis 99 mm × 52 bis 62 mm) ca. 28 Tage lang. Manchmal beteiligt sich der Ganter am Nestbau. Sowohl auf kleinen Inseln, als auch am Ufer kann das Nest errichtet werden. Die Gans bedeckt die Eier kurzfristig mit Dunen, wenn sie zur Nahrungsaufnahme das Nest verlässt. Das zwischenzeitliche Abkühlen der Eier ist für den Schlupf wichtig. Frisch geschlüpfte Gössel wiegen 96 bis 122 g und erlangen nach etwa zwei Monaten die Flugfähigkeit. Die Familie wird vom Ganter bewacht. Während der Mauser sind Graugänse flugunfähig, da sie alle Schwungfedern gleichzeitig abwerfen.

Die wilde Schwanengans als Stammform der Höckergansrassen bildet stammesgeschichtlich die Übergangsform zwischen den Gänsen und den Schwänen. In der Gestalt unterscheidet sie sich von der Graugans hauptsächlich durch den beträchtlich längeren Hals und die auffällig langen Beine. Ganter können bis 3500 g, Gänse bis 3450 g wiegen. Ihr Farb- und Zeichnungsbild entspricht dem der graubraunen Farbenschläge der Rasse-Höckergänse. Im Unterschied zu diesen tragen die Ganter nicht den stark ausgeprägten Höcker der domestizierten Form, sondern nur eine aufgetriebene Schnabelbasis, die bei der Gans noch schwächer ausgebildet ist. Auch sind die Hälse der Wildform erheblich kürzer als die in der Rassebildung stark verlängerten Hälse der entsprechenden Rasse. Die Weibchen sind deutlich kleiner und ihre Hälse kürzer im Vergleich zu den Gantern.

Die Heimat der Schwanengans ist Ostasien. Dort bewohnt sie Biotope an Flussläufen. Sie geht bis in Höhen von 2400 m. Als Brutplätze dienen Grasinseln, Riedbestände, aber auch trockene Waldgebiete. Brutzeit ist regulär der Mai. Dann bebrütet die Gans 28 bis 30 Tage lang die Eier mit den Maßen 76 bis 90 mm × 53 bis 58 mm. Das Altpaar führt gemeinsam die Küken. Schwanengänse sind reine Vegetarier. Ihre Nahrung besteht hauptsächlich aus Sumpfpflanzen, Gräsern, Moos, Kräutern und Wurzeln.

Domestikation: Erst 1928 gelangten wilde Schwanengänse nach Europa. In England wurde die Erstzucht 1937 verzeichnet. Die Kultur- und Domestikationsgeschichte der Graugans ist sehr viel genauer erforscht als die der Schwanengans auf dem Weg zur rassemäßig umgebildeten Höckergans. Wahrscheinlich wurde die Graugans schon seit der Jungsteinzeit (6000 bis 5000 v. Chr.) als Haustier gehalten. Sicher belegen Funde aus Ägypten, dass etwa 3000 v. Chr. Gänse dort gemästet wurden. Die völlige Domestizierung war ab 1536 v. Chr. in Ägypten abgeschlossen. Daneben gab es Versuche, die Nilgans zu domestizieren. Als heiliger Vogel der Aphrodite wurde die Gans im antiken Griechenland verehrt. Als Geschenk und Wächter erhielt die Gans weitere Bedeutung.

Auch die Römer schätzten die Gans. So schildert COLUMNELLA im 1. Jahrhundert n. Chr. die systematische Praxis der Gänsezucht. Auch der Gelehrte VARRO und der Dichter HORAZ rühmen die Gans als delikate Nahrung, besonders die Leber. PLINIUS berichtet vom Wert der Daunen als Poltermaterial. Berühmt wurden die Gänse auf dem römischen Kapitol, weil sie als zuverlässige Wächter die Angriffe der Gallier im Jahre 388 v. Chr. anzeigten. Sie erhielten dann als heilige Vögel besondere Versorgung. Zur Ehre des Gottes Thor verzehrten die Germanen, Kelten und Gallier alljährlich große Mengen gebratener Gänse. Karl der Große (742 bis 814) förderte die Gänsezucht in Mitteleuropa.

In Amerika und England war die Gans erst in der Neuzeit als Festtagsbraten beliebt.

Die Herauszüchtung der Höckergans in China und Japan ist zeitlich nicht genau zu bestimmen. Wahrscheinlich begann sie dort vor einigen Jahrhunderten. BUFFON beschreibt die schwere Chinesische Gans um 1760. Im 18. Jahrhundert kamen Höckergänse nach Nordamerika. J.L. FRISCH erwähnt 1763 „Schwanengänse", die als Haustierformen über Persien und Russland nach Deutschland gelangt waren. Vor dem Ersten Weltkrieg sollen dann graue „Hongkong-Höckergänse" mit starker Kehl- und doppelter Bauchwamme aus Russland in deutsche Bestände eingekreuzt worden sein. In Russland war die schwere, grauweiß-gescheckte Cholmogory-Gans inzwischen entstanden. In den Folgezeiten wurden immer wieder Höckergänse zur Steigerung der Gewichte, Fruchtbarkeit und Fleischqualität in andere Gänserassen eingekreuzt, so auch zur Herauszüchtung der Steinbacher Kampfgans.

Gans auf antiker griechischer Vase im Museum Rhodos

Enten

Die Stammform der meisten Entenrassen ist die Stockente, *Anas platyrhynchos*, LINNÉ 1758. Die wild lebende Moschusente, *Carina mochata*, LINNÉ 1785, ist die Ausgangsform der Warzenente. Von der Stockente sind einige Unterarten als sicher bestimmbar, andere nur hypothetisch. Hausenten als Stockentenabkömmlinge haben eine monophyletische Abstammung.

Vorkommen: Die bekannte Stockente als in Mitteleuropa häufigste Wildente bewohnt ihre Reviere von der Küste bis ins Hochgebirge. Auch in Gebieten der nördlichen Baumgrenze und in südlichen Steppenzonen ist sie anzutreffen. In von Menschen bewohnten Gebieten lebt sie halbdomestiziert und ist nicht selten mit Hausentenrassen wie Hochbrutflugenten vermischt. Ihr Aussehen entspricht den wildfarbigen Rasseenten, z.B. wildfarbiger Hochbrutflugenten, von denen sie sich im artenreinen Zustand nur durch deutlich geringere Körpergestalt unterscheiden. Sie können ein Gewicht bis zu 1200 g erreichen, 800 bis 900 g sind regulär.

Ihre Nahrung besteht aus Gräsern, Sumpfgewächsen, Sämereien, Getreidekörnern, Knollenfrüchten, kleinen Fischen, Lurchen. Würmern und Schnecken. Sehr ausgeprägt ist ihr Flugvermögen; wurde sie doch bis in Höhen von 6000 Meter gesichtet und Geschwindigkeiten von 96 km/h gemessen.

Schon im Herbst beginnt die Balz. Die Männchen beziehen Nistreviere, sind aber aufgrund ihrer polygamen Veranlagung auch in anderen Revieren auf „Brautschau" unterwegs. Die Brut wird im Februar und März in 24 bis 28 Tagen gezeitigt. Die allein brütende Ente legt 7 bis 13 hellgrüne, graugrüne oder hellgelbe Eier (Maß 50,1 bis 64,3 mm × 36,4 bis 45,5 mm). Sieben bis acht Wochen bleiben die Jungen im Mutterfamilienverband.

Die Moschusenten können ein Erpelgewicht von bis zu 5000 g, bei der Ente bis 2800 g erreichen. Damit bleiben sie deutlich unter den „Schwergewichten" der domestizierten Warzenente. Der Wilderpel ist bedeutend größer als die Ente. Das Farbbild ist das gleiche wie bei wildfarbigen Warzenenten. Die Heimat der Moschusente ist Mittel- und Südamerika. Baumbestand ist wichtiger als Wasservorkommen. Als Nahrung dienen der Moschusente Pflanzenstoffe, kleine Wasserlebewesen und Reptilien.

Sowohl paarweise als auch in großen Gruppen von bis zu 100 Vögel wurden sie beobachtet. Sie können mit ihren spitzen Krallen gut klettern und nisten in hoch gelegenen Baumhöhlen. Sowohl die polygame als auch die monogame Fortpflanzungsgemeinschaft soll im Wildleben vorkommen. Die Balz des Erpels ist einfach und von zischenden und knurrenden Lauten begleitet. Von Februar bis Mai kann sich die Brutzeit erstrecken. Das Weibchen legt bis zu 18 hellgraue oder hellgrüne Eier (Maß 56,5 bis 67,5 mm × 42,7 bis 48 mm). Die Jungen schlüpfen nach 35 Tagen und bleiben bis zur abgeschlossenen Mauser bei der Mutter.

Domestikation: Vor 5700 v. Chr. begann die Domestikation der Hausente, wahrscheinlich in Mesopotamien. Aus dem späten 8. bis frühen 6. Jahrhundert v. Chr. sind Metallgüsse von Enten bekannt, die vermutlich schon im Haustierstand waren. In Indien fanden sich stilisierte Entenfiguren aus dem 3. Jahrhundert v. Chr. Die Ägypter kannten Hausenten schon um 1300 v. Chr. In Griechenland sollen zu Beginn des 1. Jahrtausends v. Chr. Enten gezähmt worden und als Kultvögel der Göttin Aphrodite verehrt worden sein. Im römischen Reich und in Germanien waren sowohl Wildenten als auch die domestizierte Form begehrtes Tafelgeflügel.

Schon aus dem 17. Jahrhundert zeigen niederländische und flämische Gemälde verschiedene Formen von Hausenten als Grundlagen der Rassebildung.

Bereits vor der Entdeckung Amerikas war die Moschusente bei den indianischen Völkern Süd- und Mittelamerikas im Haustierstand. Später kam sie als „Berberische Ente" nach Afrika. In Europa wurde diese domestizierte Form auch als Bisamente, Stummente, Flugente, La-Plata-Ente, Rothaut-Ente und Gans-Ente bekannt.

Puten

Amerikanische Narragansettpute

Amerikanische Narragansettpute

Rassegeschichte: Das Herkunftsgebiet dieser schon 1874 offiziell anerkannten Putenrasse ist die Bucht im Staat Rhode Island in Nordamerika. Seit 2016 wird sie im deutschen Standard geführt.

Form: Im Gesamteindruck stellt die Narragansettpute einen großen, breiten, tiefen und kompakten Körper vor. Dieser wird unterstrichen durch den kaum mittelhohen Stand, wobei allerdings die Schenkel sehr kräftig und muskulös sind und kaum aus dem Bauchgefieder hervortreten. Die Rumpfhaltung soll etwas angehoben erscheinen. Der breite Rücken mit flachen Schultern bildet die leicht gebogene Oberlinie, die vom Hals zum Schwanz abfällt. Die kompakte Figur entsteht überdies durch die breite, tiefe, volle und gut gerundete Brust, die etwas angehoben getragen wird. Zum fleischbetonten Typ passt das stark bemuskelte, mittellange Brustbein. Dabei erscheint der Bauch ziemlich kurz. Die Hähne tragen an der Brust einen Haarbüschel, wie bei der Deutschen Pute beschrieben.

Kopfpunkte: Der federfreie Kopf des Hahnes ist mittellang und breit. Die Farbe dort ist ein heller Blauton. Rote Fleischwarzen bedecken dicht die Kopfhaut. Beide Ge-

12,5 kg	9,5 kg	32/27 mm	USA, Europa

Amerikanische Narragansettpute

schlechter tragen am Stirnansatz einen Fleischzapfen, der sich beim Hahn bei der Balz verlängert. Die Henne zeigt eine spärliche Befiederung über dem Scheitel. Zum breiten Kopfprofil gehören der mittellange, kräftige, leicht gebogene, hornfarbene Schnabel und die lebhaften, großen, braunen Augen. Auch der Hals ist beim Hahn mit grober, roter, warziger Haut umschlossen. Bei der Henne ist die Halshaut zarter und weniger rot als beim Hahn. Wie eine Kehlwamme sitzt unterhalb des Schnabels eine lose Haut, ausgedehnt bis zum Mittelhals. Der lange Schwanz trägt zahlreiche lange Deckfedern und bildet leicht gesenkt die Verlängerung der Rückenlinie. In der Erregung spreizen die Hähne den Schwanz fächerartig auf. Zu dem kräftigen Gesamttyp passen die mittellangen, sehr kräftigen Läufe, die beim Hahn mit Sporen besetzt sind. Die Zehen sind rosa bis fleischfarbig. Jungtiere zeigen einen dunklen Anflug. Das Gefieder wird straff anliegend verlangt.

Farbe und Zeichnung: Diese entsprechen dem Farbbild der Deutschen Pute, narragansettfarbig. Zeigen Narragansettputen zu wenig Körpervolumen, zu hohe Stellung, schmale Körperfront, Fehlen des Haarbüschels beim Hahn und fehlende Fleischzapfen bei beiden Geschlechtern, zählt das zu den groben Fehlern.

Deutsche Pute, rot

Deutsche Pute

Rassegeschichte: Alle zwölf Varianten der Puten gehören zu einer einzigen Rasse. Unterschieden werden drei Gewichtsklassen:

- Schwere: Bronzefarbig, Schwarzflügel, Weiß;
- Mittelschwere: Rotflügel, Schwarz, Bourbon;
- Leichte: Blau, Rot, Gelb, Kupfer, Cröllwitzer, Narragansett.

Wilde Stammform: Mexikanische Wildpute, *Meleagris gallopavo gallopavo*. Die alte Bezeichnung „Indische Hühner" rührt von der vermeintlichen Entdeckung Indiens durch Columbus 1492; er war auf der Bahama-Insel Guanahani gelandet. Vermutlich fand der Seefahrer schon 1502 domestizierte Puten auf der Insel Guanaja vor. Domestikation in Mexiko. Erste schriftliche Erwähnung 1523 durch den Spanier Oviedo. Unterschiede zwischen wilden und domestizierten Puten werden 1576 von Fernandez beschrieben. Ersteinfuhr nach Europa angeblich 1499 aus Nord-Venezuela nach Spanien. In England Hausputen um 1524, in Frankreich ab 1540, in Italien um 1550. Sicheres Vorkommen in Deutschland um 1560. Im 16. Jahrhundert Puten in Dänemark, 1669 Importe nach Persien,

6–15 kg | 4–8 kg | 19 mm | Europa

Anfang des 18. Jahrhunderts in Holland. Gründung des Truthahnzüchterclubs in England 1888. Amerikanischer Putenstandard 1890. Gründung des deutschen Sondervereins und Standardfestlegung 1907.

Form: Alle Varianten der deutschen Puten sind im Körperrahmen kräftig, lang gestreckt und breit. Großer, schwerer Gesamteindruck. Langer Rücken, Verlauf von den breiten Schultern in gerader Linie zum Schwanz abfallend und schmaler werdend. Volle und breite Brut. Straff angezogener, wenig entwickelter Bauch. Lange, breite Flügel, am Körper fest anliegend. Etwas gesenktes, langes Schwanzgefieder, nur im Affekt aufgerichtet und ausgebreitet, zeitweise auch bei der Henne. Schenkel gut bemuskelt, glatt anliegendes Gefieder. Bei den leichten Farbenschlägen wenig Schenkel sichtbar, daher etwas tiefer im Stand. Bei den anderen deutlich aus der Unterlinie hervortretende Schenkel.

Möglichst lange Läufe, kräftig im Knochenbau, glatt. Lang gestreckte Zehen; der Hahn trägt Sporen. Warzige Haut am Oberhals in bläulicher, manchmal roter Farbe (Erregung). Wammenartige, lose Haut an der Kehle bis zum Mittelhals.

Kopf: Nackte Kopfhaut, hell- bis mittelblau, rote Fleischwarzen. Beim Hahn starker Fleischzapfen am Stirnansatz. In der Erregung verlängert. Gesamter Kopf des Hahnes unbefiedert. Die Henne zeigt kurze Befiederung über dem Oberkopf (Geschlechtserkennung bei Jungtieren möglich). Langer, kräftiger, etwas gebogener, hornfarbiger Schnabel. Große, dunkle Augen.

Gefieder: Straff anliegendes Gefieder. Aufgestelltes Schultergefieder beim Hahn nach der Erregung. Bei ausgewachsenen Hähnen und mehrjährigen Hennen Haarbüschel an der Brust. Bei Jungtieren sind diese noch im Brustgefieder verborgen.

Deutsche Pute, weiß, männlich

Deutsche Pute, Schwarzflügel, männlich

Deutsche Pute, Schwarzflügel, weiblich

Deutsche Pute, bronzefarbig, männlich

Deutsche Pute, bronzefarbig, weiblich

Deutsche Pute, bourbon, männlich

Deutsche Pute, bourbon, Stamm

Deutsche Pute, schwarz, männlich

Deutsche Pute, schwarz, weiblich

Deutsche Pute, Rotflügel, männlich

Deutsche Pute, Rotflügel, weiblich

Deutsche Pute, blau, männlich

Deutsche Pute, blau, weiblich

Deutsche Pute, kupfer, männlich

Deutsche Pute, kupfer, weiblich

Deutsche Pute, gelb, männlich

Deutsche Pute, gelb, weiblich

Deutsche Pute, narragansettfarbig, männlich

Deutsche Pute, narragansettfarbig, weiblich

Kopfstudie einer naragsettfarbigen Pute

Deutsche Pute, Cröllwitzer, männlich

Euganeische Pute

Euganeische Pute

Rassegeschichte: Das Entstehungsgebiet dieser Putenrasse ist das italienische Veneto. Namensgebend waren die dortigen Euganeischen Hügel. Weitere schriftliche Angaben zur Entstehungsgeschichte sind nicht bekannt.

Form: Bei der Euganeischen Pute handelt es sich um die leichteste Putenrasse. Ihr Erscheinungsbild ist gekennzeichnet durch Beweglichkeit mit walzenförmigem, gestrecktem Rumpf, der aber breite und gut gerundete Schultern aufweisen soll. Dabei erscheint die Körperhaltung etwas angehoben. Obwohl „langer Körper“ unter den groben Fehlern angegeben ist, wird der Rücken lang und breit verlangt. „Walzenförmig“ soll der Rumpf erscheinen und etwas angehoben getragen. Die Oberlinie ist leicht gebogen und fällt vom Hals zum Schwanz deutlich ab. Trotz der gestreckten Form wird die Brust breit, gut gerundet und gut nach vorne gewölbt verlangt. Diese Merkmale sind förderlich für den begehrten Fleischansatz der Schlachttiere. Dabei ist die Bauchregion wenig entwickelt. Die Flügel sollen gut am Körper anliegen und hoch getragen werden. Das Schwanzgefieder des Hahnes wird gesenkt getragen und im Affekt fächerartig

5 kg | *3 kg* | *20/28 mm* | *Europa*

Euganeische Pute

aufgerichtet. Zehen, Läufe und Sporen entsprechen den anderen Putenrassen. Als weiteres deutliches Rassemerkmal verlangt der Standard außerhalb der Legesaison intensiv gelbliche Haut. Der Haarbüschel des Hahnes stimmt mit dem anderer Putenrassen überein.

Kopfpunkte: Nur die Henne trägt in der Mitte des Scheitels eine dünne Befiederung. Sonst ist der mittelgroße Kopf beim Hahn unbefiedert und besetzt mit kleinen, rotorangenen Fleischwarzen, die bei der Henne außerhalb der Legeperiode intensiv gelblich sein sollen. Als grober Fehler gilt weiße Haut und völlig fehlendes Gelbpigment bei der Henne. Der Haarbüschel am Vorderhals entspricht den Hähnen der anderen Putenrassen.

Perlhühner

Perlhuhn, perlgrau, männlich

Perlhuhn

Rassegeschichte: Wilde Stammform: Guinea-Helmperlhuhn, *Numida meleagris galeata*, Westafrika. Namensgebend war die antike griechische Sage, wonach die Perlflecken des Gefieders als erstarrte Tränen über den Tod des Meleogrides gedeutet wurden. Wilde Perlhühner im 5. Jahrhundert v. Chr. in Griechenland. Domestikation ab Anfang des 3. Jahrhunderts v. Chr. in Aetolien und Böotien. Zunächst wohl als Opfertier. Um das Jahr 80 Großzuchten in Rom. Möglicherweise auch Zähmung der Wildform *Numida meleagris sabyi* aus Marokko. Perlhühner waren im römischen Reich beliebte Tafelspeise. Im 15. Jahrhundert Hausperlhühner in Europa; 1563 Abbildung im Werk von Gesner. Damals auch schon Weiße und Einbürgerung in Amerika, auf den Westindischen Inseln. In Spanien gab es bald nach der Entdeckung Amerikas domestizierte Perlhühner. In Portugal als „Polla pintada" (Gemaltes Huhn), in Italien als „Galline di Faraone", in Russland „Zesserka", bei Holländischen Buren als „Tarentaal".

Form: Die Oberlinie wird von dem sehr breiten, stark gewölbten, nach hinten abfallenden Rücken, die Unterlinie von der hochgetragenen Brust, die bei der Henne breiter

♂	♀	Ring	Verbreitung
1,6–2,0 kg	1,8–2,5 kg	19 mm	Europa

Perlhuhn, perlgrau, weiblich

ist als beim Hahn, und die angebaute Bauchkontur gebildet. Der Rumpf ist gut abgerundet. Haltung des Hahnes mehr aufrecht, die der Henne mehr waagerecht. Gewicht der Henne höher, Figur vollbrüstiger. Lange und breite Flügel, hängend getragener, relativ kurzer Schwanz, kaum sichtbare Schenkel. Kurze, unbefiederte Läufe. Dünner, eingezogen getragener Hals, nach oben hin schwach befiedert. Bläuliche Halshaut; der Unterhals trägt feine, schmale, der Hinterhals aufrecht stehende borstenartige Federn. Je nach Farbenschlag blauschwarze bis hellgraue Hautfarbe.

Kopf: Kurzer, breiter Kopf mit hornigem, helmartigem, braunem, knöchernem Aufsatz, dreieckig und nach hinten gebogener Spitze. Bei der Henne ist der „Helm“ mehr stumpf, beim Hahn nach hinten ausgezogen und an der Basis breiter. Die Gesichtshaut des Hahnes geht an den Halsseiten tiefer und verläuft unten mehr spitz, die Kehllappen sind stärker entwickelt, gefaltet oder gerollt, die der Henne mehr flach. Kräftiger Schnabel mit starker Biegung, orangerot mit grauem Anflug. Große, dunkelbraune Augen. Weit abstehende Kehllappen, rundlich bis rautenförmig, außen rot, innen weiß.

Perlhuhn, blau, männlich

Perlhuhn, blau, weiblich

Kopfstudie eines weiblichen Perlhuhns, blau mit Perlung

Perlhuhn, azurblau mit reduzierter Perlung, männlich

Perlhuhn, violett mit reduzierter Perlung, männlich

Perlhuhn, violett mit reduzierter Perlung, weiblich

Perlhuhn, weiß, männlich

Perlhuhn, weiß, weiblich

Gänse

Afrikanische Höckergans, graubraun, männlich

Afrikanische Höckergans

Rassegeschichte: Die Herkunft aus Afrika ist zweifelhaft. Von großen, weißen Gänsen mit Höckern und Kehlhaut aus der oberindischen Stadt Cinscala aus dem 15. Jahrhundert berichtete der Italiener Odoricus de foro Julii. Vorläufer dieser Rasse wurden im 18. Jahrhundert als schwere chinesische Gans mit überragender Größe, großer Bauch- und Kehlwamme von Buffon beschrieben. Solche schweren Gänse kamen wahrscheinlich vor dem Ersten Weltkrieg aus Ost- nach Westeuropa. Weiterzucht in England, Holland und Amerika. 1994 und 1997 kamen Einzeltiere aus England auch nach Deutschland. In England existieren Gescheckte und Bufffarbige (Gelbe).

Form: Eine der schwersten Gänserassen mit langem, breiten Rumpf und breiter, leicht angehobener Brust. Die Bauchregion besteht aus der doppelten, hinten gut geschlossenen Bauchwamme, die den Boden nicht berühren darf. Die Rückenlinie fällt leicht nach hinten ab. Kräftige Flügel und kurzer, etwas aufgerichteter Schwanz. Muskulöse, bedeckte Schenkel und kräftige Läufe. Gerader, dick wirkender Hals in mittlerer Länge.

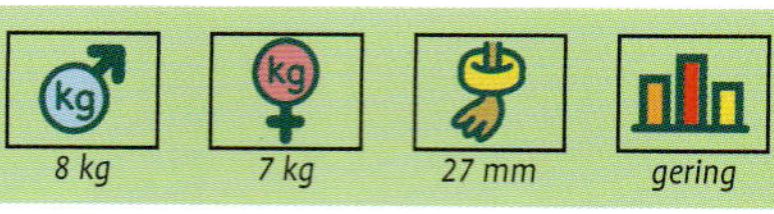

Afrikanische Höckergans, graubraun, weiblich

Kopf: Breiter, gedrungener Kopf mit ausgeprägter, runder Kehlwamme. Schnabel mit hohem First und halbkugeligem Höcker, mit zunehmendem Alter stärker werdend. Große, dunkelbraune Augen.
Gefieder: Dichtes und weiches, jedoch glatt anliegendes Gefieder.

Böhmische Gans, männlich

Böhmische Gans

Rassegeschichte: Seit 1959 Importe aus der Tschechoslowakei in die ehemalige DDR. Im relativ kleinen Format war die Böhmische Gans sowohl als Fleisch- wie auch als Fettgans beliebt. Außerdem wurde die ausgezeichnete Qualität der Daunen geschätzt. Genügsamkeit, Legeleistung von bis zu 60 Eiern pro Gans und Jahr, Steigerung bis zum 7. Lebensjahr und gute Schlupfergebnisse waren andere Vorzüge. Erarbeitung des Rassestandards 1971.

Form: Kleinste Rassegans mit breitem Rumpf, seitlich betrachtet in ovaler Form und mittlerer Länge, Hinterkörper eiförmig. Gewölbter, mittellanger Rücken in leicht abfallender Haltung. Breite Schultern mit Abrundung nach oben. Zur Eiform des Körpers gehört das schmaler werdende Hinterteil. Die gute Bemuskelung der Brust erfordert Breite und etwas Vorbau. Gute Abrundung des Bauches, ohne Wamme. Lange, hoch angesetzte Flügel, fest am Körper anliegend und nicht länger als das Schwanzgefieder. Dieses bildet mit dem Rücken eine gerade Linie und endet in spitzer Form. Die kurzen, stämmigen Schenkel sind zwar wenig sichtbar, aber sehr muskulös. Leicht s-förmige Biegung des relativ kurzen Halses.

5 kg | 4 kg | 22 mm | gering

Böhmische Gans, weiblich

Kopf: Kleiner, kurzer Kopf mit kräftigen Backen und gewölbter Stirn. Oberkopf gut gerundet. Glatter Nacken- und ausgeschnittener Kehlverlauf. Kurzer Schnabel mit geradem First; orangerot mit blasser Bohne. Blaue Augen mit schmalen, orangefarbigen Ringen.

Gefieder: Dichtes, straffes Gefieder.

Celler Gans, männlich

Celler Gans

Rassegeschichte: Planmäßige Herauszüchtung aus Landgänsen mit braunem Gefieder (Mutation) ab 1948. Aufnahme in den Rassestandard 1974. Wissenschaftliche Darstellung der Vererbung des braunen Gefieders bei Gänsen 1977 (Lühmann). Vorkommen der braunen Färbung bei Kurzschnabelgänsen (*Anser fabilis brachyrhyxnchus*). Braun gescheckte Gänse gab es früher in der Altmark, in Niedersachsen, Ostfriesland und Süddeutschland. Unterschiedliche Tönungen: dunkles Lederbraun, aufgehelltes Braun mit rahmfarbigem Schimmer. Vererbung der braunen Gänse: rezessiv und geschlechtsgebunden. Übertragung der braunen Farbe auch auf Höckergänse (Lühmann 1977). Erzüchtung erbfester Stämme in der früheren Forschungsanstalt für Kleintierzucht in Celle (namensgebend).

Form: Mittlere Landgansgröße mit gut gerundetem, leicht aufgerichtetem Rumpf. Breite Brust ohne Kielbildung. Relativ langer und breiter Rücken, leicht abfallend und seitlich gut gerundet. Einfache Bauchwamme, die bei Jungtieren fehlen darf. Waagerecht und geschlossen getragener Schwanz. Mittellange, anliegende Flügel

5,5–6,5 kg | 4,0–6,0 kg | 24 mm | gering

Celler Gans, weiblich

mit leicht gekreuzten Spitzen. Kräftige Schenkel; mittelhohe, kräftige, blass fleischfarbige Läufe.

Kopf: Mittellanger, kräftiger Kopf. Blass fleischfarbiger bis schwach orangefarbiger Schnabel mit heller, hornfarbiger Bohne von mittlerer Länge und kräftig. Braune Augen mit gelbroter Umrandung.

Deutsche Legegans, männlich

Deutsche Legegans

Rassegeschichte: Systematische Herdbuchzucht in der ehemaligen DDR. Zuchtziele: Hohe Nutzungseigenschaft, überdurchschnittliche Legeleistung (40 Eier pro Gans und Jahr) und hoher Federertrag (Norm: 200 g Federn pro Gans und Jahr). Aus weißfiedrigen Gänseschlägen, ohne Höckergansbeimischung, wurde ein mittelschwerer Typ erzielt. Musterbeschreibung 1973. Reproduktionsergebnisse nach Kuschel 1983: Anzahl der Zuchten: 42; Legeleistung pro Gans: 39 Eier; Befruchtung: 74 %; Schlupf: 49 %; Gössel pro Gans: 17,4.

Form: Ausgesprochene Weidegans mit mittelgroßem Körper, jedoch kräftig und dabei beweglich. Rumpf und Rücken in mittlerer Länge, breit, tief und allseitig gut abgerundet. Leichte Rückenwölbung nach oben, Hinterteil kaum abfallend. Sehr volle, lange und breite Brust mit etwas Vorwölbung, ohne Kiel. Volle und breite Bauchregion, doppelte Bauchwamme, gleichmäßig im Verlauf und hinterem Abschluss. Dicht und hoch anliegende Flügel. Die Länge deckt den Rücken ab, nicht kreuzend. Kurzer Schwanz in verlängerter Linie zum Rücken. Mittellange, kräftige Schenkel, vom Bauch-

6,5 kg | 5,5 kg | 27 mm | gering

Deutsche Legegans, weiblich

gefieder verdeckt. Starke, kräftige, rotgelbe Läufe in mittlerer Länge. Mittellanger, kräftiger Hals in senkrechter Haltung, im Nacken leicht gebogen.

Kopf: Kräftiger Kopf, voll erscheinend mit gut ausgerundeter Kehllinie. Vom kräftigen, mittellangen Schnabel in flachem Bogen in die Nackenlinie verlaufend. Schnabelfirst gerade, Farbe orangegelb. Blaue Augen mit schmalem, orangegelbem Ring.

Kopfstudie einer männlichen Deutschen Legegans

Diepholzer Gans, männlich

Diepholzer Gans

Rassegeschichte: Leichter Gänsetyp in dem an Oldenburgs Südostgrenze liegenden Teil Hannovers, in der Grafschaft Diepholz und dem benachbarten Oldenburgischen erzüchtet. Als eigenständige Rasse und Lokalschlag erstmals 1921 neben Lokalschlägen aus Mecklenburg, Oberlausitz, Voigtländer und Cröllwitzer Gänsen beschrieben. Vermutlich aus Kreuzungen von Pommern-Gänsen und Italienischen Gänsen gehen die Vorläufer bis zum 18. Jahrhundert zurück. 1920 Einkreuzung von Höckergänsen. Vor dem Zweiten Weltkrieg weit verbreitete und beliebte Gänserasse im Diepholzer Gebiet. Systematischer Ausbau der Rasse durch die Schaffung eines Herdbuches ab 1932. Später brachten ungeeignete Versuche durch Einkreuzung Tschechischer Gänse unerwünscht kürzere Körper und Köpfe.

Form: Trotz mäßig breitem und tiefem Rumpf, der kräftig und gerundet erscheint, leichte, bewegliche Weidegans. Der gradlinige Rücken fällt ziemlich schräg nach unten ab, sodass eine aufrechte Haltung entsteht. Die Schultern sind gut entwickelt und abgerundet. Die etwas angehoben getragene Brust soll breit und gut gerundet sein. Der Bauch ist zwar voll, hängt aber nicht

7 kg | 5,5–6,0 kg | 24 mm | hoch

Diepholzer Gans, weiblich

tief herunter und ohne Wamme. Fest und hoch anliegende Flügel, deren Spitzen leicht kreuzen dürfen. Geschlossener, fast waagerecht getragener Schwanz. Mittellange, etwas hervortretende Schenkel. Starke, rötliche Läufe, mittelhoher Stand. Der Hals soll reichlich mittellang, im Nacken leicht gebogen sein und aufrecht getragen werden. Über der Brust ist er nicht dick angesetzt und soll nach oben schlank verlaufen.

Kopf: Der mittellange Kopf hat eine nur schwach gewölbte Stirn und ist gut ausgekehlt, ohne Wamme. Der Schnabel in passender Länge ist rötlich mit blasser, ovaler Bohne. Die Spitze ist leicht gebogen. Dunkelblaue Augenfarbe, orangegelbe Umrandung.

Gefieder: Das Gefieder soll sich hart anfühlen, daher ist Dichte und Straffheit erforderlich.

Elsässer Gans, männlich

Elsässer Gans

Rassegeschichte: Frühe Beschreibung als „Elsaß-Lothringische Landgans“ 1913, die im Wesentlichen mit dem gegenwärtigen Standard der Elsässer Gans übereinstimmt. Die damaligen der Farbenschläge Weiß, Grau und Graugescheckt werden heute noch im Elsass gezüchtet, während im Deutschen Standard nur Graue und Graugescheckte enthalten sind. Die Grauen waren 1987 im Zulassungsverfahren. Zur Herauszüchtung sollen französische Landgansschläge und wahrscheinlich wilde Graugänse (*Anser anser*) verwendet worden sein. Zweifelhaft dagegen ist die Verwendung der Schwanengans (*Anser cygnoides*), obwohl der aktuelle Standard diese Information enthält.

Form: Im Standard von 1920 wird schon die Forderung nach einem kurzen und breiten, dabei massigen Körper erhoben. Die „modernen“ Elsässer Gänse zeigen eine nahezu waagerechte Haltung des Rumpfes mit breitem, etwas gewölbten Rücken und runder, voller Brust, ohne Kiel. Der Bauch ist zwar rund und voll, darf aber nicht zu tief hängen und keine Wamme zeigen. Die langen und breiten Flügel liegen gut an. Der ziemlich kurze Schwanz wird leicht angezogen. Die fleischfarbigen Läufe wirken eher kurz.

4–4,5 kg | 4–4,5 kg | 22 mm | mittel

Elsässer Gans, weiblich

Mittellange Schenkel, bedeckt vom Seitengefieder. Der Hals ist nur kurz, dabei mittelstark, aufrecht getragen.

Kopf: Der eher klein wirkende Kopf ist ohne Stirnansatz. Die Augenfarbe ist bei Grauen braun, bei Gescheckten braun oder blau. Der mittellange Schnabel ist mehr hoch als breit und von blassroter Farbe.

Gefieder: Zum wildähnlichen Typ gehört straff anliegendes, sich hart anfühlendes Gefieder.

Emdener Gans, männlich

Emdener Gans

Rassegeschichte: Früherer lateinischer Name: „*Anser domesticus finlandicus*". Ursprungsgebiet Ostfriesland. Herauszüchtung wahrscheinlich vor 2000 Jahren (Römerzeit). Zunächst als „Bremer Gänse" bezeichnet. In England Einkreuzung von Toulouser Gänsen. Bestandsverluste durch Sturmfluten 1277 und 1863. Starke Einschränkungen durch problematische Verwaltungsvorschriften. Ausfuhren nach Böhmen, Ungarn und ab 1882 nach Amerika (im heutigen US-Standard: „Embden Geese"). Frühere Gewichte: Ganter bis 14 kg; Gans bis 12 kg. Einkreuzung von Pommern-Gänsen um 1920; Vereinheitlichung des Typs nach 1918 durch die Initiative des Züchters Büsing, Wackerfeld. Erreichen des Vorkriegsstandes ab 1960.

Form: Ungewöhnliche Körpergröße. Langer, breiter, massiger Rumpf; im Querschnitt mehr hoch als breit, leicht angehobene Körperhaltung. Leicht gebogener, breiter Rücken. Breite, volle, etwas angehoben getragene Brust ohne Kielbildung. Volle, breite Bauchpartie. Doppelt ausgeprägte und hinten gut geschlossene Bauchwamme. Kurzer Schwanz, etwas über die Waagerechte getragen. Mittellange, kräfti-

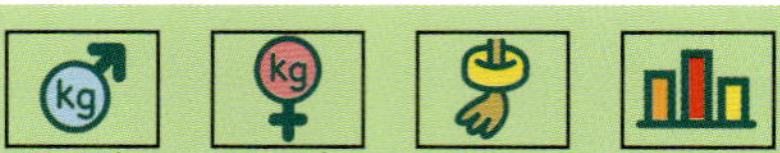

11–12 kg | 10–11 kg | 27 mm | gering

Emdener Gans, weiblich

Stich einer Emdener Gans, alter Schlag um 1920 aus Blancke

ge Schenkel. Stämmige, mittellange, orangerote Läufe. Schwanenartig getragener, langer Hals. Bedeutende Halslänge, besonders beim Ganter. Leicht s-förmige Biegung und glatter Übergang zur Brust.

Kopf und Hals: Schlanker Kopf, seitlich gesehen in flachem Bogen mit etwas abgeflachter Stirn. Backen nicht zu voll. Schlanker Schnabel mit geradem First, ohne Absatz in die flache Stirn übergehend. Orangefarben mit zart fleischfarbiger Bohne. Hellblaue Augen mit schmalem, roten Ring.

Gefieder: Straffes, gut anliegendes Gefieder.

Empordà-Gans, männlich

Empordà-Gans

Rassegeschichte: Nach dem Landstrich „Empordà“ im spanischen Katalanien. Seit 1880 wurden dort Gänse gezüchtet, die „Oca d’Ampurdan“ (Ampurdan bedeutet in der Regionalsprache Empordà). Erste Einfuhr 1997 in den Raum Bremen. Später im Raum Marburg weitergezüchtet. Erste Vorstellung einer Schau und Anerkennung 1998. Legeleistung von 50 bis 60 Eiern pro Gans/Jahr. Vollständig erhaltene Brutlust.

Form: Im mittelgroßen Rahmen soll diese Gans Eleganz verkörpern. Angehoben getragener Körper mit langem Rücken, leichter Wölbung und bedeckt von den Flügeln. Voller Bauch mit doppelt ausgeprägter, hinten geschlossener Bauchwamme, den Boden nicht berührend. Große, lange Flügel, deren Spitzen leicht gekreuzt sind. Kräftige, in das Gefieder eingebettete Schenkel. Mittelhohe, starke, orangerote Läufe. Langer, starker Hals mit leichter Biegung.

Kopf: Relativ großer Kopf mit guter Abrundung, glatter Kehle und mittelgroßer Federhaube. Gut sichtbare Backenbildung. Schnabelverlauf ohne Absatz in die Stirn. Mittlere Größe mit orangener Farbe und zart fleischfarbiger Bohne. Hellblaue Augen mit orangener Umrandung.

Fränkische Landgans, männlich

Fränkische Landgans

Rassegeschichte: Nach Mensinger seit etwa 500 Jahren in Franken (Main- und Saalegebiete) gezüchtet. Seit jeher wurde geschätzt: „Gestandenes" Wesen, Sozialverhalten, Wachsamkeit, Intelligenz, Wehrsamkeit, Fluchtbereitschaft, Fruchtbarkeit, Brutinstinkt, Gösselführigkeit. Früher gab es auch Schecken und Schimmel. Als „vagabundierende Halbwilde" weitgehende Selbstversorgung in freier Natur.

Form: Fast mittelgroßer, gedrungener Körperrahmen mit breitem, möglichst waagerecht getragenem Rumpf. Der mittellange Rücken mit den abgerundeten Schultern fällt nur gering nach hinten ab. Breite, voll ausgerundete, leicht angehobene Brust. Bauchlinie glatt oder mit kleiner Einfachwamme. Die Flügel dürfen leicht kreuzen. Relativ kurzer, gut geschlossener Schwanz; bildet mit dem Rücken eine gerade Linie. Kräftige, nicht zu lange, orangefarbene Läufe mit hellhornfarbigen Krallen. Kräftiger Hals, gerade oder mit leichter Biegung.

Kopf: Leichter Stirnansatz am relativ kurzen Kopf. Schädellinie gerundet, ausgebogeKehle. Kurzer, eher schlanker Schnabel; orangefarbig mit heller Bohne. Graubraune Augen mit orangefarbigen Rändern.

5–6 kg | 4–5 kg | 22 mm | gering

Fränkische Landgans, weiblich

Kopfstudie einer Fränkischen Landgans, männlich

Höckergans, weiß, männlich

Höckergans

Rassegeschichte: Domestizierte Form der wilden Schwanengans (*Anser cygnoides*) seit einigen Jahrhunderten in China, Japan, Mittel- und Südrussland zur Rasse gezüchtet. Wurde auch als „Chinesische" und „Schwangans" bezeichnet. Wilde Schwäne wurden aber zur Domestikation nicht verwendet. Nach Vermutungen schon vor 4000 Jahren Beginn zur Hausgansentwicklung. Bereits um 1730 wird eine „schwere Chinesische Gans" mit Kehlwamme und Hautfalte beschrieben (Buffon). 1763 wird die chinesische Abstammung und der schwarze Schnabelhöcker erwähnt (Frisch). Im 18. Jahrhundert nach Europa und in die USA. 1897 als Nutzgans beschrieben. Einkreuzung in andere Gänserassen. Mischlinge sind untereinander fruchtbar.

Form: Besondere Kennzeichen sind aufgerichtete Haltung, lang gestreckter Rumpf, breite Schultern, bogiges Hinterteil. Der Oberrücken ist gewölbt, nach hinten abfallend. Runde, hochgetragene Brust und ausgerundete Bauchlinie ohne Wamme. Lange Flügel mit breiten Schwungfedern, am Körper anliegend, Bug eingebettet im Gefieder. Kurzer, etwas hoch getragener Schwanz. Flache, aber kräftige Schenkel. Mehr als

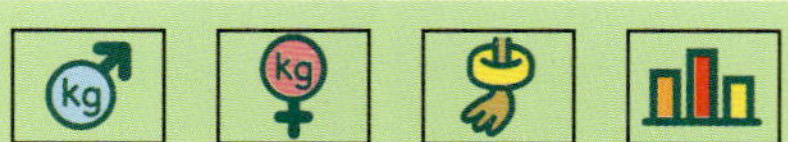

5 kg | 4 kg | 24 mm | hoch

Höckergans, weiß, weiblich

mittelhohe Läufe; Farbe bei Graubraunen orangerot, bei Weißen rötlich gelb. Langer, sehr dünner Hals mit schwanenartiger Biegung.

Kopf: Breiter, lang gestreckter Kopf. Halbkugeliger Höcker über dem langen, hochfirstigen Schnabel. Abgesetztes Genick. Augenfarbe bei Graubraunen dunkelbraun, bei Weißen blau.

Gefieder: Dichtes, fest anliegendes Gefieder.

Höckergans, graubraun, männlich

Höckergans, graubraun, weiblich

Lippe-Gans, männlich

Lippe-Gans

Rassegeschichte: Als bewegliche Weidegans in der Gegend am Lippe-Fluss (Entstehungsorte Hörste, Malinghausen, Boke, Schwelle) aus Landgänsen entwickelt. Noch 1954 standardmäßig anerkannt. Zwischenzeitlich als eigenständige Rasse gelöscht. Im Standard 1991 wieder aufgeführt. In der alten Musterbeschreibung war schon das exklusive Rassemerkmal enthalten: „Dreikantiger Schnabel mit aufspringenden Nasenlöchern". Als „familiengerechte Portionsgans" mit 6,5–7 kg Gewicht des Ganters und 5,5–6 kg der Gans waren die Zuchtziele: Ausdauer bei der Futtersuche, Wetterfestigkeit und Widerstandsfähigkeit gegen Krankheiten. Auch die Legeleistung von 16 Eiern, früher Legebeginn und die Fürsorglichkeit bei der Aufzucht sicherten der Gans ihre Beliebtheit. Besonders in den schweren Wintern 1939/40 und 1940/41 hatte sich die Lippe-Gans sehr bewährt.

Form: Im mittleren Rahmen mit ziemlich langem und breitem Rumpf und waagerechter Haltung. Langer, breiter, flacher Rücken mit abfallender Linie. Volle, hoch angesetzte, runde Brust. Bauch ohne Wamme. Fest anliegende Flügel. Kurzer, breiter Schwanz, wie die verlängerte Rückenlinie

Lippe-Gans, weiblich

Kopfstudie einer Lippe-Gans, männlich

wirkend. Muskulöse, etwas hervortretende Schenkel. Mittellange, kräftige, orangefarbige Läufe. Hals in mindestens mittlerer Länge; nach oben hin nicht zu dünn.

Kopf: Langer, gezogener Kopf mit mäßiger Scheitelwölbung. Dreikantiger, roter Schnabel mit aufspringenden Nasenlöchern. Blaue Augenfarbe mit schmaler, gelbroter Umrandung.

Gefieder: Straffes, dicht anliegendes Gefieder.

Lockengans, männlich

Lockengans

Rassegeschichte: Örtlich und zeitlich auch bezeichnet als „Strupp-“, „Seiden-“, „Zottel-“, „türkische Astrachan-“, „Sebastopol-“ und „Donau-Gans“. Galt um 1900 als „eigentümliche Varietät der Hausgans“. Heimat: Ursprünglich am Nordufer des Schwarzen Meeres, später in Südost-Europa, hauptsächlich Donau-Länder und Süd-Ungarn. Erste Einfuhren nach London 1860, um 1862 nach Nordwestdeutschland. Entstanden aus Mutationen gewöhnlicher Gänse.

Form: Im Gesamteindruck Landganstyp mit relativ kurzem Rumpf und waagerechter Haltung. Volle, runde Brust, kaum hervortretender Bauch, zugelassen mit und ohne Wamme. Kurzer, waagerecht und geschlossen getragener Schwanz. Anliegende, mittellange Flügel. Wenig hervortretende Schenkel. Kaum mittellanger Hals, wenig gebogen oder völlig gerade.

Kopf: Kleiner, länglich runder Kopf, relativ kurz, auch mit Haube. Blaue Augen mit gelblich roten Ringen.

Gefieder: Auffallend ist die Federstruktur auf den Flügeln, den Schultern und auf dem Rücken, die nicht ausgesprochen gelockt ist, sondern aus nach außen aufgerollten Federenden, zum Teil spiralig gedrehten,

♂ kg	♀ kg	Ring	Legeleistung
5–6 kg	4,5–5 kg	24 mm	gering

Lockengans, weiblich

Darstellung von Lockengänsen um 1899 aus Kramer

verlängerten Federn besteht. Manche Tiere zeigen auch an anderen Körperteilen den Federverlängerungsfaktor. Über der Haut folgt zunächst ein fester Federschaft; dann ist die Feder weich und biegsam. Der Schaft ist gespalten und die breiten Federn fallen etwas auseinander. Die im deutschen Standard aufgeführte Rasse ist nicht zu verwechseln mit anderen Mutationen in anderen Ländern (z.B. USA: verlängerte und gelockte Federn am ganzen Körper).

Mecklenburger Gans, männlich

Mecklenburger Gans

Rassegeschichte: Nach den Standardangaben soll diese Rasse Anfang des 21. Jahrhunderts in Deutschland entstanden sein. Im Unterschied zu den meisten anderen Gänserassen zeigen die Mecklenburger zwei Besonderheiten: die liederbraune Färbung des Gefieders und den mittelgroßen Federschopf.

Form: Im Typ einer Landgans präsentiert sich die Mecklenburger in mittlerer Größe und mittelschwerem Gewicht. Der gut gerundete Rumpf wird leicht angehoben getragen. Auch die Brustlinie geht über die Waagerechte und erscheint breit und gut gerundet. Lang und breit soll auch der Rücken sein mit leichter Wölbung und seitlich abgerundet. Die Bauchpartie zeigt ordentliche Fülle, was durch die Doppelwamme mit geradem Abschluss unterstrichen wird. Der Hals ist leicht gebogen und von mittlerer Länge. Dabei erscheint er, zum Gesamttyp passend, recht kräftig. Etwas über der Waagerechten getragen, soll der Schwanz geschlossen sein. Vom Seitengefieder bedeckt, sind die kräftigen Schenkel nur wenig sichtbar. Das „Fundament" besteht aus den mittellangen, kräftigen Schenkeln von orangeroter Farbe. Die Gans erscheint

7 kg | 6 kg | 24 mm | gering

Mecklenburger Gans, weiblich

im Vergleich zum Ganter etwas kleiner mit ausgeprägter Doppelwamme.

Kopf: Auf dem stark erscheinenden Kopf sitzt der rasseeigene mittelgroße Federschopf. Der kräftige, gerade Schnabel ist orangefarbig mit fleischfarbiger Bohne. Die Augen sind auffallend groß, braun und umgeben von einem orangenen Augenrand.

Gefieder: Straff anliegendes, dichtes Gefieder unterstreicht den gerundeten Rumpf. Die hell-lederbraunen, braunen und weißen Federpartien tragen auf jeder Feder einen hellen Saum.

Pilgrim-Gans, kennfarbig, männlich

Pilgrim-Gans

Rassegeschichte: Unter Landgansschlägen in Südwestengland sollen angeblich in der Vergangenheit immer wieder kennfarbige Gänse aufgetreten sein. In England wurde diese Variante nicht standardisiert. Vermutungen, dass die Rassebezeichnung von den Pilgrim Fathers (einer ab 1620 aus England in die USA eingewanderte Pilgergruppe) stammt, können nicht belegt werden. Im US-Standard ist diese Gänserasse bezeichnet worden, nachdem angeblich ein amerikanischer Züchter um 1925 diese Kennfarbigen züchterisch gefestigt hatte. Die Ausgangstiere und das Zuchtverfahren sind unbekannt. Im deutschen Standard sind sie seit 2001 aufgeführt. Ihre zunehmende Verbreitung verdankt diese Rasse der Möglichkeit der sicheren Geschlechtsunterscheidung durch die Gefiederfärbung, der Eignung zur Weidehaltung und zur Schnellmast.

Form: Landganstyp im mittleren Gewicht. Fast waagerechte Haltung des mäßig langen Rumpfes. Flacher, gerader Rücken, nicht zu breit. Tiefgehende, volle Brustpartie ohne Kielbildung. Nicht zu tief hängende Bauchlinie, jedoch voll und rund, ohne Wamme. Wenig kreuzende Flügel in fester

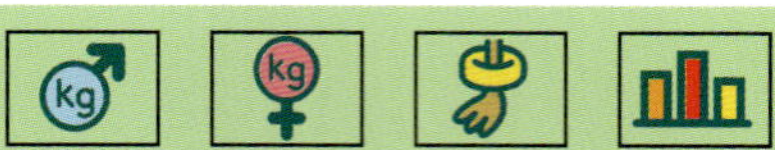

5,5–6,5 kg | *4,5–5,5 kg* | *24 mm* | *gering*

Pilgrim-Gans, kennfarbig, weiblich

Lage auf dem Rücken. Fast waagerecht getragenes Schwanzgefieder in mittlerer Länge. Wenig herausragende Schenkel. Kräftige, orangegelbe Läufe. Zum Weideganstyp passende Halslänge und -stärke mit leichter Biegung.

Kopf: Stirn fast flach, nur wenig gewölbt. Mittlere Kopfgröße. Keine Kehlwamme. Kräftiger, gerader Schnabel, orangefarbig. Blaugraue Augen mit gelber Umrandung.
Gefieder: Fest anliegendes Gefieder.

Pommern-Gans, graugescheckt, männlich

Pommern-Gans

Rassegeschichte: Nach Berichten römischer Schriftsteller gab es planmäßige Zuchten schwerer Gänse in Pommern bereits vor über 3000 Jahren. 1550 werden solche auf Rügen beschrieben. Um 1890 Zuchtschwerpunkt in Vorpommern. In der Folgezeit keine Einkreuzungen, sondern ausschließlich Selektion auf größere Körper durch Zuchtauswahl. Ausbreitung nach Osten über Polen bis Russland. 1897 wogen Pommern-Gänse schon im Oktober bis 9 kg. Vor 1914 wurden große Herden aus Polen in norddeutsche Mastgebiete getrieben. Berichte über Blutführung der Toulouser Gans seit 1962. Anerkennung als eigenständige Rasse 1912. Meldung 1983 über die Verwendung der Emdener Gans zur Leistungssteigerung.
Form: Beachtliche Größe und Schwere des abgerundeten, eiförmigen Körpers. Breiter und massiger Rumpf, lang gestreckt und waagerecht gehalten. Zu der sehr breiten Brust, die etwas angehoben getragen wird, kommen die breiten Schultern und der lange, etwas gewölbte Rücken. Die Brust darf keine Kielbildung zeigen. Die einfache Wamme sitzt am voll entwickelten Bauch. Mittellange, anliegende Flügel und waagerecht getragener, breiter Schwanz. Sehr

8 kg | 7 kg | 27 mm | hoch

Pommern-Gans, graugescheckt, weiblich

starke Schenkel und kräftige, mittelhohe Läufe mit orangeroter Farbe. Mittellanger, gerader, kräftiger Hals.

Kopf: Starker, breiter Kopf mit etwas eckigem Genick. Leichte Haubenbildung ist zugelassen. Kräftiger, aber nicht zu langer Schnabel, dessen First etwas nach unten durchgebogen ist. Farbe: Rosa bis orangerot.

Gefieder: Glattes, fest anliegendes Gefieder.

Pommern-Gans, weiß, männlich

Pommern-Gans, grau, männlich

Russische Gans, männlich

Russische Gans

Rassegeschichte: Nach einem Bericht von 1906 wurden im 19. Jahrhundert in Russland „Kampfgänse" gezüchtet. Im Gouvernement Nischnij Nowgorod gab es bedeutende Zuchten, von denen allein im Jahr 1901 mehr als 5 Millionen Gänse nach Deutschland geliefert wurden. Um 1970 gelangten Importe aus der Sowjetunion in die ehemalige DDR. Als eigenständige Rasse wurde die „Russisch Graue" auf der Kleintiersiegerausstellung von der Standardkommission des Zentralvorstandes der DDR anerkannt. Beachtliche Legeleistung: 1. Jahr = 40,0 Eier pro Gans mit einer Einzeleimasse von 146; 2. Jahr = 44,5 Eier pro Gans mit einer Einzeleimasse von 277 g.

Form: Mittelgroßer Rahmen, breiter, tiefer und kräftiger Rumpf mittlerer Länge. Brust und Bauch breit, ohne Kiel, jedoch mit doppelter Bauchwamme und geradem Abschluss. Kurzer, breiter, waagerecht getragener Schwanz. Kräftige, mittellange rötliche Läufe. Mittellanger, nicht zu starker Hals.

Kopf: Zum mittlellangen Hals passender Kopf ohne ausgeprägte Stirn und Backen. Orangefarbiger Schnabel mit hornfarbiger Bohne. Dunkelbraune Augen mit orangefarbenen Rändern.

5–6 kg	4,5–5,5 kg	27 mm	gering

Steinbacher Kampfgans, grau, männlich

Steinbacher Kampfgans

Rassegeschichte: Japanische Höckergänse und Landgänse waren Ausgangsformen. Nach einem Bericht aus der ehemaligen DDR (1975) wurden zur Steigerung der Vitalität auch später Höckergänse eingekreuzt. Um 1870 waren in Thüringen Gänse aus Russland bekannt, unter denen auch starke Höckergänse waren. Diese wurden in den Ortschaften Suhl, Schwarza, Steinbach, Hallenberg, Brotterode, Geschwenda und Gräfenroda mit leichteren Japanischen Höckergänsen gekreuzt. Die Rasse fand anfangs Verwendung bei Ganterkämpfen. Bis dahin gab es nur die Lokalrasse von Steinbach-Hallenberg und Umgebung. Erster Fachaufsatz zu der Rasse 1925. Möglicherweise wurden auch Toulouser Gänse eingekreuzt. Erste Ausstellungserfolge auf der Deutschen Nationalen Rassegeflügelschau 1931. Offizielle Rasseanerkennung und Musterbeschreibung 1932. Der hellblaue Farbenschlag wurde 1951 anerkannt.
Form: Zwar kräftiger und breiter Rumpf in mittlerer Länge, jedoch in der Linienführung, auch durch die aufgerichtete Haltung, elegant wirkend. Breiter, etwas abfallender Rücken mit vollen Schultern. Die angehoben getragene Brust ist breit und voll,

5,5–6,5 kg | 4,5–5,5 kg | *24 mm* | *mittel*

Steinbacher Kampfgans, blau, weiblich

ohne Kielbildung. Breite Bauchregion; kleine, in der Mitte sitzende Wamme gestattet. Nichtgekreuzte, fest anliegende Flügel, kurzer Schwanz in waagerechter Linie. Die kräftigen Schenkel im unteren Teil sichtbar. Breit gestellte, mittellange, orangegelbe Läufe mit schwarzen Krallen. Hals in mittlerer Länge, geradem Verlauf und kräftig.

Kopf: Etwas länglicher Kopf mit guter Abrundung ohne Kehlwamme und Höcker. Dunkelbraune Augen mit schmalen, gelben Ringen.

Gefieder: Straff anliegendes Gefieder.

Toulouser Gans, männlich

Toulouser Gans

Rassegeschichte: Die Bezeichnung „*Anser domesticus tolosatiensis*“ um 1880 sollte die Herkunft ausdrücken: Toulouse in Frankreich. Schon 1555 wird aus der Gegend um den Fluss Garonne eine massige Gans erwähnt. 1875 wird von einer Legeleistung von 55 Eiern pro Gans berichtet. Ende des 19. Jahrhunderts aus Frankreich Importe nach England. In Deutschland Erzüchtung ausschließlich auf wirtschaftlichen Ertrag seit 1833. Leistungssteigerung durch weitere Einkreuzung von schweren Landgänsen. 1925 erzielten englische Spitzentiere 500 Mark pro Tier. Hochzucht in der Gegend um Würzburg (Radetzky) ab 1873. Spitzenpreise bei Weltausstellungen 1899, 1900, 1911 und 1912 (Paris, Turin, St. Petersburg). Gegenwärtig wenige Zuchten in Europa.

Form: Schwere Gänserasse mit massigem Körper. Breiter, kurzer Rumpf, Rückenverlauf fast waagerecht. Tief angesetzte, volle, breite Brust mit geradem Brustkiel. Hinten geschlossene Doppelwamme am Bauch mit ausgeprägtem Hinterteil. Breite, nicht zu lange Flügel, die hoch und dicht anliegend sein müssen. Kurzer, breiter Schwanz in waagerechter Haltung. Die kurzen und

9–10 kg | *8–9 kg* | *27 mm* | *hoch*

Toulouser Gans, weiblich

kräftigen Schenkel sind vollständig in dem Seitengefieder eingehüllt. Kurze, starke Läufe, orangefarbig mit dunkelhornfarbigen Krallen. Sehr kräftiger Hals in mittlerer Länge und aufrechter Haltung.

Kopf: Kurzer, breiter und hoher Kopf mit flacher Stirn und gut entwickelter Kehlwamme. Nach der Spitze zu abwärts gebogener, dicker Schnabel. Orangefarbig mit blasser Bohne. Große, dunkelbraune Augen mit schmalem, orangefarbigem Rand.

Enten

Altrheiner Elster-Ente, schwarz, männlich

Altrheiner Elster-Ente (Magpie)

Rassegeschichte: Deutsche Neuzüchtung in Gimbsheim (Rheinland-Pfalz). Nach Angaben des Erzüchters nicht identisch mit der englischen Magpie-Ente. Im Standard von 2006 ist als Herkunftsgebiet der Schwarzen und Blauen auch Wales genannt. Ausgangstiere waren schwarz gescheckte Landenten ab 1978. Aufnahme in den Standard als „Elsterenten“ 1981. Blaue Gimbsheimer Enten und Campbell-Enten verbesserten Typ und Zeichnung nicht wesentlich.

Form: Mittelgroßer Rahmen mit lang gestrecktem, leicht gerundetem Rumpf, der etwas angehoben getragen wird. Volle, breite Brust ohne Kielbildung. Zwar gut entwickelter, aber nicht schleppender Bauch ohne Wamme. Geschlossene, gut anliegende Flügel. Schenkel kaum sichtbar; mittellange Läufe, orangefarbig mit oder ohne dunkle Flecken. Helle Krallen. Relativ schlanker, mittellanger, wenig gebogener Hals.

Kopf: Länglicher Kopf mit flacher Stirn und wenig Backen. Breiter, langer Schnabel mit etwas hohler Firstlinie. Orangefarbig mit grünen oder schwarzen Flecken und heller Bohne. Dunkle Augen.

Gefieder: Straff anliegendes Gefieder.

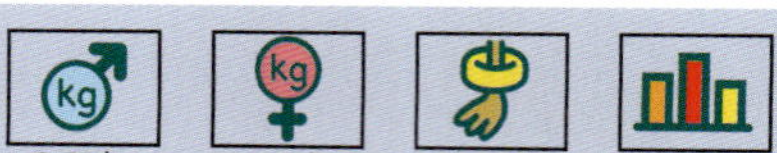

2,75 kg | 2,25 kg | 16 mm | gering

Altrheiner Elster-Ente, schwarz, weiblich

Altrheiner Elster-Enten, blau, weiblich

Altrheiner Elster-Ente, braun, männlich

Altrheiner Elster-Ente, braun, weiblich

Amerikanische Peking-Ente, männlich

Amerikanische Peking-Ente

Rassegeschichte: Enten aus Peking wurden zuerst 1872 nach Amerika eingeführt: „Mehr hell kanariengelb als weiß“, „eigenthümlich aufrechte, pinguinartige Haltung“. Die Tiere waren Vorläufer der späteren Rassen Amerikanische und Deutsche Peking-Ente. Importe nach England 1874 und Deutschland um 1877. Offizielle Rasseanerkennung in den USA 1874. Zwischenzeitliche Kreuzungsversuche mit Aylesbury-, Cayuga- und Rouen-Enten. Tiere der amerikanischen Zuchtrichtung nach 1918 in Süddeutschland.

Form: Lange Körperform mit nur leicht aufgerichteter Haltung. Allseitig abgerundet. Lange, breite, volle Brust ohne Kielansatz. Bauch ohne Wamme. Lange, fest anliegende Flügel und geschlossener Schwanz, der im leichten Winkel zum langen, breiten, nur leicht gewölbten Rücken angehoben getragen wird. Feinknochige Läufe, dunkelgelb bis orange, helle Krallen. Relativ schlanker Hals mit leichter Biegung.

Kopf: Etwas gestreckte Kopfform mit leicht ansteigender Stirn, eher niedriger Schädel, ohne flach zu wirken. Breiter, langer Schnabel mit hohler Firstlinie. Kann auch löffelförmig sein. Farbe: hellgelb bis orange mit heller Bohne. Dunkle Augen.

3,5 kg | 1 kg | 18 mm | hoch

Aylesbury-Ente, männlich

Aylesbury-Ente

Rassegeschichte: Der frühere lateinische Name *„Anas domestica buckinghamen"* verweist auf die eindeutig englische Herkunft. Aylesbury war die Hauptstadt der Grafschaft Buckingham. Planmäßige Zucht schwerer Entenschläge im Dorf Haddenham vor 1780. Große Zuchten für die Londoner Märkte. Die Händler (engl. „cottagers") bezogen von den Entenzüchtern (engl. „duckers") die Tiere in großen Mengen. Massenvermehrung durch Verwendung von Hühnerglucken. Schlachtgewichte nach 6–8 Wochen (1,5–1,8 kg). Herausbildung als eigenständige Rasse ohne Verwendung der asiatischen Pinguin-Ente. Seite 1860 in Deutschland. Verstärkung der tiefen Kielbildung ab 1890. Rückgang der Zuchten durch Aufkommen der Peking-Ente in den folgenden Jahrzehnten.

Form: Ausgesprochener Mastententyp: Brust und Rücken breit, langer Rumpf, nach hinten leicht schmaler. Oberlinie mäßig gewölbt. Waagerechte Körperhaltung mit gut ausgebildetem Bauch, nicht hängend. Kiel weit vorne angesetzt und in gerader Linie tief heruntergehend bis in die Bauchregion. Lange, fest aufliegende Flügel. Geschlossen getragener Schwanz, waagerecht bis leicht

3,5 kg | 3 kg | 20 mm | gering

Aylesbury-Ente, weiblich

Alte Darstellung der Aylesbury-Enten aus Baldamus

gesenkt. Kräftige, im Seitengefieder eingehüllte Schenkel. Dunkelgelbe, kräftige Läufe, mit zunehmendem Alter mehr orangegelb. Relativ dünner Hals, nach hinten ausgebogen.

Kopf: Langer Kopf mit schmalem Scheitel, flacher Stirn, Schädellinie leicht gebogen. Breite, hervortretende Wangen. Sehr langer, kräftiger Schnabel mit breiterem Vorderteil und leicht hohler Firstlinie. Blassrosa Farbe. Dunkle Augen.

Gefieder: Anliegendes Gefieder.

Campbell-Ente, khakifarbig, männlich

Campbell-Ente

Rassegeschichte: Namensgebend war die englische Züchterin Mrs. Campbell. Rasseentwicklung ab 1895 in der Grafschaft Cloucestershire. Angestrebt wurde die Kombination von hoher Legeleistung und höherem Körpergewicht zu Schlachtzwecken. Ausgangstiere waren Laufenten und Rouen-Erpel. Legeleistung der Nachzuchttiere: Im ersten Jahr 200 Eier, Gewicht im Alter von 10 Wochen = 2 kg. Erzielung eines leichteren, beweglichen Typs durch spätere Einkreuzung wilder Stockenten. Die gelbbraune Farbe (Bezeichnung „Khaki") kam durch Verwendung von Orpington-Enten. Erste standardmäßige Erfassung 1901. Starke Verbreitung in Holland (Niederländische „Rekordenten": 354 Eier pro Ente in 365 Tagen). Durchgehende Legedauer bis zum Ende des 17. Monats. Nach 1914 in Deutschland zunehmende Verbreitung. Zwischenzeitliche Eigenständigkeit des Sondervereins.

Form: Zwar leicht im Bau, aber nicht ausgesprochen schlank. Etwas aufgerichtet, länglicher Rumpf mit parallelen Linien des langen Rückens und der Unterseite. Etwas angehoben getragene volle Brust. Nichthängender, aber gut entwickelter Bauch. Fest

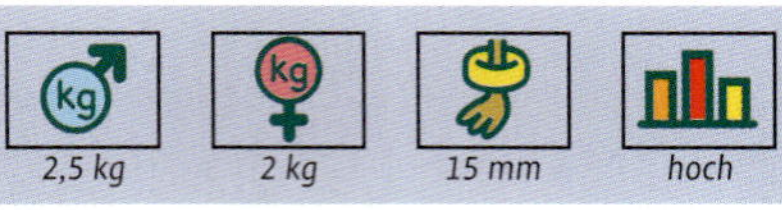

Campbell-Ente, weiß, männlich

anliegende, den Rücken bedeckende Flügel. Der Schwanz wirkt wie die Verlängerung des Rückens, darf aber auch etwas angehoben werden. Nicht sichtbare Schenkel. Die Läufe des Erpels sind etwas höher als die der Ente. Länge jedoch nicht über mittellang. Gebogene, mittellange Halspartie, schlank in Kehlnähe, stärker zum Brustübergang.

Kopf: Wenig ansteigende Stirn und „trockene" Backen. Gerader Schnabel in mittlerer Länge; eher schmal. Je nach Farbenschlag unterschiedliche Lauf-, Schnabel- und Augenfarbe.

Cayuga-Ente, männlich

Cayuga-Ente

Rassegeschichte: Der Rassename (früher „*Anas domestica cayugensis*") kennzeichnet die Herkunft aus der Region des Cayuga-Sees im Staat New York. Auch Bezeichnung für einen dort ansässigen Indianerstamm. Im Gegensatz zur kleinen Smaragd-Ente wurden die Cayugas auf Größe selektiert. Später Verpaarungen mit Pommern-Enten und der Weißbrüstigen Ukrainischen Ente. Um 1870 Einfuhr nach England und weitere Selektion auf Gewichtssteigerung. 1874 offizielle Anerkennung als Rasse in den USA. Ab 1875 Umbildung in Deutschland. Zur Farbverbesserung wurden Smaragdenten, zur Gewichtssteigerung Rouen-, Peking- und Aylesbury-Enten eingekreuzt. Vor dem Zweiten Weltkrieg enorme Fortschritte in der grün glänzenden Farbe.

Form: Größe im mittleren Rahmen. Langer, gut gerundeter Rumpf in waagerechter Haltung. Breit sind Rücken und Brust, Oberlinie etwas gewölbt. Bauch gut entwickelt ohne Kielbildung. Fest anliegende, lange Flügel. Geschlossen getragener Schwanz, eher kurz. Im Bauchgefieder nicht sichtbare Schenkel. Möglichst schwarze, mittellange Läufe; beim älteren Erpel sind orangefarbi-

3 kg | 2,5 kg | 16 mm | hoch

Cayuga-Ente, weiblich

ge Flecken gestattet. Elegante Halsführung: nicht zu dick, leicht gebogen.

Kopf: Relativ kleiner Kopf in länglicher Form und flacher Stirn („Schlangenkopf"). Breiter, flacher Schnabel in mittlerer Länge und mit hohler Firstlinie. Bei Erpel und Ente unterschiedliche Schnabelfarben: Dunkelolivgrün mit dunklem Sattelfleck beim Erpel. Schwarzer Schnabel mit dunkelgrünem bis dunkelgrauem Feld an der Spitze bei der Ente. Beide Geschlechter müssen schwarze Bohnen zeigen. Dunkelbraune Augen.

Deutsche Peking-Ente, weiß, männlich

Deutsche Peking-Ente

Rassegeschichte: Der lateinische Rassename „*Anas domesticus sinensis*“ zeigt die Herkunft an: nicht Deutschland, sondern China und Japan. Dort existierte die Pinguin-Ente als Stammmutter der Japanischen Lauf- und Peking-Ente. In der Frühzeit der Entendomestikation als eigene Linie aus der Stockente entwickelt. Um 1873 Importe nach England. Dort Verpaarungen mit der Aylesbury-Ente. Nach Deutschland kamen die ersten Peking-Enten 1870 aus Amerika. 1873 wurden einige Exemplare als „Kaiserliche Peking Enten“ in Hartford ausgestellt. In deutschen Zuchten setzte sich die Rasse vor dem Ersten Weltkrieg gegenüber den „Peking-Enten amerikanischer Zuchtrichtung“ durch. Geschätzt wurde immer die Wetterfestigkeit und überragende Legeleistung; außerdem die vorzügliche Fleischqualität und die hochwertigen Daunen.

Form: Die Rechteckform ist die Richtschnur: Körperlinien von allen Seiten gesehen. Parallel verlaufen die Ober-, Unter- und Seitenlinien. Starke Brust- und Schulterpartie. Rücken in gerader Linie abfallend. Völlig ohne Kielbildung. Hinterteil des vollen Bauches bogig und breit. Das Rechteck begrenzende, nicht zu lange Flügel. Kurzer,

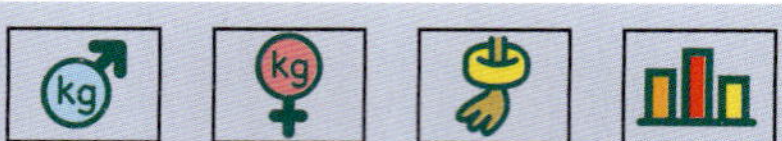

3,5 kg | *3 kg* | *18 mm* | *mittel*

Deutsche Peking-Ente, weiß, weiblich

breiter Schwanz, nach oben angezogen getragen. Kräftige, im Gefieder verborgene Schenkel. Die orangeroten Läufe nicht so kurz, dass das Hinterteil am Boden schleift. Massive Halsform in aufrechter Haltung.

Kopf: Am Hinterhals Federkimme durch abstehende Federn (Frisur). Fast runder, kräftiger Kopf mit gut entwickelten Backen, hoher, breiter Stirn und voller Kehlpartie. Dunkle Augen.
Gefieder: Viele Daunen im Untergefieder.

Gimbsheimer Ente, männlich

Gimbsheimer Ente

Rassegeschichte: Entstehungsort war Gimbsheim (Rheinland-Pfalz). Der Züchter Oswald setzte seit 1958 zur Herausbildung des ersten Zuchtziels blaue Amerikanische Peking-Enten mehrere Rassen ein: Aylesbury-, Amerikanische Peking-, Sachsen- und Orpington-Enten. Zwischenergebnis: „Blaue Campbell-Enten“. Erste Vorstellung 1964 auf der Nationalen in Frankfurt als „Andalusierenten“. Offizielle Anerkennung 1966 auf der Nationalen in Stuttgart. Seit 1984 ist ein dunkler Gefiedersaum auf der blauen Grundfarbe gestattet.

Form: Langer Körper, jedoch nicht plump im Gesamteindruck. Auch die Rumpftiefe (ohne Kiel) ist entscheidend. Langer, breiter Rücken, etwas abfallend getragen. Voll und breit sind Brust und Bauch. Die fest anliegenden Flügel und der waagerecht getragene Schwanz sind gut geschlossen. Mittellange, schwarzrote bis schwarze Läufe. Leichte Biegung im mittellangen, nicht zu starken Hals.
Kopf: Langer, nicht breiter, gut gerundeter Kopf mit flacher Stirn. Kräftiger, langer Schnabel. Farbe beim Erpel weidengrün, bei der Ente schwarzgrün mit schwarzer Bohne. Dunkelbraune Augen.

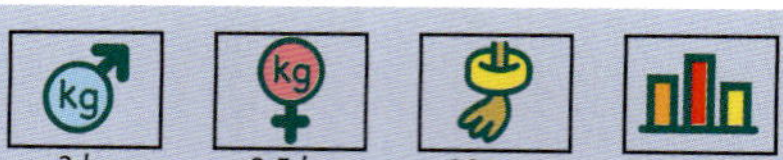

Gimbsheimer Ente, weiblich

Paar Gimbsheimer Enten

Hochbrut-Flugente, wildfarbig, männlich

Hochbrut-Flugente

Rassegeschichte: Anfang des 20. Jahrhunderts Beginn der Herauszüchtung in der ehemaligen Provinz Sachsen. Ausgangstiere waren wilde Stockenten und Landenten, möglicherweise auch Smaragd- und Laufenten. 1920 „keine besondere Entenrasse“. Attraktiv waren Bruteigenschaften an hoch gelegenen Nistplätzen, Standorttreue und ihre weitgehende Selbstversorgung an wilden Gewässern. Auch Verwendung als Lockente bei der Jagd auf Wildenten.

Form: Etwas größer als die Stockente. Bootförmiger Rumpf mit langem, breiten und gewölbten Rücken, gerundeter Unterlinie und waagerechter Körperhaltung. Rundung des Bauches ohne Unterbrechung bis zum Unterschwanz. Lange, fest anliegende Flügel, die leicht kreuzen dürfen. Waagerecht getragener, geschlossener Schwanz. Schenkel im Seitengefieder verborgen. Relativ kurze Läufe mit unterschiedlicher Farbe. Hals eher kurz, schlank mit leichter Biegung.

Kopf: Länglicher Kopf, möglichst wenig Stirn, glatt oder mit kugelförmiger, nicht zu großer, geschlossener Haube auf der Mitte des Kopfes. Langer Schnabel mit geradem First.

1,5 kg | *1,25 kg* | *11 mm* | *hoch*

Hochbrut-Flugente mit Haube, silber wildfarbig, weiblich

Hochbrut-Flugente, wildfarbig gescheckt, männlich

Hochbrut-Flugente, blau, männlich

Hochbrut-Flugente, schwarz mit Latz, weiblich

Hochbrut-Flugente mit Haube, weiß, männlich

Hochbrut-Flugentenpaar, blaugelb

Krummschnabel-Ente, dunkel wildfarbig mit Latz, männlich

Krummschnabel-Ente

Rassegeschichte: Älteste Beschreibung einer „hakenschnäbligen Ente“ schon 1676 (Willughby). 1860 in ganz Europa verbreitet, besonders häufig in den Niederlanden und in Thüringen. 1906 als „*Anas dom. adunca*“ (engl. „Hooket-bill Duck“) bezeichnet. Zwischenzeitlich ausgestorben. Um 1900 in Holland wieder erzüchtet. Es gab auch Tiere mit kleiner Federhaube. Ab 1975 gezielte Zuchten in den Niederlanden unter Verwendung von holländischen Wittborst- und Spreewkopenten. In Frankreich gab es krummschnäblige „baltische Enten“ (franz. „Canard de Baltique“) um 1928. Leicht gekrümmte Schnäbel treten auch gelegentlich bei Laufenten und Hochbrut-Flugenten auf.

Form: Rumpf in mittlerer Größe und waagerechter Haltung. Parallel-Verlauf der Ober- und Unterlinie. Langer, gewölbter Rücken, volle, etwas vorstehende Brust und leicht bogiger Bauch bilden die Landentenform, ohne schlank zu wirken. Leicht gekreuzte Spitzen der anliegenden Flügel. Relativ breiter Schwanz. Läufe beim Erpel etwas höher als bei der Ente. Deutlich sichtbare Fersengelenke. Schlanker, mittellanger Hals mit scharf ausgeschnittener Kehle.

2,75 kg | 2,25 kg | 15 mm | gering

Krummschnabel-Ente, dunkel wildfarbig mit Latz, weiblich

Kopf: Langer, flacher Schnabel mit nach oben gewölbter Firstlinie. Dadurch ununterbrochene Bogenlinien an Oberkopf und Unterlinie mit Kehle. Hochsitzende Augen.

Landente mit Haube, schwarz, männlich

Landente

Rassegeschichte: Als „Hauben-", „Schopf"- oder „Kaiserente" und „Nutzschlag" 1897 beschrieben. 1906 auch „Hollen-", „Schopf"- und „Federbuschente" und latienisch „*Anas dom. cristata*" genannt. Seit Jahrhunderten in Mitteleuropa, vor allem in den Niederlanden gezüchtet. Abbildungen haubentragender Enten auf alten holländischen Gemälden. 1842 Abbildung von Hauben-Enten mit deutlicher Halskrümmung. Wildfarbige entstanden durch Kreuzung mit Rouen-Enten. 1891 hatte es schon Gelbe gegeben, die erneut ab 1996 in Deutschland herausgezüchtet wurden. Haubentragende Enten wurden im 18. Jahrhundert in Deutschland eingeführt. Namensänderung der ehemaligen „Hauben-Ente" über „Deutsche Landente" in „Landente" ab 2005.

Form: Mittlerer Größenrahmen mit gedrungenem, fleischig erscheinendem Rumpf. Brust ohne Kielansatz, wie der Bauch voll und rund. Unterlinie gewölbt, ohne Wamme. Gut entwickelte Flügel, den Rücken abdeckend und geschlossen getragen. Spitzen nicht kreuzend. Mäßig breiter, nicht zu langer Schwanz. Sehr kurze, kräftige Läufe in der Mitte des Rumpfes angesetzt. Rassetypisch ist der s-förmig geboge-

2,5 kg | 2 kg | 16 mm | mittel

Landente mit Haube, wildfarbig, weiblich

ne Hals in mittlerer Länge, der nicht zu dick sein darf.

Kopf: Länglich runder Kopf mit hervortretenden Backen, etwas gewölbte Stirn. Entweder sitzt auf dem Hinterkopf eine kugelförmige Federhaube, die gerade sitzen und geschlossen sein soll, oder ohne Haube. Die Kehllinie darf etwas voll erscheinen. Leicht hohle Firstlinie auf dem mäßig langen Schnabel, der nach der Stirn deutlich ansteigt. Schnabel- und Augenfarbe je nach Farbenschlag unterschiedlich.

Laufentenpaar, wildfarbig

Laufente

Rassegeschichte: Ursprungsform war die südostasiatische Pinguin-Ente. Frühere Bezeichnungen: „Indische Laufente", „*Anas domestica cursitans*", „Indian Runner", „Pinguin Duck". Wahrscheinlich durch englische oder holländische Seefahrer um 1850 nach England aus dem Malaischen Archipel eingeführt. Darwin unternahm Versuche der Artkreuzung mit Nilgänsen. Zuchtbestände in den Zoos von London und Berlin um 1880 erloschen. 1896 erneute Einfuhren nach Deutschland. Im amerikanischen Standard wird die Rasse seit 1914 geführt. Drei Originaltiere aus Asien gelangten 1926 nach Köln. Stetige Verbesserung der Rassemerkmale in Deutschland seit 1900. Gründung des Sondervereins 1908.

Form: Schlanker, walzenförmiger, gestreckter Rumpf, stark aufgerichtete Haltung. Brust und Schultern abgerundet. Rücken etwas gewölbt. Eingepasster Bauch, tulpenförmig auslaufend. Fest anliegende, mittellange, gut eingebaute Flügel und abfallender, keilförmiger, kurzer Schwanz, der nicht bis zum Boden reichen darf. Lange Schenkel und Läufe mit geradem, hohem Stand. Feinknochig und nur das erste Drittel der Zehen den Boden berührend. Pro-

2 kg | 1,75 kg | 13 mm | hoch

Laufente, forellenfarbig, männlich

Laufente, forellenfarbig, weiblich

portionen ⅓ Hals, ⅔ Körper. Der gerade Hals ist schlank und geht im unteren Drittel gleichmäßig in den walzenförmigen Rumpf über.

Kopf: Scharfe ausgebogene Kehllinie. Kopf mit flacher Stirn und ohne hervortretende Backen, scharf gebogener Hinterkopf. Keilförmiger, langer Schnabel mit dem Kopf eine längliche Keilform bildend. Schnabel-, Lauf- und Augenfarbe unterschiedlich, je nach Farbenschlag.

Gefieder: Straffes Gefieder.

Laufente, blau, männlich

Laufente, rehfarbig gescheckt, männlich

Laufente, weiß, männlich

Laufente, blaugelb, weiblich

Orpington-Ente, männlich

Orpington-Ente

Rassegeschichte: Die Rasse ist um 1890 in Str. Mary, Kent/England durch den Züchter W. Cook entstanden. Die angebliche Verwendung von Pommern-, Lauf-, Cayuga- und Aylesbury-Enten ist nicht sicher. In Holland und Norddeutschland gab es in dieser Zeit gelbe und gelbscheckige Enten, die außer den gelben Schweden-Enten den Grundstock gebildet haben dürften. In einem „Musterentenbuch" von 1891 werden gelbe Enten erwähnt. Öffentliche Ausstellung der Orpington-Enten 1900. 1912 werden außer gelben auch blaue Enten im Orpingtontyp dargestellt. Dürigen erwähnt 1906 gelbe Enten in „Größe und Gestalt der Aylesbury-Ente". In einer Untersuchung von 1954 werden außerdem Rouen-Enten zu den Vorfahren gezählt. 1902 wurden Orpington-Enten in Deutschland gezüchtet.

Form: Der Rumpf ist walzenförmig gestreckt, der lange Rücken ist seitlich gut abgerundet, in der Linie gerade und wird leicht abfallend getragen. Bauch und Brust sind voll. Das Hinterteil darf nicht am Boden schleppen. Die Flügel decken den Rücken ab und dürfen nicht kreuzen. Mittellange Schenkel im Gefieder verborgen.

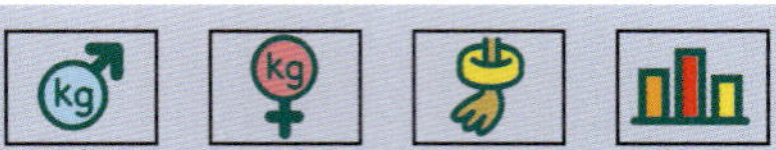

3 kg | 2,5 kg | 16 mm | hoch

Orpington-Ente, weiblich

Nicht zu starkknochige, orangerote Läufe. Leichte Biegung im mittellangen Hals, nicht dick.

Kopf: Länglicher, schmaler Kopf. Zwar flache Stirn, aber deutliche Schädelwölbung. Fein ausgeschnittene Kehle. Schnabel in mittlerer Länge mit leicht eingebogener Firstlinie. Orangefarbig mit dunkler Bohne bei beiden Geschlechtern. Die Enten dürfen leichte Brauntönung im Schnabel zeigen; auch zeitweise Aufhellung und Bleifarbe (legebedingt). Dunkle Augen.

Gefieder: Glattes, festes Gefieder.

Overberger Ente, männlich

Overberger Ente

Rassegeschichte: Aus dunkelwildfarbigen Krummschnabel-Enten, Streicher-Welsh-Harlekin-, Campbell-, Orpington- und Gimbsheimer Enten in Overberg/Niederlande ab 1990 entstanden. Erste Vorstellung als Neuzüchtung in Deutschland 1999 und offizielle Anerkennung 2001. Erneute Einkreuzung von Welsh-Harlekin-Enten 2005.

Form: Mittelgroßer Rahmen mit länglichem Rumpf und etwas aufgerichteter Haltung. Paralleler Verlauf der Ober- und Unterlinie. Langer, fast geradliniger Rücken. Hoch getragene, gerundete Brust ohne Kielbildung. Geschlossene, fest am Körper anliegende Flügel. Schwanz verläuft in der Verlängerung des Rückens, kann aber auch wenig angehoben gehalten werden. Wenig sichtbare Schenkel. Mittellange Läufe, die beim Erpel etwas länger sind. Gebogene Halslinie zur Brust hin stärker werdend.

Kopf: Kopf läuft vor dem Schnabel spitz zu. Leicht ansteigende Stirn und trockene Backen. Mittellanger, leicht zur Stirn ansteigender Schnabel. Dunkelbraune Augen.

Gefieder: Nicht zu weiches, straff anliegendes Gefieder. Unter den Entenrassen besitzt die Overberger ein besonders buntes Gefieder. Der Erpel zeigt Pastellfarben in der

♂ kg	♀ kg	Ring	Legeleistung
2,5–2,75 kg	2,25–2,5 kg	16 mm	gering

Overberger Ente, weiblich

silbrig rahmweißen Grundfarbe und hellrotbraune Federpartien. Kopf und Bürzel sind blau. Kontrastreich heben sich davon die weidengrüne Schnabelfarbe und die orangefarbenen Läufe ab. Die Ente gefällt in ihrer gelblich rahmweißen Grundfarbe und der feinen, blauen Nervzeichnung.

Pommern-Ente, schwarz, männlich

Pommern-Ente

Rassegeschichte: Die Schwedische Ente (*Anas domestica coerulescens*) gilt sicher als Vorläuferin der Pommern-Ente. Um 1850 in Neu-Vorpommern, auch Schwedisch-Pommern genannt, gab es weißbrüstige Enten deutscher Herkunft; also stammt die Rasse nicht aus Schweden. Unklar ist die Verwendung von Rouen-, Cayuga- und Aylesbury-Enten. Zuchtschwerpunkte auf der Insel Rügen und in der Uckermark. Die Uckermärker Ente wurde als Rasse 1929 aufgeführt, später jedoch gestrichen und die Pommern-Ente offiziell anerkannt.

Form: Breiter, langer, tiefer Körper. Betonte, vorstehende Brust, langer, breiter, leicht gewölbter Rücken. Breiter und tiefer Bauch ohne Kiel und Wamme. Hoch getragene, fest anliegende Flügel. Geschlossenes Schwanzgefieder und wenig sichtbare Schenkel. Unterschiedliche Lauf- und Schnabelfarbe bei den beiden Farbenschlägen. Leicht gebogener, mittellanger Hals.

Kopf: Lange Kopfform mit flacher Stirn. Langer und breiter Schnabel mit leicht hohler Firstlinie. Dunkle Augen.

3 kg	2,5 kg	18 mm	mittel

Pommern-Ente, schwarz, weiblich

Pommern-Ente, blau, weiblich

Rouen-Clair-Ente, männlich

Rouen-Clair-Ente

Rassegeschichte: In der Umgebung der französischen Stadt Rouen erzüchtet. Es handelt sich um einen bedeutend leichteren Typ als bei der klassischen Rouen-Ente. Mit hoher Wahrscheinlichkeit sind aber Rouen-Enten und französische Landenten zur Herauszüchtung verwendet worden. Die offizielle Zulassung der Rouen-Clair-Ente in Deutschland erfolgte im Juli 1993.

Form: Ungewöhnliche Länge und Breite, dennoch in den Körperlinien elegant. Dazu trägt die leicht aufgerichtet Haltung bei. Rumpf und Rücken erscheinen lang. Die Oberlinie ist leicht gewölbt, der Rumpf seitlich abgerundet. Zwar voll, aber nicht schleppend ist die Bauchregion, ohne Wammenbildung. Die nichtkreuzenden Flügel sollen den Rücken gut abdecken. In Verlängerung der Rückenlinie verläuft der Schwanz, der zwar geschlossen, jedoch nicht schmal und spitz sein soll. Leicht angehobenes Schwanzgefieder ist kein Fehler. Die Schenkel treten nur wenig sichtbar aus dem Seitengefieder hervor. In der Mitte des Körpers sind die mittellangen, feingliedrigen Läufe in orangener Färbung angesetzt. Der nicht zu dicke Hals in mittlerer Länge ist schön gebogen.

3,5–4 kg | 3–3,5 kg | 18 mm | gering

Rouen-Clair-Ente, weiblich

Kopf: Die Kopfkontur ist mehr länglich als rund und zeigt einen nicht zu hohen Scheitel. Die Stirn darf nur wenig ansteigen. Lang und breit ist der Schnabel mit leicht hohler Firstlinie. Die Farbe ist beim Erpel gelb mit leicht grünlichem Ton ohne schwarzen Mittelstrich und mit dunkler Bohne. Die Farbe des Schnabels bei der Ente ist gelb mit leichtem Braunton oder leicht dunklen Flecken.

Gefieder: Das gut anliegende Gefieder wird geschlossen verlangt.

Rouen-Ente, blau wildfarbig, männlich

Rouen-Ente

Rassegeschichte: Ausgangstiere waren Landenten, in direkter Linie von der Stockente abstammend. Vorläufer vermutlich schon im 16. Jahrhundert in Frankreich gezüchtet. Seit etwa 1850 in der Umgebung der französischen Stadt Rouen im Departement Seine inférieur auf Körperschwere selektiert und 1897 als *„Anas boschata“* oder *„Anas rothomagensis“* bezeichnet. Letztere Benennung stammt vom Namen der alten Hauptstadt der Normandie. Um 1900 begehrte Enten zur Mischlingszucht, um schwere Marktware zu erzielen. Durchzüchtung zum einheitlichen Typ in England und später in Deutschland (um 1870), wo sie auch „Normandiner“ genannt wurde. Vor 1914 große deutsche Zuchten. Berühmt wurden die Rassetiere der Familie Radetzky. Nach 1950 stetige Aufwärtsentwicklung.

Form: Gleiches Gewichtsvolumen wie die Aylesbury-Ente, jedoch formliche Unterschiede. Langer und breiter Rumpf mit ungewöhnlicher Tiefe. Langer, leicht gewölbter Rücken. Vorspringende, volle und tiefe Brust mit geradem Kielverlauf. Ausgeprägter Bauch mit völlig gerader Kielunterlinie, den Boden nicht berührend. Lange

3,5 kg | 3 kg | 18 mm | hoch

Rouen-Ente, wildfarbig, weiblich

Flügel in passender Breite, gut den Rücken abdeckend. Waagerechtes, geschlossenes Schwanzgefieder. Kräftige Schenkel im Gefieder verborgen. Mittellange, stämmige Läufe; beim Erpel orangerot, bei der Ente blasser. Dunkle Krallen. Leicht gebogene Halslinie.

Kopf: Länglich runder Kopf mit wenig ansteigender Stirn und leichter Backenbildung. Langer, breiter Schnabel. Dunkle Augen.

Sachsen-Ente, männlich

Sachsen-Ente

Rassegeschichte: Seit 1924 in Chemnitz durch A. Franz unter Verwendung von Rouen-, Deutschen Peking- und blauen Pommern-Enten herausgezüchtet. Doppeltes Zuchtziel: vollfleischige Nutz- und attraktive Ausstellungsente. Möglicherweise spätere Einkreuzung von Orpington-Enten. Erste Vorstellung 1934 in Chemnitz-Altendorf. Nach 1945 nur noch Restbestände. Erneute Anerkennung 1955 in Leipzig. Prüfung auf Mastleistung 1959 im Universitätsgut Schlobachshof. In den Standard der Bundesrepublik Deutschland 1958 aufgenommen. Inzwischen wird die Sachsen-Ente weltweit gezüchtet, ist allerdings in den USA nicht standardisiert.

Form: Mit langem und fleischig wirkendem Rumpf, breiter Brust und vollem, gewölbtem Bauch kräftiger Landententyp. Fast waagrechte Haltung, Unterseite ohne Kiel. Nicht zu lange, anliegende Flügel. Waagerecht getragenes, geschlossenes Schwanzgefieder. Schenkel nicht sichtbar. Mittellange, feinknochige, dunkelgelbe Läufe. Der Hals soll nicht schlank wirken, in mittlerer Länge.

Kopf: Langer Kopf mit flacher Stirn und ohne Backenbildung. Die Firstlinie des brei-

3,5 kg | 3 kg | 18 mm | hoch

Sachsen-Ente, weiblich

ten Schnabels ist leicht hohl. Farbe beim Erpel gelb mit blassgrüner Tönung, bei der Ente gelb mit bräunlicher Tönung. Helle Schnabelbohne bei beiden Geschlechtern. Dunkelbraune Augen.

Gefieder: Daunenreiches, aber fest anliegendes Gefieder.

Schweden-Ente, männlich

Schweden-Ente

Rassegeschichte: Diese Rasse wurde 2012 in den deutschen Standard aufgenommen. Sie ist nicht identisch mit der in älterer Fachliteratur angegebenen „Schwedischen Ente“. Letztere wurde Anfang des 19. Jahrhunderts in Vorpommern als graublauer schwerer Entenschlag gezüchtet und dürfte der Vorläufer der heutigen Pommernente sein. Die alte Bezeichnung Schwedische Ente rührt daher, dass Vorpommern bis 1815 zu Schweden gehörte. Heute gilt die moderne Schweden-Ente als „schwedische Landrasse“.

Form: Ein relativ großer Körperrahmen in rechteckiger Form zeigt schon den beachtlichen Fleischansatz. Das drückt auch der breite und tiefe Rumpf mit dem langen und breiten Rücken aus, der über den Schultern nach hinten etwas schmaler verläuft. Die Unterlinie wird durch die volle, breite und tief heruntergehende, abgerundete Brust und den breiten Bauch gebildet. Nur bei der Ente ist dort eine leichte, doppelte Bauchwamme gestattet. Der Hals wird aufrecht getragen und ist kräftig, dabei nur leicht gebogen. Die Flügel sollen gut den Rücken abdecken und fest anliegen. In Verlänge-

3,0–3,5 kg	2,5–3,0 kg	18mm	gering

Schweden-Ente, weiblich

rung des Rückens verläuft das Schwanzgefieder fast waagerecht. Die Schenkel sind zwar muskulös, aber durch das verdeckende Bauchgefieder kaum sichtbar. Nur mittellang werden die Läufe von orangeroter Farbe verlangt. Zur robusten Gesamterscheinung passend sollen sie in der Mitte des Körpers sitzen. Das Gefieder ist fest anliegend.

Kopf: Eine hohe Stirn mit höchstem Punkt vor dem Auge, deutliche Backenbildung und volle Kehllinie kennzeichnen die Kopfpunkte. Dazu gehört der mittellange, breite Schnabel, der von der Wurzel bis zur Spitze leicht konkav verläuft. Der Erpel zeigt eine grünlich blaue, die Ente einen bräunlich bläulichen Farbton. Braun sind die Bohnen bei beiden Geschlechtern. Die hoch sitzenden Augen sind braun.

Farbe: Verlangt wird eine überwiegend gelbe Färbung, die beim Erpel an Kopf und Oberhals gräulich dunkelbraun erscheint. Ähnlich in der Tönung sind Unterrücken und Bürzel. Bei der Ente wird ein gleichmäßiges Ledergelb mit etwas hellerem Gelb an Schwingen, Spiegel und Flügeldecken verlangt. Ist die Körpergröße nicht ausreichend, die Körperhaltung aufgerichtet und Kielbildung vorhanden, zählt das ebenso zu den groben Fehlern wie fleckige oder aufgehellte Gefiederfarbe.

Smaragd-Ente, männlich

Smaragd-Ente

Rassegeschichte: Frühere Rassebezeichnungen: *„Anas domesticus atrovirens"*, „Black Brazilian", „Buonos Ayren", „Black East Indian Duck", „Canard du Labrador", „Labrador", „Buenos-Aires-", „Bahia-", „Ostindische Ente". Entstehung wahrscheinlich in Ostindien. Angebliche Stammeltern der Cayuga-Ente. Frühe Smaragd-Enten wurden auch als „Bantam representative of the Cayuga" (Brown) bezeichnet. Mitte des 19. Jahrhunderts Importe aus Buenos Aires nach England. Dort auf Kleinheit selektiert. 1870 einige Tiere aus Brasilien nach London. Um 1900 in Deutschland mehr als Zierente gezüchtet. Damaliges Gewicht: 2–2½ kg.

Form: Eine der kleinsten Entenrassen mit länglicher Kopfform, nur leicht gewölbtem Rücken und gerundeter, leicht angehobener Brust. Die Bauchlinie stets ohne Wamme, jedoch voll und gerundet. Der Rumpf wird etwas angehoben getragen. Relativ lange Flügel, fest am Körper anliegend. Möglichst kurzer Schwanz in waagerechter Haltung. Die mittellangen Schenkel bilden zusammen mit den feinknochigen Läufen, deren Fersengelenke deutlich sichtbar sein müssen, den Stand. Die Lauffarbe

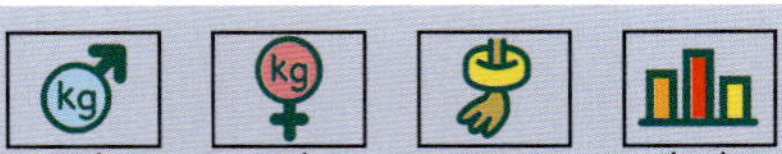

1,2 kg | 0,9 kg | 11 mm | hoch

Smaragd-Ente, weiblich

so dunkel wie möglich; leichte orangefarbene Einlagerungen bei älteren Tieren gestattet. Kurzer, nicht zu dicker Hals in eleganter Linienführung.

Kopf: Möglichst kurzer Kopf mit leicht gezogener Schädelwölbung und flacher Stirn. Kaum Backenansatz. Passender kurzer Schnabel mit leicht eingebogener Firstlinie. Farbe beim Erpel sehr dunkelolivgrün mit dunklem Sattelfleck. Schnabel der Ente: schwarz, an der Spitze dunkelgrün bis dunkelgrau. Dunkle Augen.

Gefieder: Der starke Grünglanz wirkt auf glattem Gefieder besonders intensiv.

Streicher-Ente, männlich

Streicher-Ente

Rassegeschichte: Die Rasse galt früher als „Ableger der khakifarbigen Campbell-Ente“. Aus weißen Lauf-Erpeln und weißen Campbell-Enten entstanden in England ab 1917 Mischtypen, die als Vorläufer der späteren Streicher-Ente gelten. Der Züchter Gray schuf die Bezeichnung „Abocat-ranger“ – zusammengesetzt aus dem Namen seines Wohnortes („Abocat“) und dem Verb „umherstreifen“ (engl. „range“) – als Grundlage für den späteren Rassenamen. Zuchtziel war eine leistungsfähige Legeente, 1926 importierte der Däne Lieker solche Enten nach Deutschland, die als „Liekers Streifige“ ausgestellt wurden. Die neue Rasse erhielt bald den Namen „Streifere Enten“. Die aktuelle Rassebezeichnung wurde 1933 geprägt. Die wirkliche Herleitung der Bezeichnung „Streicher-Ente“ ist nicht geklärt. Nach 1945 existierten nur noch wenige Exemplare, die in Ostfriesland zur Erhaltung vermehrt wurden.

Form: Etwas aufgerichteter, länglicher Rumpf mit fast geradem Rücken und abgerundeten Schultern. Die Brust ist nicht besonders betont, ohne Kiel, soll aber fleischig wirken. Die Unterlinie wird durch den nicht schleppenden Bauch ohne Wamme gebil-

2,5 kg | 2 kg | 15 mm | hoch

Streicher-Ente, weiblich

det. Der Schwanz verläuft in der Rückenlinie, kann aber auch etwas angehoben getragen werden. Wenig sichtbare Schenkel und mittellange Läufe. Leicht gebogener Hals mit scharfer Kehllinie.

Kopf: Leicht zur Stirn ansteigender Schnabel, mittellang. Gut gerundete Oberkopflinie, kaum Stirnbildung und trockene Backen. Dunkle Augen.

Gefieder: Nicht zu weiches Gefieder.

Vorster-Ente, weiblich

Vorster-Ente

Rassegeschichte: Die im Jahr 2016 in den deutschen Standard aufgenommene Rasse ist in Belgien erzüchtet worden.

Form: Lang und breit soll der Rumpf sein, jedoch nur mittelschwer, was die Lebhaftigkeit dieser Entenrasse zum Ausdruck bringt. Dazu passt auch die leicht aufgerichtete Körperhaltung. Die Brust ist breit und voll, der Rücken flach. Voll und gut gewölbt ist die Bauchlinie, die bei der Ente etwas tiefer geht als beim Erpel, aber nicht schleppen darf. Wenig gebogen, aber recht lang ist die Halspartie. Keinesfalls darf sie dick und plump erscheinen. Die relativ kurzen Flügel dürfen nicht kreuzen, liegen aber gut an den Seiten an. Das waagerecht getragene Schwanzgefieder soll gut geschlossen sein. Vom Flankengefieder verdeckt sind die mittellangen Schenkel. Kräftige Läufe mit bräunlich bis orangefarbiger Tönung unterscheiden den Erpel von der Ente, die bräunliche Läufe zeigt. Die relativ schlanke Figur wird durch das glatte, fest anliegende Gefieder unterstrichen.

Kopf: Die Bezeichnung „trocken" im Standard meint die feinen Kopflinien mit flacher Stirn und gut ausgeschnittener Kehlung. Dazu passt der relativ lange Schnabel mit

♂ kg	♀ kg	Ring	Legeleistung
3 kg	2,5 kg	16 mm	gering

Vorster-Entenpaar

geradem Verlauf. Dieser ist beim Erpel blau oder mit schwarzen Flecken, bei der Ente etwas dunkler im Farbton. Fehlerhaft sind Grün in der Schnabelfarbe, rein schwarzer Schnabel bei der Ente. Die auffallend kleinen Augen sitzen dicht unter dem Schädel und sind tief dunkelbraun.

Gefieder: Die Vorster-Ente ist nur im weißen Farbschlag zugelassen. Bei zu leichtem oder zu schmalem, kurzem oder plumpem Körper handelt es sich ebenso um grobe Fehler wie zu stark aufgerichtete oder waagerechte Haltung. Auch entwerten starke Kiel- oder Wammenbildung.

Warzen-Ente, wildfarbig, männlich

Warzen-Ente

Rassegeschichte: Ersterwähnung bei Aldrovandi in „Ornothologia“ 1610. Bei Gesner 1669 als „*Anas cairina mas*“ beschrieben. Aus der wilden Stammform (Moschus-Ente, *Cairina moschata*) in Südamerika in vorcolumbianischer Zeit zum Haustier entwickelt. Bezeichnung in Peru: „Nunjuma“. Columbus fand bereits 1493 weiße Moschus-Enten bei den Einwohnern von Haiti. Ausbreitung in das afrikanische Kongogebiet, Regionen am Euphrat, Indonesien und im 16. Jahrhundert über Spanien nach Frankreich. „*Anas cairina*“ bedeutet bei Aldrovandi „Ente aus Kairo“. 1760 die Bezeichnung „Indianische Ente“. Außerdem gab es auch die Namen „Bisam-“, „Moschus-“, „Türkische Ente“, „Le canard masqué“, „Muskory Duck“, „Carnard de Barbarie“, „La-Plata-Ente“, „Rothaut-Ente“ und „Gans-Ente“. Linné leitete den Namen „Moschus-Ente“ von dem Moschusgeruch der Erpel ab. Anfang des 18. Jahrhunderts erste Vorkommen in Deutschland. Betreuung der Rasse durch den Entenzüchter-Club von 1895.

Form: Im Habitus stark unterschiedlich von Entenrassen als Stockentenabkömmlinge. Langer Rumpf in waagrechter Haltung, sehr

♂ kg	♀ kg	Ring	Legeleistung
5 kg	3 kg	22/18 mm	hoch

Warzen-Ente, wildfarbig, weiblich

breit, glatte Unterlinie. Sehr breiter, leicht gewölbter Rücken. Breite, gewölbte Brust ohne Kiel. Bauchwölbung ohne Wamme. Lange Flügel mit breiten Armschwingen. Langes, breites Schwanzgefieder mit runden Enden. Schenkel im Gefieder nicht sichtbar. Mittellange, stark knochige Läufe mit ausgerundeten Schwimmhäuten. Körpergefieder straff. Stärker ausgebildete Krallen als bei anderen Arten.

Kopf: Groß mit gewölbten Scheitelfedern, die verlängert und sträubbar sind. Scheitelgefieder des Erpels wellig. Mittellanger Schnabel mit leicht eingebogenem First. An der Spitze schmaler und mit hakigem Nagel. Nackte, möglichst glatte Hautpartie vom Schnabel bis zum Stirnansatz und an den Kopfseiten bis zum kurzen Zügelstreif hinter dem Auge. Warzenbildung nur flach. Zungenförmige Stirnwarze beim Erpel, die bis zu den Nasenlöchern reicht, schmaler als der Schnabel. Die Ente hat eine kleine Stirnwarze in Form eines flachen Siruptropfens.

Warzen-Ente, schwarz gescheckt

Warzen-Ente, braun gescheckt, weiblich

Warzen-Ente, blau wildfarbig, männlich

Warzen-Ente, perlgrau wildfarbig, weiblich

Welsh-Harlekin-Ente, männlich

Welsh-Harlekin-Ente

Rassegeschichte: Kaum Erwähnungen in der deutschsprachigen Literatur als „Wallisische Harlekin-Ente“. Herkunft: England. Dort seit etwa 1949 als Legeente gezüchtet. Im deutschen Standard 2006 enthalten. Die Rassebewertung in England sieht folgende Punktskala vor: Typ: 20 Punkte; Größe: 15 Punkte; Kopf, Schnabel, Hals: 15 Punkte; Haltung: 10 Punkte; Farbe: 15 Punkte; Kiel: 5 Punkte; Beine und Füße: 5 Punkte; Gesamtzustand: 15 Punkte; Maximal: 100 Punkte.

Form: Die Körperform gleicht der der Campbell-Ente im parallelen Verlauf der langen, leicht abfallenden Rückenlinie und der gerundeten, etwas hoch getragenen Brust. Zwar gute Ausformung des Bauches, aber keine Wamme. Am Körper aufliegende Flügel. Der Schwanz setzt den Verlauf der Rückenlinie fort und kann etwas offen getragen werden. Wenig sichtbare Schenkel, mittellange Läufe, beim Erpel etwas freier. Leicht gebogene Halslinie in mittlerer Länge und elegantem Einbau in die Oberbrust.

Kopf: Gut gerundeter, etwas länglicher Kopf mit leicht ansteigender Stirn und wenig Backenbildung. Mittellanger Schnabel

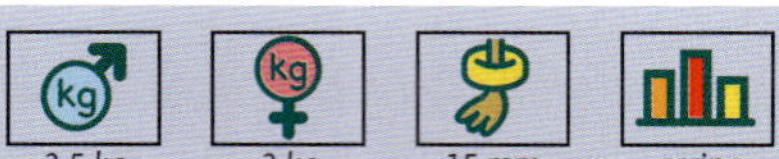

Welsh-Harlekin-Ente, weiblich

mit geradem First; nicht zu breit. Braune Augen, dicht unter dem Schädeldach.

Gefieder: Straff und glatt anliegendes Gefieder. Die Bezeichnung für den einzigen Farbenschlag „creme-wildfarbig“ deutet schon an, dass es sich um eine aufgehellte Wildfarbe handelt, bei der die Ente jedoch deutliche Säumung aufweisen muss. Das Farbbild von Overberger und Welsh-Harlekin ist leicht zu verwechseln.

Zwerg-Ente, wildfarbig mit Haube, männlich

Zwerg-Ente

Rassegeschichte: Noch 1897 wird die Rasse unter „Zierenten“ eingeordnet, 1906 mit dem Zusatz „Lockente“ als *„Anas domestica minuta“*. Wahrscheinlich sehr alte Domestikationsform aus dem Orient. Hinweise darauf sind Stimmhöhe und größere Häufigkeit des Ruftones. Dort als Zierrasse in asiatischen Parks und an Fürstenhöfen gehalten. Vor ca. 200 Jahren nach Holland importiert. Starke Verbreitung in Holland um 1800. Dort als „Kwakers“ oder „Kwaketjes“, in England mit „call-duck“, in Frankreich mit „Carnard mignon“ bezeichnet und als Lockenten für Jagdzwecke verwendet. Zwerg-Enten mit Haube wurden 1916 abgebildet. 1920 galten sie als „Urzwerge unter den Rasseenten“. Um 1900 größere Zuchten in Deutschland. Seit jeher beliebt zur Brut und Aufzucht wertvoller Wildenten.

Form: Im Gesamteindruck zwergenhaft. Kurzer Rumpf und Rücken. Brust und Seitenpartie abgerundet. Leichte Rückenwölbung. Bauch ohne Wammenbildung. Fast waagerechte Körperhaltung. Im Verhältnis zum gedrungenen Rumpf lange Flügel, deren Handschwingen über dem Bürzel leicht kreuzen. Kurzer, geschlossener Schwanz. Im Bauchgefieder eingebettete Schenkel

♂ kg	♀ kg	Ring	
0,9 kg	0,8 kg	9 mm	hoch

Zwerg-Ente, blau wildfarbig, weiblich

und kurze Läufe, je nach Farbenschlag unterschiedlich gefärbt. Kurzer, leicht gebogener Hals. Kehle etwas voll erscheinend. **Kopf:** Auffallend großer Kopf, allseits gerundet. Hochgewölbte Stirn und gut entwickelte Backen. Mit oder ohne Haube. Breiter, kurzer Schnabel mit eingebogener Firstlinie, waagerecht eingebaut. Unterschiedliche Farben. Dunkle Augen, fast in der Mitte des Kopfes sitzend.

Zwerg-Ente, silber wildfarbig, männlich

Zwerg-Entenpaar, blaugelb

Zwerg-Ente, wildfarbig gescheckt, weiblich

Zwerg-Ente, weiß, weiblich

Tauben

Erklärung der Piktogramme

Kropftauben	Piktogramm	Tümmlertauben
Kropf-tauben	Rassegruppe	Tümmler-tauben
mittel	Verbreitung	gering
10	Ringgröße	8, bei Belatschten 11
10	Farben	53

Piktogramm	Erklärung
Taube	*Rassegruppe*
Säulendiagramm	*Verbreitung: gering-mittel-groß*
Ring	*Ringgröße: Durchmesser des Fußringes in mm*
Pinsel	*Farben: Anzahl der Farbenschläge*

Verzeichnis der Taubenrassen

Einführung

Die wilden Stammformen der Haustauben

„Unsere Tauben gehören nebst den Hunden, Pferden, Hühnern etc. zu denjenigen Hausthieren, welche durch die züchtende Menschenhand die auffallendsten und mannigfachsten Veränderungen erlitten haben. Kaum ist, in der That, der Unterschied zwischen dem Berberroß, dem Normannengaul und dem Schottischen Pony, oder der zwischen dem Windhunde, der Doppelnasendogge und dem Bologneserhündchen größer, als der zwischen der Berbertaube, der Huhntaube, dem Kröpfer und dem Englischen Almondtümmler!"

Diese anschauliche Schilderung der enormen Unterschiede in der Vielfalt der Haustaubenrassen stammt von Eduard Baldamus aus seinem Buch „Die Federviehzucht" von 1897. Sie bringt auch indirekt zum Ausdruck, dass es in früheren Zeiten kaum möglich erschien, dass alle Taubenrassen von einer einzigen Wildform abstammen sollten. Beim Haushund war das ähnlich. Noch Konrad Lorenz nahm an, dass außer dem Wolf auch der Schakal als wilde Stammform infrage käme. Inzwischen ist sicher geklärt, dass der Hund ausschließlich vom Wolf abstammt. So sind die Spekulationen über mehrere wilde Ausgangsformen für die Haustaube inzwischen auch beseitigt. Der französische Forscher Buffon stellte schon 1772 fest: „Ich betrachte die Felsentaube als den Stammvater, von dem alle übrigen Tauben abstammen und von dem sie sich mehr oder weniger unterscheiden, je nach dem sie mehr oder weniger vom Menschen beeinflußt werden". Erst der Engländer Ch. Darwin konnte durch zahlreiche Zuchtexperimente nachweisen, dass allein die Felsentaube, *Columba livia*, die wilde Stammform ist. Er schrieb 1859: „Aus verschiedenen Gründen... können wir mit Gewissheit annehmen, dass alle unsere Hausrassen Abkömmlinge der Felsentaube oder *Columba livia* und deren geographischen Unterarten sind".

Alle Wildtaubenarten (Columbidae) entstanden vor 11 bis 25 Millionen Jahren im Erdzeitalter des Miozän. Heute leben noch 302 Arten von Tauben, die in 55 bis 59 Gattungen eingeordnet werden. Besonders farbenprächtige Arten leben in den Tropen. Dazu gehören: Frühlingstaube (*Treron vernans*), Gelbflaumfußtaube (*Ptinopus perousii*), Schwarzohr-Fruchttaube (*Pilinopus marchei*), Grüne Spaltschwingentaube (*Drepanoptila holosericea*), rotbraune Reinwandtaube (*Reinwardoena reinwardtsi*) und die Fasantaube (*Otidiphaps nobilis*). Die **Felsentaube** gehört in die Ordnung Taubenvögel (Columbiformes), zur Familie der Tauben (Columbidae) und zur Unterfamilie der eigentlichen Tauben (Columbinae). Dazu gehören auch alle in Europa vorkommenden Wildtaubenarten. Diese sind also in der zoologischen Systematik mit der Haustaube verwandt, nicht jedoch ihre wilden Stammformen. Über die wirklichen Unterarten sind sich die Wissenschaftler nicht ganz einig. Gibbs, Barnes und Cox benennen in ihrem Buch „A Guide to the Pigeons and Doves of the World" 2001 zwölf Unterarten:

Columba livia livia, Gmelin 1789 – gilt als Nominatform und kommt in den mittleren Breitengraden der alten Welt vor;
Columba l. atlantis, Bannermann 1931 – Azoren, Madeira, Kapverdische Inseln;
Columba l. canariensis, Bannermann 1914 – auf den Kanarischen Inseln;
Columba l. gymnoglycus, Gray 1856 – Senegal und Guinea;
Columba l. targia, Schweppenburg 1916 – Saharagebiete;

Wilde Felsentaube

Columba l. dakhlae, Meinertzhagen 1928 – Libyen;
Columba l. schimperi, Bonaparte 1854 – Nildelta, Sudan;
Columba l. palaestinai, Zedlitz 1912 – Syrien, Arabien;
Columba l. gaddi, Zarudny & Loudon 1906 – Aserbeidschan, Iran, Afghanistan, Turkmenistan, Usbekistan;
Columba l. necleta, Hume 1873 – Zentralasien, Himalaja-Gebiet;
Columba l. intermedia, Strickland 1844 – Indische Halbinsel, Sri Lanka;
Columba l. nigricans, Strickland 1908 – Mongolei, Nordchina.

Die exakte Bestimmung der Unterarten ist aus zwei Gründen schwierig bzw. fast unmöglich: Zum einen kommt es zu Vermischungen, weil sich alle Unterarten untereinander fruchtbar fortpflanzen und zum anderen verpaaren sich verwilderte Haustauben mit den Felsentauben, auch mit der Klippentaube (*Columba rupestris*). Diese trägt ein breites weißes Band auf dem fast schwarzen Schwanz. Die Zeichnung kommt bei keiner Haustaubenrasse vor, sodass die Klippentaube als wilde Vorform ausscheidet. Allerdings gibt es fruchtbare Bastarde zwischen Felsen- und Klippentauben.

Das schwarze Kopfgefieder der Schneetaube, *Columba leuconota* könnte zur Annahme verleiten, die schwarzköpfigen Taubenrassen wie z.B. Modeneser Gazzi oder Strasser würden von der Schneetaube abstammen, aber dafür gibt es keinen Beweis. Die Hämmerung auf den Flügeldecken mancher Unterarten von *Columba livia* ist allerdings auf viele Rassetauben übertragen worden. Reichenbach stellte 1979 die Hypothese auf, dass die von Fossilien her bekannten Vorfahren der Felsentauben ein schwarzes oder dunkles Federkleid getragen haben sollen. Die Färbung sei dann in langen Zeiträumen aufgehellt, zunächst als dunkle Hämmerung, dann evolutionär und möglicherweise mutativ „in Kombination mit Puderbildung und Lichteffekten optisch blaue Tauben aus ursprünglich schwarzen oder dunklen Tauben entstehen ließ“. Diese Theorie ist nicht durch Untersuchungen belegt und kann auch nicht durch die Beobachtung, dass weibliche Stadttauben schwarze Täuber als Partner bevorzugen, ausreichend gestützt werden.

Im Phänotyp gleicht die Felsentaube einer schlichten Feldtaube mit etwas gedrungener Form und kürzerem Schwanz. Das durchschnittliche Gewicht beträgt 300 g. Das Freileben der Felsentaube ist recht gut untersucht. In Europa geht ihre Verbreitung von den dänischen Faröer, über Schottland, Irland, den Hebriden, den Kanarischen Inseln, in die Mittelmeergebiete, die Balkanländer und das Schwarzmeergebiet. In Vorderasien, ostwärts bis Nordindien, China, Nord-, West- und Zentralafrika gibt es größere Bestände. Zum Kulturfolger wurden Felsentauben in Gebieten mit Landwirtschaft, besonders im Getreideanbau.

Felsentauben sind Koloniebrüter und sehr ortstreu. Zwei Eigenschaften, die zur Domestikation prädestinierten. In Küstengebieten bevorzugen sie Wohnplätze in Felsen mit

Nischen und Höhlen, in denen sie ihre Nester anlegen. Trockene Wüstengebiete werden gelegentlich bewohnt, während geschlossene Waldgebiete gemieden werden. Fehlen felsige Brutplätze, gehen die Vögel sogar in Kaninchenhöhlen oder legen im Palmgezweig ihre Nester an. Auf bebauten Feldern, aber auch im Brachland suchen die Tauben ihr Futter. Frühmorgens fliegen sie in Schwärmen bis zu 100 Tieren zur Nahrungssuche. In Ackerlandgebieten nehmen sie Mais, Weizen, Gerste und Hafer auf. Wildsämereien, Lein, Raps, Rübsen, Hülsenfrüchte, Nacktschnecken, Insekten und kleine Regenwürmer ergänzen die Nahrung. Kalk, Lehm, Mörtel und salzhaltige Erde nehmen sie auch im Freileben auf. In Oasen ernähren sich die Vögel vom Samen der Wüstenpflanzen. Regelmäßige Wasseraufnahme und Gelegenheit zum Baden müssen in den Brutgebieten vorhanden sein. Das Paarungsverhalten hat das Forscherehepaar Oskar und Magdalena Heinroth sehr zutreffend beschrieben: „Die Paarungseinleitung geschieht in der Weise, dass von den nebeneinander sitzenden Gatten jeder sich in eigentümlich hastiger Weise mit dem Schnabel über den Rücken weg von hinten unter den Flügel fährt; es sieht beinahe aus, als wollte er sich den Rücken putzen. Ab und zu krabbeln sie sich gegenseitig mit dem Schnabel an Kopf und Hals, und die Täubin steckt ihren Schnabel in den ihres Mannes, um sich wie ein Junges füttern zu lassen. Bald danach fliegen sie gewöhnlich weg.“ Sind die zwei Eier in das mit Halmen, Stängeln, Reisern, Federn und trockenen Kotbrocken ausgestattete Nest gelegt, brütet der Täuber von frühmorgens bis nachmittags, die Täubin abends und nachts. Nach siebzehn bis achtzehn Tagen schlüpfen aus den zwei Eiern die Jungen.

Brutbiotop der Felsentaube in Kroatien

Anfangs werden sie mit einer Kropfmilch (unter dem Einfluss des Hormons Prolaktin) von beiden Elternteilen gefüttert. Diese Kropfmilch der Eltern bewirkt bei den Jungvögeln eine lokale Immunität gegen Krankheitserreger im Verdauungstrakt. Nach ungefähr einer Woche bekommen die Jungen nach und nach aufgeweichte Körner. Im Alter von einem Monat verlassen die Jungen das Nest und werden dann noch weitere zehn Tage von den Eltern gefüttert. Die Brut kann regulär drei- bis viermal, in Ausnahmefällen auch fünf- bis sechsmal wiederholt werden. Durchschnittlich können so 100 Alttauben bis zu 250 Jungtauben aufziehen. Allerdings ist die Sterblichkeit erstaunlich hoch. Nach Murton & Clark beträgt sie im ersten Lebensjahr 85–88 %. In kälteren Regionen tritt eine Winterruhe ein. Nicht selten werden Jungtauben von Mäusen, Ratten, Mardern und Rabenvögeln aus den Nestern geholt. Besonders gerade flügge gewordene Tiere werden von Falken, Habichten und Sperbern geschlagen.

Wilde Felsentauben sind in ihrem Verhalten sowohl beim Laufen als auch im Flug lebhaft, flink und meistens sehr schnell. So sind Fluggeschwindigkeiten bis zu 185 Stundenkilometern ermittelt worden. Unterschiedliche Formen von „Feindvermeidungsflügen" sind bekannt: Auf Sardinien wurden Schwärme beobachtet, die dicht über der Wasserfläche flogen. Ein herabstoßender Greifvogel würde unweigerlich im Wasser landen. Im Schwarm versuchen die randfliegenden Tauben stets ins Innere zu gelangen, um den Beutegreifern zu entkommen. Mit angelegten Flügeln können Einzeltiere im Sturzflug eine große Geschwindigkeit erreichen, um sich zu schützen.

Bestimmte Pigmentansammlungen wie Bronzetöne im Hals- und Brustgefieder bei *C. l. atlantis* und *canariensis*, geringe Abweichungen im Fuß- und Haubengefieder, arteigene Verhaltensmuster wie Schnelligkeit, Ausdauer und Heimfindevermögen, einzelne Etappen im Balzflug, Merkmale der Körperhaltung, Imponiergehabe und Ausdehnung des Luftkropfes können als biologische Prädispositionen bezeichnet werden, die durch Züchtung in menschlicher Obhut im Rahmen einer langjährigen Domestikation zu bestimmten Rassemerkmalen verstärkt herausgebildet wurden.

Voraussetzungen zur Domestikation

Die Taube in menschlicher Züchtung erscheint so selbstverständlich, dass nur selten die Frage entsteht, warum ausgerechnet Tauben neben anderem Geflügel domestiziert wurden und andere Wildvögel nicht. Die Domestikation einer Wildtierart benötigt einige Voraussetzungen, die Veränderungen bis zum Haustierstand begünstigen bzw. überhaupt ermöglichen. Für die Haus- und Rassetauben sind weltweit unterschiedliche Domestikationszentren festgestellt worden. Auch dürften entsprechende Entwicklungen zu verschiedenen Zeiten abgelaufen sein. Grundlagen waren vermutlich die jeweiligen Unterarten in den Regionen. In Europa gilt die Unterart *Columba l. livia*, in Ägypten *C. l. schimperi* und in Indien *C. l. intermedia* (Blyth 1844) als wilde Stammform.

Warum also die Taube? Die Entwicklung zum Haustier wird von verschiedenen Forschern unterschiedlich begründet: Bechstein legte schon 1805 die so genannte Synanthropiehypothese vor, die dann 1973 von Goodwin, von Benecke 1994 gestützt wurde. Danach sollen Felsentauben im 8. Jahrtausend v. Chr. zu Beginn der Ackerbauentwicklung im Neolithikum menschliche Siedlungen aufgesucht und vermutlich auch dort schon gebrütet haben. Durch die Ausweitung der Ackerflächen gewannen die Tauben immer mehr an Nahrungsgrundlage und Nistmöglichkeiten in den Lehmbauten. Eine andere Annahme geht davon aus, dass vielleicht schon der Mensch vor 12 000 Jahren Eier und Nestlinge wilder Tauben einsammelte und die Jungen künstlich aufzog. Das ist durch die relativ leichte Fütterungsmethode vom Mund in den Schnabel gut vorstellbar. Die so gezähmten Jungvögel blieben dann in den menschlichen Siedlungen und pflanzten sich in unmittelbarer Menschennähe fort. Die Hypothese wird dadurch gestützt, dass Taubenknochen in einer Höhle in Israel (Hayonim im westlichen Galiläa) zusammen mit Menschenknochen aus der Natifien-Kultur des Neolithicum (10 500–8500 v. Chr.) gefunden wurden. Auch ist vorstellbar, dass einfache Nisthilfen für die Tauben errichtet wurden.

Eine andere Möglichkeit der Domestikation beschreibt die so genannte Tempelhypothese. In den natürlichen Lebensräumen der Felsentauben, wie Berge in Küstennähe, befanden sich Kultstätten zur Verehrung bestimmter Gottheiten, wie z.B. das Heiligtum der Aphrodite-Venus auf dem Berg Eryx in Sizilien. Diese Kult- und Opferstätten wurden dann überbaut und boten damit den Felsentauben höhlenartige Nistplätze. Überdies könnte die Ansiedlung durch Reste von Opfergetreide und Brot die Vögel angelockt haben. Durch die Anwesenheit der Tauben an heiligen Orten stellten wahrscheinlich die Menschen nach und nach die Verbindung von Göttern und Tauben als heilige Vögel her. Allerdings beschreibt HAAG-WACKERNAGEL 1998 noch andere Ursachen, die zur Verehrung der Taube als heilige Vögel geführt haben:

- Die außerordentliche Fruchtbarkeit der Felsentaube.
- Die Gleichberechtigung der Geschlechter im Fortpflanzungsverhalten.
- Tauben leben regulär monogam, neigen aber zu Seitensprüngen.
- „Tauben zeigen ein auffallend zärtliches Fortpflanzungsverhalten"... und „eine liebevolle Brutpflege" (S. 195/198).
- Weitere Gründe für die „Heiligwerdung" werden im Abschnitt „Kulturgeschichte" dargestellt.

Kulturgeschichte und Mythologie

Als Ausgangspunkt der Domestikation der Haustaube gilt der **Vordere Orient.** Im Zweistromland zwischen Euphrat und Tigris siedelten die Sumerer und bildeten um 3000 v. Chr. die Hochkultur Babyloniens. Die Nahrungsgrundlage bestand im Wesentlichen aus Fischen, Zwiebeln und erbeuteten Wildvögeln wie Gänse, Enten, Wachteln, Turteltauben, Bekassinen und Schnepfen. SALONEN (1973) beschreibt anschaulich die Jagd- und Fangmethoden mit Netzen, Fallen, Käfigen, Wurfstöcken und Bogen. Die gefangenen Vögel wurden wahrscheinlich nicht sofort verzehrt, sondern mit beschnittenen Flügeln gekäfigt und zur Fortpflanzung gebracht. Außer der Felsentaube kam auch die Turteltaube bei den Sumerern in eine Art Hausstand, ohne ihre Domestikation aber zu vollenden.

Schriftliche Zeugnisse von den Anfängen der Taubenzucht liegen seit Beginn des 3. Jahrtausends v. Chr. vor. Der Göttin Bau opferte der sumerische Priester Gudea Tauben (WERTH 1935). Aus der Zeit zwischen 2334 und 2279 v. Chr. sind Bußpsalmen überliefert, die von Taubenschlägen berichten. Auch spezielle Körbe für Tauben, die Fleischnutzung und Verwendung als Lockvögel für Greifvögel werden geschildert.

Die Schnelligkeit der Taube dient als Symbol für den Ruhm der sumerischen Könige und als Bild für fliehende Götter. Aber auch die Scheuheit der Taube gilt als Synonym für die Angst einer Göttin, die sich vor dem Feind versteckt. Der klagende Nestruf der Taube wurde als klagendes Weinen empfunden und führte zu deren assyrischem Namen „Summatu", die Klagende.

Die biologisch zweckmäßige, sehr gute Orientierung der wilden Felsentaube wurde sehr früh schon bei gezüchteten Tauben erkannt und als Orientierungshilfen eingesetzt. Wurden die Vögel von Schiffen freigesetzt, schlugen sie bald eine Richtung ein, die zum Land führte. In der mesopotamischen Sintfluterzählung von 1250 v. Chr. wird eine Überschwemmungskatastrophe aus dem 3. Jahrtausend geschildert, die dann als Noahgeschichte in das jüdische Alte Testament aufgenommen wurde. Neben einer Schwalbe, einem Raben (beides Vögel mit hervorragendem Orientierungssinn), wird auch eine Taube freigelassen. Nach einigen Tagen kam die Taube wieder auf die Arche mit einem Olivenblatt im Schnabel und zeigte damit an, dass festes Land in der Nähe war.

Nach BENECKE 1994 könnten die Anfänge der Domestikation nicht aus Nahrungsgründen, sondern aus kultischen Gründen geschehen sein. Taubenfiguren aus Terrakotta aus der Zeit um 5000 v. Chr. gelten nach ROSE 1933 als Abbildungen der Begleiter in der „Muttergöttin". Damit war die Taube zum heiligen Tier der „Grossen Mutter"

Magna mater aufgewertet. Tempelmodelle mit Tauben aus dem 3. Jahrtausend v. Chr. zeigen Tauben auf Balken sitzend. Wahrscheinlich hatten die Vögel religiöse Bedeutung. Ihre Verwendung als Opfervögel wird angenommen. Aber auch als Begleitvogel der Göttin Ischtar in Altbabylon sind Taubenfiguren gefunden worden.

Ischtar war Göttin der Sexualität und Fruchtbarkeit. Tempelprostitution, ritueller Beischlaf und religiöse Kastration gehörten zu den Begleitumständen. Die Taube wurde in dieser Zeit zum Symbol des Ischtar-Aphrodite-Venus-Kultes. Umgekehrt auch: Ischtar wurde zur Taubengöttin, auf taubenförmigen Gefäßen abgebildet. Gleichzeitig galt auch der Fisch als Symbol der Fruchtbarkeit. Die Taube aber verdrängte nach und nach das Fischsymbol.

Im Zusammenhang der Königin von Assyrien Semiramis (810–805 v. Chr.) wird die Taube als Verkörperung der gealterten Königin geschildert, die am Ende ihres Lebens sich in eine weiße Taube verwandelte. Auch der Name Semiramis bedeutet so viel wie Taubenmutter. Tauben als Überbringer göttlicher Nahrung sollen den jungen Zeus ernährt haben. Als Begleitvogel für Liebesgöttinnen gelten Tauben im 2. und 1. Jahrhundert v. Chr. Nackte Schönheiten mit fliegenden Tauben sind auf einem altsyrischen Rollsiegel abgebildet. Die syrische Göttin Astarte (2. Jahrtausend v. Chr.) bediente sich der Tauben in ihrer Verbindung zu Baal, mit dem sie Liebesbotschaften austauschte. Solche Taubengöttinnen kannten auch die Phönizier in Syrien (seit dem Ende des 3. Jahrtausends v. Chr.). Mit ihr galt die Taube als Vermittlerin zwischen Gott und den Gläubigen, das Grundmuster der späteren Bedeutung der Taube im Christentum! Auf den Heiligtümern auf Zypern wurde der Sitz der Göttin Astarte zusammen mit weißen Tauben verehrt. Taubendarstellungen auf Münzen zeigten an, dass die jeweilige Stadt unter dem Schutz von Taubengöttinnen stand. Besonders reinweiße Tauben als sanfte, seltene Vögel besaßen den Status heiliger Boten und Vermittler im vorderen Orient.

Ägypten

Nicht nur die Taube, sondern auch Gänse und Enten waren im Alten Ägypten (um 2500 v. Chr.) im Haustierstand. So kannte schon Ch. Darwin 1859 die Domestikation der Felsentaube: „Sie (die Tauben) werden seit Jahrtausenden in mehreren Weltteilen gezüchtet; die älteste Mitteilung über Tauben stammt aus der Zeit der fünften ägyptischen Dynastie, etwa 3000 Jahre v. Chr.".

Auf der Abbildung eines Viehhofes in der Mastaba des Gem-ni-kei um 2300 v. Chr. sind deutlich Tauben zu erkennen (Gressmann 1920). Ein fossiles Taubenragout fand Emery 1962; allerdings ist es nicht sicher, ob es sich bereits um domestizierte Tauben oder um die Mahlzeit aus zubereiteten Felsentauben handelte. In Oasen wurden Früchte, Natron, Salz und Nutztiere produziert. Wenn bei der Aufzählung dieser Kostbarkeiten aus einer „Salzoase" um 2100 v. Chr. auch Tauben erwähnt werden, so ist davon auszugehen, dass es gezüchtete Vögel waren. Tauben als Opfergaben finden sich an Grabkammern um 1500 v. Chr. Damit war aber nicht nur die Fleischnutzung, sondern auch schon die Verwendung als zahme Haus- und Hofgenossen charakterisiert. In der Herrschaftszeit von Ramses III. (1184–1153 v. Chr.) werden Tauben abgebildet, die ein Priester fliegen lässt. Es könnte sich – vielleicht nur symbolisch – um Botentauben gehandelt haben. Der Ketzerkönig Echnaton erbaute um 1350 v. Chr. in Tell el Amarna einen Palast mit einer herrlichen Vogeldarstellung im „Grünen Zimmer". Neben Turteltauben, Graufischern und anderen Vögeln sind Tauben dargestellt, blaubindig und gehämmert, mit leicht aufgefächerten Flügeln, zur Ehre des Sonnengottes Aton. Auch hierbei ist es nicht sicher, ob es sich um wilde oder domestizierte Tauben handelt. D. HAAG-WACKERNAGEL (1998) gibt die Vermutung wieder, dass eine kleine Taubenrasse in ihren Brutnischen doch als Belege für die Anfänge der Domestikation gelten könnte. Andererseits spricht dagegen, dass die im Alten Ägypten wilde Turteltaube in so großer Zahl vorkam, dass nicht unbedingt die Felsentaube domestiziert werden musste. Erst im Neuen Reich (1551–1070 v. Chr.) und sicher dann später unter der Ptolemäerherrschaft (306–30 v. Chr.) kam die Taubenhaltung zur Erzeugung von Tafelfleisch und Dünger zur Blüte. In den Weingärten wurden Taubenzuchtanlagen eingerichtet. Auch der Beruf des Taubenhändlers ist schon im 2. Jahrhundert v. Chr. bekannt. Nach antiken Berichten (Aelian, Plinius) zogen die Taubenpaare bis zu zwölf Gelege pro Jahr auf. Erste Kreuzungen mit italienischen Haustauben sind belegt. So entstanden schon in der Antike verschiedene Rassen, die als Vorläufer heutiger Taubenrassen gelten können. Noch heute gibt es in Ägypten große, freistehende Taubenhäuser nach antikem Muster (z. B. in der Oase Fayum bei Kairo).

Auf den Feldern suchten sich die Tauben den größten Teil des Futters selber. So schildert BRUGSCH 1963 diesen Vorteil gegenüber der Gänse- und Entenhaltung: „Die Gans wird gefüttert, die Ente erhält zu fressen, die Taube holt sich ihr Futter".

Der Hauptgrund für die Taubenhaltung in Ägypten dürfte die Düngergewinnung gewesen sein. Taubenkot enthält ca. 5 % Stickstoff, 2,25 % Phosphate, 2,7 % Kalium und 30,8 % organische Substanzen. Besonders zum Anbau von Melonen, Kürbissen, Gurken und Blumen ist Taubendung wertvoll. Bis zu 5000 Tauben waren in den Zuchthäusern untergebracht. Außer der Düngerverwendung wurde Taubenmist zum Gerben von Leder verwendet.

Israel

Zur Reinigung der Wöchnerin und nach unregelmäßiger Menstruation wurden in Israel Tauben als Opfervögel verwendet. Nach Leviticus 5,13 verbrannten die Priester die Tauben auf den Altären oder verzehrten ihr Fleisch als Sündopfer. In den Gärten des Herodes waren Taubenhäuser angelegt, die junge Tauben als Delikatessen lieferten. So berichtet Flavius Josephus um 75 n. Chr.: „Die unter freiem Himmel liegenden Innenhöfe prangten alle in frischem Grün. Hier standen verschiedenartige Haine, durch die lange Spazierwege führten und die von stark fließenden tiefen Kanälen umgeben waren. Schließlich standen zwischen den künstlichen Gewässern viele Türme für zahme Tauben". Die Domestikation in Israel dürfte aber schon viel früher eingesetzt haben, denn eine Abbildung aus dem 16. Jahrhundert v. Chr. zeigt neben einem Fisch auch eine Taubengestalt. Ob es sich bei den Tauben, die im Psalm 68 eindrucksvoll beschrieben werden, um Vorläufer von glänzenden Gimpeltauben und weiß schillernden Damascenern handelte, kann nur vermutet werden: „Wenn ihr zu Felde liegt, glänzt es wie Flügel der Tauben, die wie Silber und Gold schimmern". Allerdings könnte es sich auch um Ausschmückungen der Taubenflügel mit Silber- und Goldflitter zu kultischen Zwecken gehandelt haben. Noch heute werden im Orient Tauben mit glänzendem Schmuck behängt. Im Babylonischen Talmud wird allerdings auch von öffentlichen Ärgernissen bei Freiflug der Tauben berichtet.

Anfänge des Taubensports durch schnelle Wettflüge und Einfangen fremder Tauben kannten die Juden auch. M. TABCHE berichtet 1992 von ähnlichem Taubenlocksport der Gegenwart, besonders in den Städten Beirut, Tripoli, Sidon, Damaskus, Aleppo, Homs und Hama.

In jüdischen Geschichten von der Erschaffung der Erde wird die Taube mit dem Geist

Gottes in Verbindung gesetzt. So heißt es im Babylonischen Talmud, dass der Geist „gleich einer Taube über den Wassern" schwebt. Dieses Bild geht zurück auf die griechische Vorstellung von einer Muttergöttin, die aus einem Ei die Welt entstehen lässt. Die Mondgöttin Eurynome soll sich in eine Taube verwandelt und ein Ei auf das Wasser des Urmeeres gelegt haben. Daher übernehmen die Juden die Vorstellung, dass der Geist Gottes in der Gestalt einer Taube über den Urgewässern schwebte und die Welt ausbrütete. Das hebräische Wort für Geist ist „ruach", ein weiblicher Begriff, analog eines weiblichen Vogels. Im Talmud, Esra 3,26, wird die Taube als Lieblingsvogel Gottes bezeichnet. Als Glücksvögel brachten reiche Juden Taubenabbildungen an den Hausgiebeln an. Der hebräische Name für Taube – Jonah – bedeutet „die Klagende". „Ich klage wie eine Taube", sagt der Prophet Jesaja in Kap. 38; und: „Ihre Mägde jammern wie klagende Tauben". Wahrscheinlich ist dafür der klagende Lockruf des Täubers auf dem Nest die Grundlage. So wird auch der Taubenruf im Englischen mit moan – Jammern, Wehklagen gekennzeichnet.

Wer kein teures Großvieh zur Vergebung der Sünden opfern konnte, durfte dies durch Opferung von Tauben ersetzen. Leviticus 5: „Wenn aber sein Vermögen für ein Stück Vieh nicht ausreicht, so bringe er als Opfergabe Jahwe für seine Verfehlung, die er begangen hat, zwei Turteltauben oder zwei junge Tauben dar, die eine als Sündopfer, die andere als Brandopfer". Dass es junge Tauben sein mussten, war eine zusätzliche Entbehrung, denn sie fehlten als zarte, schmackhafte Speise in der Küche. Die Opfermethode war genau vorgeschrieben: „Er übergebe sie dem Priester, und dieser soll die zum Sündopfer bestimmte Taube zuerst darbringen. Er knickte ihr den Kopf dicht am Genick ab, ohne ihn jedoch abzutrennen und sprenge etwas von dem Blut des Sündopfers an die Wand des Altars. Die zweite Taube aber bringe er als Brandopfer dar, wie es sich gebührt. So verschaffe der Priester Sühne wegen der Verfehlung, die er begangen hat und sie wird ihm vergeben werden" (Leviticus 5,8–10). Bei geschlechtlicher Unreinheit (Leviticus 12,1–8) und nach der Berührung einer Leiche (Numeri 15,1–33) war ein solches Opfer unumgänglich. Mit steigendem Bedarf wurden spezielle Zuchtstätten vor den Toren Jerusalems und Verkaufsstellen im Tempelvorhof errichtet. Jesus von Nazareth war empört über die geschäftlichen Auswüchse und vertrieb die Taubenhändler vor dem Tempel. Maria, die Mutter Jesu, allerdings diente in ihrer Jugend im Tempel. Dazu berichtet das Protoevangelium des Jakobus aus der 2. Hälfte des 2. Jahrhunderts n. Chr.: „Maria aber wurde im Tempel wie eine Taube gehegt und empfing Nahrung aus der Hand eines Engels".

Der hohe Kultstatus der als unschuldig geltenden Taube zeigt sich auch in der Gleichstellung Israels mit der Taube und dem Schicksal der immer wieder aufkommenden Verfolgung. So wie die Taube auch bei Ermüdung mit einem Flügel weiterfliegt, so sollte Israel niemals aufgeben. Weil Tauben vermeintlich in strenger Monogamie lebten, galten sie als Sinnbild der Keuschheit. Die Sehnsucht, zu Gott zu gelangen, veranlasst einen Psalmendichter zur Aussage: „Oh hätte ich Flügel wie Tauben!" (Psalm 55,7). Der Vogel dient allerdings auch als negatives Beispiel: „Ephraim ist wie eine törichte Taube" (Hosea 7,11).

„Siehe du bist schön, meine Freundin, siehe du bist schön, deine Augen sind Tauben". Dieser Vers aus dem Hohen Lied der Liebe lässt erahnen, welch hohe Bedeutung die Taube im Zusammenhang von Liebe und Erotik in Israel besaß. Im wasserarmen Israel wird die Taube in Verbindung mit fruchtbaren Bachläufen gebracht: „Seine Augen sind wie Tauben an Bächen voll Wasser, wie Tauben, die in Milch gebadet über dem vollen Becken sitzen" (Hohes Lied der Liebe

5,12). Im Unterschied zu anderen früheren Kulturen verehrten die Juden aber nicht eine Liebesgöttin. Daher galt die Taube auch nicht als deren Repräsentantin.

Griechenland

In Griechenland war die wilde Felsentaube beheimatet. Schon Homer berichtet in der Odyssee von Tauben, die in Netzen gefangen werden. Er vergleicht gefangene Tauben mit dem Schicksal der Mägde Penelopes. Piloktetes soll sich nach einer Schilderung des Sophokles (497–406 v. Chr.) auf einer Insel von Felsentauben ernährt haben, die er mit dem Bogen erlegte.

Im 2. Jahrtausend v. Chr. dürfte die Zucht in menschlicher Haltung in Griechenland gewesen sein. Belegt ist dies aber erst aus dem 5. Jahrhundert v. Chr. Neben der Gans erwähnt Sophokles in „Tragicorum graecorum fragmenta" die Taube als „Hausgenosse". Die Einrichtung der Taubenschläge dient Platon (427–347 v. Chr.), Ausführungen über die menschliche Erkenntnis im Dialog mit Theaitetos darzulegen. Ausführliche Schilderungen einer Taubenzuchtanlage liegen nach einer alten Quelle von Demokrit (um 460–370 v. Chr.) vor. Ein Zuchtvorschlag darin wäre heute fraglich: „Wer aber einen Taubenschlag einrichten will, der darf nicht mit Jungtieren anfangen, sondern mit solchen, die schon Eier gebrütet haben. Wenn aber zehn Paare vorhanden sind, vermehren sie sich schnell".

Neben feinstem Tafelfleisch von jungen Tauben war der Mist sehr begehrt. Ein Bericht erzählt davon, dass sogar durch verrotteten Taubenmist so hohe Temperaturen entstanden, dass ein Haus in Brand geriet (Varro/Quintilius). Attische Grabmäler zeigen figürliche Tauben zusammen mit spielenden Kindern, als Sinnbild der Sanftmut auch Mädchen und Frauen. In mancher Hinsicht lässt sich die antike griechische Taubenhaltung durchaus mit der heutigen vergleichen. So kennen wir Berichte von Aristoteles (384–324 v. Chr.), die nur nach genauen Beobachtungen, vielleicht auch schon an verschiedenen Rassen, möglich waren. Ein Beispiel: „Haustauben legen das ganze Jahr und ziehen auch die Jungen auf, wenn sie ein warmes Plätzchen und Futter bekommen, sonst nur im Sommer. Am besten geraten die Jungen im Frühjahr und Spätherbst, am schlechtesten die im Sommer und in heissen Zeiten" (Tierkunde 5, 544b, 1–13). Weiße Tauben hatten einen Sonderstatus als Zier- und Spielvögel. So ist auf einer apulischen Vase aus der Basilicata (Avella) eine nackte Frau zu sehen, die mit einer weißen Taube und einer Katze spielt. Nach verschiedenen Angaben aus der vorchristlichen Zeit gab es in Griechenland Vorläufer bestimmter Rassen mit unterschiedlicher Gefiederfärbung. Sizilianische Tauben genossen nach Athenaeus (2. Jahrhundert

Apoll mit weißer Taube

n. Chr.) besondere Beliebtheit. Schwarze Tauben wurden im 5. Jahrhundert n. Chr. von Herodot beschrieben: „Es gibt nämlich Taubenzüchter, die haben in ihrem Schlag viele Arten von Tauben, mit vielerlei Farben: stargrau, schwärzlich, goldgetönt, schneeweiß, feuerfarben“. Eine Grundpalette der späteren Farbentauben!

Das Einfangen fremder Tauben betrieben die Griechen wie die Juden als eine Art Sport. Ausgeprägter war die Verwendung als Botentauben. Früheste Erwähnungen aus dem antiken Griechenland liegen mutmaßlich aus dem 6. Jahrhundert v. Chr. und mit Sicherheit aus der 2. Hälfte des 5. Jahrhunderts v. Chr. vor. Pherecrates schrieb: „Sende mir die Taube, damit sie die Nachricht meldet“. Besonders brütende und fütternde Tauben wurden als Botinnen verwendet, da sie in diesem Stadium schnell heimkehrten. „Andere sagen, Taurostehenes habe eine Taube mitgenommen, die ihre frisch geschlüpften und noch unbefiederten Jungen zurückgelassen hatte; und nach seinem Sieg habe er an der Taube ein Purpurband befestigt und sie fliegen lassen, und sie sei eilends noch am selben Tage von Pise nach Aigina zu ihren Jungen zurückgekehrt“.

Rein kultische Verwendung fand die Taube in Griechenland in Verbindung mit Götteropfern. Dione, die Gemahlin des Gottes Zeus, der Liebesgott Eros, Adonis, der Geliebte Aphrodites, und Aphrodite selber als Förderin animalischer und vegetativer Fruchtbarkeit, wurden durch Opferung von Tauben geehrt. Besonders weiße Tauben galten als Sinnbild der Göttin der Liebe, Anmut und Schönheit. Als eine Art „Reklame“ für Aphrodite könnte die Abbildung von Tauben auf Münzen aus der ersten Hälfte des 5. Jahrhunderts v. Chr. gedeutet werden. Eine Taube mit einem Ölzweig im Schnabel zeigt außerdem die gute Qualität des Olivenöls in der Gegend von Sikyon an. Das heutige Symbol des Friedens also stammt ursprünglich aus einer anderen doppelten Bedeutung.

Wenn ein Liebhaber seiner Geliebten weiße Tauben schenkte, so sollte damit die Beziehung zur Liebesgöttin Aphrodite zum Ausdruck kommen. Auch begehrte Knaben wurden mit Tauben beschenkt: „Allmächtige Venus, wenn ich diesen Knaben küssen kann, ohne dass er es merkt, so will ich ihm morgen ein Taubenpärchen schenken“ schrieb der Römer Petronius im 1. Jahrhundert n. Chr. (Satyrica 85, 5). „Mein Täubchen“ ist ein Kosewort aus der damaligen Zeit, das sich bis heute erhalten hat.

Befehle, Weisungen, Ratschläge, Flüche und heilsame Prognosen erwarteten die Griechen von ihren Göttern. Dazu bedienten sie sich der Taube als Orakel. So zeigten schwarze Tauben, wo für Zeus und Ammon Heiligtümer errichtet werden sollten. Dakaris beschreibt 1963, wie einst eine Taube den Hirten Mandylas davon abbrachte, die heilige Eiche von Dodona zu fällen. Der Baum war als zweitältester von Griechenland ein Göttersitz. Das Verhalten von Tauben wurde von Priestern beobachtet und daraus Willensäußerungen der Götter abgeleitet. Zur Vorbereitung von Kriegszügen gehörte das Taubenorakel genauso wie die Gründung von Dynastien durch ausgewählte Heiratsbündnisse.

Rom

In der Antike wurde die Taubenzucht zur Fleischgewinnung erst in Rom systematisch betrieben. Außerdem ist hier der Beginn der frühen Rassezucht anzusiedeln. Eine dritte Verwendung ergab sich für Botendienste durch Tauben.

In seinem Standardwerk „Über die Landwirtschaft“ beschreibt Varro um 37 v. Chr. neben der halbwilden Feldtaube (genus agreste) und der Kreuzung von Feld- und Haustaube (genus miscellum) die domestizierte Haustaube (columba domestica). Letztere war überwiegend weiß und wurde in Schlägen gefüttert. Die wahrscheinlich leichteren Kreuzungstiere hielt man in Massen in großen Häusern in erster Linie zur Fleischgewinnung. Dazu wurden Tränken und Futterkanäle von außen angebracht, sodass die Zucht in großem Umfang möglich wurde. Varro berichtet auch von dem aus heutiger Sicht fragwürdigen Verfahren, junge Tauben zu mästen: „Wer die jungen Tauben gern mästet, wodurch sie teuer verkauft werden können, sondert diese ab, wenn sie schon mit Flaum bedeckt sind. Dann stopfen sie sie mit vorgekautem weißem Brot, im Winter zweimal, im Sommer dreimal, frühmorgens, am Mittag und am Abend; im Winter lassen sie die mittlere Mahlzeit aus. Diejenigen, bei denen schon Federn wachsen, lassen sie mit gebrochenen Beinen im Nest und übergeben sie den Müttern, damit sie in Fülle essen können. Auf diese Weise füttern sie nämlich den ganzen Tag über sich und die Jungen. Diese werden so aufgezogen und werden ziemlich schnell fetter als die anderen, und ihre Eltern werden weiss“. Die umfangreichsten und genauesten Beschreibungen über Taubenhaltung stammen vom römischen Schriftsteller Columnella aus dem 1. Jahrhundert n. Chr.: „Als Futter gibt man Gerstenmehl; es wird mit Wasser eingefeuchtet und geknetet, dann zu Klößchen geformt, mit denen das Tier genudelt wird“. Genaue Angaben über Nistfächer, Anflugbretter, Schutzvorrichtungen gegen Habichte, Stallpflege und Jungenaufzucht sind auch aus heutiger Sicht bestaunenswert. Sogar Preisangaben finden sich dort. Ein bewährtes Taubenbrutpaar kostete umgerechnet immerhin bis zu 130 Euro.

Die gezielte Zucht von Rassetauben war eine andere Motivation bei den Römern. Nach Hehn (1963) kam eine weiße wertvolle Haustaube – columba domestica alba – von Sizilien nach Rom. Große Varianten werden von Plinius und Columnella erwähnt. Die auf einem Mosaik in Pompeji abgebildeten großen Tauben sind – nach Vermutungen von Stauber (nach D. Haag-Wackernagel, 1998) – Vorläufer der heutigen großformatigen Römertaube.

Zur Verbesserung der Zuchtergebnisse führten die Römer schon Abstammungsnachweise und beobachteten die Geschlechterfolge aus den geschlüpften Eiern. Solche Methoden führten zur Steigerung der Fruchtbarkeit der Tauben. Bis zu zwölf Jungtiere von einem Paar im Jahresablauf waren fast üblich (Aelian). Damit die kostbaren Vögel auch schlagtreu blieben und auch noch fremde Tauben anlockten, wurden manchmal die Schläge mit Öl des Balsambaumes parfümiert. Kümmel, Linsenbrühe und Honigmilch waren weitere Lockmittel. Didymos in Cassianus Bassus berichtet dazu: „Es wird aber gegen das Entfliegen der Tauben auch folgender Liebestrank bereitet: Eierschalen und Schilfhalmstücklein in duftendem alten Wein durchgeseiht, gibt man das denen, die auf Futtersuche ausfliegen. Einige mischen Gerstenmehl mit getrockneten Feigen, geben einen Teil Honig hinzu und verfüttern das. Andere streuen den auf Futtersuche Ausfliegenden Kümmel. Die Tauben bleiben auch, wenn man in den Taubenturm einen Fledermauskopf legt oder wenn man Zweige wilden Weines samt den Blüten im richtigen Zeitpunkt niederlegt im Taubenhaus“.

Sowohl für militärische als auch für private Zwecke verwendeten die Römer Tauben als Boten. Sogar von Meldungen aus Theatervorstellungen berichtet Varro. Diese Nachrichtübermittlung war aber vermutlich nicht effektiv, sodass lieber Läufer und berittene Boten eingesetzt wurden. So verbinden sich in der römischen Kulturgeschichte mit der Taube die Symbole des Göttlichen, der Schönheit und Reinheit, der Treue und Tugendhaftigkeit mit den Nutzeffekten der Fleischgewinnung und der Verwendung als Botenvögel. Die Freude an Veränderungen der Formen, Farben und Zeichnungen im Haustierstand, an Beobachtungen der Verhaltensweisen und an damit verbundenen kommunikativen Sportarten, die die heutigen Taubenzüchter kennzeichnet, ist also ein sehr altes Kulturerbe.

Christentum

Im europäischen Kulturkreis ist die Taube mit fortschreitender Christianisierung über die antike Bedeutung hinaus in den Mittelpunkt kultischer, religiöser, theologischer und künstlerischer Beachtung gerückt. Die Taube im Christentum bildet eindeutig einen Schwerpunkt in der gesamten kulturgeschichtlichen Betrachtung, die im Rahmen dieses Buches nur kurz dargestellt werden kann. Den Hintergrund der christlichen Taubensymbolik bilden zwar orientalische und jüdische Vorstellungen, sie hat aber auf der Grundlage des Neuen Testaments eine gewisse Eigenständigkeit erreicht.

Im Markus-Evangelium, dem ältesten der Evangelien, dient die Taube zur Schilderung der Geistankunft bei der Taufe Jesu: „Und sobald er (Jesus) aus dem Wasser stieg, sah er die Himmel sich öffnen und den Geist wie eine Taube auf sich herabschweben" (Mk 1,10). Auch im Matthäus-Evangelium wird die Gestalt der Taube nur als Synonym für den herabschwebenden Geist Gottes verwendet (Mt 3,16). Im späten Johannes-Evangelium, das um 100 n. Chr. im Umlauf war, wird auch der Zusatz „wie eine Taube" gebraucht. Nur im Lukas-Evangelium wird das Bild einer wirklichen Taube nahe gelegt: „Und der heilige Geist schwebte in leiblicher Gestalt wie eine Taube auf ihn herab" (Lk 3,22). Damit knüpft Lukas als gebildeter Grieche an frühere Vorstellungen von der Taube als Götterbote an. Damit soll die Taube quasi das Göttliche in der Welt verkörpern. Vom erwachsenen Jesus wird die Taube als Geistdokument in einigen Kunstdarstellungen zurückverlegt in seine Kindheit. Jesus, die Lichtgestalt, spielt mit Tauben als Träger der Geistoffenbarung.

Der Geist in Gestalt einer Taube kann zurückgeführt werden auf das Taubensymbol für den Ischtar-Astarte-Kult in Mesopotamien. Wie die Tauben der Liebesgöttin, dient im Neuen Testament die Taube als Symbol für die Liebe Gottes, die in Gestalt Jesu zu den Menschen kommt. Aus dem ursprünglich erotischen Symbol wird das Zeichen der caritativen Agape. Allerdings bemühten sich frühchristliche Theologen, die Taube von dem „Geruch" der erotischen Symbolik zu befreien. So interpretierte der Kirchenvater AUGUSTIN (354–430 n. Chr.): „Die Taube erschien wegen der heiligen Liebe, das Feuer aber wegen des Lichts und der Glut der Liebe". Die Taube gilt nun als Sinnbild der „geistigen Liebe" (amorem spiritualem). Aus vorchristlichen Vorstellungen wird die Taube als Symbol des heiligen Geistes bei der Taufe übernommen. TERTULLIAN schildert, wie die Taube zum Täufling fliegt und damit den Frieden Gottes anzeigt. In einer alten Schrift wird empfohlen: „Mache dein ferneres Leben frei von dem gefrässigen Raben: Gib der Taube die Möglichkeit, auf dich herabzufliegen!". Auch das Dogma von der Zeugung Jesu durch den heiligen Geist wird immer wieder in der frühkirchlichen Mythologie mit der Taube in Zusammenhang gebracht. So gibt es mittelalterliche Kunstdarstellungen, die weiße Tauben zeigen, wie sie die Geistzeugung bei Maria durch Gott vermitteln.

Auf dem Gemälde „Das Pfingstwunder" von Martin Schaffner (1478–um 1547) in der Alten Pinakothek München schwebt eine weiße Taube über Maria und den Aposteln anstelle der Feuerflammen, die in Apostelgeschichte 2,1–4 als Materialisierung des Heiligen Geistes dargestellt werden. Auf einem Ölfläschchen aus dem Schatz von Monza aus dem 6. Jahrhundert n. Chr. ist die Pfingstszene schon sehr früh mit einer wie im Sturzflug vom Himmel kommenden Taube illustriert. Beides, Feuerflammen und die Taube sind auf einem Pfingstbild der Apokalypse von Reichenau (um 1020 n. Chr.) zu sehen. Mehrmals in der Geschichte der

Papstwahlen spielte die Taube die Rolle als Zeichen Gottes.

Sehr überraschend wurde im 3. Jahrhundert nach Eusebius Fabian zum Papst gewählt, nachdem sich eine Taube auf seinem Haupt niedergelassen hatte. Auch bei der Bischofswahl des heiligen Gregors dokumentierte eine Taube, die während des Segens aus dem Altar aufflog, den Willen Gottes zu dieser Wahl. Tauben flüsterten Geistlichen Botschaften zu, sangen Melodien ins Ohr (z. B. Papst Gregor, dem Begründer des Gregorianischen Chorals) und vermittelten göttliche Inspirationen als Grundlage für ihre Lehren.

„Vor allem in Heiligenlegenden übernimmt die Taube die Aufgabe von Engeln als Vollstrecker des göttlichen Willens. Dazu einige Beispiele: Tauben brachten der Hl. Katharina Nahrung in den Kerker und eine Taube brachte der Hl. Adelgunde den Nonnenschleier vom Himmel herab. Eine Taube brachte dem Hl. Remigius das Ölfläschchen vom Himmel, als alle Könige von Frankreich gesalbt wurden, und eine Taube war es, die den Ort anzeigte, wo die Hl. Ursula begraben war, weswegen man ihr auf Abbildungen eine Taube zu Füssen malt“ (Haag-Wackernagel 1998). Bei der Auswahl des Standortes für Kirchen und Klöster zeigten Tauben die richtigen Stellen an.

Die Verbindung zwischen Maria, der Mutter Jesu, und der Taube kommt auch zum Ausdruck in der Überbetonung der Fruchtbarkeit: „Maria verbarg sich, als sie mit dem Jesuskind vor den Juden floh. Da kam eine Spinne und spann ihr Netz vor dem Eingang der Höhle, in die sie sich geflüchtet hatte, dass es aussah wie ein Vorhang. Kurz darauf kam eine Taube und legte in das Spinnennetz ihr Ei. Als die Juden an den Eingang der Höhle kamen, wollten sie zuerst eindringen, um sie zu durchsuchen; als sie aber das Spinnennetz und das Ei darin sahen, sprachen sie: Hier ist niemand hineingegangen, da ist ja ein Spinnennetz und ein Ei darauf; Gott weiß wie lange schon dieses Gewebe hier ist. Und sie gingen vorüber. Da segnete die Mutter Gottes die Spinne und erlaubte ihr, ihr Netz an einem Tage zu spinnen und in den menschlichen Wohnungen zu hausen. Da segnete sie die Taube und gab ihr die Fähigkeit, alle Monate Eier zu legen und zu brüten“ (Dähnhardt nach Gattinger 1989).

Das äußere Erscheinungsbild, besonders die weiße Farbe, aber auch das Verhalten der Taube hat immer wieder dazu Anregungen gegeben, die „Persitera“ (Haustaube) mit dem Geist, der bei der Taufe herabkommt, gleichzusetzen. Augustin erwähnt die Friedfertigkeit der Taube, die nicht raubt, nicht zerfleischt und nicht tötet. Ihr Leben in Gemeinschaft, ihre Sanftmut (ihr fehlt die Galle als Sitz aggressiver Erregung), ihre Klugheit und ihre Keuschheit hatte Vorbildcharakter auch für menschliches Verhalten und wurde aufgefasst wie eine Botschaft vom Himmel. Schließlich konnte der Teufel alle Tiergestalten annehmen, nicht aber die der Taube. Aus heutiger Sicht freilich treffen die meisten Eigenschaften, die Augustin für die Taube angibt, in Wirklichkeit nicht zu.

Auch in späteren Zeiten bis hin zur Gegenwart ist die Taube die Verkörperung des Heiligen Geistes. Interessanterweise bildeten die jüngeren Gemälde und Skulpturen Tauben ab, die Merkmale von Rasseattributen tragen. So finden sich Ansätze zu Federhauben auf dem Kopf, befiederte Beine und Füße und die stilisierte Form des Schwebefluges, der sich in der Domestikation aus dem Balzflug der wilden Felsentaube entwickelt hat. Aus den Sturzflugdarstellungen des Mittelalters werden unterscheidbare Stufen des Flugstils abgeändert bis zum vollendeten Schwebe-Landeanflug des 15. Jahrhunderts (Haag-Wackernagel 1998).

Über das Taubensymbol bei der Taufe Jesu erfolgte die Gleichsetzung des Vogels mit Jesus selber. Christus als „rote Taube“, der „Täuberich Jesu“ und „Christus, die mächtige Taube" (PRUDENTIUS nach SÜHLING 1930) muten heute merkwürdig an. Eine Taube auf einem Kreuz sitzend tröstete eine Christin aus dem 4. Jahrhundert in der Kerkerhaft. Die Ankunft Christi im Abendmahl wird versinnbildlicht durch eine Taube: „Komm, heilige Taube, die du die Zwillingsjungen gebierst, komm, verborgene Mutter" (Acta Thomae aus dem 3. Jahrhundert). Die Kirche als Braut und Christus als Bräutigam; aus dieser Allegorie wird dann die Kirche zur Taube und Christus zum Täuberich. Sogar der Kirchenbau erhält die Bezeichnung „Nostrae columbae domus".

Im Christentum wurde der Taube außerdem die Bedeutung des Seelenvogels beigelegt. Die Seele des Menschen gelangt durch den Heiligen Geist in den Schutz Gottes. So wird die Taube zum Symbol für die Seele. Ihre Merkmale sind Milde, Sanftmütigkeit und Frieden. Nach dem Tode verlässt die Seele den Menschen; dazu wird die Gestalt einer weißen Taube eingesetzt. Aus dem Mund von Märtyrern und Mönchen entfliegen weiße Tauben als Seelenvögel. Im Volksglauben hat sich die Seelentaube bis in die Gegenwart erhalten. Die Seelen ertrunkener Schiffsleute werden in Spanien des 19. Jahrhunderts als fliegende Tauben gedeutet. „In der Ostschweiz (Arbon, Kanton Thurgau) wurde den Kindern noch in den 1960er Jahren erzählt, die Seele der Verstorbenen fliege in Form einer weissen Taube in den Himmel. Manchmal könne man die Taube noch am Tag nach Eintritt des Todes auf dem Dach sitzen sehen, bevor sie dann in den Himmel fliegen (HAAG-WACKERNAGEL 1998).

Der Bogen der Taubenverehrung spannt sich vom dem Vorderen Orient aus der Zeit vor mehr als 5000 Jahren über die herausragende Stellung der Taube im Alten Ägypten, über den Kult- und Opfervogel des vorgeschichtlichen Israel, über den Vogel der Göttinnen, der Liebe, Anmut und Schön-

Apostel mit Friedenstauben, Mosaik 3. Jhr. n. Chr, Museum Tunis

heit, über die Zucht und Haltung im Alten Rom bis zu der vielfältigen Mystifizierung im Christentum. Im arabischen Kulturkreis, in Indien und China hat die Taube ebenso in einer unvorstellbaren Vielfalt kultische Verehrung, aber auch praktischen Gebrauch als Nahrungspender und Botenvogel erlangt. Die heutige Haltung und Zucht der Taube gründet auf einer uralten, tief gehenden Faszination von Menschen zu allen Zeiten.

Der Hl. Geist in Taubengestalt, Münster, Freiburg im Breisgau

Die Taube in der Mythologie und im Volksglauben Europas

Das Erscheinungsbild, die Verhaltensweisen und die überraschenden Merkwürdigkeiten der Taube in menschlicher Obhut muss sich tief in die Volksseele eingegraben haben, denn in fast allen Ländern Europas wird dieser Vogel seit alters her magisch gedeutet, verehrt und gefürchtet, bewundert und bestaunt. In dem berühmten Werk von KONRAD GESSNER „Vogelbuch, durch RUD. HEUSSLIN aus dem Lateinischen ins Teutsch gebracht“, Zürich 1557, ist eine beachtliche Fülle von Aussagen zur Taube in der Volksmedizin enthalten. Damit die Originalität dieser Ausführungen erhalten bleibt, sollen hier einige Abschnitte aus diesem Buch in der ursprünglichen Sprache der damaligen Zeit wiedergegeben werden. GESSNER schildert, wie Ärzte die Taube als „Versuchskarnickel“ verwendeten: „Etliche versuchend die artzneyen, so wider gifft dienstlich sind, an den Tauben: dann nach dem sy zweyen Tauben gifft geben habend, so gebend sy der einen von stundan ein artzney darfür: die ander aber lassend sy bleyben. Wenn nun die ein stirbt, die ander aber gläbt, so haltend sy die artzney für gut, auch dem menschen damit zuhelffen“. „Die Tauben so in thürnen nistend, sind den tropffschlegigen, starrenden und zitternden glideren gut. Etliche zerschneydend ein jungs Hündlin, oder ein Tauben in mitten durch den rugkgrat, und legends einem melancholischen, oder aberwitzigen auff den gepräste seines haupts“. „In mitten am bauch zerschnitten und also warm übergelegt, benimpt aller Schlangen bissz. Die verstrupfften sennaderen bring diss fleisch widerumb zurecht“.

In der „Naturgeschichte“ von PLINIUS (23–79 n. Chr.) sind ebenfalls Hinweise zur medizinischen Verwendung der Taube enthalten: „Es hilft auch wider der Schlangen Biss, frisches zerrissenes Fleisch von Tauben und Schwalben; auch die Füss einer Eule mit Flöhkraute gebrannt“. WUTTKE kennt 1900 die Verwendung von Taubenfleisch, um die Gicht der Kinder zu heilen. Besonders in Franken wurden mit dem Bürzel der Taube der After des erkrankten Kindes berührt. Trat die Wirkung nicht sofort ein, so wurde die Taube entzwei gerissen und ihren Steiß auf den des Kindes gebunden. Auch in der Oberpfalz wurde in früheren Zeiten bei Kinderkrankheiten Taubenfleisch gegen Gicht oder Gliederweh eingesetzt: „Man schneidet der Taube den Kopf ab und hält den blutigen Hals an den After des gepeinigten Kindes; denn das Blut zieht dem Kind das Gift aus dem Leib. Den Kopf vergräbt man ungesehen und ungeredet unter der Dachtraufe. Am 9. Tag fängt er an zu faulen, und dem Kind wird nun besser oder es stirbt bald, wenn ihm nicht mehr zu helfen ist“ (Gattiker 1989). Der Franzose Sebillot schildert 1904 Prozeduren, die bei gichtkranken Kindern angewendet wurden. Einer lebendigen jungen Taube werden am After die Federn gerupft und an den After des Kindes gebunden. Schon kurze Zeit später geht die Taube an Atemnot ein und das Kind kann in einem ruhigen Schlaf gesund werden. Auch half eine frisch geschlachtete Taube auf die Fußsohlen des Kindes gelegt. Dass bei Hirnhautentzündung eine Taube mit dem Schnabel in den Anus gesteckt wurde, überliefert Jühling 1900. Diese „Fußsohlenmethode“ sollte auch Fieberkranke heilen. Eine in der Mitte gespaltete Taube wurde mit dem Kopf in Richtung der Ferse aufgelegt. Ebenso wurde eine gespaltene Taube zur Heilung von Typhus dem Kranken auf die Stirn gelegt (Sebillot 1904). Der gleiche Autor überliefert die Schmerzlinderung bei Sterbenden durch Auflegen einer jungen Taube auf den Kopf. Eine geöffnete Taube auf den Rücken in der Gegend der Galle einem an Brustfellentzündung erkrankten Menschen gelegt, sollte diesen heilen. Als günstiges Zeichen wertete man die Schwanzfärbung des Taubenblutes. Auf den Kopf wurde eine Taube bei Meningitiserkrankung gelegt (Jühling 1900). Ebenso glaubte man an die Heilung bei Krebsgeschwüren durch Berührung mit frisch geschlachteten halben Tauben (Lammert 1869).

Gessner war überzeugt von der heiligen Wirkung von Taubenblut: „Taubenblut wirt über die blutigen und frischen wunden der selbigen gestrichen, Andere brauchend auch Blochtauben unn Schwalmenblut darzu. Darzu soll dess männlings blut von der Tauben besser seyn: man schneydt aber deren ein aderen under dem flügel: dann diss von seiner werme wägen nützer ist: darauf muss man einer ein zügle von honig legen, und ungweschne Schaffwulen auss Öl oder weyn. Taubenblut ab dem ort da ein fäderen aussgezogen ist, sol also law in die augen gethon werden, so blutächtig oder von einem streych verletzt sind. Taubenblut also warm in die Augen gegossen, benimpt das trieffen, die wunden und geschwär derselbigen“. Schon bei Plinius ist zu lesen: „Nasenbluten stillet auch Taubenblut, zu dem Ende aufgehoben und verdickt“.

Diesen Lehren zufolge sollen heute noch Menschen in Schwaben gedörrtes Taubenblut gegen Nasenbluten verwenden (Hopf 1888). In einem Zauberbuch von 1745 (Wallbergen) wird geraten, gegen Hühneraugen Taubenblut aufzustreichen und lange Zeit war warmes Taubenblut in Bayern ein Volksmittel gegen Anfallskrankheiten (Höfler 1893). Drechsler berichtet 1903 aus Schlesien, dass man dort Blut von schwarzen Tauben auf die Zunge von Kindern streicht und damit ihre Krämpfe lösen kann. In Schlesien wurde Taubenblut auch zur Beseitigung von Sommersprossen verwendet (Wuttke 1900). Gattinger überliefert 1989 die Verwendung von Taubenblut als Schönheitspflege: „In der Tschechoslowakei nimmt der Hausvater am Palmsonntag ein eben aus dem Ei geschlüpftes Täubchen und bestreicht allen Familienmitgliedern das Gesicht damit, dann bleiben sie geistig wie körperlich gleich einem Täubchen immer rein, schön und jung ohne Flecken, Warzen und Sommersprossen“. Nach Weinhold 1831 heilte Taubenblut den grauen Star. Blut aus dem Flügel einer jungen schwarzen

Taube entnommen, mit Wein und Honig vermischt, wurde als Kataplasma bei Podagra verwendet. Warmes Blut einer frisch geschlachteten Taube sollte Warzen auflösen (LAMMERT 1869).

Das Fett der Taube, Taubenhirn und der Mageninhalt waren im späten Mittelalter probate Heilmittel. Dazu berichtet GESSNER: „Alexander Benedictus lobt Taubenschmaltz für schwärn harnen, das selbig aufgestriche. Taubenfäderen, furauss die so neüwlich wachsend, verbrennt, und mit nesslen übergelegt, milterend das podogran. Etliche neüwgeleerten vermischend Taubenhirn under die stuck so zu unkünschheit reitzend, mer umb rums dann umb nutzen willen: dann in der speyss vilfaltig genossen, mag on zweyfel mer darzu dienen dann nun ein wenig in der artzneyen gebrauch. Das inner heütlin vom Taubenmagen, vermischend etliche unter die artzneyen so zu der roten rur dienstlich sind. Celsus lobt under anderen zu der läbersucht Taubenläberen, frisch und rauw genossen".

Sogar Taubenmist galt als unfehlbar heilendes Allerweltsmittel. „Taubenmist tag und nacht in essich gebeitzt, und hernach den essich durch ein tüchlein davon gesiegen, sol dem so den sein hat zetrincken gegeben werden: dann man sagt, dass der stein in diesen essich geworffen zerbreche" (GESSNER 1557). Beschwerden in den Knien konnten auf die gleiche Wiese gelindert werden: „Die flüss der knieen werden geselt und vertriben wenn du Taubenmist mit saltz und Öl vermischt, darauf streychst". Einhundert Jahre später wurde in der deutschen Volksmedizin Taubenmist immer wieder empfohlen. JÜHLING zitiert 1900: „Nim Mist von Tauben und bindt den in einj tüchlein unnd seudt den In wein unnd gieb dem Krancken des tages ein mahl davon zu trincken. Vor felle der auen. Nim Taubenmist, der da vor drey Tagen gelegen ist. Lies den rein, darnach thue Ihn in ein Töpflein, Setze Ihn In Einen Backofen, las ihn zu Pulver brühen. Nim das Pulver, Stes es gar klein und rethe es durch ein Sieblein". „Taubenmist in essig gemengett und zwelff tage gestanden und darnach davon getrucken, vertreiben den stein der Blasen" (GRAF o.J.). „Als Kataplasmen bei Diphterie verwendet man im Steiermärkischen Kuhmist, Taubenkot in Essig erweicht" (FOSSEL 1885).

Chronische Gelenkleiden wurden als „Gliederschwamm" gedeutet und mit Kompressen aus einem Sud von Tauben-, Schweins- und Schwalbenkot, vermischt mit Milch, Öl und Essig. Die Prozedur musste aber unbedingt bei abnehmendem Mond durchgeführt werden (FOSSEL 1885). In dem Arzneibuch des Schweizers SCHORNO wird für den „Stich" (Lungenkrankheit) empfohlen: „Nimb frischen üben anacken und tubenkaat, woll zuo bulffer gestossen, dan drey frische Eyer, klar und utter, alles woll geklopfft und zuo einem salb gemacht und über die Syten gelegt, war, muss ein wenig ob dem Fewr gemacht werden" (HOFFMANN-KREYER 1897).

Taubenkot, gepulverte Menschenknochen, Hirschgalle in Branntwein neun Tage lang genommen, gleichermaßen Katzenhirn in Essig gesotten, die Leber eines verendeten Huhnes oder einer Ente roh gegessen, wurde in der Pfalz als Heilmittel gegen Gelbsucht empfohlen (HOVORKA und KRONFELD 1908). Entweder pulverisierte Schweinsdärme oder Taubenmist sollte in Schwaben offene Fisteln heilen (LAMMERT 1869). Waren Hände und Füße erfroren, wusch man diese in einer Brühe von Pulver von gebranntem Taubenkot mit Wasser vermengt (WEINHOLD 1891).

In „Aberglaube und Zauberei in der Volksmedizin Sachsens" schildert SEYFART 1913 den Fall einer alten Frau aus Leipzig, die Menschen mit Hautkrankheiten dadurch geheilt habe, dass sie den Urin den Kranken kochte, eine Hand voll Hirse dazugab und auf Dächern den Tauben zum Futter vorwarf. Der Kranke soll dann von seinem Leiden geheilt gewesen sein, wenn alle Körner ausgepickt worden waren. Ein Gedicht aus Schlesien zeugt vom Fieberheilen durch Tauben:

„Der grüne Käfer saugt so an sich böses Blut,
Die Taub zeucht an sich der giften Fieber Flecken,
und für die gelbe Sucht sind die Goldammern gut,
Sie aber müssen selbst das Gift des Todes schmecken
und für den Ungesunden Leben
Ihr eigenes zur Beute geben“
(DRECHSLER 1903).

Besonders GESSNER kennt eine Fülle von Verwendungsmöglichkeiten des Taubenfleisches für unterschiedliche Zwecke. Zwei Beispiele: „Galenus empfiehlt Tauben insonders denen die trockener Natur sind und den Müssiggängern, auch den Nierenkranken sollten sie seiner Ansicht nach sehr tunlich sein“. „Die Tauben sind besser im Früling dann im Herbst, darumb dass sy zu der selbigen zeit vil speyss im väld findend, im sommer aber und zu aller warmer zeit, sind sy schädlich. Für weetagen des haupts sol man Tauben ässen“.

Die Bedeutung und Verwendung von Tauben in früheren Zeiten ging weit über die Volksmedizin hinaus.

Eine Legende berichtet davon, dass eine Taube eine ganze Stadt vor kriegerischer Vernichtung bewahrt hat: „Im Dreißigjährigen Krieg wurde die Stadt Höxter im Corbvei'schen von kaiserlichen Soldaten eingeschlossen, konnte aber nicht eingenommen werden. Endlich kam der Befehl, sie solle mit schwerem Geschütz geängstigt und gezwungen werden. Wie nun bei einbrechender Nacht der Fähnrich die erste Kanone losbrennen wollte, flog ihm eine Taube auf die Hand und pickte ihn, sodass er das Zündloch verfehlte. Da sprach er: „Es ist Gottes Wille, dass ich nicht schießen soll“ und ließ davon ab. In der Nacht kamen die Schweden, und die Käiserlichen mußten abziehen (Gebrüder GRIMM 1891).

Auf der Insel Madeira sitzen auf vielen Dächern und Giebeln der Häuser aus Ton geformte Tauben. Diese Symbole gelten als Glücksbringer und sind schon aus der Antike bekannt. In jüdischen Siedlungen des Mittelmeerraumes sind Lehmtauben aus dem Schutt der Dächer ausgegraben worden (HOPF 1888). Tauben als Glücksbringer waren in Neapel so in Gebrauch, dass lebende, abgerichtete Vögel Lose aus einem Gefäß zogen, deren Nummer dann Gewinn versprach (WEINHOLD 1891).

Die von VONBOUN 1868 überlieferte Sage, nach der eine Taube den Ort eines Klosterbaus angezeigt haben soll, überliefert GATTIKER 1989: „Nachdem aber einer der Zimmerleute sich die Hand verwundete, nahm eine weiße Taube einen der blutigen Späne in ihren Schnabel, flog damit über den Rhein und ließ ihn in dem jenseitigen Wald vom Gipfel auf eine Lärche fallen. Pirminius sah dies als eine höhere Deutung an, und an dem Ort, an dem die Taube den Span fallen ließ, begann er den Bau des Klosters Pfäfers. Daher führt dieses im Wappen eine fliegende Taube mit einem Span“.

Die Funktion als Glücksbringer konnten Tauben aber auch anders ausüben. In Schlesien erzählte man, dass weiße Tauben, die ans Fenster von Frauen flogen, Geschenke anzeigten (PETER 1865). Ganz umgekehrt kündigte eine weiße Taube, die ins Haus flog, den baldigen Tod eines Bewohners an (HOFFMANN-KREYER 1897).

Manchmal galten Tauben als Wetterpropheten. So gibt es heute noch das Schauspiel, dass in Florenz am Sonnabend vor Ostern eine künstliche Taube vom Altar der Kathedrale auf dem heiligen Platz zwischen Santa Maria dei fiore und dem Baptisterium St. Johannes fliegt, dort ein Feuerwerk entzündet und dann im Flug anzeigt, ob im kommenden Sommer eine gute Ernte zu erwarten ist (HOPF 1888). In bulgarischen, estländischen und russischen Sagen wurden Mädchen entweder als Sinnbild der Frommheit und Unschuld oder auch zur Strafe wegen Unkeuschheit in Tauben verwandelt.

Erstaunlich, wie Tauben die menschliche Fantasie anregen können.

Rassetauben bei Ausstellungen

Warum Ausstellungen?

Wie in den Anfangskapiteln schon dargestellt, genießt die Haustaube als domestizierte Form der wilden Felsentaube seit altersher große Beachtung und Beliebtheit in der menschlichen Kulturgeschichte. Wenn auch kultisch-religiöse, magische, künstlerische und gebrauchspraktische (Botentauben) Gründe in früheren Zeiten vorherrschend waren, so hat der Mensch doch immer schon Gefallen gefunden an der Form des Taubenvogels, seinen Farb- und Zeichnungsmerkmalen, seiner Stimme und nicht zuletzt seines Verhaltens. Die Taube stellt sozusagen ein ästhetisches Gesamtkunstwerk dar, das nach und nach durch gezielte Formgestaltung, durch Züchtung auf Farb- und Zeichnungsspiele, durch Konzentration auf überhöhte Merkmale (Luftkropfbildung), Federfüßigkeit, verlängerte Federstrukturen an Hals, Kopf und Flügelschild, durch Ausbildung interessanter Stimmlaute (Trommeltauben) und Steigerung ausgefallener Flugstile (Hochflug-, Ringschläger-, Purzel- und Segeltauben) ausgeprägt wurde. So fanden Menschen zu allen Zeiten Gefallen sowohl an kleinen, „puppigen" Figuren, die dem „Kindchenschema" (LORENZ) entsprechen, als auch an extremen Größenrahmen, Federstrukturen und fantasievoller Farbgestaltung. Diese Entwicklung führte zur Rassebildung in unterschiedliche, weit verzweigte Richtungen mit einer heute kaum zu überschauenden Vielfalt.

Freilich gab es schon Tauben in mehr oder weniger durchgezüchteter Rassebildung lange bevor es Ausstellungen mit Rassebewertung gab, aber die systematische Steuerung und Steigerung der Rasseausprägung begann eigentlich mit dem Aufkommen der ersten Musterbeschreibungen und der Durchführung von Ausstellungen. So gibt REICHENBACH ein aufschlussreiches Beispiel über die Rassebildung über 400 Jahre bei der Schildmövchen-Taube (2000). Danach wurde diese Rasse in England als „Turbit" bezeichnet. Ihr Ursprung lag in der Westtürkei. In englischer Literatur werden sie schon 1676, in holländischer 1686 beschrieben. In den Niederlanden kam es dann Mitte des 17. Jahrhunderts zu dem Rassenamen „Meeuwtjes". Die Verbreitung erstreckte sich bald über Belgien und Frankreich auch nach Deutschland. Auf den Balkan gelangte diese „Mövchen-Urrasse" durch Türken auf direktem Wege. Im 19. Jahrhundert waren Schildmövchen schon in Skandinavien, Polen und Russland vertreten. Aus dieser Ursprungsform sind dann im Laufe der Zeit etwa 400 Schildmövchen-Rassen entstanden. Ursächlich für die Ausformung sind verschiedene Faktoren. Zum einen ist es wohl das Interesse an veränderten Merkmalen im Körperbau, in der Gefiederbildung, an Farben und Zeichnungen, die durch Mutation und gezielte Auslese-Verpaarungen in menschlicher Obhut relativ leicht hervorzubringen sind. Zum anderen liefert die domestizierte Taube sozusagen das „Rohmaterial" an Variabilität, das sich oft auch ungesteuert entfaltet. Nicht zuletzt ist eine Art „Wettbewerbsgeist" mit sportlicher Note an der Herauszüchtung und Präsentation der Rassen beteiligt, die immer wieder die Züchter anspornt, ihre Tiere in Vergleich mit anderen Zuchtprodukten zu setzen. Dies genau ist Ursprung und Grundlage der Rassebewertung auf Schauen. Hier wird durch systematische Rassebewertung ein dem natürlichen Selektionsprinzip in mancher Hinsicht vergleichbarer Auslesemechanismus eingesetzt, der rassesteuernd wirkt.

Bevor es zu Rassebewertung anhand genau festgelegter Standardbestimmungen (auch Musterbeschreibungen genannt) kam, erschienen in Deutschland Fachbücher mit z. T. recht genauen Beschreibungen unterschiedlicher Taubenformen und deren Farbspielarten. Die ersten Rasseschilderungen sind schon erstaunlich umfassend! So werden in Bechsteins Taubenbuch 1770 und im Ulmer „Nützliches und vollständiges Taubenbuch“ 1790 Merkmale dargestellt, von denen einige heute noch in den gültigen Standards nachklingen. Bald wurden neue Rassen aus dem Ausland eingeführt: 1800 die Florentiner Taube aus Italien. 1819 erscheint „Der Taubenfreund“ von Leopold. Als erstes Spezialwerk über Tauben gilt das von Riedel 1824 herausgebrachte Buch „Die Taubenzucht in ihrem ganzen Umfange – oder vollständige Anweisung zur Kenntnis des Taubenschlages“. Als Standardwerk galt damals das von Neumeister 1837 verfasste Werk „Das Ganze der Taubenzucht“. Mit dieser Fachliteratur hatten die Züchter Leitfäden in der Hand, um ihre Rassen nach diesen Vorgaben zu formen und zu festigen.

Im sächsischen Annaberg-Buchholz führte der 1845 gegründete Verein „Taubeninnung“ 1848 die erste Rassetaubenschau durch. Es muss wohl schon eine reguläre Rassebewertung stattgefunden haben, auch wenn es noch keine gültige Musterbeschreibung und keine ausgebildeten Preisrichter gab. Motive waren sicher der faire Wettbewerb und der Verkauf hoch bewerteter Tiere zu guten Preisen. Bahnbrechend war das Werk 1855 von Korth „Die Taubenzucht zum Vergnügen oder die Flug- und Hoftauben“. Das erste wirkliche Standardwerk erschien 1895 aus der Feder von Marten: „Kennzeichen der Rassetauben“. Ein Jahr später widmete sich Baldamus in seinem Gesamtwerk „Die Federviehzucht“ in einem Band zusammen mit dem Wassergeflügel auch den Tauben. Aus diesen Anfängen der Taubenliteratur entstanden einerseits genaue Vorgaben für die Erstellung von Musterbeschreibungen, andererseits wurden die Leitlinien zur Rassebewertung auf Schauen immer genauer ausgestaltet, sodass eine überregionale einheitliche Bewertungsgrundlage entstehen konnte.

Nicht selten entsteht immer wieder aus Tierschutzgründen und allgemeiner Sorge um das Wohl der Tiere die Frage, ob Rassegeflügelausstellungen noch zeitgemäß und tiergerecht sind. Tatsächlich werden während der Ausstellungstage (meistens nicht mehr als drei) die Tiere aus ihren heimatlichen gewohnten Schlägen in kleinere Gehege, Volieren oder Einzelkäfige gesetzt, die ihre Flug- und Bewegungsfähigkeit einschränken. Die Versorgung mit Futter, Wasser und sauberer Einstreu, die einfühlsame ruhige Bewertungstechnik durch die Preisrichter, die nötigenfalls präsente Gesundheitsvorsorge und Krankheitsbehandlung durch anwesende Veterinäre bedeuten aber für die Tiere nur eine vorübergehende, schonende Unterbringung, wobei die benachbarte Anwesenheit der Artgenossen zudem beruhigend wirkt. Auch sind Hin- und Rücktransport kurzwegig durch private Maßnahmen im Unterschied zu früherem, z. T. strapaziösem Bahntransport geregelt. Zusammenfassend kann festgestellt werden, dass Tauben-Ausstellungen zum Zwecke des Erhaltes wertvoller Kulturrassen durch Festigung der Rassemerkmale im Vergleich durch sachkundige Preisrichterurteile, einschließlich der Hinweise für die Züchter, dienen und somit zur Sicherung wertvollen Kulturgutes unbedingt erforderlich sind.

Struktur und Bestimmungen zur Rassebewertung

Die Durchführung von Rassegeflügel-Ausstellungen ist in den Allgemeinen Ausstellungs-Bestimmungen (AAB) des Bundes Deutscher Rassegeflügelzüchter e. V. geregelt. Sie sind für Veranstalter, Aussteller und Preisrichter verbindlich. Die Ausstellungen sind unterteilt in:

a) Nationale Rassegeflügelschau;
b) Anerkannte Bundesschauen;
c) Verbandsschauen;
d) Vereinsschauen;
e) Sonderschauen;
f) Schauen mit internationaler Beteiligung;
g) Werbe-, Lehr- und sonstige Schauen.

Für fast alle Taubenrassen existieren Sondervereine mit insgesamt 24 500 Mitgliedern in 134 Sondervereinen, 4 Flugvereinen und 91 Orts- bzw. überregionalen Rassetaubenzüchtervereinen. Sie alle sind im Verband Deutscher Rassetaubenzüchter e.V. im BDRG (VDI) zusammengeschlossen. Die jeweiligen Sonderschauen bilden besondere Höhepunkte im Ausstellungswesen.

Tauben können in drei unterschiedliche Formationen ausgestellt werden:

1. **Großvolieren:** zu besetzen mit Tauben und anderen Geflügelarten, jeweils mit 1,4 oder 1,2 Tieren pro Rasse oder Farbenschlag oder gleichen Merkmalen. Sie dienen zur Ausschmückung und attraktiveren Gestaltung von Schauen. Die Bewertung kann als Voliere, Stamm oder Einzeltiere geschehen.

2. **Volieren:** für Tauben 8 Tiere beiderlei Geschlechts. Eine neue Regelung sieht vor: „Ausnahme: Bei Tauben können Volieren paarweise mit bis zu vier Farbenschlägen einer Rasse und gleichen Merkmalen besetzt werden. Außerdem können bei Farbenschlägen, bei denen bei der Verpaarung merkmalstragender Tiere mit dem Auftreten unerwünschter genetischer Merkmale gerechnet werden kann, die Volieren aus diesen Farbenschlägen in Verbindung mit den Komplementärfarben (Nichtmerkmalsträger) paarweise zusammengestellt werden“ (AAB III.1.)

3. **Stämme:** bei Tauben paarweise (1,1).

4. **Einzeltiere:** Ausschließlich auf Hauptsonderschauen und VDT-Schauen können bei Tauben AOC-Klassen angeschlossen werden. Darin dürfen Tiere von in dieser Rasse nicht standardisierten Farbenschlägen ausgestellt werden. Diese müssen jedoch in einer anderen Rasse zugelassen sein.

Der formale Ablauf einer Rassegeflügelausstellung beginnt mit der öffentlichen Bekanntgabe bzw. Verteilung der Anmeldeformulare. Aussteller können nur Züchter sein, die Mitglied in einer dem BDRG angeschlossenen Organisation sind. Nur solche Tiere können zur Schau gemeldet werden, die entweder Bundesringe oder ausländische geschlossene Fußringe tragen, sofern diese Jahreszahlen tragen und nicht abstreifbar sind. Die Veranstalter erheben eine Gebühr zur Deckung der Kosten und zur Ausschüttung der Preisgelder. Für den Transport der Tauben gelten bestimmte Vorschriften zu den Versandbehältern; außerdem sind die Tierschutz-Transportverordnung und die Grundsätze für den Transport von Rassegeflügel zu beachten.

Schauvorbereitungen

Vor den Ausstellungen werden die Tauben vom Züchter vorbereitet. Die Gewöhnung an die Nähe des Menschen, einschließlich des Aufnehmens mit der Hand, beginnt schon mit dem Taubenküken. Der Züchter erreicht schon die Zutraulichkeit beim halbflüggen Jungtier durch behutsame Berührung und Aufnehmen in die Hand; stets vom Bauch her, damit das Täubchen mit seinem Fluchtinstinkt, der sich nach oben orientiert, nicht verunsichert wird. In einem nächsten

Schritt setzt der Züchter die Jungtaube in einen Dressurkäfig, um das Tier an die fremde Umgebung mit den Gitterstäben zu gewöhnen. Fast bei allen Rassen ist zur Bewertung die Körperhaltung, einschließlich des Standes der Hals-, Flügel- und Schwanzhaltung, wichtig. Daher wird die Taube zunächst mit ruhiger Hand in Position gebracht und dann nach und nach in diesem Zusammenhang an den Preisrichterstab gewöhnt. Bald schon hat die Taube ihre kleine Lektion gelernt und geht meist bei Annäherung des Züchters in Position. Mit dem Preisrichterstab wird das Tier zugleich an die spätere Schaubewertung gewöhnt und lernt fast „spielend", die rasseeigene Positur einzunehmen. Manche Züchter tragen zur „Dressur" auch den weißen Arbeitskittel des Preisrichters, damit dieser bei der Bewertung nicht erstmals gesehen wird und fremd erscheint.

Je nach Rasse sind zusätzliche Maßnahmen im Rahmen der Erlaubnisbestimmungen als Schauvorbereitung erforderlich. Entfernen von störenden kleinen Einzelfedern sind ebenso gestattet wie das leichte Auftragen von farblosem verdünnten Alkohol auf die Beine, Füße und die Bundesringe. Fett und Öl sind ungeeignet, da diese verklebende Spuren hinterlassen und als unerlaubte Handlungen geahndet werden können. Zusätzlich zur Paarkennzeichnung angebrachte Plastikringe müssen entfernt werden, um nicht als Kennzeichnung zu gelten.

Peinlich genau sollten Züchter ihre Tiere vor dem Einsetzen auf Ausschlussfehler untersuchen. Als solche gelten bei Tauben Missbildungen des Skeletts (stark verkrümmtes Brustbein in S-Form, deformierte Zehen und Schnäbel, fehlende Zehennägel, Schwimmhaut, Stülp- und Sperrflügel) und des Gefieders (schiefer, offener und geteilter Schwanz, mehr als 11 und weniger als 9 Handschwingen, weniger als 12 Schwanzfedern bei allen Rassen; mehr als 12 Schwanzfedern, Ausnahme: Rassen, bei denen eine höhere Schwanzfederzahl gefordert wird sowie andere als im Standard geforderte Augenfarbe.

Rassebewertung

Gemäß der vorgesehenen Gruppen werden die Tauben in unterschiedliche Abteilungen eingesetzt und bewertet:

E = Kropftauben
F = Formentauben
G = Tümmlertauben und Spielflugtauben
H = Farbentauben
I = Trommeltauben
K = Strukturtauben
L = Mövchentauben
M = Warzentauben

Die Bewertung darf nur von Preisrichtern vorgenommen werden, die für die jeweilige Gruppe zugelassen sind. Als Grundlage gilt verbindlich der jeweils aktuelle Standard. Allerdings sind die Musterbeschreibungen keine Vorschriften für eine metrische Bewertung, d.h. der Standard ist in einem gewissen Rahmen auslegbar. Dabei spielt der jeweilige Zuchtstand der Rasse eine besondere Rolle.

Ausgehend von einem Gesamteindruck werden Formmerkmale, Kopfpunkte, Angaben zur Körperhaltung, zum Stand, zur Gefiederstruktur und zu den Farben und Zeichnungen beschrieben. Zusätzlich kennt der versierte Preisrichter den Zuchtstand, der sich bei ein und derselben Rasse hinsichtlich der Farbenschläge unterscheiden kann. Daher ist die Bewertung niemals schablonenhaft durchzuführen, sondern einfühlsam, bezogen auf den Zuchtstand, die Jahreszeit und die Schauverfassung der Tiere. Von besonderer Bedeutung dabei sind natürlich Gesundheit, Vitalität und Präsentationsbereitschaft der Tauben, wobei bei einigen Rassen noch zusätzlich Bewegungsweisen (z. B. Zitterhalsigkeit, Aufstellen des Halsgefieders bei Perückentauben, Fächerpräsentation bei Pfautauben usw.) als Kriterien herangezogen werden. Zur Rassebewertung sind bestimmte Fachbegriffe im Umlauf, die auch in der schriftlichen Kritik erscheinen können. Hierzu eine Auswahl:

Amselstellung – Körperhaltung, in der die Flügel – nicht wie üblich – auf, sondern unter dem Schwanz getragen werden; der Schwanz ist dabei leicht angehoben.

Armschwingen: Schwingen 2. Ordnung am Unterarm, deren Schaft an der Spitze leicht nach innen gebogen verläuft.

Augenfarbe: Farbe der Iris (Regenbogenhaut).

Augenrand: Mehr oder weniger fleischiger, einfach oder mehrreihig das Auge umschließender Hautrand.

Backen: Ausgeprägte seitliche Gesichtswölbung.

Bagdettenknoten: Vorstehender Halswirbel.

Bauchbläser: Kröpfer, bei denen sich der aufgeblasene Kropf auf die Brustpartie ausdehnt; fehlerhaft.

Behosung: Befiederung der Läufe, Zehen federfrei.

Bestrümpfung: Knappe, oft etwas raue Befiederung der Läufe und Zehen.

Birnenkropf: Birnenförmiges Blaswerk mit der stärksten Ausdehnung im Oberteil des Kropfes.

Blätterschwanz: Sehr lockere Schwanzfederlage, die nicht einer geforderten, geschlossenen Schwanzfederlage entspricht.

Blaswerk: Form und/oder Umfang des aufgeblasenen Kropfes.

Büchsenschnabel: Vom Ansatz bis zur Spitze, bei möglichst gleich dicker Ober- und Unterschnabelbildung gerade verlaufende stumpfe Schnabelform.

Bürzel: Vor dem Schwanz befindliche Partie des Unterrückens; dort auch Sitz der Bürzeldrüse.

Dachfedern: eine Missbildung der Federn am Schwanz.

Doppelfeder: Feder mit zwei Federschäften und jeweils eigener, vollständiger Federfahne.

Doppelkuppig: Vorhandensein einer Haube in Verbindung mit Schnabelnelke bzw. -rosette. Drehfeder: Schräg oder vertikal stehende Schwanz- oder Schwingenfeder, nicht in die übliche Federlage eingepasst.

Druck: Fehlerhafte Einsenkung zwischen Stirn und Nasenwarzen bei durchgehend gewünschter Schnabel-Stirnlinie. Fahne: Beiderseits des Federschaftes befindliche, durch Häkchen zusammengehaltene Federäste und -strahlen.

Faulauge: Fehlerhafte dunkle Irisfarbe bei farbig, meist perlfarbig geforderter Iris.

Fersengelenk: Gelenk zwischen Lauf und Unterschenkel.

Feuer: Intensiv durchbluteter, roter Augenrand.

Finkenschnabel: Wie eingesteckt wirkender, im rechten Winkel zur Stirn stehender Schnabel.

Fischauge: Grünlich graue Iris; fehlerhaft.

Fischrücken: Nach oben gewölbter Rücken.

Flanken: Gefieder an den Körperseiten.

Frisur: Leicht aufgelockerte Spitzen der Schwanzfedern.

Froschschenkel: Stark hervorgedrückte Unterschenkel.

Gebrochenes Auge: Teilweises Fehlen der geforderten Pigmentierung. Die vollständige Auflistung befindet sich im Deutschen Rassetaubenstandard des BDRG.

Das Bewertungssystem

Das derzeit gültige Bewertungssystem sieht Qualitätsnoten und Punktvergabe vor. Die Noten werden durch Begriffe ausgedrückt und gliedern sich wie folgt auf:

Vorzüglich (v) – wenn das Tier durch seinen überragenden Gesamteindruck das Bestmögliche des züchterisch Erreichbaren darstellt. Die Note „v" darf nur mit schriftlicher Bestätigung des zuständigen Obmannes vergeben werden; der amtierende Preisrichter hat ebenfalls zu unterzeichnen (97 Punkte).

Hervorragend (hv) – wenn das Tier bis auf einen kleinen Wunsch den Forderungen von „v" entspricht. Es sind besonders hohe Anforderungen zu stellen (96 Punkte).

Sehr gut (sg) – wenn sämtliche typischen Rassemerkmale in hohem Maße vorhanden sind, das Gesamtbild des Tieres als eindrucksvoll und harmonisch bezeichnet werden kann und kein Mangel feststellbar ist (93–95 Punkte).

Gut (g) – wenn das Tier kleine Mängel hat, jedoch keinen groben Fehler in der Form oder einem anderen Hauptrassemerkmal aufweist. In der Spalte „Fehler/Mängel" der Bewertungskarte muss ein solcher vermerkt sein (91–92 Punkte).

Befriedigend (b) – wenn das Tier trotz festgestellter grober Fehler noch einen befriedigenden Gesamteindruck hinterlässt (90 Punkte).

Ungenügend (u) – erhalten Tiere ohne erkennbaren Rassewert; offensichtliche Kreuzungsprodukte, ferner bei Vorhandensein eines Ausschlussfehlers (0 Punkte).

Ungepflegte Tiere, von außen sichtbar im Gefieder beschnittene Tiere mit abstreifbarem oder unbeweglichem oder mit älteren Ringen als den zugelassenen BR-Jahrgängen, doppelt beringte Tiere; unter- oder überbesetzte Volieren und Stämme erhalten „o. B. – ohne Bewertungsnote", werden jedoch mit einer Kritik versehen. Die Note „o. B." ohne Kritik muss bei Tieren von Neuzüchtung zur Sichtung, bei Tieren ohne zugelassenen Ring und bei Tieren mit kupierten Kopfbehängen vergeben werden. Werden unnatürliche Merkmale festgestellt, so erhält das Tier „u. M." Bei noch nicht anerkannten Rassen und Farbenschlägen, solchen, die auf Schauen mit internationaler Beteiligung ausgestellt werden, für die jedoch kein Standard in der Sprache des betreffenden Preisrichters vorliegt und Tiere in der AOC-Klasse, wenn sie vom jeweiligen Rassestandard abweichende Zeichnungen aufweisen sowie für Farbenschläge, die bei keiner Rasse anerkannt sind.

Ein recht kompliziertes System regelt Neuzüchtungen und bisher nicht zugelassene ausländische Rassen, Farbenschläge und Varianten. Neuzüchtungen werden auf den Nationalen und Bundesschauen in dem dem Vorstellungsverfahren vorausgehenden Vorverfahren zur Sichtung vorgestellt, werden aber nicht mit Noten und Punkten bewertet. Im eigentlichen Vorstellungsverfahren sind ab dem ersten Jahr jeweils 3 Paare Jungtiere und 1 Paar Alttiere auf der Nationalen oder Bundesschauen in Einzelkäfigen vorzustellen. Vergeben werden Qualitätsnoten ohne Preise. Eine Anerkennung erfolgt dann, wenn mindestens 3 Tiere, unabhängig von der Dauer des Vorstellungsverfahrens, auf beide Geschlechter verteilt die Note „sehr gut" erreichen und die Tiere keine Ausschlussfehler aufweisen.

Der Vorgang der Rassebewertung ist in der Reihenfolge nicht festgelegt, gliedert sich aber in der Regel in folgende Phasen:

1. Gewinnung des Gesamteindruckes durch Betrachten und Einschätzen des Tieres im Abstand,
2. Ansprechen des Tieres und Anregungen zur Bewegung, damit verschiedene Perspektiven wahrgenommen werden können und die Taube in Position geht.
3. Handbewertung (Sichtung der Kopfpunkte, besonders der Augenfarbe aus der Nähe, des Gefieders mit Farben und Zeichnung, Feststellung eines normalen Knochenbaues – besonders des Brustbeinverlaufes – soweit das von außen möglich ist, Sichtung von Schnabel, Beinen, Füßen und Krallen).
4. Abschließender Gesamteindruck durch Einsetzen des Tieres in den Käfig („Laufen lassen").

In den Rubriken „Vorzüge, Wünsche und Mängel/Fehler" werden jeweils durch kurze Texte Feststellungen getroffen, die einerseits

Siegerpokale

die zu vergebende Bewertungsnote und Punktsumme begründen und andererseits dem Aussteller Hinweise geben zur Rassegüte des Tieres bzw. zu dessen Zuchtverwendung. Ausschließende Mängel in Kondition und/oder Pflege werden diskret in einer besonderen Spalte kenntlich gemacht. Wie auf einer Urkunde sind Ringnummer des Tieres und die Unterschrift des amtierenden Preisrichters einzutragen.

Der Bund Deutscher Rassegeflügelzüchter hat in seine Bestimmungen „Grundsätze zur Zucht und Haltung" aufgenommen, die der ehemalige Vorsitzende des Beirates für Tier- und Artenschutz, Schmidt, aufgestellt hat. Diese Grundsätze bilden die Basis für artengerechte Zucht und Haltung, die auch dem Ausstellungswesen zugrunde liegen.

„1. Haus- und Rassetauben gehören, gemäß ihrer stammesgeschichtlichen Herkunft zu den flugfähigsten und flugbedürftigsten Vögeln.

Forderung: Nicht nur die leichten, gut flugfähigen Rassen, sondern auch die schweren, zum Teil flugbehinderten Rassen, brauchen Möglichkeiten, um ihre Bewegungsbedürfnisse des Flugmuskelapparates und der im Gehirn auslösenden und begleitenden nervlichen Vorgänge auszuleben. Nicht die optische Flugfähigkeit ist entscheidend, sondern die zentralnervöse Ausstattung des Flugbedürfnisses fordert in der Haltung ausreichend Raum für Flugbewegungen.

2. Haustauben sind wie ihre wilden Vorfahren monogam, d. h. jedes Paar bildet einen kleinen Sozialverband und grenzt sich damit von den übrigen Tieren deutlich ab.

Forderung: Obwohl auch Haus- und Rassetauben wie die Felsentaube Koloniebrüter sind, braucht jedes Paar einen raummäßig ausreichenden und strukturmäßig abgegrenzten Paarungs- und Fortpflanzungsbereich in Form von ausreichenden Zellen, in denen möglichst auch die Paarung ausgeführt werden und in denen sowohl die Jungtiere eines Schlupfes als auch das neue Gelege ohne gegenseitige Beeinträchtigung von den Elterntieren versorgt werden kann. Bei dieser Brutversorgung erfolgt ja nicht die Bedeckung der Eier und Jungtiere, sondern – was aus Gründen der artgerechten Haltung sehr wichtig ist – das nervengesunde Ausleben der Triebe und Instinkte der erwachsenen Vögel.

3. Zur Aufrechterhaltung der Flugfähigkeit betreiben Tauben sehr differenzierte und ausgiebige Gefiederpflege. Dazu sind eigentlich eine intakte Bürzeldrüse und möglichst glatte, nicht verlängerte Gefiederstruktur sowie halbwegs normale Schnabellänge förderlich, wenn auch nicht unbedingt erforderliche Voraussetzung.

Forderung: Alle übertriebenen Rassemerkmale, die den Pflegebetrieb der Taube am eigenen Körper behindern, sind ebenso zu vermeiden wie problematische Haltungsbedingungen wie Überfüllung der Schläge, zeitweise oder gar lang andauernde Einzelkäfigung, starke Gefiederverschmutzung durch Feuchtkotansammlung. Auf jeden Fall sollten Tauben zur Unterstützung ihres Körperpflegeverhaltens mehrmals wöchentlich die Möglichkeit zum Baden haben.

4. Haus- und Rassetauben haben einen körpereigenen Rhythmus, der einzelne Perioden im Fortpflanzungsverhalten steuert. Diese Rhythmen sind: Werbung und Paarbildung, Nesttreiben des Täubers, Paarung (Kopulation) mit anschließendem Auffliegen und Imponieren, Eintragen von Nistmaterial, ungestörte Eiablage, Ablösen der täglichen und nächtlichen Brutzeiten durch Täuber und Täubin, Füttern der Jungen mit Kropfmilch und schrittweiser Umstellung auf Körnernahrung aus dem Kropf, zwischenzeitliches Balzverhalten zur Vorbereitung der neuen Brut. Da Tauben in der Regel nur bis zum Schlupf der nächsten Brut die vorherigen Jungen füttern, haben sie in der Evolution keine Familienbindung zu dem älteren Nachwuchs herausgebildet und verhalten sich diesem gegenüber aggressiv.

Forderung: Dem möglichst ungestörten Ablauf dieser körper- und gehirneigenen Rhythmen ist durch die Möglichkeit zum natürlichen Brutablauf Rechnung zu tragen. Folgende Störfaktoren sind zu vermeiden: zu frühes Wegnehmen eines unbefruchteten Geleges oder Wegnehmen der Jungen während der Kropfmilchfütterung. Alle anderen Zuchtmethoden als die paarweise sind als unnatürlich und nicht artgemäß abzulehnen.

Tauben in der Verhaltensforschung

In der Geschichte der Verhaltensforschung, die bis in das klassische Altertum (Aristoteles 384–324 v. Chr., Epikur 341–271 v. Chr., Plutarch 50–100 n. Chr.) zurückgeht, spielt die Taube eine bedeutende Rolle. Bevor Darwin 1859 sein bahnbrechendes Werk „Die Entstehung der Arten durch natürliche Zuchtwahl oder die Erhaltung der bevorzugten Rassen im Kampfe ums Dasein“ herausbrachte, hatte er über viele Jahre Beobachtungen und Züchtungsversuche mit Haus- und Rassetauben durchgeführt. Sein Interesse galt aber nicht in erster Linie den Verhaltensweisen der Tauben, sondern er untersuchte unter anderem die Variabilität der Vererbungswege. Dazu hatte er 1868 völlig neue Erkenntnisse in seinem Buch „Das Variiren der Thiere und Pflanzen im Zustand der Domestikation“ dargelegt.

Erst durch die genauen Studien des Amerikaners Whitman erschienen in seinem Buch „Animal Behavior“ 1898 systematische Ergebnisse aus der Taubenforschung. Whitman folgte der Grundtheorie Darwins und zeigte, dass sich auch die Instinkte mit den körperlichen Strukturen entwickelt haben. Die völlig gleichen Trinkgewohnheiten bei fünfhundert Taubenarten waren für ihn ein Beweis. Sein Schüler Craig analysierte die

Instinkthandlungen bei Tauben weiter und unterschied einerseits eine starre Endhandlung, die immer angeboren ist, und andererseits ein variables, in Unruhe ablaufendes Verhalten, das diese Endhandlung erstrebt und an dem man auch die Bereitschaft oder Nichtbereitschaft zur Endhandlung erkennen kann – das Appetenzverhalten. Mit diesen Arbeiten, bei denen die Tauben wesentliche Erkenntnisse lieferten, war der Grundstock zur Vergleichenden Verhaltensforschung (Ethologie) gelegt. Das Trinkverhalten (Saugtrinken) der Tauben stand auch bei den Untersuchungen von WICKLER 1960 im Vordergrund. Da auch andere Vögel diese Trinktechnik anwenden (Sandflughühner – Pterocles, Steppenhühner – Syrrhaptes, Prachtfinken), schloss der Forscher, dass es sich um eine Homologie handelt, die als Anpassung an das Leben in Trockengebieten entstanden ist und nicht als Verwandtschaft der Arten untereinander gedeutet werden darf.

Um herauszufinden, ob Tauben das Fliegen angeboren ist, zog man Taubenküken in engen Käfigen auf, die keine Flügelbewegungen zuließen. In den Untersuchungen von GROHMANN 1939 ließ er die unter Erfahrungsentzug aufgewachsenen Jungtiere dann frei, als die unbehinderten Geschwister gut flogen. Es zeigten sich im Flugvermögen keine Unterschiede zwischen den beiden Gruppen. Auch die Entwicklung der Stimmäußerungen bei Tauben interessierte die Verhaltensforscher. Auch wenn junge Tauben ihres Gehörs beraubt werden, bringen sie später die gleichen Rufe wie ihre hörenden Artgenossen. KONISHI bewies damit 1963, dass die Taubenrufe angeboren sind.

Schon sehr früh spielten die Leitbegriffe Instinkt – Lernen – Erfahrung in der Ethologie eine besondere Rolle. Dazu wurden durch Experimente mit Tauben wesentliche Erkenntnisse gewonnen. Besonders geeignet erschien das Balzgurren der männlichen Tauben für diese Versuche, weil dies für eine ganze Art charakteristisch ist. Dabei wurde aber auch ermittelt, dass ein einzelnes Individuum jeweils nicht alle Variationen zeigt, die innerhalb seiner Art vorkommen können, d. h. dass die Variabilität des Verhaltens innerhalb einer Art natürlich größer ist als bei ein und demselben Individuum. Auch der Balzflug der Tauben wurde systematisch untersucht. Wissenschaftliches Hauptziel war, die stammesgeschichtliche Entwicklung von Erbkoordinationen zu untersuchen. Die charakteristische Balzbewegung der wilden Felsentaube *(Columba livia)* besteht im Flügelklatschen während des Imponierfluges. Dabei wird zusätzlich ein lautes Geräusch durch die über dem Rücken zusammenschlagenden Flügel erzeugt. Der Täuber gleitet danach mehrere Meter mit über die Horizontale angehobenen Flügeln durch die Luft. NICOLAI untersuchte 1965 die Veränderungen des Balzfluges von verschiedenen Haustaubenrassen unter der Zuchtwahl des Menschen. Bei einigen Kropftaubenrassen, besonders beim Steller-Kröpfer, werden die Klatschbewegungen so stark ausgeführt, dass nach bis zu 30 Schlägen – im Gegensatz zu 4–5 bei der Felsentaube – die Fahnen der Handschwingen vom distalen Ende her im Laufe des Sommers mehr und mehr verschleißen. Am Ende der Zuchtzeit können die Schwingen so abgenutzt sein, dass die Täuber kaum noch fliegen können.

Manche Taubenrassen zeigen einen hypertrophierten Gleitflug. Die Flügel werden viel länger als bei der Wildtaube hochgestellt, sodass der Vogel rasch absinkt. Aus dem imponierenden Gleitflug hat sich bei den Rollertauben ein mehrmaliges Überschlagen durch menschliche Auslese entwickelt. Einzelne Täuber rollen so stark, dass sie aus mehreren hundert Metern wie ein Ball herabstürzen und erst wieder kurz über dem Boden den Wirbelflug durch Flattern abbremsen. Diese extreme, ritualisierte Flugtechnik fehlt bei der Felsentaube völlig.

Auch die Bodenbalz hat sich im Domestikationszustand stark verändert. Normalerweise dreht sich das Felsentauben-Männchen gurrend um die Hochachse und springt der schreitenden Täubin nach. Gelegentlich schlägt er auch kurz mit den Flügeln. Stark überhöht sind diese Bewegungen bei der Rasse Rheinische Ringschläger. Nach dem Auffliegen mit lautem Klatschen dreht der Täuber in etwa 1 Meter Höhe über der Täubin zwei bis drei kleine Kreise und geht dann zum Boden zurück. Damit ist ein neuer Imponierflug ausgebildet.

Tauben wurden in der Ethologie immer wieder – im Rahmen gesetzlicher Zulässigkeit – zu elektrischen Hirnreizungsversuchen eingesetzt. Elektroden werden bei Tauben auf der Schädeldecke befestigt. Die Zuleitungsdrähte sind über einen Miniaturstecker mit einer Steckdose verbunden, die an der Schädeldecke festzementiert ist. Im Gehirn sitzen Reizstellen, die für bestimmtes Verhalten bekannt sind. VON HOLST und VON SAINT PAUL führten Versuche durch, in denen sie im vorderen Zwischenhirn von Tauben Gurrlaute erzeugten, die im Zusammenhang mit Balzhandlungen stehen. Dieselben Laute konnten auch im seitlichen Mittelhirn ausgelöst werden. Daraus folgerten die Forscher, dass eine Nervenbahn vom Zwischenhirn zum Mittelhirn verläuft. Bestätigt wurden diese Befunde durch Versuche, in denen man den betreffenden Mittelhirnteil durch eine Operation zerstört; die Tauben konnten daraufhin nicht mehr gurren. Künstliche Hirnreizung wirkt also ähnlich wie die natürlichen auslösenden Umweltreize. Damit war auch bewiesen, dass das erzeugte Verhalten in der Art einer festen Handlungskette abläuft.

AKERMANN untersuchte in Stockholm durch Hirnreizung das Aggressionsverhalten bei Tauben: „Bei Reizung bestimmter Stellen im Hirn verharrte die Taube wachsam in einer bewegungslosen Körperhaltung; dann plusterte sie Hals- und Rumpffedern auf, bog den Schwanz nach unten ab, nahm eine kauernde Stellung ein, schlug mit dem ausgestreckten Flügel nach einem echten oder „eingebildeten“ Gegner und gab einen kurzen, tiefen Ton von sich, der wie ein unterdrücktes Husten klang“ (DELIUS 1974).

Hormoneinflüsse wirken sich bei Tieren (und Menschen!) auf bestimmte Bereiche des Sozialverhaltens aus. Bei aggressiven Verhaltensweisen wird das besonders deutlich. Durch Injektion von Androgenen lässt sich bei vielen Tierarten die Kampfbereitschaft erhöhen. So reagieren auch Tauben in entsprechenden Versuchen. Weibliche Tauben allerdings zeigten nach Testosteron-Gaben eine deutlich schwächere Reaktion. Winzige Kristalle von Hormonen werden in das Taubenhirn versenkt; sie lösen sich langsam auf und dringen in das benachbarte Gewebe vor. Treffen sie dabei auf ein Zentrum, das diesem Hormon gegenüber empfindlich reagiert, so häuft sich – in einer entsprechenden Situation – die zugehörige Verhaltensweise. Verschiedene Elemente des Balzverhaltens können so einzeln ausgelöst werden, je nach dem Ort, den die Testosteronteilchen erreichen. Durch solche Methoden wurde herausgefunden, dass die Balz auch bei Tauben aus einer Mischung aggressiver und sexueller Einzelelemente besteht.

Lernfähige Tiere kann man zu vielfältigen Verhaltensweisen abrichten. Neben Hunden und Affen wurden in der Ethologie immer wieder Tauben zu gezielten Lernexperimenten herangezogen. Der amerikanische Psychologe SKINNER führte seit 1938 zahlreiche Versuche durch, von denen hier ein wichtiger nach der Beschreibung von GROSSMANN wiedergegeben werden soll: „Die hungrigen Tauben waren einzeln in einer Reihe von Käfigen eingesperrt. Ein Fütterungsmechanismus spendete alle fünfzehn Sekunden eine kleine Portion Körner, unabhängig vom jeweiligen Verhalten der Tiere. Nach einiger Zeit verhielten sich die

Tauben ganz wunderlich: Eine drehte sich dauernd um die eigene Achse, die andere spreizte den linken Flügel und das linke Bein, die dritte streckte den Kopf so hoch es ging, eine weitere machte kuriose Verbeugungen in eine Ecke, wieder eine andere sprang auf der Stelle herum. Anfangs fiel die Belohnung ganz zufällig mit irgendeiner bestimmten spontanen Verhaltensweise zusammen; dieses Verhalten wurde somit belohnt, trat daraufhin immer häufiger auf und erhielt so natürlich immer von neuem seinen Lohn. So kam es, dass jede Taube etwas anderes lernte. Dennoch tat jede Taube so, als wäre die Futtergabe eine direkte Folge ihres schrulligen Verhaltens. SKINNER fühlte sich dadurch an abergläubische Menschen erinnert. In anderen Experimenten brachte SKINNER Tauben dazu, immer mit hoch erhobenem Kopf umherzulaufen, indem er sie immer belohnte, wenn sie den Kopf über eine bestimmte Marke erhob. Will man eine Taube dazu bringen, auf eine Glasmurmel zu picken, belohnt man sie zunächst immer dann, wenn sie sich der Kugel nähert, später erst, wenn sie auch auf die Murmel schaut, und schließlich nur mehr, wenn sie darauf pickt. Tauben sind also, ähnlich wie Delphine, hochgradig dressurfähig! Mit diesen Versuchen war übrigens auch die Grundlage der Lerntheorie „Lernen durch Verstärkung“ für die Humanpsychologie begründet. Im Rahmen des Behaviorismus, einer bedeutenden Richtung innerhalb der Psychologie, ist ausschließlich das beobachtbare Verhalten Gegenstand der Forschung. SKINNER ging davon aus, dass alles Verhalten erlernt ist und wieder verlernt werden kann. Andere Lerntheorien haben allerdings diese einseitige Annahme relativiert und zum Teil abgelöst.

Inwieweit höhere Tiere unter sicherem Ausschluss unwissentlicher Zeichengebung unbenannt – „zählen“ lernen können, wurde ab 1926 auch an Tauben untersucht. Neben Wellensittich, Dohle, Gelbstirnamazone, Elster, Kolkrabe und Eichhörnchen konnten Tauben immerhin 5 dargebotene Anzahlen in Form von Punkten auf Kärtchen unterscheiden. Auch in den Versuchen von KÖHLER ab 1943 zeigten Tauben ein erstaunliches Zählvermögen, das nur weniger geringer ist, als das von Papageien und Rabenvögeln.

Die Bewegungsfähigkeit bei Taubenembryonen war Gegenstand der Forschung. Dabei wurden Embryonen von Enten, Hühnern, und Tauben miteinander verglichen. HARTH und OPPENHEIM untersuchten die Bewegungsmuster nach ihrer Anzahl in vorgeburtlichen Stadien und fanden heraus, dass trotz der großen Unterschiede in den Umweltbedingungen, dem Entwicklungsgrad beim Schlüpfen und der Bebrütungsdauer die Bewegungen in ihrer Anzahl nach sehr ähnlichen Mustern ablaufen. Der Aktivitätshöhepunkt beim Taubenembryo als Nesthocker liegt insgesamt jedoch niedriger als bei Hühner- und Entenembryonen (Nestflüchter).

Recht gut untersucht ist auch die Feindanpassung bei Tauben. Obwohl Tauben in Gruppen weniger häufiger durch Blicke die Umgebung absuchen (das ist auch bei Haussperlingen, Straußen und Gabelböcken ermittelt worden), erreichen sie im Kollektiv einen höheren Grad an Sicherheit. Da viele Augen mehr sehen als die eines Individuums, ist die kollektive Wachsamkeit in der Gruppe oder im Schwarm höher. Daher entdecken Tauben im Schwarm einen Habicht auf größere Entfernung. Daher sind die Vögel besser vor Angriffen geschützt (KENWARD 1978). Die Experimente wurden mit einem gezähmten Habicht durchgeführt, der aus standardisierten Entfernungen losgelassen wurde.

Schließlich spielt auch die Rangordnung im Taubenverband eine bedeutende Rolle. Untersuchungen dazu liegen seit 1940 von DIEBSCHLAG vor. Der Forscher stellte fest, dass rangniedere Tauben in Gegenwart einer ranghohen Farben und Seiten schlechter zu unterscheiden lernen als ein Spitzentier. Werden sie alleine getestet, zeigen diese Rangniederen aber die gleichen Leistungen. Eibl-Eibesfeldt berichtet dazu 1987: „Er hat ferner solche rangniederen Tauben in Einzelhaft an Attrappen gewöhnt, die er zurückweichen ließ, wenn der Rangniedere in Kampfintension zu ruksen begann. Auf diese Weise machte er die rangniedere Taube allmählich kampflustiger, sodass sie, schließlich in die alte Umgebung zurückgesetzt, die ihr früher überlegene besiegte. Sie war ihr dann auch in der Lernleistung überlegen, wenn beide bei einer Dressur zugegen waren.“ Zahlreiche nichtwissenschaftliche Beobachtungen in Haus und Hof der Züchter haben wertvolle Erkenntnisse zum Verhalten der Haus- und Rassetauben erbracht. Besonders die Veröffentlichungen von Stach im Sammelwerk „Alles über Rassetauben (Hrsg. Müller, 2001) ergänzen die Befunde der wissenschaftlichen Ethologie.

Taubenrassen von A–Z

gelb

schwarz

Aachener Bandkröpfer

Entstehung: Um 1730 Vorläufer der Rasse in den Niederlanden, Belgien und Nordfrankreich. Verwandtschaft mit Speelderken und Smijtern wird angenommen. Ende des 19. Jahrhunderts in Holland, dann in der Gegend um Aachen zum heutigen Typ weiterentwickelt. Gründung des Sondervereins 1956.

Form und Kopf: Aufgerichteter, mittelgroßer Körper. Langer Hals, ausgedehnter Luftkropf. Breite Schultern, wenig sichtbare Schenkel. Längliche Kopflinie mit leicht gewölbter Stirn und Kappe, die etwas breiter als eine Spitzkappe ist, getrennt durch den „Knick“ vom Halsgefieder. Orangefarbige Augen, mittellanger, kräftiger Schnabel.

Besonderheiten: Latzzeichnung, unterhalb davon bandförmiges Farbfeld.

Kropftauben		*Mövchentauben*
gering		*mittel-groß*
8		*7*
12		*3*

Aachener Lackschildmövchen

Entstehung: Im Dreiländereck Holland, Belgien, Deutschland um 1750 aus Antwerpener Smerlen und Altholländischen Mövchen erzüchtet. Später speziell in der Gegend um Aachen verfeinert. Organisiert seit 1894 im Sonderverein der Mövchenzüchter und seit 1956 im Sonderverein der Züchter Aachener Mövchen. Seitdem Zuchtschwerpunkte im Rheinland.

Form und Kopf: Fast waagerechte Haltung mit breiter Brust, kurzem Hals (Kehlwamme und Jabot) und kurzen Beinen. Der Kopf stets glattfiedrig in länglich gerundeter Linie von der Stirn über den Schnabel. Dieser ist knapp mittellang und dick im oberen Ansatz.

Besonderheiten: Sehr intensive und glanzreiche Farbe auf dem Flügelschild bei weißen Handschwingen.

blaufahl ohne Binden

schwarz

Aargauer Weißschwänze

Entstehung: Seit etwa 1940 im Schweizer Kanton Aargau. Verwendete Rassen: Zürcher Weißschwänze, Schweizer Spitzhauben-Taube und Sächsische Weißschwänze. Gründung des „Schweizertauben-Züchterclubs" 1926.

Form und Kopf: Figur einer eleganten Feldtaube mit mäßig breiter Brust, mittellangem, schlankem Hals, leicht abfallender Rückenlinie und mittellangen Beinen. Der Kopf wirkt fein, zeigt aber eine hohe Stirn und hoch angesetzte Spitzkappe mit scharfem Kamm am Hinterhals. Der Schnabel soll schlank sein und geht in seiner Verlängerung durch den unteren Teil des Auges. Augenfarbe dunkelbraun.

Besonderheiten: Auffallend sind die mittellangen „Tellerlatschen" (Fußbefiederung), die die Zehen bedecken.

Aargauer Weißschwänze	Abu Abse-Wammentaube
Schweizer Farbentauben	*Formentauben*
gering	*gering*
9	8
22	1

Abu Abse-Wammentaube

Entstehung: Heimatgebiet soll Nordsyrien sein. Die Rassebezeichnung bedeutet übersetzt so viel wie „grimmig blickender Herr".

Form und Kopf: In mittlerer Größe, mit kräftigem Hals, leicht angehobener, breiter Brust mit guter Abrundung, breiten Schultern und mittellangem Schwanz ist die Figur gekennzeichnet. Der Schwanz besteht nicht wie regulär aus zwölf, sondern aus mindestens vierzehn breiten Federn. Hauptkennzeichen dieser Rasse sind die Kopfpunkte mit der ungewöhnlichen Federstruktur an der Stirn und den Seiten. Merkwürdig ist auch die Augenfarbe: Sie ist dunkel, mit grünlicher Iris und dünnem gelbem Ring um die Pupille. Die Kehllinie soll als gut ausgeprägte Kehlwamme sichtbar sein.

Besonderheiten: Auffällig ist die Federstruktur an Stirn und Kopfseiten.

schwarz

gelbfahl

Afghanische Rassetaube

Entstehung: Namensgebend ist das Ursprungsland Afghanistan.

Form und Kopf: Die breiten Flügel tragen zum kräftigen Gesamteindruck bei. Ebenso soll der leicht gebogene Hals recht kräftig aus den Schultern kommen. Der Kopf wird relativ groß und breit verlangt. Obwohl die Scheitellinie etwas länglich erscheint, darf sie keine „Platte“ aufweisen. Die Augenfarbe ist dunkel. Auf dem mittellangen, kräftigen Schnabel sind vorerst leichte Farbeinlagerungen gestattet.

Besonderheiten: Schwanz, Schwanzdecke und Keilgefieder sind schwarz. Im Unterschied zu allen Taubenrassen mit farbigen Flügeln zeigt die Afghanische die schwarze Färbung nur auf einer Seite, also auf einem Flügel. Das Auge soll im weißen Gefiederfeld liegen.

Formentauben		*Tümmlertauben*
gering		*gering*
8		*10*
1		*1*

Agaran-Tauben

Entstehung: Erzüchtet in Turkmenistan. Import nach Deutschland aus Moskau.

Form und Kopf: Kleine, puppig wirkende Figur mit knapp mittellangem Hals, breiter Brust und kurzen Beinen. Üppig entwickeltes, weiches Gefieder. Der Kopf wirkt klein mit sanfter Biegung über Stirn und Scheitel. Die Augen sind bernsteingelb bis perlfarbig.

Besonderheiten: Der einzige Farbschlag „Gelbfahl“ war namensgebend für den Rassenamen: „Kamelmilch“. Blautöne im gelbfahlen Gefieder sind rassetypisch. Interessant ist der Flugstil: senkrechter Aufstieg als „Klatschtümmler“. Vereinzelt sind Täubinnen im blaufahlen Farbschlag aufgetreten. Dichte, etwa 10 cm lange „Latschen“ und „Geierfersen“ gehören zum Erscheinungsbild.

blaugelb mit Halsring

gelbfahl

Ägyptische Segler (Swift)

Entstehung: Erstes Vorkommen 1862 auf einer Schau in Birmingham. Import nach Deutschland 1874; in Frankreich als Pigeon du Caire (Taube aus Kairo) bezeichnet. Um 1915 Einkreuzung von Brieftauben, Englischen Mövchen und Römer. Gründung des „Europäischen Swift Clubs“ 1990.

Form und Kopf: Lange, gestreckte Form, Flügelspannweite von 80 bis 90 cm. Kleine Kehlwamme, breite Brust, langer, etwas hohler Rücken, Haltung fast waagerecht. Langer Schwanz, kurze Läufe. Kopf auffallend klein mit nicht zu schmaler Stirn und mittellangem Schnabel. Orangefarbige bis rote Augenfarbe.

Altdeutsche Kröpfer

Entstehung: Als „große deutsche Kropftaube“ um 1830 wahrscheinlich in Hessen, Westfalen und Sachsen entstanden. Der Altholländische Kröpfer oder der Genter Kröpfer gelten als Ahnen. Gründung des Sondervereins 1908.

Form und Kopf: Mit mindestens 50 cm Körperlänge der Riese unter den Taubenrassen. Fast waagerechte Haltung mit leicht ansteigendem Vorderkörper, geschwungener Rückenlinie (Schwung). Großer Luftkropf auf langem Hals. Langes Gefieder an Schwanz und Flügeln. Kurze Beine, verdeckte Schenkel. Lange Kopfform mit hoher Stirn, mittellanger Schnabel; dunkle bzw. rotgelbe Iriden.

Besonderheiten: Exklusive Rasse mit größerem Raumanspruch. Auffallende Zahmheit bei ruhiger Handhabe.

Ägyptische Segler	Altdeutsche Kröpfer
Formentauben	Kropftauben
gering	gering
8	9
8	28

schwarz

rotfahl

Altdeutsche Mohrenköpfe

Entstehung: Seit 1859 in Sachsen und Lausitz anerkannt. Zunächst verbreitet als „Holländische Muschelhaube“. Später weitere Zuchten im Erzgebirge.
Form und Kopf: „Sachsentauben-Typ“ mit kräftiger Ausprägung in Hals, Rücken und Schultern. Tief gestellt mit langen und dichten Latschen und starker Schenkelbefiederung. Flügel und Schwanz recht lang. Gewölbte Kopflinie mit hoher und breiter Stirn. Meistens mit quer gescheitelter Muschelhaube, seltener glattköpfig. Augenfarbe dunkel.
Besonderheiten: Aparte Zeichnung – weiße Unterseite, einschließlich Fußbefiederung, Flügel und Hinterhals mit Haube. Farbe an Vorderhals, Brust und Schwanz.

Altdeutsche Mövchen

Entstehung: Der Rassename „Mövchen“ rührt von der Schildfarbe der Silbermöve her. 1956 Wiederaufnahme in den Standard.
Form und Kopf: Gedrungen wirkende Figur. Kurzer Hals, breite Brust, relativ kurzes Flügel- und Schwanzgefieder. Kurze Läufe, kaum sichtbare Schenkel. Die Kopfpunkte: rund und breit, Stirnwölbung, volle Rundhaube mit seitlichen „Rosetten“. Schnabel mittellang, mit der Stirn einen stumpfen Winkel bildend. Dunkle Augen. Bei Schildigen Farbe nur auf dem Schild und auf 7 bis 11 Schwingen. Achtzehn Farbenschläge; darunter einfarbig Weiße und vier „Farbenschwänzige“.
Besonderheiten: Anmutig wirkende, „puppige“ Rasse. Starke Verbreitung, hoher Zuchtstand.

Farbentauben		Mövchentauben
gering		mittel
11		7
4		21

erbsgelb

rotfahl

Altenburger Trommeltauben

Herkunft: Älteste Trommeltaubenrasse (1730). Erzüchtet in Altenburg/Thüringen. Standardfestlegung 1925 in Gera.

Form und Kopf: Starke Feldtaubenfigur in fast waagerechter Haltung. Breit an Brust und Schultern. Nur mittellanges Flügel- und Schwanzgefieder. Mittelhoher Stand. Auffallend ist die hohe, breite Stirn mit nach hinten abfallender Scheitelwölbung, wobei der höchste Punkt vor dem Auge liegt. Augenfarbe: reines Perlauge angestrebt. Farbenschläge sind unterteilt in Einfarbige mit und ohne Binden, Weißbindige, Weißgeschuppte, Muselköpfe, Getigerte, Gescheckte, Weißköpfe und Gemönchte.

Besonderheiten: Auffallende Trommelstimme, die wie „Wack-wack" klingt. Alljährliche Trommler-Leistungsprüfung.

Trommeltauben		Strukturtauben
groß		mittel
8		8
>48		12

Altholländische Kapuziner

Entstehung: Ursprung in Indien. Um 1500 Einfuhr nach Holland. Zwischenzeitlich erloschen. Nach 1918 Anerkennung als Ausstellungsrasse. 1967 im deutschen Standard.

Form und Kopf: Mittelhoher Stand, waagerechte Haltung, breite Brust und Schultern, nicht zu lang in Schwingen und Schwanz, feiner Schnabel. Die „Struktur" besteht aus Kappe, Halskragen und Rosette. Dadurch entsteht die kragenartige Struktur des Halsgefieders, die Vorderkopf und Augen freilässt. Augenfarbe perlfarbig mit orangefarbigem Ring am Außenrand. Zeichnung: weißes Gesicht, weiß an der Unterseite, Schwanz und Schwingen.

Besonderheiten: Erst im völlig vermauserten Zustand zeigt sich die rassetypische, „vornehm" wirkende Struktur.

gelb

weiß

Altholländische Mövchen

Entstehung: Gehört zu den ältesten Mövchenrassen Europas. Vorläufer waren kleinasiatische Mövchen und holländische „Bauernmövchen“. Anerkennung 1938 in Holland, 1960 in Deutschland. Einkreuzung von Antwerpener Smerlen und Deutschen Schautauben.

Form und Kopf: Gedrungene, mittelgroße Figur mit waagerecht getragenem Körper. Mittelhoher Stand, kurzer Rücken. Der kräftige und stumpfe Schnabel ist nur mittellang und bildet mit der Stirn eine gerade verlaufende Linie. Jabot am Vorderhals. Augenfarbe dunkel. Farbig sind die Flügelschilder, sonst am Körper weiß. Unter anderem einfarbig weißer Farbenschlag.

Besonderheiten: Zutrauliche, vitale Rasse, die sich gut für die Volierenhaltung eignet.

Mövchentauben		*Tümmlertauben*
gering		*mittel*
8		*11*
12		*>45*

Altholländische Tümmler

Entstehung: Import im 16. Jahrhundert aus Indien nach Holland. Ursprünglich sehr fluggewandte Rasse. Gründung des „Oud Hollandse Tuimelaarsclub“ 1912. Danach gute Verbreitung auch in Deutschland.

Form und Kopf: Tief gestellter Typ mit breiter Brust und mittellangem Hals und kurzem Rücken. Breite Flügelschilder und ein kurzes Schwanzgefieder. Gut überbaute Fußbefiederung und verlängertes Schenkelgefieder. Höchster Punkt der breiten Stirn vor dem Auge. Schnabel mittellang, nicht zu dick. Augenfarbe reinweiß. Elsterzeichnung, Schildtiger, Weißschläge, Weißschwänze, einfarbig.

Besonderheiten: Große Farb- und Zeichnungspalette. Attraktive Ausstellungstaube, die nicht mehr so gut fliegt wie ihre Ahnen.

Kiebitz, blau

rot-weißgespitzt

Altösterreichische Tümmler

Entstehung: Als Vorläufer gelten Türkische Tümmler während der Besatzung in Österreich. Zunächst reine Flugtauben ohne rassige Einheitlichkeit. Durchzüchtung zum heutigen Schautyp; Anerkennung in Deutschland im Jahr 2000.

Form und Kopf: Kaum mittelgroßer Körper mit kurzem, kräftigem Hals, breiter Brust und kurzem Rücken. Leicht abfallende Haltung. Kurze Läufe, straffes Gefieder. Rund verläuft die Schädellinie; die Stirn ist schwach gewölbt, der Schnabel knapp mittellang. Augenfarbe dunkel bis orange. Typische „Kiebitzzeichnung“: weiß auf der Unterseite, Kopf, Hals und Oberseite.

Besonderheiten: Ausgeprägte Flugeigenschaft; ideal für den Freiflug. Sehr gute Brut- und Elterneigenschaften.

Altösterreichische Tümmler		Altstämmer
Tümmlertauben		*Tümmlertauben*
gering		*gering*
7		*8*
12		*26*

Altstämmer

Entstehung: Um 1730 gab es schon Zuchten in Berlin (früher auch „Berliner Altstämmer“). Gründung des Sondervereins 1906.

Form und Kopf: Gilt als „Edelstein unter den Tümmlern“ mit kleiner, graziler Figur, nach hinten gebogenem Hals (wird in der Erregung zitternd bewegt) und hervortretender breiter Brust. Kurzer Rücken, breite, kurze Flügel und kurze, befiederte Beine. Der Kopf wirkt rund und „pausbackig“ mit breiter und hoher Stirn, die im stumpfen Winkel zum dicken, kurzen Schnabel verläuft. Augenfarbe perlfarbig bzw. bei Weißen dunkel. Einfarbige, Geelsterte und Getigerte.

Besonderheiten: Die Rasse kommt glattköpfig und mit runder Kappe vor. Munteres Wesen und große Zutraulichkeit zugleich.

schwarz

weiß

Amsterdamer Bärtchentümmler

Entstehung: Seit 1993 in den Niederlanden existent. Ausgangsrassen waren Englische Long Faced Tümmler. Im deutschen Standard seit 1998.

Form und Kopf: Breite Brust und Schultern, straffes Gefieder und mittlere Größe, fluggewandter Typ. Der Hals soll voll aus dem Körper kommen und sich nach oben hin verjüngen. Dazu passt der mittelgroße, gut gerundete Kopf mit der betonten Stirn, dem kräftigen, leicht gesenkten Schnabel und die perlfarbigen Augen. Die Haltung ist fast waagerecht. Namensgebend ist das weiße „Bärtchen" unter der Kehle. Außerdem sind Schwanz und Schwingen weiß.

Besonderheiten: Die Rasse hat gute Flugeigenschaften bewahrt und ist außerdem sehr zuchtfreudig.

Amsterdamer Bärtchentümmler		Amsterdamer Kröpfer
Tümmlertauben		Kropftauben
gering		mittel
8		8
10		21

Amsterdamer Kröpfer

Entstehung: Ausgangsformen waren gut flugfähige Kropftauben im 18. Jahrhundert in den Niederlanden. Einkreuzung von Englischen Modena. „Holle Kropper" in Holland um 1900. Holländischer Sonderverein 1904, in Deutschland 1913.

Form und Kopf: Zwergkröpfer mit runden, kurzen und breiten Proportionen. Waagerechte Körperhaltung, halbkreisförmige Linie durch Brust, Bauch und Unterschwanz. Mittelhoher Stand. Langer Hals, zurückgebogen. Form des Luftkropfes mehr breit als hoch. Runder Kopf, leicht oval, mit leicht gewölbter Stirn. Augenfarbe gelb bis orangefarbig bzw. dunkel bei Weißen.

Besonderheiten: Zwei Versionen der Läufe: glatt oder leicht befiedert.

schwarz

weiß

Anatolische Mövchen

Entstehung: Ursprünglich in Kleinasien. Im 18. Jahrhundert in Europa vertreten; Vorläufer der Turbit-Mövchen in England und der Schildmövchen in Deutschland.

Form und Kopf: Die „Mövchen-Eleganz" entsteht durch den kurzen und breiten Körper, den leicht nach hinten gebogenen Hals und das relativ kurze Großgefieder. Kurze Läufe und der kugelförmige Kopf mit breiter Stirnpartie, vollen „Backen" und dem kurzen, breit angesetzten Schnabel passen zum Gesamteindruck. Augenfarbe dunkel. Sechzehn Farbenschläge mit Schildzeichnung bei 8 bis 10 aber auch 6 bis 7 weißen Schwingen.

Besonderheiten: Eine der ältesten Mövchenrassen. Benötigen wie andere Kurzschnäbler Ammentauben zur Aufzucht der Jungtiere, füttern aber normal schnäbelige Küken.

Anatolische Mövchen		Anatolische Ringschläger
Mövchentauben		*Spielflugtauben*
gering		*gering*
8		*7*
16		*3*

Anatolische Ringschläger

Herkunft: Heimatgebiet ist die türkische Schwarzmeerküste Anatoliens. Seit 1981 Anerkennung im deutschen Standard.

Form und Kopf: Die Figur entspricht einer Feldtaube mit fast waagerechter Haltung. Der mittellange Hals kommt voll aus dem Körper. Die nicht zu schmale Brust ist gewölbt, der Rücken leicht abfallend. Stand mittelhoch, das Gefieder wird breitfahnig und elastisch verlangt. Kopflinie länglich mit gerundeter Stirn. Rundhaube (etwas den Scheitel überragend) mit Rosetten. Schlanker Schnabel, perlfarbige bzw. dunkle Augenfarbe (bei Weißen).

Besonderheiten: Die Rasse wird auch in Ringschlägerwettbewerben vorgestellt, bei denen die Täuber mit ihren ringschlagenden Flugkünsten bewertet werden.

blau mit schwarzen Binden

weiß

Antwerpener Smerlen

Entstehung: Ursprungstyp schon um 1600 in der Gegend von Antwerpen/Belgien. Spätere Verfeinerung durch Einkreuzungen von Brieftauben, Show Antwerp, Turbit-Mövchen und deutschen Schautauben.

Form und Kopf: Die Gesamterscheinung ähnelt der einer Schönheitsbrieftaube mit Mövchenattributen. Die Figur ist kräftig und gedrungen, der Körper wird waagerecht gehalten. Brust und Rücken müssen breit sein, Hals und Beine höchstens mittellang. Die Kopfpunkte: vom Nacken über den Scheitel bis zur Schnabelspitze durchgehende halbkreisförmige Linie. Gut entwickeltes Jabot. Kräftiger, kaum mittellanger Schnabel. Dunkle Augenfarbe. Nur die Schildfedern sind farbig.

Besonderheiten: Vitale Rasse mit sehr guter Fortpflanzung.

Mövchentauben		*Trommeltauben*
gering		*mittel*
9		*7*
18		*17*

Arabische Trommeltauben

Entstehung: Über die Herkunft gibt es mehr Legendenbildung als gesicherte Erkenntnisse. Ältere Bezeichnungen Mekkataube, Qui Rit, Siamesische und Syrische Trommeltaube. Verbreitung in Arabien, Nordafrika, Sudan, Israel und Thailand. Lokale Rassen. Importe nach England aus Jerusalem um 1740. Anerkennung im deutschen Standard 1964.

Form und Kopf: Kleine Feldtaubengestalt mit leicht abfallender Haltung. Relativ kleiner Kopf mit mittellangem, feinen Schnabel und gut entwickelter Kehlwamme. Dunkle Augenfarbe.

Besonderheiten: Auffallend ist die „lachende" Stimme, die sich von der anderer Trommeltauben unterscheidet. Zutrauliches und temperamentvolles Wesen zugleich. Sehr zuchtfreudig.

blaufahl

farbenschwänzig, schwarz

Arader Tümmler

Entstehung: Heimatort ist die westrumänische Stadt Arad seit 1850. Erster Standard in Rumänien, Ungarn und Jugoslawien 1955. Verwendete Rassen zur Herauszüchtung: Danziger Hochflieger, Polnische Elstern und Szegediner Tümmler. Anerkennung im Standard 1999.

Form und Kopf: Elegante, lang gestreckte Figur. Volle Brustlinie, breiter Rücken, mittellanger Hals. Kopf schmal mit leicht ansteigender Stirn und hoch angesetzter Rundhaube mit Rosetten. Perlfarbige Augen mit lichtblauem Stich.

Besonderheiten: Die Rasse hat ihre ursprünglich guten Flugeigenschaften bewahrt. Flugleistungen fünf bis sechs Stunden Hochflug.

Arader Tümmler	Bakuer Tümmler
Tümmlertauben	*Tümmlertauben*
gering	*gering*
7	7
4	1

Bakuer Tümmler

Entstehung: Diese Rasse wurde in Aserbaidschan in der Stadt Baku und Umgebung erzüchtet. Im deutschen Standard ist sie seit 2017 verzeichnet.

Form und Kopf: Ausdrücklich wird in der Musterbeschreibung eine „elegante Figur" verlangt. Die Rumpfhaltung ist leicht abfallend. Das mittellange Schwanzgefieder besteht aus zwölf bis vierzehn Steuerfedern. Fest am Körper anliegend sind die geschlossenen Flügel. Regulär unbefiedert sollen die mittellangen Läufe sein. Als einziger Farbenschlag ist bei deutschen Ausstellungen farbenschwänzig, schwarz zugelassen.

Besonderheiten: Der Bakuer Tümmler gilt als ausgezeichnete Kunstflugtaube und hat auch als Ausstellungstaube inzwischen zunehmende Beliebtheit erlangt.

rot

mehllicht

Barbarisi-Mövchen

Entstehung: Nord-Syrien, Libanon und die Südosttürkei sind Heimatgebiete. „Barbarisi" bedeutet „Feder-Frisur des Barbiers". In Syrien ist die Bezeichnung „benni" (farbige Schilder) gebräuchlich. Seit 1996 Exporte nach Amerika. Erste Vorstellung in Deutschland 1995.

Form und Kopf: Kompaktes, mittelgroßes Format mit breiter Brust. Leicht abfallende Haltung. Relativ tiefer Stand. Länglich runder Kopf mit breiter Stirn und kaum mittellangem Schnabel. Dunkle Augen. Wamme und Jabot. Interessante Zeichnung – farbige Flügelschilder und Drei- bzw. Vierpunktzeichnung an Stirn, Oberkopf und Kopfseiten.

Besonderheiten: Gut fliegende Rasse; einwandfreie Elternaufzucht. Vital und widerstandsfähig.

Mövchentauben		Formentauben
mittel		gering
8		9
4		4

Basraer Wammentauben

Entstehung: Aus den Ursprungsländern Irak, Libanon und Syrien 1984 nach Frankreich, ab 1989 nach Deutschland importiert. 1990 standardmäßig anerkannt.

Form und Kopf: Der Körper erscheint kräftig; die Haltung ist etwas aufgerichtet. Breite Brustrundung und Schulterbreite. Relativ großer Kopf mit flach gewölbter Oberlinie und leicht ansteigender Stirn. Unter dem nicht zu starken Schnabel sitzt die ausgeprägte Kehlwamme. Augenfarbe orangefarbig. Die Originalbezeichnungen der Farbenschläge sind Abiad, Schrabi, Abrasdel, Rihani.

Besonderheiten: Einzigartige Farbbilder mit vorwiegender Pastellfärbung. Zuchtfreudige, robuste Rasse.

gelb

rot

Batschkaer Langschnäblige Tümmler

Entstehung: Herausgebildet im ungarisch-jugoslawischen Grenzgebiet zwischen Donau und Theiß. Erstbeschreibung 1941. Die Region Batschka war namensgebend. Wurden zeitweise den ungarischen Tümmlern zugeordnet.

Form und Kopf: Durch den schmalen Rücken, die schmalen Flügel und den schlanken Hals wirkt diese Rasse „schnittig". Lang gezogener, schmaler Kopf, dessen Stirn mit einem langen und dünnen Schnabel eine ununterbrochene Linie bildet. Die quer stehende Haube ist nur kurz.

Besonderheiten: Die meisten Exemplare sind noch gute Flieger und zeigen bei entsprechendem Training Hochflug bis zu sechs Stunden.

Batschkaer Langschnäblige Tümmler		Bayerische Hochflieger
Tümmlertauben		*Tümmlertauben*
gering		*gering*
7		*9*
30		*2*

Bayerische Hochflieger

Entstehung: Anfang des 21. Jahrhunderts ist die Rasse in Niederbayern (Straubing und Umgebung) aus persischen Flugtauben entstanden.

Form und Kopf: Verlangt wird eine mittelgroße Taube mit breiter Brust und kräftig aus den Schultern ragendem Hals. Die etwas locker getragenen Flügel sollen am Bug gut in das Brustgefieder eingebettet sein. Nicht bis zu den Zehenspitzen reicht die Bestrümpfung an den Läufen. Die dunklen Augen sind zart und hell umrandet. Rot oder Gelb ist die Farbe der Flügelschilder mit den Daumenfedern. Das übrige Gefieder ist reinweiß.

Besonderheiten: Bayerische Tümmler vereinigen in sich die Eigenschaften einer gut fliegenden Hochflugtaube und eleganten Ausstellungstaube.

blaugehämmert

schwarz

Bayerische Kröpfer

Entstehung: Nichtplanmäßige Herauszüchtung aus Pommernkröpfern, Englischen Kröpfern, Böhmentauben und Florentinern um 1956 in Bayern. 1962 Anerkennung, 1963 Gründung des Sondervereins.

Form und Kopf: Aufgerichtete Körperhaltung, lange Beine, langer Hals mit birnenförmig, nach oben hin erweitertem Luftkropf und dichte Fußbefiederung bilden den Gesamteindruck. Der Kopf ist schlicht länglich rund mit nicht hervortretender Stirn. Augenfarbe orangefarbig. Farbig sind nur Kopf und Latz, Flügelschilder und Schwanz.

Besonderheiten: Ruhiges Temperament, gute Bruteigenschaft.

Belgische Ringschläger

Entstehung: Alte Rasse aus der belgischen Stadt Aalst in der Provinz Brabant.

Form und Kopf: Stattliche Taube, gut bemuskelt, dicker Hals, breiter Rücken. Die größte Ringschlägerrasse. Leicht lädierte Schwingen rühren vom charakteristischen Ringschlagen der Täuber. Kräftiger Kopf mit hoher Stirn und Spitzkappe. „Kamm" am oberen Hinterhals. Vorzugsweise „gebrochene" Augen, d. h. orangefarbig bis rote Iris mit stellenweise dunklen Pigmenteinlagerungen. Acht Farbenschläge mit jeweils halbmondförmigem Band am Vorderhals, Bauch und Schwingen weiß.

Besonderheiten: Die Täuber zeigen das Ringschlagen (klatschendes Umfliegen der Täubin bei der Balz). Verwendung auf Ringschlägerwettbewerben.

Kropftauben		Spielflugtauben
gering		gering
11		8
12		8

blau ohne Binden

kupfer

Beneschauer Tauben

Entstehung: Im Entstehungsgebiet um Prag in der Tschechischen Republik war der Ort Benesov namensgebend. Dortige Bezeichnungen: Beneschauer Bauerntaube oder Benesover Feldtaube. Seit Jahrzehnten dort gezüchtet, aber erst 1948 in Böhmen als Ausstellungsrasse anerkannt.

Form und Kopf: Kombination von kräftiger, Fleisch erzeugender Nutztaube und flugfähiger Rassetaube mit breiter Brust- und Rückenpartie; waagerechte Körperhaltung. Sonst schlicht. Kopf in Relation zum Körper eher klein, leichte Stirnrundung. Intensiv rote Augenfarbe.

Besonderheiten: Sowohl für die Volierenhaltung als auch für den Freiflug gut geeignet.

Berliner Kurze

Entstehung: Seit 1840 in Berlin durch Kreuzung von Altstämmern und holländischen Tümmlern. Auch als „Wackelköppe" und „Kapellmeester" bezeichnet.

Form und Kopf: Gilt als „Taubenpuppe". Kleine, kurze, graziöse Figur mit schlankem Hals, der leicht in der Erregung zittert und breite, vorstehende Brust. Der Bürzel hinter dem kurzen Rücken tritt deutlich hervor. Die Flügel werden unter dem Schwanz getragen. Typvoller Kopf: völlig rund, klein, aber breite gewölbte Stirn (Murmelkopf). Der Schnabel ist kurz und steht im rechten Winkel zur Stirn. Perlfarbige bzw. dunkle Augen (bei Weißen). Mittellange, dichte Fußbefiederung mit Geierfersen.

Formentauben		*Tümmlertauben*
gering		*mittel*
9		9
5		28

blaugeelstert

schwarzgeelstert

Berliner Lange

Entstehung: Vorfahren niederländische Tümmler. Verwandt mit Berliner Kurzen, jedoch seit Mitte des 19. Jahrhunderts durch die Verwendung von Dänischen Tümmlern vergrößert. Um 1880 Einkreuzung von Italienischen Modenesern. Im Flugtaubensport eingesetzt. Deutscher Sonderverein 1909, Reaktivierung 1999.

Form und Kopf: Alles soll lang, schlank und zart sein: schmale Brust, langer Hals, feinknochige, eng gestellte Beine, Befiederung bis zu den Zehen. Waagerechte Haltung. Passende Kopfpunkte: schmal, keilförmig, vom eckigen Hinterkopf ohne Unterbrechung bis zur Schnabelspitze verlaufend. Sehr helle, fast weiße Augenfarbe.

Besonderheiten: Grazile Eleganz in der Gesamterscheinung.

Berliner Lange		Berliner Langlatschige Tümmler
Tümmlertauben		*Tümmlertauben*
gering		*gering*
7		*11*
13		*34*

Berliner Langlatschige Tümmler

Entstehung: Zwischen 1880 und 1913 zum Flugtaubensport verwendet. Blutführung von Dänischen und Holländischen Tümmlern. Zunächst drei Zeichnungsvarianten als getrennte Rassen geführt. Gründung des Sondervereins 1924. 1994 im deutschen Standard als eine Rasse zusammengeführt.

Form und Kopf: Ähnelt im Erscheinungsbild den Berliner Langen, nur Unterschiede in der Kopfform (Scheitel länglich gewölbt) und Fußbefiederung (lange Latschen und gut entwickelte Geierfersen). Der Schnabel wirkt etwas kürzer und kräftiger. Geelsterte und Weißschwingige in zehn, Weißschwänze in elf und Schwingigschwänze in zehn Farben.

Besonderheiten: Attraktive Schaurasse, weniger zum Hochflug geeignet.

schwarz

weißschwarz

Bernburger Trommeltauben

Entstehung: Um 1800 in Sachsen-Anhalt aus doppelkuppigen Trommeltauben und gemönchten Farbentauben entstanden. Namensgebung 1885. Dort sollen doppelkuppige russische Trommeltauben eingekreuzt worden sein. Gründung des Sondervereins 1908.

Form und Kopf: Im Habitus groß wirkende Taube mit kurzem, dickem Hals, tief getragener, breiter Brust, breitem Rücken und langem Großgefieder. Die kurzen Läufe sind lang und dicht belatscht. Breiter Kopf mit hoch sitzender Rundhaube, die mit oder ohne Rosetten sein kann. Schnabelnelke in ovaler Form. Augenfarbe dunkel. Mit Mönchzeichnung.

Besonderheiten: Noch gut ausgeprägt erhaltene Trommelstimme.

Bernburger Trommeltauben		Berner Gugger
Trommeltauben		*Schweizer Farbentauben*
gering		*gering*
12		*8*
5		*2*

Berner Gugger

Entstehung: Im 16. Jahrhundert im Kanton Bern (Schweiz) zunächst als blauschwänzige Variante, dann im 20. Jahrhundert auch weißschwänzig erzüchtet. Vermutlich bedeutet der Name „Kuckuck".

Form und Kopf: Elegante Feldtaubengestalt. Nur mittellanger, schlanker Hals, mäßig breite Brust, leicht abfallender Rücken und relativ langes Schwanzgefieder. Die Kopflinie erscheint leicht gezogen mit hoch gehender Stirn und Spitzkappe. Scharfer Kamm aus Federn am Hinterhals. Augenfarbe dunkelbraun.

Besonderheiten: Einzigartiges Zeichnungsspiel. Sehr seltene Taubenrasse. Nicht leichte, aber reizvolle Erzielung der Gugger-Zeichnung.

rot

gelercht

Berner Halbschnäbler

Entstehung: Ausgangsformen kamen als einfarbig schwarze und weiße Tauben Anfang des 19. Jahrhunderts in Bern (Schweiz) und Umgebung vor. Der früher vorkommende zweifarbige Schnabel führte zur Rassebezeichnung.

Form und Kopf: Etwas kräftiger als die Feldtaubenfigur. Langes Großgefieder, volle und breite Brust, mittelhoher Stand und glatt anliegendes Gefieder. Leicht gewölbter, schmaler Schädel mit hoch angesetzter Spitzkappe, die nach hinten einen scharfen Kamm bildet. Mittellanger, kräftiger Schnabel. Leicht farbiger Unterschnabel zulässig. Orangerote Augenfarbe, roter Augenrand.

Besonderheiten: Robuste und zuchtfreudige Rasse. Gut geeignet für den Freiflug.

Berner Halbschnäbler		Berner Lerchen
Schweizer Farbentauben		*Schweizer Farbentauben*
gering		*gering*
9		*8*
3		*1*

Berner Lerchen

Entstehung: Schweizer Lokalrasse aus dem 17. Jahrhundert, die bis 1920 „Feldlerche" genannt wurde. Früher dunklere Färbung, daher die Bezeichnung „Kohlensack".

Form und Kopf: Ausgesprochener Flugtyp mit nicht zu breiter Brust, schnittig im Exterieur, schlankem Hals und leicht abfallendem Rücken. Leicht gezogene Kopflinie, steile Stirn, dünner Feldtaubenschnabel, lebhaft orangefarbige Augen. Einziger Farbenschlag: gelercht.

Besonderheiten: Gedeiht am besten im Freiflug, aber auch Haltung in geräumiger Voliere möglich. Feines Farb- und Zeichnungsbild.

schwarz

blau

Berner Rieselköpfe

Entstehung: Um 1750 im Schweizer Kanton Bern entwickelt.

Form und Kopf: Schlanke Feldtaubenfigur, die gute Flugfähigkeit und viel Temperament anzeigt. Mäßig breite Brust, schlanker Hals, leicht abfallender Rücken, relativ langes Schwanzgefieder, mittelhoher Stand. Steil ansteigende Stirn und hoch angesetzte Spitzkappe. Oberkopflinie fein gezogen. Dunkelbraune Augenfarbe, d.h. Kopf bis etwas unterhalb des Schnabelansatzes weiße Rieselzeichnung. Außerdem ist Flügelrose zulässig.

Besonderheiten: Aparte schwarz-weiße Zeichnung. Lebhafter Typ mit ausgeprägter Fluglust. Relativ leicht züchtbar, jedoch ist die Erzielung der richtigen Zeichnung recht schwer.

Berner Rieselköpfe		Berner Spiegelschwänze
Schweizer Farbentauben		*Schweizer Farbentauben*
gering		*gering*
8		*8*
4		*1*

Berner Spiegelschwänze

Entstehung: Im Zuge der Berner Lokalrassen im 18. Jahrhundert entstanden.

Form und Kopf: Schlichte Feldtaubengestalt, den vorigen Berner Rassen entsprechend. Der Stirn-Schnabel-Winkel ergibt sich durch die gedachte Verlängerung des Schabelschnittes durch den unteren Teil des Auges. Wichtig ist gut deckendes Rückengefieder bei leicht abfallender Linie. Dunkelbraune Augenfarbe. Einziger Farbschlag: blau ohne Binden mit heller, etwas unscharf auslaufender Spiegelzeichnung vor dem schwarzen Schwanzende.

Besonderheiten: Unauffällige, aber aparte Farbe und Zeichnung. Lebhaftes Flugtemperament, gute Züchtbarkeit. Zum Rasseerhalt größere Verbreitung erforderlich.

schwarz

blau

Berner Weißschwänze

Entstehung: Die Rassebildung läuft in etwa parallel zu den anderen Berner Rassen im 18. Jahrhundert.

Form und Kopf: Im Standard als „schnittig" und „elegant" bezeichnet. Alle Form-, Kopf- und Haltungsmerkmale entsprechen denen der anderen Berner Rassen. Weiße Schwanzfedern, einschließlich der Unterschwanzdeckfedern. Unteres Rückengefieder (Keil) stets farbig. Interessante Finkenzeichnung der Geschuppten.

Besonderheiten: Ausgesprochen seltene Rasse, die aufgrund ihrer leichten Züchtbarkeit und sehr guten Flugeigenschaften weitere Verbreitung verdient.

Bernhardiner Schecken

Entstehung: Als „Süddeutsche Verkehrtflügelfarbentaube" und „Landler" in Schwaben und in der Oberpfalz züchterisch gefestigt. Standardisierung 1934, Vorkommen aber einige Jahrzehnte früher.

Form und Kopf: Feldtaubenfigur, aber breite, gut gewölbte Brust, mittellanger Hals, der nach oben hin sich deutlich verjüngen soll. Lange Schwingen, mittelhoher Stand. Kopflinie gut gewölbt und abgerundet. Dunkle Augen mit rotem Rand. Elsterzeichnung: nur Hals, Schultern, Brust und Schwanz sind farbig.

Besonderheiten: Vitale Fruchtbarkeit. Lebhaftes Temperament am besten bei Freiflughaltung.

Berner Weißschwänze		Bernhardiner Schecken
Schweizer Farbentauben		*Farbentauben*
gering		*mittel*
8		*8*
16		*8*

gelb

rot

Bialostocka Kalotten

Entstehung: Aus Polen stammt diese Tümmlerrasse, wo sie Ende des 19. Jahrhunderts erzüchtet wurde. Die Bezeichnung Kalotten bezieht sich auf die farbige Kopfplatte.

Form und Kopf: Es handelt sich bei dieser Rasse um eine mittelgroße Taube in abfallender Haltung. Leicht zurückgebogen ist der oben schlanke, unten starke Hals. Zur markanten Brust passen der breite Rücken und die mittellangen Flügel. Schwanz fest geschlossen. Hohe und breite Stirn kennzeichnet die runde Kopflinie. Auf dem Hinterkopf sitzt die hoch angesetzte, breite Rundkappe mit seitlichen Rosetten. Der Schnabel wird knapp mittellang, breit und stumpf verlangt. Zu der Stirn verläuft er in stumpfem Winkel, also gesenkt.

Besonderheiten: Bialostocka Kalotten haben gute Kunstflugeigenschaften.

Bialostocka Kalotten		Blagodarer Tümmler
Tümmler		*Tümmler*
wenig		*wenig*
10		9
5		2

Blagodarer Tümmler

Entstehung: Zwischen dem Schwarzen und Kaspischen Meer liegt die Stadt Blagodar, namensgebend für die Entstehung dieser russischen Tümmlerrasse.

Form und Kopf: Zwar nur mittelgroß aber kräftig ist die leicht angehobene Figur mit der breiten Brust und dem kurzen, breiten Hals. Hinter den breiten Schultern verläuft der lange Rücken, dessen gedachte Linie sich im Schwanz fortsetzt. Neben abgeflachtem Scheitel wird eine breite, ansteigende Stirn verlangt. Eine Variante trägt nur eine Rundhaube ohne Rosetten, aber mit anschließender Hinterhalsmähne, die andere zusätzlich eine Schnabelnelke. Das Kopf- und Halsgefieder sowie der vordere Teil der Fußbefiederung sind weiß.

Besonderheiten: „Ihre Schönheit ruft Erstaunen hervor“, ist das Urteil eines Experten.

rot

rot

Böhmentauben

Entstehung: Die Vorfahren waren Huhnschecken, Florentiner und Prachener Kanik. Erstentwicklung in Tschechien. Einfuhr aus Böhmen Anfang des 19. Jahrhunderts. Weiterentwicklung in Bayern, vorzugsweise im Chiemgaugebiet und im Bayerischen Wald (auch „Bayerischer Strasser"). Rasseanerkennung 1962.

Form und Kopf: Kräftige Feldtaubenfigur mit breiter Brust und kräftigem Hals. Waagerechte Körperhaltung, mittellange Beine. Der mittelgroße Kopf soll gut gewölbt sein und ansteigende Stirn zeigen. Kräftiger, mittellanger Schnabel, Augenfarbe orangefarbig bis rubinrot. Farbiger Kopf, Latz, Schild und Schwanz.

Besonderheiten: Robuste, flugfreudige Rasse. Nicht scheu, aber lebhaft. Natürliche Flug- und Bruteigenschaften.

Böhmentauben		Böhmische Flügelschecken
Farbentauben		*Farbentauben*
groß		*gering*
8		11
17		5

Böhmische Flügelschecken

Entstehung: Im böhmischen Gebiet Tschechiens um 1800 entstanden. Früherer Rassename „Sächsische Flügelschecken".

Form und Kopf: Durch den tiefen Stand und die breite, gewölbte Brust kräftiger als die übliche Feldtaubengestalt. Rückenlinie lang und leicht abfallend. Die Beine sind dicht belatscht und zeigen verlängerte Schenkelbefiederung. Mit mäßig hoher Stirn ist der Kopf länglich gewölbt, entweder glatt oder mit breiter, dichter Haube. Dunkle Augen, mittellanger Schnabel. Farbenschläge mit der namensgebenden Zeichnung: regelmäßige Scheckung auf Flügelschild und den gesamten Schwingenfedern. Farbige Stirnschnippe.

Besonderheiten: Das Zeichnungsbild ist nicht leicht zu erzielen. Prachtvolle Erscheinung im Schaukäfig.

Farbenkopf, rot

Weißschlag, braun

Botoschaner Tümmler

Entstehung: Um 1915 in Rumänien aus doppelkuppigen Tümmlern und Trommeltauben. Die Stadt Botoschan an der Moldau ist namensgebend. Die Rasse wird auch als Botoschaner Farbenköpfe bezeichnet.

Form und Kopf: Mit leicht aufgerichtetem Vorderkörper, kurzem Hals und breiter, runder Brust anmutig wirkend. Auf dem Vorderkopf sitzt die kreisrunde Schnabelnelke. Glattköpfig oder mit kleiner Rundhaube, die mit und ohne Rosetten zugelassen ist. Perlfarbig bzw. dunkle Augenfarbe. Kurze, dichte Fußbefiederung bis zu den Zehenspitzen.

Besonderheiten: Eine der jüngsten Tümmlerrassen im deutschen Standard. Bisher geringe Verbreitung. Reizvolle Zucht durch die Kombination von Gefiederstruktur und Farbbild.

Botoschaner Tümmler		Bremer Tümmler
Tümmlertauben		*Tümmlertauben*
gering		*groß*
10		*8*
8		*22*

Bremer Tümmler

Entstehung: Vermutlich gelangten Vorformen aus dem Orient oder Nordafrika Ende des 18. Jahrhunderts nach Bremen und Umgebung. Dort als Soloflieger herausgebildet. Gründung des Sondervereins 1966.

Form und Kopf: Im Rahmen kräftig gestreckt, dabei tief gestellt und waagerecht in der Haltung. Sehr breite Brust und kräftiger Hals. Leicht hohle, abfallende Rückenlinie. Schwanz- und Schwingenfedern recht lang. Großer Kopf mit breiter, hoch gewölbter Stirn, Hinterkopf gut abgerundet. Mittellanger Schnabel, der im stumpfen Winkel zur Stirn getragen wird. Heller Ring um die Pupille, übrige Iriden ziegel- bis kirschrot.

Besonderheiten: Interessanter Flugstil in der Paar- oder Dreierformation, meistens im Soloflug.

blau mit schwarzen Binden

Breslauer Tümmler

Entstehung: Aus Prager Tümmlern im schlesischen Breslau unter Verwendung von polnischen Tümmlern erzüchtet. Größere Verbreitung vor 1914. Anerkennung in Deutschland 1951.

Form und Kopf: Kleiner Typ mit nicht zu breiter Brust und kurzem Rücken. Schlanker Hals. Hervortretender Flügelbug. Mittelhoher Stand, ziemlich kurzes Gefieder. Der Kopf ist würfelförmig, kantig durch Stirn und Hinterkopf, mit oder ohne Rundhaube. Kurzer, gerader Schnabel. Perlfarbige Augen.

Besonderheiten: Der „moderne Breslauer" ist weniger hochflugtüchtig, dafür eine attraktive Rasse im Schaukäfig. Ammentauben werden benötigt, wenn auch langschnäblige Küken im Austausch gut gefüttert werden.

Briver Farbenköpfe

Entstehung: Aus Botentauben in Frankreich (namensgebende Stadt Brive) entwickelt. Zu den Ahnen zählt die Türkische Taube. Anerkennung 1978.

Form und Kopf: Trotz kräftiger Figur fluggewandt. Breite Brust, kräftige Halspartie, fast waagerechte Haltung. Breite Stirn, gut gerundete Schädellinie. Orangerote Augen. Mehr als mittlere Länge im Schwanzgefieder. Schwarz gemasert (Kopf und Hals schwarz glänzend, schwarze Säumung auf dem Körpergefieder und Großgefieder).

Besonderheiten: In Deutschland nur gering vertreten. Sehr gute Vermehrung. Robust und widerstandsfähig. Problemlose Haltung.

Tümmlertauben		*Formentauben*
gering		*gering*
7		*10*
19		*2*

rotfahl

blau

Broder Purzler

Entstehung: Als Flugtaube Mitte des 20. Jahrhunderts in Slavonski Brod (Kroatien) erzüchtet.

Form und Kopf: Schlichte Flugtaubenfigur mit mittellangem Hals, breiter Brust, leicht abfallendem Rücken und fast waagerechter Unterlinie. Stand mittelhoch, fest anliegendes Gefieder. Stirn und Hinterkopf sind abgerundet, der Scheitel in der Mitte etwas flach. Mittellanger Schnabel, der im stumpfen Winkel zur Stirn steht. Perlfarbig bzw. dunkle Augenfarbe. Unter anderem die Rarität „Blau mit rotem Hals“.

Besonderheiten: Die Rasse wurde im deutschen Standard erst 2004 veröffentlicht. Sehr gute Flugeigenschaften (purzelt im Flug), lebhaftes Temperament.

Brünner Kröpfer

Entstehung: Heimatgebiet Böhmen und Mähren, aber auch Wien wird als Stammort angegeben. Grundlagen waren Prager Kröpfer, Tümmler und Holländischer Kröpfer. Schon um 1830 in Brünn, später in Österreich. Gründung des Sondervereins 1910.

Form und Kopf: Kleinste Kröpferrasse mit zierlicher Gesamterscheinung. Lange und schmale Figur, lange und eng stehende Beine, vom Körper abgesetzte Schenkel. Der kugelförmige Luftkropf sitzt auf dem möglichst langen Hals. Die schmalen Flügel stehen vom Rumpf etwas ab und sind an den Enden gekreuzt. Zierlicher, schmaler Kopf.

Besonderheiten: Trotz zierlicher Gestalt sehr gute Fortpflanzung. Auch für den Freiflug geeignet. Zutrauliches, munteres Wesen.

Broder Purzler		Brünner Kröpfer
Tümmlertauben		*Kropftauben*
gering		*groß*
7		*7*
10		*37*

gelb

hell gestorcht

Bucharische Trommeltauben

Entstehung: Urform aller schnabel- und doppelkuppigen Trommeltaubenrassen. Heimatgebiete: Persien und Buchara im südwestlichen Asien. Erste Abbildung 1821. Um 1850 aus Russland nach Berlin eingeführt.

Form und Kopf: Auffallende Größe, kraftvolle, kompakte Erscheinung mit kurzem, sehr dickem Hals, tief getragener, breiter Brust, breitem Rücken und kurzen, dicht belatschten Beinen und Füßen (Geierfersen). Flacher, breiter Kopf mit federreicher Rundhaube mit mähnenartiger Struktur am Hinterhals, die kreisrunde Rosette, Stirn, Oberkopf und Schnabel bedeckend. Augenfarbe perlfarbig, weiß und dunkel.

Besonderheiten: Die Zucht erfordert einen besonderen Pflege- und Haltungsaufwand.

Trommeltauben		*Tümmlertauben*
gering		*mittel*
13		*8*
14		*2*

Budapester Hochflieger

Entstehung: Alte ungarische Hochflugrasse, dort als „Pöltli“ bezeichnet. Zum Ausstellungstyp umgezüchtet und 1990 im deutschen Standard anerkannt.

Form und Kopf: Schlanker Typ mit mittellangem Hals, etwas hervortretender Brust und kräftigen Flügeln. Die mittellangen Beine sind bestrümpft. Der Oberkopf mit länglichem Scheitel, leicht abgeflacht. Stirn und Hinterkopf leicht abgerundete Kanten. Der knapp mittellange Schnabel und schräge Stirn bilden eine Linie (leicht niedergesichtig). Augenfarbe hell-blaugrau.

Besonderheiten: Trotz rassiger Verfeinerung temperamentvoller Fliegertyp. Der Flugstil wird als „erhaben“ bezeichnet und geht in große Höhe.

blau mit schwarzen Binden

Weißschlag-Weißschwanz, schwarz

Budapester Kurze

Entstehung: Wahrscheinlich können als Ahnen Wiener Tümmler und türkische Tauben gelten. Um 1870 gelangten einige Exemplare nach Berlin. Klub der Züchter von Budapestern in Deutschland 1932. Sonderverein seit 1986.

Form und Kopf: Kleine, schlanke Taube im graziösen Habitus. Aufgereckte Körperhaltung; langer, schlanker Hals, gerundete, nicht zu breite Brust, schmaler Rücken. Mittellanger Rücken, relativ kurze Befiederung. Kopfpunkte: breite und steile Stirn. Eckiger Hinterkopf, höher als der Scheitel. Über den hervorstehenden Augen eine Vertiefung.

Besonderheiten: Eine der kleinsten Tümmlerrassen mit ausdrucksvollen Kopf- und Gesichtsmerkmalen (Augenkugeln).

Budapester Kurze		Bursa-Tümmler
Tümmlertauben		*Tümmlertauben*
gering		*gering*
7		7
34		2

Bursa-Tümmler

Entstehung: Vor 1900 in der Türkei (Umgebung von Istanbul, Bursa und Inegöl) als Hochflugrasse entwickelt. In Deutschland 2002 als Rasse anerkannt.

Form und Kopf: Gestreckte Figur, kräftiger Körper mit gut gerundeter Brust und breitem Rücken. Haltung aufgerichtet und nach hinten leicht abfallend. Breites und straffes Gefieder. Mittellang sind Hals und Beine. Kopf und Schnabel ohne Besonderheiten. Perlfarbige Augen.

Besonderheiten: Die Rasse zeigt sehr gutes Orientierungsvermögen und fliegt bei entsprechendem Training bis zu zehn Stunden in großer Höhe. Im Rückkehrflug zeigen sie das typische „Abrollen".

Weißschlag-Weißschwanz, rot

rot mit Flügelrose

Cakalroller

Entstehung: Auf den Balkanländern seit mehr als 100 Jahren vorhanden. Um 1985 nach Deutschland aus der Türkei.
Form und Kopf: Mittlere Körpergröße mit breiter Brust und leicht abfallendem Rücken. Der Schwanz besteht aus vierzehn bis sechzehn Federn gegenüber der Normalzahl von zwölf. Der Kopf zeigt eine breite, gewölbte Stirn, Rundung ohne flachen Scheitel, mittellangen, an der Basis kräftigen Schnabel und perlfarbige Augen.
Besonderheiten: Hervorragende Hochflieger mit beachtlicher Ausdauer (bis zu 10 Stunden Flugdauer). Einzelne Tauben rollen im Flug abwärts und schließen sich dann wieder der Gruppe an.

Tümmlertauben		*Formentauben*
gering		*mittel*
7		9
2		3

Carneau

Entstehung: Ursprung in Nordfrankreich vor 1900. Ausgangsrasse zur Erzüchtung von wirtschaftlichen Nutzrassen wie „Horuneau", „Carmontese" und „Carhome". Carneau ist bezogen auf „carnis" (lat. Fleisch). Masttaubenproduktion in Frankreich und Belgien. Nach 1945 in Deutschland.
Form und Kopf: Sehr breite und tiefe Brust, breiter Rücken und volle Halslinie, dennoch beweglicher Masttyp. Breit im Stand. Relativ kleiner Kopf mit gleichmäßiger Wölbung. Orangerote Augen mit hellgelbem Ring um die Pupille. Farbenschläge zum Teil mit Flügelrose.
Besonderheiten: Bisher geringe Verbreitung in Deutschland. Interessant für die Selbstversorgung mit Geflügelfleisch. In den USA werden auch Kennfarbige gezüchtet.

gelb

blau-rosageschuppt

Carrier

Entstehung: Stammformen: Türkische Tauben und Persische Carrier. Ursprüngliche Botentaube. Rassename aus England (seit 1730). Um 1850 deutsche Zuchten. Heutige Stammverwandte: Arabische Warzentauben (Megri, Saie, Hasawi).

Form und Kopf: Die Rasse gilt als „König der Tauben". Hoch aufgerichtete Haltung, langer, schlanker Hals, starke, lange Beine, nur mäßig breite Brust, leicht hohle Rückenlinie. Kopfpunkte: schmal, flacher Scheitel, „flüssige" Hinterkopfrundung, langer, gerader Schnabel mit zwei gleich starken Hälften in waagerechter Haltung. Warzen in der Struktur eines Walnusskernes. Kleinere Unterwarze. Runde, breite, helle Augenumrandung.

Besonderheiten: Tierschutzgerechte Maße der Warzen und Augenringe einhalten.

Warzentauben		*Formentauben*
gering		*groß*
9		*9*
13		*13*

Cauchois

Entstehung: Ersterwähnung 1665. Erzüchtet in der Normandie, dort speziell in Caux (nordwestlich von Rouen). Vorfahren waren Kreuzungen aus urtümlichen Französischen Kröpfern, Hyazinth- und Victoriatauben. „Moderne" Cauchois entstanden um 1870 durch Verwendung von Mondain, Carneau. Deutscher Sonderverein seit 1966.

Form und Kopf: Das Kröpfererbe zeigt sich noch im leichten Luftkropf. Stattliche Größe mit breitem Rücken und runder, gut hervortretender Brust. Flügel und Schwanz recht lang. Breitfahniges Gefieder. Einfarbige müssen „Mond" zeigen (weiße Bavette unterhalb der Kehle).

Besonderheiten: Trotz überdurchschnittlicher Größe recht gute Flugfähigkeit. Interessante Zeichnungen.

gelb

weißschildig, schwarz

Chinesentauben

Entstehung: Wahrscheinlich ist die Herauszüchtung in Nordafrika und die Verbreitung über Spanien und Frankreich nach Deutschland um 1850. Der Rassename hat mit China nichts zu tun. Gründung des Sondervereins 1942.

Form und Kopf: Kurzer, breitbrüstiger Körper, mittellanger Hals mit seitlich verlängerten, waagerecht nach hinten stehenden Nackenfedern (Mähne). Kurzes Flügel- und Schwanzgefieder, tiefer Stand. Breiter Kopf über den Augen. Knapp mittellanger Schnabel. Dunkle bzw. rote bis orangefarbige Augen. Die Frisur wird außerdem durch das „Ober- und Unterkissen“, die „Höschen“ und die Sträußchen auf den Schultern gebildet.

Besonderheiten: Von Natur aus zahme Rasse mit ungewöhnlicher Gefiederstruktur.

Chinesentauben		Chinesische Tümmler
Strukturtauben		*Tümmlertauben*
mittel		*gering*
8		*8*
>39		*1*

Chinesische Tümmler

Entstehung: Seit 1700 existieren ca. 20 unterscheidbare Varianten in verschiedenen Farb- und Zeichnungsbildern. In China als Hochflieger erzüchtet. Im deutschen Standard ist seit 1992 nur eine Rasse zugelassen.

Form und Kopf: Formlich ohne Besonderheiten. Fast waagerechte Haltung. Erhöhte Schwanzgefiederanzahl (bis 14). Auf dem mittelgroßen Kopf mit runder, breiter Stirn sitzt die nach vorn und oben gerichtete Kuppe aus verlängerten Federn. Glattköpfige ebenfalls zugelassen. Augenfarbe braun. Einziger Farbenschlag: schwarz mit weißem Schild- und Bauchgefieder.

Besonderheiten: Rezessive Vererbung des Stirngefieders. Gut erhaltene Flugeigenschaften. Geringe Verbreitung in Europa.

silber ohne Binden

blau

Coburger Lerchen

Entstehung: Gehört zu den ältesten deutschen Taubenrassen. Erzüchtet im früheren Sachsen-Coburg und Sachsen-Meiningen Anfang des 19. Jahrhunderts aus „Mehlichten Feldtauben“, gelben Bagdetten und Römertauben.
Form und Kopf: Lang gestreckter Körperrahmen. Hervortretende, breite Brust, waagerechte Haltung, langes Großgefieder und mittelhoher Stand. Am Körperansatz breiter, nach oben schlanker Hals. Die Kopflinie ist leicht gewölbt, die Stirn relativ schmal. Rötlich gelbe Irisfarbe.
Besonderheiten: Gut flugfähige Rasse mit feinen Pastellfarben und scharfem Zeichnungsmuster bei den Gelerchten. Feiner Kontrast durch die ockerfarbige Brust. Zuchtfreudig mit konstanter Vererbung.

Dänische Stieglitze

Entstehung: In Dänemark aus Silberschuppen-Startauben und Mövchen um 1850 erzüchtet. Seit 1910 dort anerkannt. In Deutschland standardisiert 1958. Sonderverein seit 1964.
Form und Kopf: Starke Feldtaubenfigur mit fast waagerechter Haltung. Gut gerundete Brust, mittellanger Hals, kurze Beine. Schmaler Kopf mit oder ohne Spitzkappe. Nicht zu starker Schnabel, orangefarbige Augen. Farbig sind Kopfseiten, Körperunterseite mit Schwingen und Schwanz.
Besonderheiten: Einzigartige Farb- und Zeichnungsverteilung. Die „Maske“ erinnert an die Kopfseite der Stieglitz-Finken. Gute Züchtbarkeit und Vitalität. Ausgeprägte Flugeigenschaften.

Coburger Lerchen		Dänische Stieglitze
Formentauben		*Farbentauben*
groß		*mittel*
9		*8*
3		*6*

Weißschwanz, rot

eisfarbig mit Binden

Dänische Tümmler

Entstehung: Asiatische Tümmler sollen die Vorfahren der dänischen Rasse gewesen sein. Musterbild 1910. Gründung des Sondervereins für dänische Taubenrassen 1964 in Deutschland.

Form und Kopf: Elegante, schlanke Erscheinung mit aufgerichtetem Körper, mehr als mittelhohem Hals und Stand, hoch getragener Brust und kräftigem, abfallendem Rücken. Flach gewölbte, ununterbrochene Bogenlinie vom Hinterkopf bis zur Schnabelspitze mit gut gefüllter Stirn. Milchweiße Iriden. Kräftiger, mittellanger Schnabel mit leicht nach unten gerichteter Linie.

Besonderheiten: Glattfüßige und bestrümpfte Variante. Äußerst seltene Farbschläge: Hell- und Dunkelbrander.

Tümmlertauben		Formentauben
groß		groß
9		8
69		2

Damascener

Entstehung: Rekonstruierbare Geschichte bis vor 3000 Jahren. Erstbeschreibung 1674. Ursprünge in Jemen, Jordanien und Israel. In Syrien gilt der Name „Buz“ (bedeutet „eisig“ oder „frostig“). Weitere frühere Namen: Jerusalemer Taube und „Mohammed Damascener“. Heute verschiedene Zuchtrichtungen in der Türkei und Syrien. Import nach Deutschland 1957.

Form und Kopf: Gedrungene, mittelgroße Form mit kräftigem Hals, breiter Brust und fast waagerechter Haltung. Breit stehende, mittellange Beine. Ovalrunder, breiter Kopf; in der Draufsicht birnenförmig. Feurig rote Augenfarbe mit blauschwarzer Umrandung.

Besonderheiten: Damascener sind lebende Repräsentanten der ältesten Taubenrasse der Welt. Feines Farbbild.

blaufahl

schwarz

Danziger Hochflieger

Entstehung: Schon Anfang des 19. Jahrhunderts in Danzig und Umgebung. Legendenhafte Berichte über Kreuzungen aus galizischen Tümmlern und französischen Tauben, die 1807 angeblich von Schiffen vor Danzig entflogen sein sollen.

Form und Kopf: Lang und schlank im Exterieur mit mäßig breiter Brust und langem Großgefieder. Erhöhte Schwanzfederanzahl (mindestens 14 Federn), leicht gewölbt angeordnet. Leicht geneigter, mittellanger Schnabel, der ohne Absatz in die lange, gezogene Stirnlinie verläuft. Breite, hoch angesetzte Haube mit festem Nackengefieder, ohne Rosetten. Perlfarbige Augen in unterschiedlichen Schattierungen.

Besonderheiten: Die Rasse gibt es sowohl im Flug-, als auch im Ausstellungstyp.

Danziger Hochflieger		Debreciner Roller
Tümmlertauben		*Tümmlertauben*
groß		*gering*
7		*8*
28		*14*

Debreciner Roller

Entstehung: Aus Orientalischen, Kurdistaner, Syrmaner, Kasaner und Persischen Roller in Ungarn entstanden. Namensgebend ist der Flugstil. Ältere Rasse, die aber erst 1961 in Deutschland anerkannt wurde.

Form und Kopf: Kennzeichnend sind kurzer Rücken, breite Brust, angehoben getragener Schwanz aus mindestens 14 Federn und lange, lose am Körper getragene Hängeflügel. Die Kopflinie ist länglich rund, die Stirn leicht gewölbt. Perlfarbige Augen. Starke Bestrümpfung an den mittellangen Beinen. 14 Farbenschläge, darunter Kite, Goddun, Agate und De Roy.

Besonderheiten: Debreciner haben ihre guten Flugeigenschaften auch durch Rasseformung bewahrt. Hervorragende Elterneigenschaften.

Muselkopf, schwarz

schwarz

Deutsche Doppelkuppige Trommeltauben

Entstehung: Im nördlichen Sachsen und in der Lausitz aus der Russischen Trommeltaube (russisch: Torkut) ab der Mitte des 19. Jahrhunderts. Zunächst im kleineren Format. Angeblich auch Einkreuzung von Bucharischen Trommeltauben.

Form und Kopf: Voluminös erscheinend durch kräftigen Körper, starke Belatschung, breiter Rundhaube und federreicher, ovaler Schnabelnelke. Tiefer Stand, breites, üppiges Gefieder. Stark betonte Brust, kurzer, dicker Hals, breite Flügel. Fast waagerechte Haltung. Die Haube mit oder ohne Rosetten. Dunkelorange bzw. dunkle und heller orange Augenfarbe.

Besonderheiten: Ruhiges, verträgliches Verhalten, zuchtfreudig und robust. Benötigt besondere Pflege.

Deutsche Farbenschwanzmövchen

Entstehung: Aus Anatolischen Mövchen entwickelt. Nach 1945 Verbesserung durch Verwendung von weißen einfarbigen Mövchen und Bluetten. Rundkappige entstanden wieder durch Einkreuzung von Altdeutschen Mövchen.

Form und Kopf: Kürze, Breite und überall Rundungen. Die Kehle zeigt gut entwickelte Wamme, der Vorderhals das Jabot. Durch kurze Beine und wenig sichtbare Schenkel niedriger Stand. Völlig runder Kopf, breite volle Stirn und Backen; glattköpfig oder rund- oder spitzkappig. Der kurze, stumpfe Schnabel setzt in der Linie die Stirnwölbung nach unten hin fort. Dunkle Augen. Nur farbiges Schwanzgefieder.

Besonderheiten: „Kecker" Gesamteindruck. Aufzucht durch Ammen erforderlich.

Trommeltauben		*Mövchentauben*
mittel		*gering*
12		8
34		10

blaugehämmert

Weißschwanz, rot

Deutsche Gabelschwanz-Trommeltauben

Entstehung: Vor einigen Jahrzehnten aus der altdeutschen Trommeltaube in Sachsen und Thüringen entwickelt. Andere Version: Kreuzungen von Altenburger und Schmöllner Trommeltauben, dann um 1900 Fußbefiederung.

Form und Kopf: Beachtliche Größe, Länge und Breite. Lange, kräftige Schwingen. Schwanzfederanzahl mindestens sechzehn. Schwanzmitte durch Gabelung geteilt. Fehlende Bürzeldrüse. Niedriger Stand mit langen und dichten Latschen und Geierfersen. Hohe Stirn, Oberkopf länglich rund. Perlfarbige Augen.

Besonderheiten: Durch langes, breites und straffes Gefieder und großen Rahmen zeigt die Rasse großen Habitus. Fast alle Täuber lassen noch die Trommelstimme hören.

Trommeltauben		Tümmlertauben
gering		groß
12		8
9		50

Deutsche Langschnäblige Tümmler

Entstehung: Zu Beginn des 18. Jahrhunderts Stammformen: hoch fliegende, purzelnde Tauben im Magdeburger Raum. Wettflugwesen auch in Halberstadt, Helmstedt, Wolfenbüttel und Braunschweig. Erster Sonderverein 1882.

Form und Kopf: Hoch aufgerichtete Gestalt mit langem Hals, schmaler Brust, langen Beinen und fest anliegendem Gefieder. Die abfallende Rückenlinie geht in die Schwanzpartie über. Lang gezogene Kopflinie, von der Schnabelspitze ohne Unterbrechung bis zum Oberkopf leicht ansteigend; seitlich gut „gefüllt“. Langer, gerader Schnabel mit kräftigem Ansatz.

Besonderheiten: Elegante, schnittige Gesamterscheinung mit noch gut erhaltenem Fliegertemperament.

Gazzi, gelbfahl-gehämmert

gelb

Deutsche Modeneser

Entstehung: Vorläufer waren italienische Flugtauben vor 2000 Jahren. 1876 werden 152 verschiedene Farbvarianten beschrieben. In Deutschland Ende des 18. Jahrhunderts Umformung zum Deutschen Modeneser.
Form und Kopf: Kleinste Huhntaube mit allseits abgerundeten Körperlinien. Hals, Kopf und Beine/Schenkel sollen je ein Drittel der Höhe ausmachen. Schlanker Oberhals, Unterlinie entspricht einem gestreckten Halbkreis. Kurzer Rücken, leicht angehobener, kurzer Schwanz. Runder, gewölbter Kopf mit abgesetzter Stirn. Augenfarbe orangerot, bei Weißen auch dunkel. Farbschlaggruppen werden unterschieden in Gazzi, Schietti und Magnani.
Besonderheiten: Eine der häufigsten Ausstellungstauben. Sehr große Anzahl der Farbenschläge.

Deutsche Nönnchen

Entstehung: Alte Rasse im norddeutschen Raum. Vorfahren schon um 1600 beschrieben. 1765 Abbildung. Gründung des deutschen Sondervereins 1908.
Form und Kopf: Mittelgroßes Format mit breiter und etwas vorstehender Brust, kurzem, gedrungenem Hals und mäßig langem Großgefieder. Kurze Läufe. Runde Kopflinie mit deutlichem Winkel zum knapp mittellangen Schnabel, der leicht gesenkt sein soll. Hoch angesetzte Rundhaube mit Rosetten. Perlfarbige Iriden.
Besonderheiten: Gut flugfähige Rasse mit zuverlässigem Zuchtverhalten. Lebhaftes Wesen, feine Figur.

Deutsche Modeneser		Deutsche Nönnchen
Huhntauben		*Tümmlertauben*
groß		*mittel*
7		*7*
> 60		*8*

schwarzgetigert

schwarzgetigert

Deutsche Schautauben

Entstehung: Ursprünglich „Deutsche Schönheitsbrieftaube“ seit 1896. Später aus Brieftauben, Show Homer, Show Antwerp und Mövchen. Gründung eines Sondervereins 1908.

Form und Kopf: „Edle“ Gesamterscheinung in kurzer, kräftiger Form mit fast waagerechter Körperhaltung. Feine Halslinie, zur Kehle hin schlank. Breite, gewölbte Brust. Kurzer, schmaler Schwanz. Gut mittellange Läufe. Kopfprofil: Bogenlinie mit höchstem Punkt über dem Auge über die keilförmige Stirn in den kräftigen Schnabel. Weiße, dunkle und dunkelrote Augen je nach Farbschlag.

Besonderheiten: Entscheidend ist die Gesamtharmonie der Linien, des Kopfes und der Haltung. Auch hohe Ansprüche an die Farbbilder.

Deutsche Schautippler

Entstehung: Aus verschiedenen Tümmlerrassen Anfang des 20. Jahrhunderts in England zur konstanten Rasse geformt. In der ehemaligen DDR weiterentwickelt und nach 1989 durch Einkreuzung von Long Faced im Typ verändert. Gründung des Sondervereins 1966.

Form und Kopf: Gedrungener Körperbau von mittlerer Größe. Gewölbte, breite Brust. Abfallende Rückenlinie. Kurzes, breites Schwanzgefieder. Beine kurz und kräftig. Gerundeter Kopf mit hoher Stirn, die aber nicht vorgewölbt sein darf. Reines Perlauge wird bevorzugt.

Besonderheiten: Namensgebend ist die gefleckte Zeichnung (tipped) der anfangs gezüchteten Schläge. Zunehmende Verbreitung. Sehr zuchtfreudig und robust.

Deutsche Schautauben		Deutsche Schautippler
Formentauben		*Tümmlertauben*
groß		*mittel*
9		*7*
34		*7*

mit Haube, blau mit schwarzen Binden

blau mit schwarzen Binden

Deutsche Schildmövchen

Entstehung: Stammform aller deutschen Mövchenrassen. Anfangs mittlere Schnabellänge. Die Einkreuzung von Anatolischen und Ägyptischen Mövchen Ende des 19. Jahrhunderts führten zum Kurzschnabeltyp. Später Verwendung von englischen Turbit- und weißen African Owl-Mövchen.
Form und Kopf: Typische Figur der kurzschnäbligen Mövchenrassen. Besonderer Wert wird auf die Kopfpunkte gelegt: Runder Kugelkopf mit breiter und gut „gefüllter" Stirn und vollen Backen. Der Schnabel muss kurz und breit angesetzt sein, ohne Linienunterbrechung zur Stirn. Glattköpfige, Rund- und Spitzkappige sind zugelassen. Große, dunkle Augen. Nur das Schild weist Farbe auf.
Besonderheiten: „Puppige" Gesamterscheinung in stolzer Haltung.

Mövchentaube		*Trommeltauben*
gering		*mittel*
8		*12*
18		*36*

Deutsche Schnabelkuppige Trommeltauben

Entstehung: Schnabelkuppige Trommeltauben gab es schon im 19. Jahrhundert in Sachsen, im Vogtland und Ostthüringen. Abkömmlinge der Altdeutschen Trommeltaube. Glattköpfige und glattfüßige Feldtauben sollen eingekreuzt worden sein.
Form und Kopf: Im Habitus etwas leichter als die Doppelkuppige Trommeltaube. Auch wirkt der Hals schlanker und etwas länger. Sonst in der Figur ähnlich wie vorige. Über dem Schnabel federreiche Nelke in ovaler Form, die die Schnabelwarzen bedecken. Bein-, Fuß- und Schenkelbefiederung wie Doppelkuppige.
Besonderheiten: Trotz Angleichung an die Feldtaubenfigur stattliche Taube. Benötigt wegen des „Fußwerks" entsprechende Sitzanlagen und Pflege.

rot

schwarz

Domestic Show Flight

Entstehung: Aus europäischen Tümmler-Rassen in den USA (New York) ab 1945 zur Schaurasse entwickelt. Ausgangsrassen waren Long Faced Tümmler, Short Farces Tümmler und Komorner Tümmler. In Deutschland seit 1990 anerkannt.

Form und Kopf: Auffallende gedrungene Figur mit kurzem, dickem Hals, aufgerichteter Haltung und tiefem Stand. Der ungewöhnlich große Kopf ist allseits rund und zeigt breite Stirn mit Biegung über den Schnabelwarzen. Volle Backenbildung. Im Kontrast dazu ist der Schnabel mittellang und zart, wirkt wie geradlinig eingesteckt. Reines Perlauge.

Besonderheiten: Hochrassige Kombination von voluminösem Körper/Kopf und dünnem Schnabel. Hervorragende Aufzuchteigenschaften.

Tümmlertauben		Mövchentauben
gering		gering
7		8
12		18

Dominomövchen

Entstehung: Ausgangsformen in Kleinasien. Ab 1890 in England und Deutschland. Anfang des 20. Jahrhunderts Typfestigung durch Verwendung von anderen Mövchenrassen. Ab 1970 Einkreuzung von Posener Farbenköpfen und Modena.

Form und Kopf: Die Form- und Kopfmerkmale entsprechen denen des Anatolischen Mövchens. Allerdings sind Dominos außer glattköpfig auch spitzkappig anerkannt. Dann zeigen sie am Hinterkopf eine spitz geschlossene Federverlängerung. Hauptunterschied: Außer farbiger Schild- und Schwanzzeichnung müssen Dominomövchen farbiges Kopfgefieder zeigen, das sich bis auf den Nacken erstreckt.

Besonderheiten: Recht schwierige Zucht, um die richtige Kopfzeichnung zu erhalten. Kecke, puppige Erscheinung.

gelbfahl

rot

Dragoon

Entstehung: Ausgangsrasse war die Horsemantaube. Ersterwähnung 1735 in England. Unterschiedliche Formtypen (Londoner und Birminghamer Typ). Englischer Züchterclub 1886 gegründet; in Deutschland 1912.

Form und Kopf: Bei mittlerer Größe kräftiger Körperbau, starker Hals, volle, breite, gut gerundete Brust. Kurzer Schwanz, kurze breit stehende Beine. Seitlich gewölbter, breiter Kopf. Kräftiger Schnabel mit gleich starken Hälften; leicht nach oben gerichtet. Längs gerillte, keilförmige Warzen. Augenfarbe orangerot bis rubinrot bzw. dunkel. Zweireihiger Rand, schmal hinter den Augen und bei schwarzem Schnabel blaugrau bzw. heller oder fleischfarbig bei helleren Schnäbeln.

Besonderheiten: Hoher Zuchtstand. Sehr gut für den Freiflug geeignet.

Dresdener Trommeltauben

Entstehung: Ursprungsrassen waren um 1820 Altdeutsche und Russische Trommeltauben. Angebliche Einkreuzung von Farbentauben in einem Bericht von 1858. Erste literarische Erwähnung des Rassenamens 1890.

Form und Kopf: Großer Körperrahmen mit waagerechter Haltung entspricht in etwa der Doppelkuppigen Trommeltaube. Durch schmaleres Gefieder etwas schlanker wirkend. Auch kleinerer Kopf mit hoch sitzender, breiter Haube mit Rosetten. Ovale Federnelke, allseitig geschlossen, die Schnabelwarzen bedeckend. Dichte Belatschung und ausgeprägte Geierfersen. Tiefer Stand. Augenfarbe orangefarbig. Weißes Schildgefieder.

Besonderheiten: Attraktive Ausstellungstaube; besticht durch Kopfputz, Beinbefiederung und feines Farbbild.

Dragoon		Dresdener Trommeltauben
Warzentauben		*Trommeltauben*
groß		*gering*
9		*12*
19		*3*

schwarz

blaugehämmert

Echterdinger Farbentauben

Entstehung: Ab 1967 in Echterdingen (Baden-Württemberg) durch Verwendung verschiedener Farbentauben herausgebildet. Zunächst war der Name „Fildertaube" vorgesehen. Offizielle Anerkennung 1983.

Form und Kopf: Veredelte Feldtaubenform in fast waagerechter Haltung. Breite, gerundete Brust. Langes Schwingen- und Schwanzgefieder. Kurze Beine. Glatt anliegendes Gefieder. Breite Kopfform mit gewölbter Stirn. Hoch gehende Rundhaube mit Rosetten. Dunkle Augen. „Ganselzeichnung" (weiß sind Kopf, Vorderhals, Rücken, Bauch und Flügel).

Besonderheiten: Eine der jüngsten Neuschöpfungen unter den Farbentauben. Apartes Zeichnungsmuster. Vitale und robuste Rasse mit sehr guten Zuchteigenschaften.

Echterdinger Farbentauben	Eichbühler
Farbentauben	Schweizer Farbentauben
gering	gering
8	9
4	13

Eichbühler

Entstehung: Erste Vorstellung 1893 auf der nationalen Schau in Leipzig. Erzüchtet auf dem Hof Eichbühl im Schweizer Kanton Bern aus Farbentauben, Schweizer Spitzhauben und unbekannten Tauben aus Osteuropa. Erster Standard 1932.

Form und Kopf: Gestreckte Feldtaubenfigur mit geduckter Haltung. Kurzer Hals, mäßig breite Brust, leicht abfallende Rückenlinie. Langes Schwingen- und Schwanzgefieder. Kurze Beine mit gewinkelten Fersengelenken, befiedert, jedoch Zehen nackt. Kopf: lang mit flachem Scheitel, flach ansteigender Stirn, hinter dem Schnabel nicht schmal (Eidechsenkopf). Beide Schnabelhälften kräftig. Dunkelbraune Augen.

Besonderheiten: Eichbühler sind scheu und flüchtig, rassemäßig unverfälscht.

weiß

weiß

Einfarbige Mövchen (African Owls)

Entstehung: Als Ursprungsland kann Ägypten angenommen werden, wo schon vor 3000 Jahren kurzschnäblige Tauben mit Halskrause gelebt haben sollen. In Europa zunächst als Ägyptisches oder Tunesisches Mövchen bekannt. Einkreuzung von Show Antwerp. In England „African Owls“ (bedeutet „Eule aus Afrika“).

Form und Kopf: Alle Formmerkmale sollen kurz, breit und rund sein. Dadurch entsteht die typische Mövchenfigur. Auch Einfarbige haben völlig runde Kopfform mit kurzem, stumpfem Schnabel, der aber viel Substanz haben soll. Je nach Farbschlag dunkle oder orangefarbige Augen.

Besonderheiten: Wie die anderen ähnlichen Mövchen stolze, kecke Erscheinung, die etwas an das „Kindchenschema“ erinnert.

Einfarbige Schweizertauben

Entstehung: Seit etwa 400 Jahren in der Schweiz. Gründung des „Schweizertauben-Züchterclubs“ 1926; in Deutschland Gründung des „Sondervereins der Züchter Schweizer Taubenrassen“ 1952. Seit 1998 Umbenennung in „Klub für Schweizer Taubenrassen“.

Form und Kopf: Feldtaubenhabitus im Fliegertyp. Schlanker, mittellanger Hals, mäßig breite Brust, leicht abfallende Rückenlinie. Relativ langer Schwanz, mittelhoher Stand. Steil ansteigende Stirn, hoch angesetzte Spitzkappe. Der Hinterhals bildet den „scharfen Kamm“. Augenfarbe dunkelbraun.

Besonderheiten: Breite Farbenpalette. Robuste Rasse, sehr gut für den Freiflug geeignet.

Mövchentauben		*Schweizer Farbentauben*
gering		*mittel*
8		*8*
15		*19*

rot

belatscht, schwarzbindig

Eisker Doppelkuppige Positurtümmler

Entstehung: Heimatgebiet ist der Nordkaukasus, hauptsächlich die dortige Stadt Jeisk. Einkreuzung von Breitschwanztümmlern um 1920.

Form und Kopf: Tief gestellte, gedrungen wirkende Taube. Volle Halspartie, nach oben schlanker, nach hinten gebogen, in der Erregung leicht zitternd. Breite, volle Brust, sehr kurzer Rücken, kurze Flügel, die unter dem Schwanz getragen werden. Das Schwanzgefieder ist leicht gewölbt und besteht aus mindestens vierzehn breiten Federn, in Positur etwas hoch gestellt. Länglich runder Kopf mit voller Stirn, Rundhaube mit Rosetten und Schnabelnelke. Augenfarbe perlfarbig bzw. dunkel. Voll befiederte Beine und Zehen.

Besonderheiten: In Deutschland sehr seltene Rasse.

Tümmlertauben		*Farbentauben*
gering		*mittel*
9		*10 bei Belatschten, 7 bei Glattfüßigen*
13		*6*

Eistauben

Entstehung: Eine der ältesten Farbentaubenrassen. Wahrscheinlich vor mehr als 200 Jahren zunächst als Glattfüßige in Schlesien, dann Belatschte in Sachsen und Thüringen. Gehämmerte (Forellen) auch in Süddeutschland. Deutscher Sonderverein seit 1924.

Form und Kopf: Normale Feldtaubenfigur mit tiefem Stand, breiter Brust, mittellangem Großgefieder. Glattfüßige wirken schlanker. Belatschte zeigen federreiches „Fußwerk“ und wirken tief gestellter. Schlichte Kopfform. Gelbe bis orangerote, bzw. dunkle Augenfarbe. Namensgebend ist die dem Eis entsprechende Farbe (auch „entrahmte Frischmilch“).

Besonderheiten: Feines Farb- und Zeichnungsbild.

blau

blau

Elbinger Weißköpfe

Entstehung: Im ehemaligen Ostpreußen um 1810 aus weißköpfigen Lokalschlägen entwickelt, auch als „Preußische Weißköpfe" bezeichnet. Um 1900 durch Einkreuzung von Altstämmern Schnabelverkürzung. Bestände nach 1945 nahezu erloschen. Neubeginn mit Gumbinner Weißköpfen und Reinaugen-Tauben.

Form und Kopf: Kleine zierliche Gestalt mit schlankem, leicht nach hinten gebogenen Hals, hervortretender Brust und kurzem Rücken. Schwanz und Schwingen relativ kurz. Niedrig im Stand. Würfelkopf: breite Stirn, vertiefter Scheitel (Grübchen), eckiger Hinterkopf. Kurzer Schnabel, im stumpfen Winkel zur Stirn stehend. Perlfarbige Augen.

Besonderheiten: Lebhaftes Temperament, das besonders im Freiflug gezeigt wird.

Tümmlertauben		*Kropftauben*
gering		*groß*
7		8
9		5

Elsterkröpfer

Entstehung: Ursprüngliche Form vor 1840 mit tiefer Stellung und plumper Form ohne Weißkopf-Zeichnung (Bauernkröpfer) in Böhmen und Mähren. Vermutlich Einkreuzung von Verkehrtflügel-Kröpfern und Farbentauben. Erster Standard 1907; Sonderverein 1912.

Form und Kopf: Mehr als mittelhoch stehend, gestreckte, aufrecht getragene Form mit langem Hals und birnenförmigem Luftkropf (2/3 der Länge vor und 1/3 hinter den Beinen). Die Brust nicht zu breit, lang der Rücken, nicht zu breites und langes Schwanzgefieder, übermittellange Beine mit fließendem Schenkelaustritt. Straffes Gefieder. Länglich runde Kopflinie mit nicht zu hoher Stirn. Elsterzeichnung.

Besonderheiten: Elegant, lebhaftes Wesen. Hoher Zuchtstand.

blau

rotgeherzt

Elsterpurzler

Entstehung: Früherer Name: Altdeutscher und Süddeutscher Elsternpurzler. Um 1900 weit verbreitet. Offizielle Anerkennung 1951. Die Variante „Pechschnäblige“ entstanden nach 1950 in der Oberlausitz.

Form und Kopf: Der Körper in fast waagerechter Haltung wirkt etwas gedrungen. Die Brust soll zwar breit hervortreten, darf aber nicht zu hoch getragen werden. Mittellanger Hals mit feiner Verdünnung in der Kehllinie. Mittellanger Schnabel, mit der Stirn einen stumpfen Winkel bildend. Möglichst reines Perlauge. Mittelhohe Beine.

Besonderheiten: Den interessanten Flugstil (schnelles Fliegen und Purzeln) hat auch der heutige Schautyp weitgehend beibehalten. Problemlose Jungenaufzucht.

Englische Kröpfer

Entstehung: In England erzüchtet und bereits 1678 beschrieben. Wahrscheinlich gehören Niederländische Kröpfer und Horseman-Tauben zu den Ausgangsformen. Um 1850 in Deutschland. Clubgründung 1912.

Form und Kopf: Ungewöhnlich große Taube mit langen und eng zusammenstehenden Beinen, besetzt mit kleinen Federchen. Füße befiedert (Teller). Langer Hals mit oben kugelförmigem Kropf. Langer, schmaler Rücken. Schmale, lange Flügel. Relativ kleiner Kopf mit leichter Wölbung und mäßig hoher Stirn. Augenfarbe: gelb oder rot oder dunkel.

Besonderheiten: Größte Kropftaubenrasse, insgesamt „edle“ Erscheinung. Weltweite Verbreitung, hohes Rasseniveau.

Elsterpurzler		Englische Kröpfer
Tümmlertauben		*Kropftauben*
groß		*mittel*
7		*10*
12		*10*

belatscht, schwarz

braun

Englische Long Faced Tümmler

Entstehung: Rasseformung und Abbildungen schon 1894 und 1911 in England. Als „Selftümmler" um 1900 in Deutschland eingeführt. Gründung des Sondervereins 1913.
Form und Kopf: Breiter, kurzer Rumpf in aufgerichteter Haltung. Kurzer, starker Hals und breite, vorgewölbte Brust. Flügel- und Schwanzgefieder kurz. Breit gestellte, kräftige, kurze Beine, auch belatscht. Üppiges Gefieder. Großer, breiter Kopf, völlig rund mit höchstem Punkt über den Augen. Gut ausgeprägte Backen. Die reinweißen Augen liegen in der Mitte des Kopfes. Der kurze, dicke Schnabel ist so „eingesteckt", dass der verlängerte Schnabelschnitt unter den Augen verläuft.
Besonderheiten: Ruhiges, zutrauliches Wesen.

Englische Long Faced Tümmler	Englische Nonnen
Tümmlertauben	*Tümmlertauben*
gering	*mittel*
8, bei Belatschten 11	*8*
53	*6*

Englische Nonnen

Entstehung: Vorläufer vermutlich im 16. Jahrhundert aus Kleinasien. Weiterentwicklung in Holland. In Deutschland seit 1922 Sonderverein. Endgültige Anerkennung als eigene Rasse ab 1965.
Form und Kopf: Keilförmiger, aufgerichteter Körper mit sehr breiter Brust und kräftigem Hals. Kurzes Schwanzgefieder. Knapp mittelhohe Beine. Markante Kopfpunkte: breit mit hoher Stirn und hoch angesetzter, breiter und dicker Rundhaube mit federgefüllter Vorderseite. Der kräftige Schnabel ist nur knapp mittellang und steht in einem deutlichen Winkel zur Stirn. Perlfarbige Augen. Farbiger Kopf, Vorderhals und Schwanz.
Besonderheiten: Attraktive Ausstellungsrasse, die bei richtigem Umgang sehr zahm wird. Wärme liebend.

blau mit schwarzen Binden

golddun

Englische Owlmövchen

Entstehung: In England schon im 17. Jahrhundert aus Ägyptischen Mövchen im Rahmen und Kopf vergrößert. Moderasse im 19. Jahrhundert in England. In Deutschland vor 1914 kaum vertreten. Festigung des Rassetyps durch Einkreuzung von African Owls und Show Antwerp. Owl = Eule abgeleitet vom leicht überstehenden, hakenförmigen Oberschnabel.

Form und Kopf: Die Formmerkmale entsprechen denen des African Owl (siehe dort). Englische sind jedoch im Habitus bis zu einem Drittel größer. Kräftiger und breiter Rumpf. Kopf allseits breit und gerundet; starke Backen. Augen orangefarbig. Unter anderem die seltenen Eisfarbigen.

Besonderheiten: Rasse für Spezialisten. Seltenes Kulturgut.

Englische Short Faced Tümmler

Entstehung: Eine der ältesten Taubenrassen Englands. Rassebeschreibung schon 1678. Standard 1776 („Columbarian Society"-London). In Deutschland Gründung des Sondervereins 1986.

Form und Kopf: Kurz sind Rücken, Flügel und Schwanz. Vorgewölbte, allseits gut gerundete Brust. Im Ansatz voller, nach oben hin schlanker Hals, etwas nach hinten getragen. In Relation zum Körper großer Kopf mit vollen Backen, steiler Stirn und abfallendem Hinterkopf. Kurzer, wie eingesteckt wirkender Schnabel (Finkenschnabel). Perlfarbige Augen. Zahlreiche Farbenschläge und Zeichnungsmuster, auch Weißköpfe und Bärtchen.

Besonderheiten: Zutrauliches Verhalten. Gelten als „Perlen unter den Kurzschnäblern".

Mövchentauben		*Tümmlertauben*
gering		*mittel*
9		7
12		31

blaugeherzt

blau mit schwarzen Binden

Englische Zwergkröpfer

Entstehung: Verzwergung des Englischen Kröpfers durch unbekannte Verfahren Mitte des 19. Jahrhunderts in England. In Deutschland wurden kleinwüchsige Großkröpfer und Brünner Kröpfer eingekreuzt. Zunächst nur Einfarbige. Später Geherzte. Gründung des Sondervereins 1912.

Form und Kopf: Als Miniaturausgabe des Englischen Kröpfers sind alle Proportionen identisch nur im kleineren Maß (etwa 2/3) Das betrifft Körper, Haltung, Kopf und Farbenschläge. Daher gibt es keinen eigenen Standard für diese Zwergenform.

Besonderheiten: Im Ganzen wirkt der Zwergkröpfer fein, zart und elegant. Für Schauzwecke ist Käfiggewöhnung erforderlich, damit die Tiere ihre Positur zeigen. Trotz zarter Körperkonstitution gute Zuchtleistungen.

Kropftauben		*Tümmlertauben*
mittel		*gering*
8		7
10		3

Erlauer Tümmler

Entstehung: In Erlau (Ungarn) um 1780 Grundform. 1855 Einkreuzung von Wiener Hochfliegern. Damals Kurzstrecken-Botentauben mit gutem Orientierungssinn.

Form und Kopf: Schlanke Fliegergestalt im Kleinformat. Angehoben getragene, gewölbte Brust, schmaler Rücken, mittelhoher Stand. Trapezförmiger Kopf mit flachem Scheitel und abgerundeten Kanten. Schräger Stirnverlauf. Der mittellange, nicht zu dünne Schnabel bildet mit der Stirn eine ununterbrochene Linie. Hellgrauperlfarbige Iriden. Farbenschläge im überwiegend dunklen Blauton.

Besonderheiten: Auch der „moderne" Erlauer hat seine gute Flugfähigkeit beibehalten. Ihm wird ein „hellwaches Wesen" und „schnelle Auffassungsgabe" bescheinigt.

rotfahl-gehämmert

rot-weißgeschuppt

Exhibition Homer

Entstehung: In England um 1900 aus Brieftaubenabkömmlingen. Deutsche Bestände nach 1945. Standardanerkennung 1962.

Form und Kopf: Zwar kraftvoll, aber nicht plump wirkt die Körperfom. Keilförmig sind Kopf mit starkem Hals an der Basis. Der Bug an den muskulösen Flügeln tritt leicht hervor. Kräftige, leicht gewinkelte Beine. Auffallende Kopfpunkte: Lang gezogen, in einer geraden Linie von der Warzenspitze bis kurz hinter die Augen. Der Hinterkopf verläuft in einer abgeknickten Rundung; betonter Nacken. Beide Schnabelhälften lang und stark, an der Spitze stumpf. Augenfarbe perlfarbig.

Besonderheiten: Kraftvolle, ruhige Erscheinung. Gut für den Freiflug geeignet. Sehr gutes Aufzuchtverhalten.

Formentauben		*Farbentauben*
gering		*groß*
10		*8*
14		*12*

Feldfarbentauben

Entstehung: Ersterwähnung in der Literatur 1818. Hauptsächlich in Thüringen aus gewöhnlichen, gut feldernden Haustaubenschlägen erzüchtet. Gilt als „Urahn der Farbentaubenrassen". 1977 Anerkennung der Züchter als Sonderverein; seit 1983 zusammengelegt in der Betreuung der Münsterländer Feldtauben.

Form und Kopf: Feldtaubenähnlich mit etwas kräftigerem Körper. Besonders Brust und Rücken müssen Breite aufweisen. Kräftiger Hals mit ausgerundeter Kehle, länglich runder Kopf, normales Schnabelformat. Orangefarbige Augen, langes Großgefieder. Mit weißen Binden oder weiß geschuppt.

Besonderheiten: Schlichte Schönheiten mit sehr guten Flug- und Zuchteigenschaften. Feine Pastellfarben.

gelbgeganselt

weiß

Felegyhazaer Tümmler

Entstehung: In der ungarischen Stadt Kiskunfélegyhàzi im 19. Jahrhundert entwickelt. Der Rassename ist die Verkürzung des Entstehungsortes.

Form und Kopf: Gedrungene, kaum mittelgroße Körperform mit fast waagerechter Haltung. Breite, hervorgedrückte Brust. Kurz sind Hals und Beine. Gerundete Kopflinie mit breiter Stirn und Rundhaube mit Rosetten. Rücken und Schwanz bilden eine Linie. Augenfarbe weiß oder dunkel, sonst perlfarbig. Fünf Farbenschläge in Geganselt.

Besonderheiten: Bei lebhaftem Temperament dennoch zutraulich. Recht guter Flieger. In Ungarn gibt es eine glattköpfige Variante.

Felegyhazaer Tümmler		Figurita-Mövchen
Tümmlerrassen		*Mövchentauben*
mittel		*gering*
7		*bei Glattfüßigen 7, bei Behosten 8*
10		*14*

Figurita-Mövchen

Entstehung: Aus der spanischen Provinz und von der Insel Teneriffa (Kanaren) um 1990 nach Deutschland importiert. Anerkennung 1996. Vorfahren: Tunesische Mövchen und Spanische Weißschwanz-Mövchen.

Form und Kopf: Eine der kleinsten Taubenrassen mit etwas nach hinten gebogener Halslinie, angehoben getragener Brust und kurzem Rücken. Angelegte Flügel sollen nicht kreuzen. Beine glatt oder behost. Leicht aufgerichtete Haltung. Abgerundete Kanten und schräg ansteigende Stirn. Dunkle bzw. rote bis orangefarbige Augen.

Besonderheiten: Die Taube wird nur etwa 150 Gramm „leicht“.

rotfahl-gehämmert

schwarzgeherzt

Florentiner

Entstehung: Bereits 1793 als „Hinkel- oder Hühnertaube“ beschrieben. Ursprünglich in Oberitalien aus Kreuzungen von Modenesern und Leghorn Runt. Veredelung in Oberösterreich; um 1800 nach Deutschland.
Form und Kopf: Hoch stehende, massige Gestalt mit langem, kräftigem Hals, voller Brust, die mit dem Bauch eine nicht absetzende Linie bildet. Kurz sind Rücken, Flügel- und Schwanzgefieder. Großer Kopf mit gleichmäßig gewölbter Stirn. Orangerote Augen. Farbig sind Kopf, Flügeldecken und Schwanz mit Unterdeckfedern.
Besonderheiten: Die Proportionen sollen je 1/3 Standhöhe, Körper und Hals betragen. Haltung am besten als eigene Rasse. Sehr robust und zuchtfreudig.

Fränkische Bagdetten

Entstehung: Aus Nürnberger Bagdetten und Farbentauben in Franken gestaltet. Erste offizielle Anerkennung 1951.
Form und Kopf: Lang gestreckte, kräftige Körperform. Reichlich mittellanger Hals und breite, gewölbte Brust. Schmaler Schädel, bildet im Profil eine ununterbrochene Bogenlinie vom langen, kräftigen Schnabel bis zum Nacken. Langes Flügel- und Schwanzgefieder. Mittelhoher Stand. Dunkle bzw. orangerote Augenfarbe. Einfarbige, geganselte und gedeckte Farbenschläge.
Besonderheiten: Gering verbreitete Rasse. Robust und zuchtfreudig. Ruhiges Wesen. Geeignet für den Freiflug.

Florentiner		Fränkische Bagdetten
Huhntauben		*Warzentauben*
gering		*gering*
9		*9*
15		*18*

rot

gelb

Fränkische Feldtauben

Entstehung: Im fränkischen Altmühltal, wahrscheinlich unter Verwendung von bodenständigen Feldtauben und Bagdetten. Anfangs als „Gunzenhäuser Feldtaube“ bezeichnet. Anerkennung im Standard 1951.

Form und Kopf: Kräftige Feldtaubengestalt mit leicht abfallendem Rücken und mittellangem Hals. Langes Schwingengefieder. Breites, festes und glattes Gefieder. Mittellange Beine. Schlichte, aber gut gewölbte Kopfform. Orangefarbige Augen mit doppeltem, glattem, lebhaft roten Rand. Mit oder ohne Flügelrose.

Besonderheiten: Etwas scheue Rasse mit ausgezeichnetem Flug- und Aufzuchtverhalten.

Fränkische Herzschecken

Entstehung: Um 1850 als Verwandte der Bernhardiner Schecke und Nürnberger Bagdette in Bayern, Franken und Württemberg. Musterbeschreibung um 1935. Früher auch „Hohenloheschecke“ genannt.

Form und Kopf: Überdurchschnittliche Größe, lang gestreckte Figur. Breit sind Brust und Schultern, lang das Schwingen- und Schwanzgefieder. Länglich runde Kopflinie, mittelhoher Stand. Augenfarbe dunkel mit doppelter, roter Umrandung. Mittellanger Schnabel mit guter Durchblutung (rötlich in der Warzengegend). Ganselzeichnung.

Besonderheiten: Gut züchtbar. Die Zeichnung ist nicht immer regelmäßig.

Fränkische Feldtauben		Fränkische Herzschecken
Farbentauben		*Farbentauben*
gering		*gering*
8		8
6		7

rotfahl-gehämmert

gelb

Fränkische Samtschildtauben

Entstehung: Vorläufer waren schildige Tauben, die schon im 16. Jahrhundert in Franken vorkamen. Um 1840 unter Verwendung von Aachener Lackschildmövchen und Nürnberger Schwalben als eigenständige Rasse geformt.

Form und Kopf: Deutlich schlanker und eleganter als die übliche Feldtaubenfigur. Gute Brustrundung, leicht abfallender Rücken. Straff anliegendes Gefieder mit „Schmalzkielen“. Gerundete Kopflinie, mittellanger, gut durchbluteter Schnabel. Dunkle Augen mit doppeltem, feurig roten Rand. Sehr intensive und glanzreiche Schildfarbe.

Besonderheiten: Hoher Zuchtstand, problemlose Haltung und Zucht. Attraktive Gesamterscheinung.

Fränkische Trommeltauben

Entstehung: Um 1920 in Oberfranken und Thüringen. Erste Rassebeschreibung 1926. Gründung des Sondervereins 1924. Offizielle Anerkennung 1931. Später Verbreitung in Dänemark und in den USA.

Form und Kopf: Auffallend starker Hals auf kräftigem Körper. Vortretende Brust, breiter, etwas abfallender Rücken. Kurze Beine. Breiter Kopf mit flacher Stirn und federreicher, breiter Haube ohne Rosetten. „Kimme“ im Hinterhals, federreiche Schnabelnelke, die die Warzen bedeckt. Unter den zahlreichen Farbenschlägen gibt es „Muselköpfe“, Getigerte, Gescheckte und Geganselte.

Besonderheiten: Vorwiegend verbreitet in Süddeutschland. Unbedingt ist Sichtfreiheit zu gewährleisten.

Fränkische Samtschildtauben		Fränkische Trommeltauben
Farbentauben		Trommeltauben
groß		mittel
8		8
14		>48

blau gescheckt

blau

Französische Bagdetten

Entstehung: Vorläufer aus dem 17. Jahrhundert. Bagdad, aber auch Batavia werden als Heimat angegeben. Eine der ältesten und urtümlichsten Bagdettenrassen. Im 19. Jahrhundert in England veredelt. 1862 nach Dresden eingeführt.

Form und Kopf: Hoch stehend, langhalsig; muskulöser Rumpf, breit in Brust und Schultern. Knappes, hartes Gefieder. Der dünne Hals zeigt in der Mitte den leicht hervorstehenden Bagdettenknoten. Langer, kräftiger Schnabel. Stirn leicht abgesetzt.

Besonderheiten: Ausgesprochen seltene Rasse mit z. T. fast erloschenen Farbenschlägen. Zucht nicht einfach. Benötigt viel Raum und weiche Nestunterlagen.

Französische Bagdetten		Französische Kröpfer
Warzentauben		*Kropftauben*
gering		*mittel*
9		*9*
10		*14*

Französische Kröpfer

Entstehung: Aus Holländischen Großkröpfern in Frankreich und Belgien. Um 1860 nach Deutschland. Erster Sonderverein 1921, Erneuerung 1973. Deutsche Hochburg der Rasse ist das Maingebiet.

Form und Kopf: Auf sehr langen Beinen mit gewinkelten Gelenken und bogenförmigen Unterschenkeln steht der hoch aufgerichtete Körper in eleganter Haltung. Langer Hals mit kugelförmigem „Blaswerk". Schmal sind Brust und Flügel. 2/3 Vorder-, 1/3 Hinterpartie. Straffes Gefieder. Gekreuzte Schwingen. Orangefarbige bzw. weiße Augen. Neun geherzte Farbenschläge und Weiß.

Besonderheiten: Kennzeichen: Dreibogenlinie (Kropf, Brust, Schenkel und „Taille").

blau mit schwarzen Binden

markiert schwarz

Französische Sottobanca

Entstehung: Vor 1900 in Italien (Lombardei) als Nutztaube in bäuerlicher Haltung geformt. Namensgebend: Das Brüten unter Bänken und Körben (sotto panca = unter der Bank). In Oberitalien zur Rasse herausgebildet. Um 1910 in Frankreich als Lokalrasse eigenständig. Anerkennung in Deutschland 1988.

Form und Kopf: Stattliche Größe mit breiter Brust und breitem Rücken. Schwanz- und Flügelfedern nicht zu lang. Kurze Beine. Dicker Hals und großer, gerundeter Kopf mit gewölbter und breiter Stirn. Kräftiger, mittellanger Schnabel. Augenfarbe orangerot.

Besonderheiten: Lebhaftes, jedoch zutrauliches Verhalten. Robust und vital. Bisher geringe Verbreitung.

Formentauben		*Formentauben*
gering		*gering*
10		9
5		10

Gelockte Wammentauben

Entstehung: Erstbeschreibung 1927. Heimat: Libanon, Syrien und Südosttürkei. Der orientalische Name ist „Mfattel“ = gelockt.

Form und Kopf: Kräftiger Körper in aufgerichteter Haltung. Breit sind Brust und Schultern. Kräftiger Hals mit ausgeprägter Kehlwamme. Leicht abgeflachter Scheitel. Schnabel und Stirn bilden eine schräg verlaufende, fast ununterbrochene Linie. Kräftiger, mittellanger Schnabel. Mehr als mittellange Läufe. Die „Lockung“ besteht aus leicht gelockten Federn, über das ganze Flügelschild verteilt. Unter anderem „Markierte“, arabisch „Abusch“ (farbige Kopfflecken an den Seiten).

Besonderheiten: In Deutschland erst seit wenigen Jahren bekannt. Gehört zu den Seltenheiten in Europa.

weiß

blauschimmel

Genter Kröpfer

Entstehung: Stammort ist Gent in Belgien. Ausgangsform war der Altholländische Kröpfer. Um 1900 nach Deutschland eingeführt.

Form und Kopf: Gedrungener, breiter Rumpf mit langem und vollfleischigem Brustbein. Hinterkörper fast waagerecht, Vorderkörper leicht aufgerichtet getragen. Sehr großer Luftkropf, daher genügend Halslänge erforderlich. Zur Brust hin keine Einschnürung. Breit gestellte, relativ lange Beine. Latschen- und Geierfersenbefiederung. Kurzer, gerundeter Kopf mit erhöhter Stirn. Weiße, dunkle und orangefarbige Augen je nach Farbenschlag, die sehr zahlreich vorkommen, auch mit Dominikaner-Zeichnung.

Besonderheiten: Lebhaftes Temperament. Entgegengesetzte Körperlinie (fast waage- und senkrecht).

Genuine Homer

Entstehung: Um 1920 in England aus Brief- und Schautauben gebildet. „Genuine" bedeutet so viel wie „der Echte, der Wahre". Clubgründung 1923. Rasse-Anerkennung 1924.

Form und Kopf: Der kurze, keilförmige Körper erscheint „athletisch". Hals in mittlerer Länge, aufgerichtete Haltung, etwas angehobene, breite Brust, kurz sind Rücken und Läufe. Schmaler, kurzer Schwanz, straff anliegende Flügel. Kopfprofil: hinter der Warze leicht ansteigend, dann hoher Stirnanstieg. Höchster Punkt vor dem Auge. Starker, mittellanger Schnabel mit gleichen Hälften. Weiß bis perlfarbig sind die Augen.

Besonderheiten: Sehr zuchtfreudig. Zunehmende Beliebtheit. Schlichte, aber kraftvolle Erscheinung.

Genter Kröpfer		Genuine Homer
Kropftauben		Formentauben
gering		mittel
12		9
30		10

blau mit schwarzen Binden

gelbfahl

Giant Homer

Entstehung: Stammformen waren Carneau, Brieftauben und Mondain. Auch Squabbing Homer (weiße Masttauben) sollen verwendet worden sein. Um 1920 Typfestigung und 1929 Anerkennung. Über Ungarn spätere Verbreitung.

Form und Kopf: Auffallende Körperbreite mit tiefer Brustlinie, kräftigem Hals, breiten Schultern und kurzer Figur. Haltung waagerecht. Breiter Kopf. Gewölbter Bogen von der Schnabelspitze in den Nacken übergehend. Keilförmige Stirn. Orange bis rote Augenfarbe. Breit stehende, mittellange Beine.

Besonderheiten: Kraftstrotzende Erscheinung. Neue Farbenschläge bei Rassetauben waren zuerst bei den Giant Homern. Nutz- und Ausstellungstaube zugleich.

Giant Homer		Giertauben
Formentauben		*Formentauben*
mittel		*mittel*
11		*10*
26		*9*

Giertauben

Entstehung: Namensgebend war ein französischer Fluss im Rhônetal. Vor 1900 aus Französischen Bagdetten und Brieftauben entstanden und 1914 beschrieben. Gründung des Sondervereins 1982.

Form und Kopf: Relativ großer Körperrahmen mit betonter Brust, übermittellangem Hals und breiten Schultern. Freistehende Läufe und Schenkel, straffes Gefieder. Schlichte Kopfmerkmale, wobei Stirn und der mittellange Schnabel eine Linie bilden. Orangerote Augen.

Besonderheiten: Robuste und vitale Rasse mit ausgeprägtem Flugtemperament. Zuverlässiges Zuchtverhalten.

Gold-Schwarzflügel

schwarz

Gimpeltauben

Entstehung: Im früheren Jugoslawien (Dalmatien, Illyren), möglicherweise auch in Österreich und Süddeutschland um 1800. In England verfeinert. Neue Farbenschläge entstanden in Deutschland seit 1822. Spezialverein seit 1924.

Form und Kopf: Etwas zierlicher als die übliche Feldtaubenform mit feiner und dünner Halslinie, mäßig breiter Brust und gestreckter Figur. Leicht gewölbter Kopf, lang und schmal mit flacher Stirn. Bei Spitzkappigen hoch stehende Nackenfedern und scharfer Kamm am Hinterhals. Auch glattköpfig zugelassen. Augenfarbe orangefarbig bzw. dunkel.

Besonderheiten: Glanzreichste Taubenrasse. Der englische Name Archangel (Erzengel) ist kennzeichnend.

Glanztaube

Entstehung: Die 2015 in den deutschen Standard aufgenommene Glanztaube ist in Franken erzüchtet worden. Dazu wurden die Rassen Mährische Strasser, Gimpeltauben und Thüringer Goldkäfertauben verwendet.

Form und Kopf: In kräftiger Feldtaubengestalt präsentiert sich die Glanztaube in fast waagerechter Körperhaltung. Zur Ausprägung der namensgebenden Färbung ist das gut entwickelte, anliegende Gefieder vorteilhaft. Mit leichter Wölbung erscheint der längliche Kopf. Ansteigend ist die Stirn. Die umrandeten Augen sind orangefarbig. Unterschiedlich ausgeprägter Grün- und Purpurglanz sitzt an den Rändern der Federn, besonders auf dem Flügelschild.

Besonderheiten: Kontrastreiche Glanzstruktur auf tiefschwarzem Federgrund begeistern die Züchter.

Gimpeltauben		Glanztaube
Farbentauben		*Farbentauben*
groß		*gering*
7		8
32		2

schwarz

Göteborg-Tümmler

Entstehung: Im schwedischen Göteborg seit einigen Jahrzehnten als Hochflugrasse vorhanden.
Form und Kopf: Mittlere Größe, aufgerichtete Haltung, mittellanger, kräftiger Hals, breite, angehoben getragene Brust. Relativ langes Schwanzgefieder. Befiederte Läufe und Zehen mit Geierfersen. Länglich runder Kopf mit leicht ansteigender Stirn. Breite, hoch sitzende Rundhaube mit Rosetten. Augenfarbe perlfarbig.
Besonderheiten: Im deutschen Standard 2005 aufgenommen. Bisher wenig Verbreitung.

aschfahl

Granadino-Kröpfer

Entstehung: Südspanien. Zu den Ahnen zählen Warzentauben und Diebeskröpfer, die Anfang des 20. Jahrhunderts zu einer neuen Rasse verschmolzen.
Form und Kopf: Mittlere Größe, Hängekropf. Seitlich gesehen ein Dreieck bildend. Ellipsenförmige Linie von der Schnabelspitze bis zum Hinterkopf. Breiter, leicht abgeflachter Scheitel. Kleine Kehlwamme am Oberhals möglich. Breit sind Brust und Rücken. Vergrößerte Oberschnabelwarzen nehmen mit dem Alter an Volumen zu. Augenfarbe orangefarbig bis rot, bei Braunen aufgehellt. Unter anderem das seltene Braun.
Besonderheiten: Temperamentvolles Wesen, noch gut flugfähig. Zeigen hoch gestellte Flügel im Balzflug.

Göteborg-Tümmler		Granadino-Kröpfer
Tümmlertauben		Kropftauben
gering		gering
9		9
3		5

rot

rotstreifig

Griwun-Tümmler

Entstehung: Namensgebend ist das russische Wort für „Fleck“. Andere Autoren: „Mähne“. Anfang des 19. Jahrhunderts als Trupp- und Soloflieger gehalten, besonders in den Städten Pensa, Wolks und Chwalynsk.

Form und Kopf: Kräftiger Körper, mittlere Größe, leicht aufgerichtete Haltung. Der mittellange Hals kommt kräftig aus den Schultern. Brust und Rücken sind breit. Knapp mittellange Läufe. Relativ kleiner Kopf mit leicht abgeflachtem Scheitel. Dunkle Augen. Überwiegend weiß mit farbigem Fleck vom unteren Hinterhals bis zu den Schultern. Die Zeichnung kann dreieckig, oval, kreis- oder rhombenförmig sein.

Besonderheiten: Ruhiges Wesen, jedoch sehr gute Flieger, interessante Zeichnungsvariante.

Tümmlertauben		*Spielflugtauben*
gering		*gering*
7		7
4		7

Groninger Slenken

Entstehung: Seit dem 16. Jahrhundert in den Niederlanden. Zwischen 1940 und 1945 waren die Bestände fast erloschen. Gegenwärtig stärkere Verbreitung im westlichen Holland. „Slenken“ bedeutet so viel wie schlingern oder schlängeln (Flugstil).

Form und Kopf: Breiter, hoch getragener Vorderkörper, betont durch die sehr breite Brust. Langer, S-förmig nach hinten gebogener Hals, kurze Hinterpartie. Der breite Rücken wirkt hohl. Die Flügellage ist lose neben den Schwanzfedern. Kurze Läufe. Langer, schmaler Kopf mit hoher Stirn. Augenfarbe weiß mit orangefarbigem Rand in der Iris.

Besonderheiten: Interessante Phasen des Flugstils: „Springen, Segeln, Schwimmen“. Dabei erfolgt lautes Klatschen. In Deutschland geringe Verbreitung.

schwarz

blaugeschuppt

Gumbinner Weißköpfe

Entstehung: Als naher Verwandter des Elbinger Weißkopfes um 1850 in Ost- und Westpreußen als Kunstflugtaube erzüchtet. Die bestrümpfte Variante war früher als „Lodscher Tümmler“ bekannt.

Form und Kopf: Gedrungener, mittelgroßer Typ mit vortretender Brust und breitem Rücken. Beine unbefiedert oder bestrümpft. Breiter Kopf mit leichter Platte und mäßig gewölbter Stirn. Breite, nicht aufliegende Rundhaube mit Rosetten. Perlfarbige Augen. Knapp mittellanger Schnabel, breit im Ansatz und nach unten gerichtet. Weißes Kopf-, Schwanz- und zum Teil Schwingengefieder.

Besonderheiten: Eigene Aufzucht der Jungen gelingt gut. Ruhiges Verhalten, neigt zu angenehmer Zahmheit.

Tümmlertauben		*Mövchentauben*
gering		*gering*
7		7
9		1

Habul-Rumman-Mövchen

Entstehung: Das Habul-Rumman-Mövchen soll auch in Syrien vorkommen.

Form und Kopf: Breite Brust, Rücken und Schultern kennzeichnen die mittelgroße, gedrungene Rumpfform. Dazu passt der relativ kurze Hals, der oben eine Kehlwamme und in der Mitte eine längliche Federkrause (Jabot) trägt. Ausdrücklich breitfedrig wird das anliegende, kurze Gefieder verlangt. Die Oberkopflinie verläuft etwas flach; daher wirkt der Kopf leicht länglich.

Besonderheiten: In ihren Heimatgebieten wird diese Rasse zum Flugsport verwendet. In deutschen Zuchten hat sie rassemäßig in den letzten Jahren einen erfreulichen Aufschwung genommen.

schwarz

lichtblau mit schwarzen Binden

Hamburger Schimmel

Entstehung: Stammformen waren getigerte Dänische Tümmler und Altstämmer. Vor etwa 160 Jahren im Hamburger Raum entstanden.

Form und Kopf: Gedrungene Figur, zierlich wirkend. Leicht nach hinten gebogener, kurzer Hals. Breite Brust, kurzer Rücken. Belatschte, kurze Läufe mit verlängerter Schenkelbefiederung. Völlig runder, breiter Kopf. Kurzer, breit angesetzter Schnabel, nach unter gerichtet. Perlfarbige Iriden. Schimmelzeichnung mit farbigem Brustschild.

Besonderheiten: Die Rasse zeigt noch lebhaftes Tümmlertemperament, verhält sich jedoch zutraulich.

Tümmlertauben		Mövchentauben
mittel		gering
8		7
4		9

Hamburger Sticken

Entstehung: In Hamburg aus Mövchen und Tümmlern, zunächst „Stickenmövchen" genannt.

Form und Kopf: „Kecke" Erscheinung im Kleinformat, jedoch Brust und Rücken breit. Eher kurzer Hals, etwas nach hinten getragen. Nach Mövchenart Kehlwamme und Jabot. Kurze Läufe. Glattes Gefieder. Mittellanger Schwanz. Breit- und hochstirnig, dicker Kopf mit anliegender Rundhaube (Rosetten). Dick angesetzter, kurzer Schnabel; so gesenkt, dass zur Stirn ein stumpfer Winkel entsteht. Augenfarbe gelb bis orangefarbig. Unter anderem die seltenen Lichtblauen.

Besonderheiten: Benötigen relativ wenig Schlagraum.

Elster, rot

blau mit schwarzen Binden

Hamburger Tümmler

Entstehung: Aus dänischen und holländischen Tümmlern in Hamburg Ende des 19. Jahrhunderts erzüchtet. Zunächst zum Flugsport mit Jageklappen verwendet. Farbenschwänzige wurden als „Steert-Holländer" bezeichnet. Kalotten hatten zunächst einen eigenen Standard.

Form und Kopf: Figürlich übereinstimmend mit den Hamburger Schimmeln (siehe dort), allerdings kommen Tümmler nur glattfüßig und auch mit Rundkappe vor. Zahlreiche Farbenschläge, die in Elstern, Farbenschwänze, Einfarbige, Weißschwänze und Weißschlag-Weißschwänze aufgeteilt werden.

Besonderheiten: Relativ gering, hauptsächlich in Norddeutschland vertreten.

Hanakröpfer

Entstehung: Um 1880 in der mährischen Hana-Tiefebene aus Mährischen Kröpfern, Strassern, Niederländischen und Englischen Kröpfern. Tschechischer Sonderverein 1956. In Deutschland seit 1963 organisiert.

Form und Kopf: Mit hohem Stand, aufgerichtetem Körper, langem Hals und langem Großgefieder eine der größten Kropftaubenrassen. Der Kropf soll birnenförmig geblasen werden. Ziemlich groß ist der Kopf mit breiter und leicht gewölbter Stirn. Orangefarbige bis rote Augen. Über der kaum hervortretenden Brust sitzt zum Kropf hin die leichte Taille. Die eng stehenden Läufe sind dicht befiedert. Strasserähnliche Zeichnung.

Besonderheiten: Die Rasse benötigt viel Raum zur Brut und Jungenaufzucht.

Hamburger Tümmler		Hanakröpfer
Tümmlertauben		*Kropftauben*
gering		*gering*
7		*11*
24		*>24*

Rotauge, Weißschlag aschfahl

rot

Hannoversche Tümmler

Entstehung: Vorkommen in Niedersachsen seit dem 17. Jahrhundert. Stammformen waren wahrscheinlich Tauben aus Indien. Celler Weißschlag- und Hildesheimer Tümmler wurden um 1850 zu einer Rasse verschmolzen.

Form und Kopf: Im Rahmen größer als Feldtauben mit gestreckter Figur und tiefem Stand. Brust und Rücken sind breit, kräftig der Hals. Unterlinie waagerecht. Volles, straffes und breites Gefieder. Gerade Linie über Stirn und Schnabel. Höchster Punkt über dem Auge. In der Draufsicht keilförmiger Vorkopf. Perlfarbige Augen. „Stahlaugen" mit bläulichem Ton. Randfarbe weiß bzw. rot und blaugrau.

Besonderheiten: Als ursprüngliche Soloflieger hat die Rasse ihre guten Flugeigenschaften bewahrt.

Harzburger Trommeltauben

Entstehung: In Bad Harzburg um 1970 aus Dresdener und Deutschen Doppelkuppigen Trommeltauben. Gilt auch als schnabelkuppige Variante der Dresdener Trommeltaube.

Form und Kopf: Im Unterschied zur Dresdener ist die Harzburger im Rumpf etwas gedrungener; dicker im Hals. Die Haube fehlt. Sonst sind die Formmerkmale identisch. Auf dem kräftigen Kopf sitzt die federreiche, ovale Schnabelnelke, über die Schnabelwarzen reichend. Farbenschläge Rot und Gelb, auch Zeichnung wie bei den Dresdenern.

Besonderheiten: Geringe Verbreitung. Im Nestgefieder sind die Jungtauben meistens einfarbig und erhalten ihr weißes Schild nach der Mauser.

Tümmlertauben		*Trommeltauben*
groß		*gering*
8		12
17		2

Rieselkopf, schwarz

rotgescheckt

Hessische Kröpfer

Entstehung: Anfang des 19. Jahrhunderts aus Böhmischen, Schlesischen und Altdeutschen Kröpferschlägen in der Wetterau (Hessen) durchgezüchtet. 1910 erster Sonderverein. Festlegung des Rassenamens 1921.

Form und Kopf: Rechteckiger, aufgerichteter Körper. Langer Hals mit gut gerundetem Luftkropf, im Oberteil am meisten ausgedehnt. Die Schenkel über den mittellangen Läufen sind vom Bauchgefieder teilweise verdeckt, eine fast waagerechte Linie hinter den Läufen bildend. Breite, kurze Brust. Kopf: leicht gewölbte Stirn, sonst abgerundet. Dunkelorange bis rote Augenfarbe.

Besonderheiten: Bei Freiflug lebhaftes Wesen, aber wegen der ruhigen Art Volierenhaltung möglich.

Hessische Kröpfer	Holländische Kröpfer
Kropftauben	Kropftauben
groß	gering
8	12
33	22

Holländische Kröpfer

Entstehung: Die früher „Altholländische Kröpfer“ bezeichnete Rasse existierte in Holland bereits um 1600. Urstamm der belatschten Kröpferrassen. Erster Züchterclub 1916.

Form und Kopf: Großrahmig und tief gestellt. Sehr breite Schultern, vollfleischige, tiefe Brust. Flacher, nur wenig abfallender Rücken, daher fast waagerechte Haltung. Langer Hals mit stark entwickeltem „Blaswerk“. Langes Großgefieder. Die mittellangen Läufe mit starken Latschen und Geierfersen. Länglich runder Kopf, orangerote Augenfarbe. Unter anderem Geherzte, Getigerte und Gescheckte.

Besonderheiten: Ruhige, wenig verbreitete Rasse.

blau mit schwarzen Binden

gelb

Huhnschecken

Entstehung: Rassebezeichnung erstmals 1869. Anfängliche Namen: Ungarische Taube, Hühnerscheck, Linzer Taube. Pate standen in der ungarischen und österreichischen Heimat Florentiner und Bagdetten. Erster Sonderverein 1908.

Form und Kopf: In den Umrissen huhnartige Erscheinung durch lange, gestreckte Läufe, breite und volle Brust, kurzem Rücken mit ansteigender Linie. Kurzer, angezogen getragener Schwanz und langer, schlanker Hals. Mäßig gewölbter, langer Kopf, der mit dem Schnabel eine lang gezogene Bogenlinie bildet. Der Schnabel ist kräftig mit breiten und langen Warzen. Augenfarbe orange bis rot.

Besonderheiten: Markantes Zeichnungsbild. Hohes Zuchtniveau. Vitale, lebhafte Rasse.

Indianer

Entstehung: Ursprung Orient und Nordafrika. Als „Berbertaube" schon im 16. Jahrhundert beschrieben. Auch als cyprische Taube bekannt. Unterschiedliche Zuchtrichtungen in Polen, Sachsen, England und Frankreich.

Form und Kopf: Breiter Körper, gedrungen wirkend. Sehr breite Brust, kurzer, etwas hohler Rücken, schmaler Schwanz. Mittellanger Hals mit starkem Schulteransatz. Straffes Gefieder. Markante Kopfpunkte: Breiter Schädel in lang gezogenem Rundbogen. Augen perlfarbig oder dunkel. Starker Schnabel mit gleichen Hälften. Breite, mittig geteilte Oberwarzen, glatt. Drei kleinere Warzen am Unterschnabel. Farbenschläge auch in Gescheckt.

Besonderheiten: Altes züchterisches Kulturgut von internationaler Bedeutung.

Huhnschecken		Indianer
Huhntauben		*Warzentauben*
mittel		*mittel*
9		9
13		14

schwarzgescheckt

eisfarbig mit Binden

Indische Pfautauben

Entstehung: Ursprung in Indien; 1590 erwähnt. In Deutschland 1976 Zuchtbeginn. Gründung des Sondervereins 1990.
Form und Kopf: Rücken und Brustpartie breit. Die Flügel werden unter dem Schwanz getragen. Dicker Hals, nicht zitterhalsig. Fester Stand auf allen Zehen, die befiedert sind. Schwanz leicht trichterförmig, aufgerichtet über Kopfhöhe getragen. Nicht mehr als 4 cm Abstand zwischen Hals und Schwanz. Kräftiger Kopf in drei Varianten: glatt, mit Spitz- oder Rundhaube. Unter anderem Kite, Agate und De Roy. Augenfarbe dunkel, perl- oder orangefarbig.
Besonderheiten: Noch größere Farbpalette in den USA. Sehr ruhiges Verhalten. Leicht zähmbar.

Strukturtauben		*Mövchentauben*
gering		*mittel*
10		*7*
32		*44*

Italienische Mövchen

Entstehung: Heimat Oberitalien (Stadt Reggio-Emilia). Dort mehrere Jahrhunderte Zucht, vornehmlich zum Flugsport. Einkreuzung von Modenesern und Tunesischen Mövchen. 1880 nach Deutschland. Gründung des deutschen Sondervereins 1976.
Form und Kopf: „Klein, graziös" (Standard) mit waagerecht gehaltenem Körper auf mittelhohen Beinen. Betonte Brust, breiter, flacher Rücken. Kehlwamme und Jabot. Der Scheitel des kurzen, breiten Kopfes ist flach, sodass Stirn und Hinterkopf kantig erscheinen. Die Stirn ist breit mit steilem Anstieg. Orangefarbige bzw. dunkle Augen je nach Farbenschlag.
Besonderheiten: Sehr zuchtfreudig (benötigen keine Ammen).

rot

rotfahl-schimmel

Jassyer Tümmler

Entstehung: Ursprung in der nordost-rumänischen Stadt Jassy. Dort existieren zwei Varianten: Schnabel- und Doppelkuppige.

Form und Kopf: Breiter Vorderkörper, mittellanger Hals. Der Kopf ist klein und gut gerundet. Die kreisrunde Schnabelnelke bedeckt Warzen und Stirn. Augen perlfarbig (bei Weißen dunkel). Im Stand mittelhoch. Nicht zu lang darf das Schwanzgefieder sein.

Besonderheiten: Ausgeprägte Flugeigenschaft. Hochflug mit Purzelphasen bis zu drei Stunden. In Rumänien sind auch Farbenköpfe und Bunte anerkannt. Sehr zuchtfreudig.

Jassyer Tümmler		Jiennensekröpfer
Tümmlertauben		*Kropftauben*
gering		*gering*
7		8
5		5

Jiennensekröpfer

Entstehung: Seit mehreren Jahrhunderten aus der spanischen Kröpferrasse Palomo Gorguero. Dortige Bezeichnung: „Gorgueros von Linares". Namensgebend wurde 1985 die Provinzhauptstadt Jaen Buchon Jiennense. Anerkennung in Deutschland 1997.

Form und Kopf: Mittelgroß im Rahmen; birnenförmiger Hängekropf mit Falte in der Mitte. Abfallende Rückenlinie, breite Brust, knapp mittellange Beine. Kräftiger, aber eher schmaler Kopf mit bogenförmiger Linie vom Hinterkopf zur Schnabelspitze. Orangefarbige bis rote Augen.

Besonderheiten: So genannte Diebeskröpfer = Fremde Täubinnen werden durch eigene Täuber in den Schlag gelockt. Der Rasse wird „starkes Temperament, Schlagtreue und Intelligenz" bescheinigt.

schwarz

weiß

Kalotten

Entstehung: Ursprüngliche Flugtaube „Hamburger Kalotte“. Aus Holländischen Tümmlern und Königsberger Reinaugen entstand die Schaurasse. Daneben existieren heute noch „Flugkalotten“.

Form und Kopf: Zierliches Kleinformat mit kurzem, gedrungenem Hals, rund hervortretender Brust, kurzem Rücken und kurzen Läufen. Das Gefieder darf nicht langfedrig sein. Gewölbter, runder Kopf, entweder ohne oder mit anliegender Rundhaube (Rosetten). Der kurze Schnabel bildet mit der Stirnlinie einen stumpfen Winkel. Perlfarbige Augen. Farbig sind nur Kopfplatte und Schwanz.

Besonderheiten: Sehr graziös in Figur und Verhalten. Wenig Verbreitung. Gute Flugeigenschaften.

Kasaner Tümmler

Entstehung: Um 1890 an der Wolga (Hauptstadt Kasan) aus asiatischen Vorläufern. Seit etwa hundert Jahren in Deutschland.

Form und Kopf: Gestalt klein bis mittelgroß. Breit auf dem Körper aufgesetzter Hals, bei Erregung leicht zitternd. Herausgedrückte und angehoben getragene Brust, breiter, kurzer, hohlrunder Rücken. Die Flügel werden unter dem breiten und gewölbten Schwanz (mehr als zwölf Schwanzfedern) getragen. Kurze Läufe mit knapper Befiederung. Breite und hohe Stirn, Schädellinie rund. Perlfarbige bzw. dunkle Augen.

Besonderheiten: Lebhaftes Wesen. In Russland gibt es Schecken, Fahle und Gehämmerte. Seltene Rasse.

Kalotten		Kasaner Tümmler
Tümmlertauben		*Tümmlertauben*
gering		*mittel*
7		*8*
6		*16*

schwarz

Weißplatte, silber

Kasseler Tümmler

Entstehung: Namensgebend war die hessische Stadt Kassel. Vor 1914 aus Flugtümmlern, ab 1920 unter Verwendung von langschnäbligen Tümmlern und Französischen Bagdetten veredelt. Kasseler Verein seit 1904.

Form und Kopf: Hohe Bein- und Schenkelstellung, dünner, langer Hals, waagerechte Rückenlinie mit leichtem Schwung. Zwar gewölbte, aber nicht volle Brustlinie. Langer, substanzvoller Schädel, in Bogenlinie von der Schnabelspitze in den Hinterkopf gehend, ohne Unterbrechung. Reines Perlauge. Breit angesetzter, langer Schnabel mit guter Durchblutung. Zwei Einfarbige, neun Weißschläge und Rot- bzw. Gelbgestreifte.

Besonderheiten: Attraktive Schaurasse mit viel Eleganz.

Kasseler Tümmler		Katalanische Tümmler
Tümmlertauben		*Tümmlertauben*
mittel		*gering*
8		7
13		6

Katalanische Tümmler

Entstehung: Von den zahlreichen, sehr alten Farbenschlägen der Tümmlerrassen aus Nordspanien sind in Deutschland seit 1990 die Weißplatten anerkannt. Vorkommen auch in Zentralspanien und auf Mallorca. Spanisch: „Cap de Frare".

Form und Kopf: Kleine Gestalt mit leicht angehoben getragener Brust, mittellangem Hals und deutlicher Rückenbreite. Straffes, festes Gefieder. Relativ kleiner Kopf mit ansteigender und seitlich gut gefüllter Stirn. Oberkopf etwas flach mit abgerundeten Kanten. Dunkle Augen. Weiße Kopfplatte.

Besonderheiten: Gerühmt wird die sehr gute Aufzuchteigenschaft. Gute Flieger.

dominant rot

blaugetigert

Kiewer Tümmler

Entstehung: Nahe Verwandte der Rigaer Tümmler. Kiewer Tümmler, in der Ukraine auch als „Kijevski sivithy“ und „Kievskie sevelie“ bezeichnet, gab es seit 1970 in der ehemaligen DDR. In Deutschland seit 1988 als Schaurasse anerkannt.

Form und Kopf: Mittelgroßer Rahmen. Deutliche Brustwölbung. Leicht abfallende Rückenlinie. Kurze Läufe mit mittellanger Befiederung einschließlich Geierfersen. Schmaler, länglicher Kopf mit hochgehender Spitzkappe. Dunkle Augenfarbe. Zeichnung: Kopf, Hals und Fußbefiederung sind weiß. Farbige Stirnschnippe. 3 Farbenschläge.

Besonderheiten: Als Truppflieger geht die Rasse in große Höhe. Sehr gute Zuchteigenschaften.

Tümmlertauben		*Huhntauben*
gering		*groß*
9		*11*
3		*39*

Kingtauben

Entstehung: Rassebezeichnung „Weißer König“. 1892 in Vineland/New Jersey/USA zunächst als Nutztaube. Ausgangsrassen waren Duchess, Malteser, Römer und Brieftauben. USA-Club 1915. Importe nach Deutschland 1956. King-Club 1956.

Form und Kopf: Massiger Kopf, breit und gerundet mit Gewicht bis ca. 1000 g. Kurzer, kräftiger Hals, hervorgedrückte Brust, sehr breite Schultern, mittellange Läufe. Schwanz- und Schwingengefieder kurz. Harmonische Kopfgröße mit feiner Rundung in den Nacken übergehend. Kräftiger, mittellanger Schnabel in fast waagerechter Haltung. Augenfarbe: dunkel, perl- bzw. orangefarbig.

Besonderheiten: Starke Verbreitung. Wenig Flugbedürfnis. Ruhiges, zutrauliches Wesen. Gute Züchtbarkeit.

Kalotte, rot

rotgeelstert

Kölner Tümmler

Entstehung: Ende des 19. Jahrhunderts aus niederländischen und belgischen Tümmlern, zunächst im Flugtaubentyp. Nach 1920 Ausformung zur Schaurasse hauptsächlich in und um Köln. 1928 Gründung des Sondervereins.

Form und Kopf: Mittlere Größe, fast tiefe Stellung. Harmonische Proportionen mit breiter und runder Brust, abfallender Rückenlinie und ausgeprägtem Schwanz- und Schwingengefieder. Dicker Kopf seitlich hinter den Warzen gut gefüllt, gewölbte, leicht ansteigende Stirn. Höchster Scheitelpunkt über dem Auge. Kräftiger, mittellanger Schnabel, im stumpfen Winkel zur Stirn. Rein perlfarbige Iris. Glattfüßig und belatscht.

Besonderheiten: Sehr hoher Zuchtstand. Hervorragendes Zuchtverhalten.

Komorner Tümmler

Entstehung: Die ungarische Stadt Komorn war namensgebend. Seit ca. 1850 rassemäßig geformt; deutscher Sonderverein 1934.

Form und Kopf: Kurze, gedrungene Figur mit tiefer Stellung. Rücken und Brust sind breit. Schwanz- und Schwingengefieder nur mittellang, aber breitfedrig. Gut abgerundeter Kopf mit breiter, hoher Stirn. Federreiche, üppige Haube mit Rosetten. Kräftiger, knapp mittellanger Schnabel mit Neigung nach unten. Dunkle bzw. perlfarbige Augen. Zahlreiche Farbenschläge in geelstert, getigert, gescheckt, vielfarbig, Kite, Golddun, Agate, De Roy.

Kölner Tümmler		Komorner Tümmler
Tümmlertauben		*Tümmlertauben*
groß		*mittel*
7 und 11		*7*
56		*26*

gelb

weiß

Königsberger Farbenköpfe

Entstehung: Seit Mitte des 18. Jahrhunderts im ostpreußischen Königsberg, zunächst als „Mohrenköpfe“. Einkreuzung von Altstämmern. 1908 und 1912 Gründung der Sondervereine. Anfängliches Vorkommen im Raum Berlin.

Form und Kopf: Mittellanges Großgefieder, breite Brust- und Rückenpartie, kräftiger Hals, gedrungene Figur. Etwas abfallende Rückenlinie. Kurze Läufe, glatt oder reichlich mittellang belatscht. Runder, dicker Kopf, hohe Stirn, entweder glatt oder mit breiter Haube (Rosetten). Stumpfer, dicker Schnabel, steht im stumpfen Winkel zur Stirn. Perlfarbige Augen. Kopf mit kleinem Latz und Schwanz sind farbig.

Besonderheiten: Lebhaftes und zugleich zutrauliches Verhalten. Weitere Verbreitung wünschenswert.

Königsberger Farbenköpfe		Königsberger Reinaugen
Tümmlertauben		*Tümmlertauben*
gering		*gering*
9 und 7		*7 und 8*
4		*1*

Königsberger Reinaugen

Entstehung: Als Rasse geformt in den Regionen Ostpreußen, Weichselgebiet und Westpreußen seit Mitte des 18. Jahrhunderts. Vorläufer wahrscheinlich russisch-asiatische Tümmler und Altstämmer.

Form und Kopf: Kleinformat mit breiter Brust, kurzem Rücken und schlankem, gebogenen Hals. Schwanz- und Schwingengefieder kurz. Läufe (kurz) unbefiedert oder bestrümpft. Relativ dicker, breiter Kopf mit hoher Stirn; kurzer Abstand zwischen Schnabelwinkel und Auge. Namensgebend: Reine, perlfarbige Iriden. Einziger Farbenschlag: reinweiß.

Besonderheiten: Graziöse Erscheinung. Altes, fördernswertes züchterisches Kulturgut.

blau

Köröser Tümmler

Entstehung: Hauptzuchtgebiet in der ungarischen Tiefebene mit dem Fluss Körös. Dort schon 1864 beschrieben. Über die Schweiz nach Deutschland 1950.

Form und Kopf: Niedriger Stand. Figur in „Amselhaltung“ = kurzer, dicker, nach hinten gebogener Hals; breite, volle Brust, hohlrunde Rückenlinie. Flügel werden hängend unter dem Schwanz getragen. Breiter Schwanz, angehoben getragen mit mindestens vierzehn Federn. Breitstirniger, großer Kopf mit vollen „Backen“. Leicht abgeflachter Scheitel; federreiche Muschelhaube. Mittellanger Schnabel in gesenkter Haltung. Augenfarbe gelb und dunkel je nach Farbenschlag.

Besonderheiten: In Ungarn gibt es auch Schimmel und Rieselköpfe. Wärme liebende Rasse. Zuchtfreudig.

rot

Krasnodarer Mittelschnäblige Tümmler

Entstehung: Ende des 18. Jahrhunderts in der ehemaligen Sowjetunion (Kreis Krasnodar – nördlich des Schwarzen Meeres). Unbekannte türkische Rasse zählt zu den Vorläufern. Erster Standard in Russland 1973. Deutscher Standard 2000.

Form und Kopf: Schlichte, mittelgroße Figur in leicht angehobener Haltung mit gut gerundeter Brust und leicht durchgedrücktem Hals. Langes Schwanz- und Schwingengefieder. Kaum mittelhohe Läufe. Länglich runder Kopf mit ansteigender Stirn und leicht flachem Scheitel. Perlfarbige Augen. Glattes Gefieder.

Besonderheiten: Eine der jüngsten Rassen in Deutschland. Einzigartiges Farb- und Zeichnungsbild. Die Durchfärbung erfolgt erst nach der Jugendmauser.

Köröser Tümmler		Krasnodarer Mittelschnäblige Tümmler
Tümmlertauben		*Tümmlertauben*
gering		*gering*
7		*8*
30		*2*

schwarz

rot

Lahore

Entstehung: Möglicherweise, nicht sicher ist die Herkunft aus Indien. Wahrscheinlich wurden Importtiere (Sherajeetauben, Golatauben und Bahatiatauben), in Deutschland, Österreich und England um 1880 zur Rasse durchgeformt. Deutscher Sonderverein 1911.

Form und Kopf: Kraftvolle Erscheinung mit freiem Stand, fast waagerechter Haltung, betonter Brust- und Schulterbreite, breite Federn in Schwingen und Schwanz. Mittelhohe Läufe mit knapp mittellangen Latschen und Geierfersen. Großer, breiter Kopf mit steiler Stirn und gezogenem Oberschädel. Kräftiger Schnabel, dunkle Augenfarbe. Einzigartige Zeichnung.

Besonderheiten: Interessante Kombination von Form- und Farbtyp. Zahm, zutraulich, zuchtfreudig.

Lausitzer Purzler

Entstehung: In der Oberlausitz nach 1950. Inzwischen als eigene Rasse im Standard.

Form und Kopf: In leicht abfallender Körperhaltung relativ klein mit kurzer, kompakter Figur. Leicht angehobene, breite Brust, mittellanger, kräftiger Hals. Rücken und Schwanz bilden eine leicht abfallende Linie. Mittelhohe Läufe. Straffes Gefieder. Mittelgroßer, gut gerundeter Kopf mit breiter, ansteigender Stirn, vorne nicht schmal. Kaum mittellanger Schnabel. Perlaugen. Elsterzeichnung.

Besonderheiten: Umstrittene Eigenständigkeit ist inzwischen zugunsten der Rasse geklärt. Fluggewandt mit interessantem „Purzelstil".

Formentauben		Tümmlertauben
mittel		gering
11		7
12		6

rot

schwarzgetigert

Libanontauben

Entstehung: Erstbeschreibung in Frankreich 1824. In Deutschland Importe 1880. Nach 1945 erneuter Zuchtaufbau in den USA und in England. Deutsche Zuchten seit 1980.

Form und Kopf: Im Rahmen kompakt und kräftig. Breit sind Brust und Rücken. Der reichlich mittellange Hals bis zur Kehle stark. Kurze Läufe. Glatt anliegendes Gefieder. Relativ großer Kopf mit flacher Wölbung und gezogener Stirn. Durch Hautfalte volle Kehle. Keilförmiger, kräftiger Schnabel in mittlerer Länge. Augen rot bis orangefarbig. Farbenschläge: (Arabisch: Innabi, Schickli, Mischmischi, Azraq-Achdar, Bayumli, Korunfli, Irgani, Nehasi, Mawardi).

Besonderheiten: Gilt oft als „schönste Taube der Welt“. Reichhaltige Farb- und Zeichnungspalette.

Libanontauben		Liller Kröpfer
Formentauben		Kropftauben
mittel	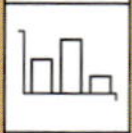	gering
9		8
8		18

Liller Kröpfer

Entstehung: Im nordfranzösischen Lille um 1800, zunächst unter der Bezeichnung „Rijsselsche Kröpfer“ (Variante des Französischen Kröpfers). Geringe Verbreitung in Deutschland.

Form und Kopf: Mittleres Format zwischen Französischen und Brünner Kröpfern. Schlanker, hoch aufgerichteter Körper mit langem Hals, eiförmig geblasenem Kropf. Hohe Beinstellung mit vorgewölbten Unterschenkeln. Brust und Rücken sind schmal. Die langen Schwingen kreuzen sich über dem Schwanz, der mit dem Rücken eine gerade, abfallende Linie bildet. Schlichte Kopfpunkte. Weißbindige, Getigerte und Gescheckte.

Besonderheiten: Keine extremen Rassemerkmale. Elegante Erscheinung für Kropftaubenliebhaber.

blauschimmel

blau-weißgeschuppt mit weißen Schwingen

Lockentauben

Entstehung: Um 1600 beschrieben. Vermutliche Vorläufer waren leicht gelockte Varianten aus Asien oder Südosteuropa. „Strupptauben“ in Ungarn und Österreich (auch „Perl-. Woll- und Knöpfeltaube“). Erster Sonderverein 1905. Standard 1909.
Form und Kopf: Habitus einer kräftigen Feldtaube. Gewölbte Brust, Schultern breit. Abgerundetes, breites Flügelschild. Leicht abfallende Oberlinie, einschließlich Schwanz. Mittelgroßer, leicht gewölbter Kopf, glatt oder mit Rundhaube. Augenfarbe rot. Die „Locken“ auf dem Flügelschild bestehen aus festen, breiten, gedrehten und verlängerten Federn, die möglichst geschlossen sein sollen. Augenfarbe rot bis orange, bei Schildigen dunkel.
Besonderheiten: Ruhiges Temperament.

Luchstauben

Entstehung: In Polen (Krakau-Westgalizien) um 1840 aus Feldtauben und Schlesischen Kröpfern. In Deutschland ab 1870. Gründung des Sondervereins 1906. Inzwischen weltweit.
Form und Kopf: Tief stehende, kräftige Form mit breiter Brust, kurzem, breitem Rücken, starkem Hals mit etwas Luftkropf und relativ kurzem Großgefieder. Mittelgroßer Kopf mit ansteigender Stirn; längliche Wölbung. Orangefarbige bis rote Augen. Alle mit weißen Abzeichen, z. B. Binden und Schuppenzeichnung.
Besonderheiten: Hohes Rasseniveau. Die Rasse gilt als „behäbig, ruhig und zutraulich“.

Strukturtauben		*Formentauben*
groß		*groß*
10		*9*
18		*8*

dominant-rot

gelbfahl-gehämmert

Lütticher Barbet

Entstehung: Namensgebend ist die Entstehungsregion im belgischen Lüttich und Umgebung.

Form und Kopf: Der Mövchentyp kommt auch bei dieser Rasse durch die gedrungene Figur mit der sehr breiten und vorgewölbten Brust zur Geltung. Am Vorderhals sitzt im Idealfall ein gut entwickeltes Jabot. Die Körperhaltung ist leicht aufgerichtet. Das Gefieder soll nicht zu knapp, aber anliegend sein. Von der Schnabelspitze über den Scheitel bis in den Nacken verläuft die Linie des breiten und gut gerundeten Kopfes. Der Kopfbogen ist so gerundet, dass der höchste Punkt über dem Auge liegt. Der kräftige Schnabel darf nur mittellang sein.

Besonderheiten: Insgesamt erscheint diese Rasse schlicht, aber harmonisch in den Kopf- und Körperlinien.

Lütticher Barbet		Luzerner Einfarbige
Mövchentaube		*Schweizer Farbentauben*
gering		*mittel*
8		*9*
22		*23*

Luzerner Einfarbige

Entstehung: Stammformen Schweizertauben und Mövchen. Eigenständige Rasse seit 1950, zunächst im Kanton Luzern.

Form und Kopf: Leicht abfallende, kräftige, gedrungene Figur. Starker Halsansatz mit guter Verjüngung nach oben. Runde, etwas hervortretende, breite Brust. Breite Schultern. Bestrümpft. Breiter Kopf mit Bogenlinie über Stirn und kräftigem Schnabel (gleich starker Ober- und Unterschnabel). Verlängerte, hoch stehende Hinterhalsfedern bilden den „scharfen Kamm“ und die spitze Kappe, die hoch angesetzt und geschlossen sein soll. Dunkle Augen. Sehr seltene gesäumte Farbenschläge.

Besonderheiten: Bei ruhigem Umgang zahm und zutraulich. Im Freiflug sehr mobil.

gelb

bindig

Luzerner Elmer

Entstehung: Kanton Luzern, 19. Jahrhundert.
Form und Kopf: Mittlere Größe. Kurze, kräftige, gedrungene Körperform mit kräftigen Flügeln und kurzem, gut geschlossenem Schwanz. Die Stirn in möglichst gleicher Breite bis vor die Warzen, die V-förmig sein sollen. Schnabel, Augen, Spitzkappe, Beinbefiederung und Haltung sind bei allen Luzerner Tauben identisch. Elmer zeigen auf milchweißer Grundfarbe auf dem Vorderhals eine halbmondförmige Zeichnung in Braun oder Gelb mit gleichfarbigen Binden.
Besonderheiten: Apartes Zeichnungsbild auf feiner Pastell-Grundfarbe. Gilt als „exquisite Taubenschönheit“. Merkwürdigerweise wenig Verbreitung.

Luzerner Goldkragen

Entstehung: Wahrscheinlich älteste Luzerner Rasse, frühes 19. Jahrhundert.
Form und Kopf: Gestalt, Haltung, Kopf, Beinstellung mit den anderen Luzerner Rassen übereinstimmend. Alle zeigen auf mehlfarbiger Grundfarbe das leuchtend tief-gelbe „Schild“ auf der Brust. Blaue gibt es mit und ohne Binden. Außerdem Gehämmerte. Bei allen ist der Schwanz mit einer dunklen Binde gezeichnet.
Besonderheiten: Zunehmende Verbreitung. „Schlichte Schönheiten“ mit temperamentvollem Wesen.

Luzerner Elmer		Luzerner Goldkragen
Schweizer Farbentauben		Schweizer Farbentauben
gering		gering
9		9
2a		3

hohlig

schwarz

Luzerner Kupferkragen

Entstehung: Im Schweizer Kanton Luzern im 19. Jahrhundert aus Schweizertauben und Mövchen.

Form und Kopf: Entspricht in Form, Kopf, Gefiederstruktur und Haltung den vorigen Luzerner Rassen. Deutlich unterscheidbares Farb- und Zeichnungsbild: blaue Grundfarbe mit dunkleren Schwingen- und Schwanzfedern. Grün-violetter Glanz am Halsgefieder. Leuchtend kupfrig braunrote Brustfarbe, die ohne scharfe Abgrenzung zum Hinterhals und zum Brustbein verläuft. Schildfedern gehämmert, blau oder blau mit Binden.

Besonderheiten: Die Zucht gilt in farblicher Hinsicht als etwas schwieriger. Gehämmerte sind selten.

Luzerner Rieselköpfe

Entstehung: Zeitraum und Region der Erzüchtung entspricht den anderen Luzerner Rassen. 1925 erste Ausstellungstiere.

Form und Kopf: Gestalt, Haltung, Kopf und Gefiederstruktur sind identisch mit den vorigen Rassen. Auf lackreicher Grundfarbe zeigt die Rasse eine weiße Zeichnung (Rieselung) am Kopf bis ca. 2 cm unter dem Schnabelansatz, die im Ideal 50 % aus der Grundfarbe hervorragt. Dabei ist auch die Stirn, im Unterschied zu Süddeutschen Tigermohren, gezeichnet. Auch mit Flügelrose zugelassen.

Besonderheiten: Sehr seltene Zeichnungsform. Im Rassebestand gefährdet.

Luzerner Kupferkragen		Luzerner Rieselköpfe
Schweizer Farbentauben		Schweizer Farbentauben
gering		gering
9		9
3		4

rotgesäumt

Luzerner Schilder

Entstehung: Im Unterschied zu den anderen Luzerner Rassen erst um 1960 aus Satinetten und Altholländischen Mövchen herausgezüchtet.

Form und Kopf: Alle Rassemerkmale der Figur, des Kopfes, des Standes und der Gefiederstruktur entsprechen denen der anderen Luzernern. Namensgebend ist die Schildzeichnung. Verlangt werden 8 bis 10 weiße Handschwingen.

Besonderheiten: Gehämmerte zählen zu den Raritäten. Die Rasse nimmt zahlenmäßig zu.

schwarz

Luzerner Weißschwänze

Entstehung: Spielart der Luzerner Schläge aus der gleichen Entstehungszeit.

Form und Kopf: Rahmen, Kopflinie, Schnabel und Spitzkappe übereinstimmend mit den anderen Luzernern. Farbenschläge mit weißen Schwanzfedern einschließlich Schwanzdecke, darunter die schönen Schwarz- und Braunweißgeschuppten mit oder ohne Finkenzeichnung.

Besonderheiten: Sehr wenig Verbreitung. In der Zucht sehr zuverlässig. Flugfreudig und robust.

Luzerner Schilder		Luzerner Weißschwänze
Schweizer Farbentauben		Schweizer Farbentauben
gering		gering
9		9
13		19

stahlblau

blau

Mährische Strasser

Entstehung: Zunächst als Tschechische Strasser um 1840 in Mähren. Ausgangsrassen waren Florentiner, Kröpfer und Feldtauben.
Form und Kopf: Kraftvolle Erscheinung in fast waagerechter Haltung. Betonte Brustlinie, breiter Rücken, mittelhoher Stand. Kräftiger, mittellanger Hals. Gerundete Kopflinie mit breiter, abgesetzter Stirn. Kräftiger, mittellanger Schnabel. Leuchtend orangerote bis rote Augen. Zahlreiche Farbenschläge, darunter Weißgeschuppte, Gesäumte und Weißschwänzige.
Besonderheiten: Steigende Beliebtheit, zunehmende Verbreitung. Überdurchschnittliche Fortpflanzung. Ausgeprägte Flugfreudigkeit.

Formentauben		Tümmlertauben
mittel		gering
8		9
56		8

Märkische Elstern

Entstehung: Dänische Elstern, Altstämmer und Ostpreußische Tümmler gehören zu den Stammformen. Im 19. Jahrhundert in der Mark Brandenburg geformt. Nach der Stadt Schwedt zunächst auch als „Schwedter Schecke“ bezeichnet. Jetziger Rassename seit 1920. Betreuung im deutschen Sonderverein seit 1906.
Form und Kopf: Gedrungenes, mittelgroßes Format. Hals etwas nach hinten gebogen. Vortretende Brust. Reichlich mittellange Läufe mit Belatschung und Geierfersen. Kopf rund und breit mit anliegender Rundhaube (Rosetten). Perlfarbige Augen. Elsterzeichnung.
Besonderheiten: Leider geringe Zuchtbestände. Förderungswürdiges züchterisches Kulturgut.

gelb

braun

Malteser

Entstehung: Heimatgebiete waren die oberitalienischen Städte Florenz, Livorno, Pisa und Modena. Dort aus der ausgestorbenen Livorneser Taube (Leghorn Runt) entwickelt. Später Einkreuzung von Französischen Bagdetten. Anfang des 19. Jahrhunderts nach Österreich und Deutschland. Sonderverein seit 1906.

Form und Kopf: Huhnartige Gestalt. Kurzer Körper mit sehr langem Hals, hohem Stand und kurzem, hoch getragenem Schwanz. Kurze Schwingen, fest anliegendes Gefieder. Lang gestreckter, wenig gewölbter Kopf mit schmaler Stirn. Dunkle (bei Weißen) und orangefarbige Augen.

Besonderheiten: Attraktive Schaurasse mit großer Beliebtheit und hohem Zuchtniveau.

Huhntauben		*Kropftauben*
mittel		*mittel*
9		*8*
11		*25*

Marchenerokröpfer

Entstehung: Andalusien schon im 15. Jahrhundert. Benannt nach der Stadt Marchena. Spanischer Name „Colitejo" bedeutet so viel wie „gewölbter Schwanz". Importe nach Deutschland 1975. Deutscher Sonderverein 1986.

Form und Kopf: Waagerechte Haltung, gedrungener Körper. Hauptmerkmal: breit gefächerter, gewölbter Schwanz, stark nach unten gehalten. Kurzer Hals mit mittelgroßem Luftkropf. Senkrechte Kropffalte. Breit sind Brust und Rücken. Mittellange Läufe, z. T. vom Bauchgefieder verdeckt. Sehr lockeres Gefieder. Länglich runder Kopf. Rote bis orangefarbige Augen.

Besonderheiten: Im Ausstellungskäfig am besten auf Sockeln und mit Wandauskleidung.

weiß

Memeler Hochflieger

Entstehung: Um 1850 in und um Memel als Hochflugrasse (Soloflieger). Ausgangstiere waren unbekannte Tümmler, die über Seewege importiert wurden. Einkreuzung von heimischen Hochfliegern. Nach 1920 weitere Verbreitung.

Form und Kopf: Lang gestreckte, tief gestellte Form mit waagerechter Haltung. Betonte Brust, breiter Rücken mit keilförmigem Verlauf nach unten. Langes Flügel- und Schwanzgefieder. Kopf mit abgeflachtem Scheitel (Platte). Hinten und vorne nach der schräg verlaufenden Stirn abgerundet. Schnabel kräftig, kaum mittellang, mit der Stirn eine schräge, ununterbrochene Linie bildend. Perlfarbige Augen.

Besonderheiten: Bunthalsige gehören zu den Seltenheiten.

Tümmlertauben		*Formentauben*
mittel		*groß*
8		*9*
>48		*4*

weiß

Mittelhäuser

Entstehung: Als „Weiße Wirtschaftstaube“ seit 1958 in der ehemaligen DDR gefestigt. Dann Mittelhäuser, benannt nach dem Ort Mittelhausen/Thüringen. Aus Hessischen Kröpfern, Deutschen Schautauben, Spaniertauben, Strasser und weißen Brieftauben. Sonderverein in Ostdeutschland. 1978 erste Tiere in Westdeutschland. Hier Sonderverein 1981.

Form und Kopf: Über mittelgroßes Format in fast waagerechter Haltung. Sehr breite Brust, mittellanger, im Ansatz starker Hals. Flügel und Schwanz mehr als mittellang. Breites, glatt anliegendes Gefieder. Längliche Kopfwölbung mit leichtem Stirnwinkel.

Besonderheiten: Gute Flugfähigkeit. Wirtschaftlich. Vermehrungsfreudig und vital.

Schietti, blau mit bronze Binden

blau mit schwarzen Binden

Modena

Entstehung: In England (daher zunächst „Englische Modena“) und in den USA als veränderte Zuchtrichtung der italienischen Triganino-Rasse Anfang des 20. Jahrhunderts. 1972 Importe nach Deutschland.

Form und Kopf: Breiter, kurzer, allseits gerundeter Körper. Mittellanger, nach hinten gedrückter Hals mit starker Nackenbildung. Schultern und Brust sehr breit. Breite, kurze Schwingen. Angezogener Schwanz. Breiter Stand (senkrechte, knapp mittellange Läufe). Außerordentlich hohe Anzahl von Farbenschlägen und Zeichnungsvarianten.

Besonderheiten: lebhaftes Wesen; im Schaukäfig etwas „eigenbrötlerisch“ abweisend. Am besten ist Volierenhaltung.

Mondain

Entstehung: Aus Nutztauben in Frankreich, um 1850 auch in Deutschland. Der Rassename bedeutet „Weltbürger“.

Form und Kopf: Großer Körperrahmen mit breiter Brust, starkem Hals, breiten Schultern mit etwas hohlem Rücken in waagerechter Haltung. Flügel und Schwanz relativ kurz. Breit stehende, kurze Läufe, auch leicht befiedert. Im Verhältnis zum Körper kleiner Kopf mit rechtem Stirnwinkel zum Schnabel stehend. Dunkle bzw. orangefarbige und rote Augenfarbe. Getigerte und Gescheckte.

Besonderheiten: Ruhiger Charakter, angenehme Verträglichkeit. Die Rasse benötigt zur Zucht relativ viel Raum mit großen Nistzellen.

Huhntauben		*Formentauben*
groß		*groß*
9		*11*
79		*18*

gelb

schwarz

Montauban

Entstehung: In Südfrankreich (Stadt Montauban) wahrscheinlich aus Römern und italienischen Feldtauben, zunächst als Masttauben. Um 1850 Importe nach Deutschland. Französischer Sonderverein 1932, Deutschland 1905 und 1997.

Form und Kopf: Beachtliche Größe und Länge in der Gestalt. Kurzer, starker Hals, breite, aber wenig hervortretende Brust. Langer Rücken mit breiten Schultern. Schwanz- und Schwingengefieder lang. Kurze, kräftige Läufe. Großer Kopf mit gewölbter Stirn und dichter, breiter Muschelhaube (Rosetten). Perlfarbige (auch orangefarbig zugelassene) Augen. Unter anderem Schecken.

Besonderheiten: Riesentaube. Zahmes, gutmütiges Naturell. Benötigen große Volieren und Zuchträume.

Mookeetauben

Entstehung: In Indien schon seit ca. 500 Jahren gezüchtet. Importe aus Südafrika um 1670 nach England. Zwischenzeitlich erloschen dort die Bestände. Neue Zuchten in England ab 1960 und in Deutschland ab 1970.

Form und Kopf: Auffallend breiter Vorderkörper in aufgerichteter Haltung mit stark abfallendem Hinterkörper. Mittellanger, s-förmig gebogener Hals, der leicht bewegt wird. Lang gestreckter Kopf mit gewölbter Stirn, im Profil zur Spitzkappe hin s-förmig. Starke Hinterhalsbefiederung, den „Kamm" bildend. Dunkle Augen. Bis zu drei weiße Handschwingen und weißes Kopfgefieder bis unterhalb des Auges.

Besonderheiten: Neugieriges, zahmes Wesen. Zuverlässig in Brut und Jungenaufzucht.

Montauban		Mookeetauben
Formentauben		Tümmlertauben
groß		mittel
11		7
9		12

blau ohne Binden

Schwarzflügel, kupfer

Münsterländer Feldtauben

Entstehung: „Stammmutter" war eine blaue Bauerntaube ohne Binden. Seit 1962 weitere Verpaarungen mit Brieftauben, Modeneser Schietti und Soultzer Hauben in und um Münster. Aufgenommen in den deutschen Sonderverein 1972.

Form und Kopf: Im Habitus etwas größer als die schlichte Feldtaube mit waagerechter Haltung. Kräftiger, mittellanger Hals, hervortretende Brust, breiter Rücken. Langes Schwingen- und Schwanzgefieder. Straffes Gefieder. Nur mittelhohe Stirn, gewölbte Kopflinie. Orangefarbige Augen. Einziger Farbenschlag: blau ohne Binden.

Besonderheiten: Zuchtfreudige, fluggewandte, robuste Rasse. Hohe Anforderungen an das Farbbild.

Farbentauben		*Kropftauben*
mittel		*gering*
8		8
1		1

Niederbayerische Kröpfer

Entstehung: In Bayern aus glattfüßigen Kröpfern und Gimpeltauben entwickelt. Jüngste deutsche Kröpferrasse.

Form und Kopf: Schlanke Figur, mittlere Größe, aufgerichtete Haltung. Vorderpartie länger als die Hinterpartie. Birnenförmiger Luftkropf. Kaum hervortretende Brust, langer, abfallender Rücken mit abgerundeten, nicht hervortretenden Schultern. Die Schwingen dürfen leicht gekreuzt sein. Mittellange, nicht zu breit stehende Läufe. Länglich runder Kopf mit leicht ansteigender Stirn. Spitzkappe von den Hinterhalsfedern durch eine Scheitelung (Knick) getrennt. Orangefarbige Augen. Einziger Farbenschlag: Kupfer-Schwarzflügel.

Besonderheiten: Bisher wenig Verbreitung. Interessantes, glanzreiches Farbbild.

Weißschild, rot

dominant-rot

Niederländische Hochflieger

Entstehung: Seit mehreren hundert Jahren in Holland als Flugtaube. Zu den Ahnen zählen deutsche (Kölner?) und dänische Tümmler. In den Niederlanden standardisiert 1920. Seit 1971 in Deutschland anerkannt.

Form und Kopf: Mittlere Größe, gedrungene Figur, waagerechte Haltung. Betonte, breite Brust mit gleichmäßiger Rundung. An der Basis kräftiger Hals mit gut ausgerundeter Kehle. Breite Schultern. Mittellange, glatte Läufe. Relativ großer Kopf mit voller Stirn und leicht gezogener Oberlinie. Das perlfarbige Auge sitzt in der seitlichen Kopfmitte. Unter anderem Farbenschlag „Schornsteinfeger".

Besonderheiten: Gut züchtende, flugfreudige Rasse mit breitem Farb- und Zeichnungsspektrum.

Tümmlertauben		Formentauben
groß		gering
8		9
25		26

Niederländische Schönheitsbrieftauben

Entstehung: Züchterische Herausbildung in den Niederlanden entspricht der Rasse Deutsche Schautauben. Gegenwärtiger Typ stellt die Entwicklungsstation um 1935 dar.

Form und Kopf: Kräftige Körperform mit nach vorne gewölbter, breiter Brust, breitem, kurzem Rücken und mittelhohem Stand. Waagerechte Haltung, auch des Kopfes mit länglicher Bogenlinie von der Schnabelspitze bis zum Hinterkopf ohne Unterbrechung. Keilförmiger Vorkopf. Kräftiger Schnabel mit lang gezogenen, herzförmigen glatten Warzen. Orangerote Augen (bei Weißen dunkel).

Besonderheiten: „Schlichte Schönheit". Geringe Verbreitung. Zuchtfreudige und gut fliegende Rasse.

weiß

blaugeherzt

Nordkaukasische Positurtümmler

Entstehung: Russland. Frühere Rassenamen: Rostower und Neuminsker Schwarzschwänze, Nordkaukasische Farbenschwänze.

Form und Kopf: Gedrungene Figur, niedriger Stand. Gebogener Hals, in der Erregung leicht zitternd. Breiter, sehr kurzer, hohlrunder Rücken. Kurze Flügel unter dem Schwanz getragen. Durch mindestens 14 Federn ist der Schwanz breiter als die Brust. Stark angezogene Haltung. Kurze Läufe mit dichten Latschen. Leicht abgeflachter Scheitel, breite gewölbte Stirn, Rundhaube mit oder ohne Rosetten. Dunkle Augen.

Besonderheiten: Kleine farbige Stirnschnippe ist zugelassen. Spalterbig: es fallen in der Nachzucht auch Reinweiße. Ruhiges Wesen.

Tümmlertauben		*Kropftauben*
gering		*groß*
10		*8*
2a		*15*

Norwichkröpfer

Entstehung: Benannt nach der Hauptstadt Norwich der englischen Grafschaft Norfolk 1875. Ursprung: kleine Kropftaubenrassen „Oplopper" aus den Niederlanden im 17. Jahrhundert. Anerkennung in England 1893. Deutscher Sonderverein 1934.

Form und Kopf: Kröpferrasse mit dem größten Luftkropf (vollkommene Kugelform). Elegante Figur, aufrechte Haltung. Flache und mäßig breite Brust. Rücken zwischen den Schultern breit, dann steil abfallend, flach. Kurzer Schwanz. Beine mehr als mittellang mit gut sichtbaren Schenkeln. Relativ kleiner Kopf mit mäßig hoher Stirn. Unter anderem Farbenschlag „Strawberry".

Besonderheiten: Auffallender Kontrast zwischen schlankem Körper und großem Luftkropf. Zutrauliches Verhalten.

gelbgeherzt

gelercht

Nürnberger Bagdetten

Entstehung: Krummschnäblige Bagdetten als Vorläufer schon 1749 beschrieben. Türkische Tauben, Syrische Bagdetten und Persische Carrier können als Ahnen vermutet werden. In Nürnberg und Umgebung als „Krummschnabel-Bagdette“ um 1860 veredelt. 1895 deutscher Sonderverein.

Form und Kopf: Großer Körperrahmen in waagerechter Haltung und hohem Stand. Langer, schlanker Hals. Schwingen mittellang, kurzer Schwanz. Lange und schmale Kopfwölbung. Sichelförmige Bogenlinie über Schnabel, Kopf und Nacken. Schnabel (Horn) nach unter gerichtet, kräftig mit stumpfem Ende. Rote bis orangefarbige Augen. Bei Weißen dunkel.

Besonderheiten: „Lebendes Denkmal der Taubenzüchterkultur“. Voll erhaltene Elterneigenschaften.

Warzentauben		*Farbentauben*
gering		*groß*
10		*8*
27		*3*

Nürnberger Lerchen

Entstehung: Seit Mitte des 19. Jahrhunderts in Franken. Vermutlich wurden Gimpeltauben und Forellentauben verwendet. 1882 noch als „Lerchengimpel“ geführt.

Form und Kopf: Schlichte Feldtaubenfigur mit mäßig breiter Brust, mittellangem, schlankem Hals, leicht abfallender Rückenlinie. Gleichmäßig gerundeter Kopf. Dunkle Augen. Gelercht, Mehllicht mit und ohne Binden.

Besonderheiten: Feines Pastell-Farbenspiel mit kontrastreicher Zeichnung auf den Flügeldecken. Leicht züchtbar, jedoch hochrassige Farbentiere sind „Züchterkunst“.

schwarz

Blondinette, dungesäumt

Nürnberger Schwalben

Entstehung: Seit ca. 250 Jahren in Mittelfranken. Frühere Bezeichnungen: Samtschwalbe, Nürnberger Fee, Schmalzfee.

Form und Kopf: Gestreckte Figur, etwas stärker als Feldtauben mit breiter, gewölbter Brust, langem, leicht abfallendem Rücken und langem Großgefieder. Länglich runder Kopf mit gewölbter Stirn und Haube mit Rosetten. Dunkle Augen. Kurze Fußbefiederung und Geierfersen. Farbig sind Kopfplatte, Flügel- und Fußbefiederung (äußerst satte Farben).

Besonderheiten: „Schmalzkiele" an den Flanken sind wegen der intensiv verlangten Farbe erforderlich. Auch für den Freiflug gut geeignet.

Farbentauben	Mövchentauben
mittel	mittel
10	10
11	30

Orientalische Mövchen

Entstehung: Innerasien. Frühere Bezeichnung „Smyrnaer Mövchen". Um 1750 in der Türkei. In Europa zuerst England und Holland. Deutscher Sonderverein 1894.

Form und Kopf: „Vornehme", elegante Erscheinung mit hoch getragener, gewölbter Brust. Aufrechte Haltung. Kurzer Hals, Jabot und Kehlwamme. Breite Stirn und volle Backen. Bogenlinie über Stirn, Scheitel und hoch angesetzte Spitzkappe. Höchster Schädelpunkt vor dem Auge (orangefarbig bzw. dunkel). Der breit angesetzte, kurze Schnabel bildet mit der Stirn eine ununterbrochene Linie. Kurze, bis zu den Zehen dicht befiederte Beine. Farbenschläge: Blondinetten, Satinetten, Vizor.

Besonderheiten: Ungewöhnliche Farben- und Zeichnungsbilder in großer Vielfalt.

schwarz

blau

Orientalische Roller

Entstehung: Ausgangsform waren Smyrnaer Roller. Importe aus der Türkei nach Deutschland um 1870. Deutscher Sonderverein seit 1914.

Form und Kopf: Mittlere Größe, hohlrunder Rücken, nach schräg oben gerichtetes Schwanzgefieder. Mittellanger Hals mit guter „Verjüngung“ nach oben. Gut gerundete, etwas hervortretende Brust. Breit in Schultern und über dem Bürzel. 14 bis 18 breite Schwanzfedern bilden den leicht gewölbten Abschluss, der am Ende breiter als die Schultern sein soll. Länglich runder Kopf mit breiter, leicht ansteigender Stirn. Perlaugen.

Besonderheiten: Auffallende Flügelhaltung in „Amselstellung“. Noch gut erhaltene Flugeigenschaften. Zuchtfreudig. Relativ große Verbreitung.

Orientalische Roller		Ostpreußische Werfer
Tümmlertauben		Tümmlertauben
groß		gering
7		9
35		9a

Ostpreußische Werfer

Entstehung: In Ost- und Westpreußen, in den baltischen Staaten, in Norwegen und Schweden. Alte Rasse. Verwandt mit Norwegischen und Libauer Tümmlern. In den USA analoge Rasse „Russian Tumbler“. In Deutschland nach 1945 auf Ausstellungen.

Form und Kopf: Gedrungene, kräftige Figur, kurzer, leicht gebogener Hals, breite vortretende Brust. Etwas abfallende Rückenlinie. Mittelhoher Stand. Latschenbildung und Geierfersen. Breite, gewölbte Stirn, länglich runde Kopfform. Rundhaube mit Rosetten. Perlfarbige Augen.

Besonderheiten: Vitale, schlagtreue Rasse mit abwechslungsreichen Flugbewegungen (Purzeln, Drehen, Schaukeln). Ausgeprägte Elterneigenschaften.

rot

gelbfahl-gehämmert

Ostrowietzer Warzentaube

Entstehung: Die Rasse ist um 1950 in der Umgebung der südpolnischen Stadt Ostrewiec Swietokryzski erzüchtet worden.

Form und Kopf: Der Rumpf in mittlerer Größe wirkt in der gestreckten Figur recht kräftig. Das straffe, anliegende Gefieder zeigt die relativ ausgeprägte Flugfähigkeit an. Groß, kräftig und breit wird der Kopf verlangt. Von der Schnabelspitze steigt die Linie bis zur Scheitelhöhe zunächst flach an und senkt sich dann in den Hinterhals. Auf dem Unterschnabel sitzen drei Warzen in kleinerem Ausmaß. Die orangefarbenen bis rubinroten Augen werden von breiten, zweireihigen Rändern umgeben.

Besonderheiten: Beliebt sind sie in Polen wegen ihrer Ergänzung zu der anderen polnischen Warzentaubenrasse.

Persische Roller

Entstehung: Frühe Abbildung 1896 als „Innerasiatischer Roller". Herkunft aus Kurdistan, Persien, Armenien. Einheitlicher Rassetyp in Deutschland seit 1954. In Rumänien gibt es gegenwärtig auch die glattfüßige Variante.

Form und Kopf: Im Unterschied zum Orientalischen Roller kräftigere Hals- und Brustpartie. Breiter, mäßig abfallender Rücken. Kurze bis knapp mittellange, dicht befiederte Läufe bis auf die Zehen. Schwanz aus mindestens 14 Federn, leicht gewölbt und waagerecht oder leicht angehoben getragen. Gut gerundete Kopflinie mit hoher Stirn. Mittellanger Schnabel. Perlfarbige Augen. Unter anderem Kite, Golddun, Agate und De Roy.

Besonderheiten: Sehr gute Zuchtergebnisse.

Warzentauben		Tümmlertauben
gering		mittel
8		9
1		26

schwarz

gelb

Perückentauben

Entstehung: Ursprung in Indien. Mitte des 16. Jahrhunderts Einfuhr nach Europa. Erstbeschreibung als „Cyprus Pigeon“. Kuriose Benennungen: Cappers, Schleiertaube, Ratsherren-, Jakobiner-, Mähnentaube. Spitzenzuchten schon um 1890 in England.

Form und Kopf: Aufgerichtete Haltung mit schmaler, hoch getragener Brust und langem Rücken. Kurze Beine. Kleiner Kopf mit gewölbter Stirn. Die „Frisur“ setzt sich zusammen aus Rose, Mähne, Hut, Kette. Perlfarbige Augen. Zwölf Farbenschläge mit Mönchszeichnung außer den einfarbigen Weißen.

Besonderheiten: Im Ausstellungskäfig „vornehme“ Erscheinung. Das Halsgefieder kann zur Sichtfreiheit heruntergeklappt werden. Gilt als „Königin“ unter den Strukturtauben.

Pfautauben

Entstehung: Eine der ältesten Taubenrassen aus Indien. Im 16. Jahrhundert Importe nach Europa. Deutscher Sonderverein 1906.

Form und Kopf: Namensgebend ist die Körperform und -haltung, vergleichbar mit einem balzenden Pfauhahn. Nach hinten gebogener Hals, angehobene Brust, breiter und tiefer Stand. Breiter und flacher Schwanz (Fächer); seitlich gesehen fast senkrecht. Konkav, kreisrund. Stark erhöhte Federanzahl. Unterschenkellinie geht ohne Absatz in die Brustrundung über. Vorderkissen und Hinterkissen: dichte und straffe Befiederung vor und hinter dem Schwanzgefieder. Flügellage unterhalb des Schwanzes. Kleiner, feiner Kopf.

Besonderheiten: Extravaganter Habitus. Reich befiederte Struktur. Eleganter „Standadel“.

Perückentauben		Pfautauben
Strukturtauben		Strukturtauben
mittel		groß
8		8
13		49

eisfarbig-geelstert

rot

Polnische Langschnäblige Tümmler

Entstehung: Ursprung in Krakau und Lemberg. Wahrscheinlich aus dänischen Tümmlern und Eistauben. Erstbeschreibung in Deutschland als „Galizier Silberelstern" 1856.

Form und Kopf: Schlanke Gesamterscheinung mit hohem Stand, langem Hals in aufrechter Haltung. Rücken und Brust sind schmal. Abfallende Rückenlinie. Schmaler, langer Kopf mit fast geradem Verlauf über Schädel, Stirn und Schnabel. Keilförmig in der Ansicht von oben. Langer Schnabel. Perlfarbige bis leicht bläuliche Augen.

Besonderheiten: Feine, zarte Pastellfarben. Schnittige Figur. Lebhaftes Temperament. Weitere Farbenschläge im polnischen Heimatland.

Tümmlertauben		*Warzentauben*
gering		*wenig*
8		*8*
13		*6*

Polnische Warzentaube

Entstehung: Bei dieser relativ alten Rasse dürfte es sich um den früheren Urstamm der Rasse „Indianer" handeln. Daher auch in der Fachliteratur die Bezeichnung „Polnischer Indianer", auch Brodawcz Polski genannt.

Form und Kopf: An der Kehle gut ausgerundet ist der Hals in Schulternähe recht breit. Kurzer Rücken und markante Schultern bilden weitere Formmerkmale. Die Oberkopflinie ist etwas flach und geht bogig in die Halslinie über. Knapp mittellang ist der sehr breite, stumpfe und kräftige Schnabel. Stark entwickelte Nasenwarzen und drei Warzen am Unterschnabel sind namensgebend.

Besonderheiten: Die Züchter erfreuen sich an der kompakten Figur und charakteristischen Kopfpunkten.

blaugeherzt

platin

Pommersche Kröpfer

Entstehung: Aus Holländer, Genter und Englischen Kröpfern in Vorpommern und auf Rügen um 1840 entwickelt. Offizieller Rassename 1869. Sonderverein 1910.

Form und Kopf: Mit einer Länge bis zu 50 cm eine der größten Taubenrassen. Breiter Rumpf in aufgerichteter Haltung. Von der Brust aus geht die Linie ohne Taille in den großen Kropf, wozu ein langer Hals erforderlich ist. Leicht hohle, abfallende Rückenlinie. Breites Flügel- und Schwanzgefieder. Lange Beine mit starker Belatschung und Geierfedern. Kräftiger Kopf. Schnabel nicht zu dünn. Dunkle bzw. gelbe bis orangefarbige Augen.

Besonderheiten: Imposante, kraftstrotzende Erscheinung im Schaukäfig. Ruhiges Wesen, gute Züchtbarkeit.

Pommersche Kröpfer		Pommersche Schaukappen
Kropftauben		*Tümmlertauben*
mittel		*gering*
15		*7*
24		*8a*

Pommersche Schaukappen

Entstehung: Zu den Ahnen zählen Danziger Hochflieger (Ur-Danziger) und Stralsunder Hochflieger. Zunächst Weiße ab 1830 in Pommern. Nach 1970 dann andere Farbenschläge.

Form und Kopf: „Fliegerfigur", d.h. mittelgroß mit leicht abfallender Rückenlinie. Glattes, gut anliegendes Gefieder. Namensgebend sind die „Schaukappen", d.h. über den Augen sitzende, abwärts gerichtete kleine, schirmartige Federchen. Schlanker Hals. Mittelhoher Stand. Schmaler Kopf mit leicht gerundeter Stirn. Perlaugen.

Besonderheiten: Ungewöhnlicher „Gesichtsausdruck" durch die Augenschirme, die nicht sehbehindernd wirken. Ausgeprägte Flugeigenschaften. Neue Farben in der Forschung.

schwarzgetigert

blau

Portugiesische Tümmler

Entstehung: In Portugal um 1925 aus Französischen Tümmlern und Cumulett-Tümmlern als „Cambalhota portugúes“ erzüchtet. In Deutschland seit 1995.

Form und Kopf: Eine der kleinsten Taubenrassen. Kurzer, zierlicher Körper in leicht aufgerichteter Haltung. Kurzer Hals, breite Brust mit Vorwölbung. Flügel- und Schwanzgefieder relativ kurz. Kaum mittellange Läufe. Straffes Gefieder. Maßgebliche Kopfpunkte: flacher Scheitel, abgerundete Kanten, volle, breite Stirn mit fast steilem Anstieg. Abgerundeter Hinterkopf. Kleine Schädelproportionen. Schnabel waagerecht, wie eingesteckt wirkend, schlank. Perlfarbige Augen meist mit kleinen Äderchen.

Besonderheiten: „Keckes“ Wesen, vital und vermehrungsfreudig.

Portugiesische Tümmler		Posener Farbenköpfe
Tümmlertauben		*Tümmlertauben*
mittel		*sehr gering*
7		*7*
48		*5a*

Posener Farbenköpfe

Entstehung: Seit 1775 in Posen und Umgebung zunächst für den Flugsport als „Ostpreußische Mohrenköpfe“. Gründung des Sondervereins 1905. Kleinheit und Kurzschnäbligkeit entstanden durch Einkreuzung von Altstämmern und Königsberger Tümmlern.

Form und Kopf: Weitgehend mit dem Königsberger Farbenkopf identisch, jedoch etwas leichter und schlanker in der Figur. Deutlich größere Muschelhaube auf dem relativ kleinen, runden Kopf. Kurzer, breiter, etwas nach unten gerichteter Schnabel. Perlaugen.

Besonderheiten: „Lebendes züchterisches Kulturgut“! Die Rasse befindet sich in den Händen weniger Spezialisten. Zur Bestandssicherung wären weitere Zuchten nötig.

rotfahl-gehämmert

blaugehämmert

Poster

Entstehung: Brieftaubenabkömmling aus der Schweiz, Mitte des 19. Jahrhunderts. Der Name entstammt der ursprünglichen Verwendung als Botentaube (Postler).

Form und Kopf: Im Habitus kleiner als Brieftauben. Aufgerichtete Körperhaltung. Breite, angehoben getragene Brust. Relativ lange Flügel, die fast das Schwanzende erreichen. Mittelhoher Stand. Trapezförmiger Kopf mit breiter, stark ansteigender Stirn, kurz und kantig. Knapp mittellanger Schnabel in leichter Senkung. Stirn und Schnabel bilden eine durchgehende Linie. Orangerote bzw. bei Weißen dunkle Augen.

Besonderheiten: Urtümliche, robuste Rasse mit etwas scheuem Wesen; hervorragende Flugfähigkeit.

Poster		Prachener Kanik
Schweizer Farbentauben		Formentauben
gering		mittel
8		8
16a		46

Prachener Kanik

Entstehung: Erstbezeichnung „Linzer“ oder „Banger“. Der spätere Rassename stammt von einer Mövchenart in der ehemaligen CSSR. Dort Einkreuzung von Huhnschecken, Florentinern und Böhmischen Flügeltauben. Anerkennung 1941. Tschechischer Sonderverein 1972, in Deutschland 1989.

Form und Kopf: Gedrungene Feldtaubenform in fast waagerechter Haltung. Breit sind Brust und Rücken. Sonst ohne formliche Besonderheiten. Gut abgerundeter Kopf mit gewölbter Stirn. Orange- bis rubinrote Augen. Kräftiger, mittellanger Schnabel. Charakteristisch ist die weiße Stirnschnippe.

Besonderheiten: In Tschechien inzwischen Nationalrasse. Zunehmende Verbreitung in Deutschland. Flugfreudig und sicheres Aufzuchtverhalten.

hellgestorcht

schwarz

Prager Tümmler

Entstehung: Von Prag aus um 1800 nach Breslau, Stettin und Berlin. Zunächst mittelschnäblige Flugtauben. Ende des 19. Jahrhunderts Umstellung auf Kurzschnäbligkeit. Erster Tümmlerclub in Prag 1912. Standard 1920.

Form und Kopf: Kleinformat mit niedrigem Stand, kurzem, dickem Hals und hervorstehender, breiter Brust. Kurzer, in den Schultern breiter Rücken. Knappes Großgefieder. Würfelförmiger Schädel mit vorstehenden Stirn- und Hinterhauptsknochen. Senkrecht abfallende, breite Stirn. Oberkopf erscheint etwas eingedrückt. Kurzer, dicker, nach unten gerichteter Schnabel. Perlfarbige Augen.

Besonderheiten: Ausgesprochen seltene Rasse.

Prager Tümmler		Rafenokröpfer
Tümmlertauben		Kropftauben
gering		gering
7		8
38		5

Rafenokröpfer

Entstehung: Ursprungsgebiete sind Nordafrika, speziell das marokkanische Rifgebirge. Importe nach Spanien ab dem 8. Jahrhundert. Erstbeschreibung schon im 11. Jahrhundert. Anfangs als „Mövchenkröpfer" bezeichnet. In Deutschland 1981.

Form und Kopf: Im Rahmen ein Dreieck bildend. Waagerechte Unterlinie, tiefer Stand, mittellanger Hals mit kleiner Wamme. Vor der Brust mittellanger birnenförmiger Hängekropf mit senkrechter Falte. Schnabel-Stirn-Linie durchgehend. Kleiner Kopf mit leicht abgeflachtem Scheitel. Kurzer, an der Spitze leicht gebogener Schnabel mit zusätzlichen Unterschnabelwarzen bei mehrjährigen Tieren. Rote Augenfarbe.

Besonderheiten: Klatschender Flugstil, temperamentvoll, schlagtreu.

schwarz-geelstert

gelb

Rakonitzer Roller

Entstehung: In ihrer Heimat wird diese Rasse Rakovniky kotriak genannt. Namensgebend ist die Stadt Rakovniks. Dort wurde diese Roller-Rasse um 1870 erzüchtet.

Form und Kopf: Leicht abfallend ist die Körperhaltung in mittlerer Größe. Leicht angehoben ist auch die breite, gut gerundete Brustlinie. Zu dem etwas gedrungen wirkenden Typ gehören die breiten, gut am Körper anliegenden Flügel und der kurze, relativ stark über den Schultern entwickelten Hals, der in Kehlnähe sich nur leicht verjüngt. Fast niedrig ist der Stand mit den kurzen, unbefiederten Läufen. Zur Gesamterscheinung gehört der kleine Kopf mit der breiten, hohen Stirn und dem etwas gesenkten Scheitel.

Besonderheiten: In ihrer Heimat wird der Rakonitzer Roller zum Flugsport verwendet.

Tümmler		*Tümmlertauben*
wenig		*gering*
7		*8*
6		*4*

Regensburger Tümmler

Entstehung: Aus Altstämmern und osteuropäischen Rollertauben in Regensburg. Offizielle Anerkennung 1967.

Form und Kopf: Kurze, hohlrunde Oberlinie durch leicht gebogenen Hinterhals, kurzem, breiten Rücken und hoch getragenem Schwanz aus mindestens vierzehn Federn. Gut gerundete, angehoben getragene Brust. Flügel werden unter dem Schwanz in gesenkter Haltung getragen. Mittellange, bestrümpfte Beine. Ovaler, mittelgroßer Kopf mit mäßig hoher Stirn. Perlfarbige Augen.

Besonderheiten: Die jüngste deutsche Tümmlerrasse. Sehr zuchtfreudig. Bisher wenig Verbreitung.

blau mit schwarzen Binden

blaugehämmert

Rheinische Ringschläger

Entstehung: Erstbeschreibung 1599, in deutscher Sprache 1793. Seit Mitte des 19. Jahrhunderts in niederrheinischen Gebieten gezüchtet. Vorläufer waren die „Wittköppe". Deutscher Sonderverein 1921.

Form und Kopf: Gedrungene Feldtaubenfigur mit breiter, etwas vorgewölbter Brust, breiten Schultern und stark wirkendem Hals. Mittelhoher Stand, straffes Gefieder. Längliche Kopfform mit breiter, hoher, vorgewölbter Stirn. Federkappe, deren Spitze etwas über den Kopf hinausragt. Dunkle Augen. Weiß am Kopf und mindestens sechs Handschwingen.

Besonderheiten: Zweifache „sportliche" Verwendung: Ausstellungsbewertung und Bewertung der Flugleistung der Täuber (Flügelklatschen und Ringschlagen).

Rheinische Ringschläger		Römer
Spielflugtauben		*Formentauben*
groß		*mittel*
7		*13*
10		*11*

Römer

Entstehung: Italien, vorchristliche Zeit. Vorläufer waren Karthagotauben, Leghorn Runt und Spanish Runt. Weiterentwicklung im 19. Jahrhundert in Frankreich. In Deutschland 1860. Sonderverein 1905.

Form und Kopf: Riesentaube mit oft mehr als 1 Meter Flügelspannweite. Breite Brust, leicht abfallender Rücken, kräftiger Hals. Sehr lang sind Flügel- und Schwanzgefieder. Mittellange Beine. Großer, breiter Kopf mit gewölbter Stirn. Perlfarbige Augen mit rotem Rand.

Besonderheiten: Gewicht 1000 bis 1200 Gramm. Geräumige Unterbringung. Imposante Größe im Schaukäfig.

blau mit schwarzen Binden

Weißschlag-Weißschwanz, rot

Romagnoli

Entstehung: In den italienischen Städten Romagna und Bologna Ende des 19. Jahrhunderts. Namensgebung 1898.

Form und Kopf: Den Mondain-Tauben ähnlicher großer Körperrahmen mit vorgewölbter, breiter Brust, kurzem, breitem Rücken in waagerechter Haltung. Kräftiger Hals mit gut ausgerundeter Kehle. Mittellange Läufe mit dichter Belatschung und Geierfersen. Kopf mit leicht ansteigender Stirn. Orangefarbige bis rote Augen.

Besonderheiten: Es existiert auch die glattfüßige Variante. Haltung sowohl im Freiflug als auch in der Voliere. Großer Raumbedarf, zuchtfreudig.

Romagnoli		Rostocker Tümmler
Formentauben		*Tümmlertauben*
groß		*gering*
13		*7*
7		*3*

Rostocker Tümmler

Entstehung: Aus dänischen und Hamburger Flugrassen zunächst als „Mecklenburger Tümmler“ um 1910 erzüchtet. Nach 1945 ausgestorben. Wiedererzüchtung in Rostock ab 1959. Im DDR-Standard 1979. Sonderverein 1993.

Form und Kopf: Mittlere Größe. Breite, aber wenig hervortretende Brust. Abfallende Rückenlinie. Mittellang sind Schwanz und Beine. Fest anliegendes Gefieder. Kopf länglich rund mit leicht gewölbter Stirn. Breit angesetzter Schnabel, mit der Stirn einen stumpfen Winkel bildend. Haube freistehend, etwas über der Kopflinie mit Rosetten. Perlaugen. Drei Farbenschläge in Weißschlag-Weißschwänze.

Besonderheiten: Ähnlichkeiten mit Hamburger, Baltischen und Dänischen Tümmlern.

silber

rot

Rostower Positurtümmler

Entstehung: Namensgebend die russische Stadt Rostow im Wolga-Don-Gebiet. Rasse-Standard 1967.

Form und Kopf: Gedrungener Körper mit hervorstehender Brust. Tiefe Stellung; Läufe bis mittlere Länge belatscht mit Geierfersen. Voll erscheinender unterer Hals mit Biegung nach hinten und in der Erregung stark zitternd. Kurze Flügel, unter dem Schwanz getragen. Breite Schwanzpartie aus mindestens 14 Federn in hoher, stark angezogener Haltung. Leichte Wölbung auf dem Unterrücken. Kleiner, runder Kopf mit breiter, hoher Stirn, mit oder ohne kleiner Rundhaube mit Rosetten. Perlfarbige Augen.

Besonderheiten: Zeigt seine Positur bei Ansprechen im Schaukäfig.

Rschewer Sternschwanztümmler

Entstehung: Seit Anfang des 17. Jahrhunderts in der russischen Stadt Rschew. In Deutschland um 1920. Neuimporte nach 1945.

Form und Kopf: Schlanke Figur in niedriger Stellung. Langer, abfallender Rücken. Die langen Flügel werden unter dem Schwanz getragen. Dieser leicht angehoben mit 12 bis 16 Federn. Flacher Kopfscheitel; breite, hohe und steile Stirn. Abgerundete Würfelform. Knapp mittellanger, dicker Schnabel, etwas nach unten gerichtet. Dunkle Augen. Elsterartige Zeichnung und scharf begrenzte weiße Schwanzbinde.

Besonderheiten: Der Erbfaktor „Libanonbronze“ bewirkt die weiße Schwanzbinde und den intensiven Gefiederglanz. Zunehmende Verbreitung. Relativ hoher Zuchtstand.

Rostower Positurtümmler		Rschewer Sternschwanztümmler
Tümmlertauben		*Tümmlertauben*
mittel		*gering*
10		*7*
15		*2*

schwarz

gelb

Rumänische Geelsterte Bärtchentümmler

Entstehung: Aus rumänischen und russischen Tümmlern in Nordrumänien (Temesvar) um 1960. Rote und Gelbe wurden durch Einkreuzung von Rschewer Sternschwanztümmlern erzielt. In Deutschland 1973 anerkannt.

Form und Kopf: Schlichte, mittelgroße Figur in fast waagerechter Haltung. Brust und Schultern breit. Relativ starker Hals. Erhöhte Schwanzfederanzahl: 13 bis 16. Schwanz leicht gewölbt. Breite Stirn, perlfarbige Augen. Mittellange Läufe mit oder ohne Bestrümpfung. Elsterzeichnung in Schwarz, Rot und Gelb.

Besonderheiten: Gute Hochflugeigenschaften. Fliegen in geschlossenem Schwarm, zeigen Purzelfiguren.

Rumänische Geelsterte Bärtchentümmler		Rumänische Nackthalstümmler
Tümmlertauben		*Tümmlertauben*
mittel		*gering*
7		7
3		4

Rumänische Nackthalstümmler

Entstehung: Ausgangsform waren rumänische Ciung-Tümmler seit 1899. In Deutschland um 1967. Zunächst Hochflugtauben. Die Nackthalsigkeit ist auf Mutation zurückzuführen.

Form und Kopf: Mittlere Größe, langes Gefieder, tiefe Stellung. Rücken und Brust nur mittelbreit. Mindestens 14 Schwanzfedern. Lange Flügel; Lage neben oder unter dem Schwanz. Leicht nach hinten gebogener Hals, dessen Mitte unbefiedert ist. Kurze Stoppeln zugelassen. Fleischfarbige, runzlige Haut. Keine besonderen Kopfpunkte. Perlaugen.

Besonderheiten: Rot- und Gelbgescheckte, Getigerte existieren in Rumänien. Anspruchslose Rasse mit starkem Flugbedürfnis. Relativ kleiner Züchterkreis.

schwarz

rotfahl

Rumänische Weißschwanztümmler

Entstehung: Um 1890 in der Stadt Muntenia (Wallachei-Rumänien). Nahe Verwandtschaft zu den Nikolajewer Tümmlern. Hochflieger mit Purzeleigenschaften. In Deutschland seit 1975.

Form und Kopf: Rücken und Flügel lang; mittlere Rumpfgröße. Niedrige Stellung. Schwanzgefieder besteht aus 12 bis 16 Federn in lockerer Anordnung. Mit dem Rücken bilden diese eine abfallende Linie. Würfelförmiger Kopf mit flachem Scheitel und breiter, steiler Stirn. Perlfarbige Augen. Knapp mittellanger Schnabel, nach unten gerichtet.

Besonderheiten: In Deutschland wenig Verbreitung. Fehlende Bürzeldrüse. Flugverhalten in mittlerer Höhe bis eineinhalb Stunden. Frühreife, Vitalität, zuchtfreudig.

Tümmlertauben		Formentauben
gering		groß
7		9
4		4

Saarlandtauben

Entstehung: Aus Römer, Bagdetten, Brieftauben und Coburger Lerchen um 1935 zunächst als „Saarlandlerche“ erzüchtet. Erste Schaupräsentation 1960. Sonderverein 1976.

Form und Kopf: Großer Körper mit breiter, voller Brust, langem, schlankem Hals, breitem Rücken und langem Großgefieder. Kräftige, breit gestellte, lange Beine und muskulöse Schenkel. Gewölbter Kopf mit abgesetzter Stirn. Mittellanger, kräftiger Schnabel; orangerote Augenfarbe.

Besonderheiten: Mit bis zu 950 g und Flügelspannweite bis 90 cm stattliche Erscheinung. Zahlreiche und schnellwüchsige Jungtiere. Die Rasse benötigt viel Raum.

braun

isabell

Sächsische Brüster

Entstehung: In Sachsen (Erzgebirge, Oberlausitz).
Form und Kopf: Feldtaubenfigur, tiefgestellt mit hervortretender, tief gehender Brustlinie, langem, breitem, leicht abfallendem Rücken. Gedrungener, kräftiger Hals. Dichte und starke Belatschung. Hoher und breiter Stirnanstieg bei guter Kopfwölbung. Dunkle Augen. Nur Kopf, Hals und Brust sind farbig.
Besonderheiten: Im Jugendgefieder zeigen die Tiere eine farbige Federsäumung. Ruhiges, zutrauliches Wesen. Auch für den Freiflug geeignet.

Sächsische Feldfarbentauben

Entstehung: Gilt als „Mutter der Sächsischen Farbentauben“. In Sachsen (Erzgebirge, Oberlausitz), Schlesien und Böhmen seit einigen Jahrzehnten veredelt. Zunächst als „Belatschte Feldfarbentaube“, dann um 1990 heutiger Rassename.
Form und Kopf: Durch die starke Belatschung mit den Geierfersen wirkt der Stand tief. Die Körperform ist wie bei allen Sächsischen Farbentauben kräftig mit gut hervortretender Brust und mittellangem Hals, der voll aus dem Körper kommt und gute Kehlrundung zeigt. Langer, breiter, leicht abfallender Rücken. Länglich gewölbte Kopfform mit mäßig hoher Stirn, glattköpfig oder mit breiter Rundhaube. Dunkle Augen.

Sächsische Brüster		Sächsische Feldfarbentauben
Farbentauben		*Farbentauben*
mittel		*mittel*
11		*11*
4		*13*

blau mit schwarzen Binden

schwarz mit weißen Binden

Sächsische Flügeltauben

Entstehung: Vorläufer im 17. Jahrhundert. In Sachsen mit Kappe, in Böhmen glattköpfig, früher auch als Schlesische Flügeltauben bezeichnet, es existierten auch Doppelkuppige (mit Kimme und Schnabelnelke).
Form und Kopf: Der schlichten Feldtaube ähnlich, aber mit mehr Körpervolumen und tiefer Stellung. Unterlinie: breite Brust und volles „Fußwerk“. Oberlinie: Langer, breiter Rücken, langer Schwanz. Schlichte Kopfform mit dichter, freistehender Rundhaube oder glattköpfig. Dunkle Augen. Sogenannte Reißerflügel in Rot und Gelb.
Besonderheiten: Verbreitung in ganz Europa und in den USA. Sowohl im Freiflug, als auch in Volierenhaltung.

Farbentauben		*Kropftauben*
mittel		*mittel*
11		*11*
21		*18*

Sächsische Kröpfer

Entstehung: Aus böhmischen und mährischen Kröpfern (bisherige Angaben über Holländische Kröpfer als Ahnen sind ungewiss) im thüringisch-sächsischen Grenzgebiet in der ersten Hälfte des 19. Jahrhunderts. Erster Sonderverein 1927.
Form und Kopf: Aufgerichtete Haltung, schlanker Körper, hoher Stand. Der lange Hals trägt den birnenförmigen Luftkropf. Über der nicht zu breiten Brust sitzt die Taille zum Kropf. Rücken und Flügel sind schmal. Schenkel und lange Läufe dicht befiedert. Kopflinie ohne Besonderheiten. Orangefarbige bis gelbe Augen (dunkel bei Weißen). Zehn Farbenschläge und vier in Weißbindig.
Besonderheiten: Besonderer Farbenschlag mit genetischer Sonderstellung: Isabell (Dominant-Opal-Faktor).

gelb mit weißen Binden

gelb

Sächsische Mönchtauben

Entstehung: Ursprüngliches und gegenwärtiges Zuchtzentrum: Sachsen. 1857 Erwähnung von „Mönchtauben". Kappig gab es früher in der Tschechoslowakei.

Form und Kopf: Kräftige Feldtaubenfigur wie die vorigen Sächsischen Farbentauben. Ebenso sind die Kopfpunkte und die dicht belatschten Läufe identisch. Dunkle Augen. Mit weißen Binden oder weiß geschuppt. Die Zeichnung in Weiß besteht im Kopfgefieder, in 8 bis 10 Handschwingen, Schwanz mit Decke und Keil und in den Latschen (Geierfersen sind farbig).

Besonderheiten: Namensgebend ist die weiße Kopffarbe, die von der Tonsur der Mönche abgeleitet ist. Außer Zuchtbeständen in Deutschland gibt es solche in den Niederlanden und in skandinavischen Ländern.

Sächsische Mönchtauben		Sächsische Mondtauben
Farbentauben		*Farbentauben*
gering		*gering*
11		*11*
10		*2*

Sächsische Mondtauben

Entstehung: Ursprünglich in Sachsen und Schlesien; früher auch als „Schweizertaube" bezeichnet. Heutiger Rassename seit 1869.

Form und Kopf: Alle Rassemerkmale der Form, der Haltung, des Standes, der Kopfform, der Befiederung entsprechen den anderen Sächsischen Farbentauben. Mondtauben haben dunkle oder orangefarbige Augen. Die beiden Farbenschläge Braun und Gelb tragen elfenbeinfarbiges Obergefieder als Grundfarbe. Nur die mondförmige Halszeichnung und die Binden sind farbig. Außerdem ist eine schwache Pigmentierung an der Schwanzunterseite und an den Innenfahnen der Schwingen erlaubt.

Besonderheiten: Feine Pastellfarbe mit interessanter Halszeichnung. Im Wesen etwas scheu.

blau-weißgeschuppt

doppelkuppig, gelb-weißgeschuppt

Sächsische Pfaffentauben

Entstehung: Erstbeschreibung des Vorkommens in Sachsen 1837. Als Ahnen werden ursprüngliche Formen der Blassen- und Trommeltauben vermutet.

Form und Kopf: Merkmale aller Sächsischen Farbentauben in Form, Stand, Haltung und Fußwerk. Typisch sind hier aber die federreiche Muschelhaube auf dem Hinterkopf und die gut ausgebildete Schnabelnelke. Augenfarbe immer dunkel. Mit weißen Binden oder weiß geschuppt; außerdem Blau ohne Binden. Der Rassename ist der geschorenen Kopfplatte der Mönche entlehnt, d.h. Pfaffentauben haben weiße Kopfplatten und weiße Schnabelnelken.

Besonderheiten: Wegen der starken Fußbefiederung sind großflächige Einzelsitzplätze erforderlich.

Sächsische Pfaffentauben		Sächsische Schildtauben
Farbentauben		*Farbentauben*
mittel		*mittel*
11		*11*
9		*16*

Sächsische Schildtauben

Entstehung: Um 1800 gab es Vorläufer als „Deckeltaube" in Feldtaubengröße. Im sächsischen Erzgebirge um 1880 entstanden die Glattköpfigen, in der Oberlausitz die Kappigen und die Doppelkuppigen in der Meißener Gegend.

Form und Kopf: Wie die vorigen präsentiert die Rasse die kräftige, tief stehende Feldtaubengestalt. Drei Varianten in der Kopfbefiederung: glatt, mit Rundhaube und doppelkuppig (außer Rundhaube möglichst große Schnabelnelke). Stets dunkle Augen. Fünf Farbenschläge mit weißen Binden oder weiß geschuppt, zwei Farbenschläge mit schwarzen oder ohne Binden. Außerdem Blaugehämmert und Blaufahl-Gehämmert.

Besonderheiten: In Zucht und Haltung ohne besondere Ansprüche.

mit Haube, blau

schwarz mit weißen Binden

Sächsische Schnippen

Entstehung: Seit etwa 1680, zunächst glattfüßig und ohne Haube. Ab 1876 auch als „Maskentaube“ bezeichnet mit Latschen und Haube.

Form und Kopf: Nach Art aller Sächsischen Farbentauben langer Rücken mit breiten Schultern. Tiefer Stand mit langen und dichten Latschen und langen Geierfersen. Betonte Brust und kräftige Flügel. Langes, geschlossenes Schwanzgefieder. Dunkle Augen. Farbige, schmale Schnippe, nach oben birnenförmig und Schwanz mit Decke und Keil. Die Farbe des Oberschnabels ist bei Schwarzen und Blauen schwarz. Glattköpfig oder mit breiter Rundhaube.

Sächsische Schnippen		Sächsische Schwalben
Farbentauben		Farbentauben
groß		mittel
11		11
5		19

Sächsische Schwalben

Entstehung: Seit etwa 1800 in Sachsen. „Venustauben“ waren Vorläufer. Aus „Schippchenschwalben“ (mit Stirnfleck) entstanden dann „Vollplattige“ und die heutigen Rassen.

Form und Kopf: Wenn auch nicht immer das Volumen der anderen Sächsischen Farbentauben erreicht wird, so ist doch das Zuchtziel die gleiche kräftige Gestalt mit dem ausgeprägten Federreichtum. Die Rundhaube soll nicht aufliegen und seitlich Rosetten tragen. Dunkle Augen. Farbig sind Kopfplatte, Flügel und Latschen. Möglichst weiß wird das Schenkelgefieder verlangt.

Besonderheiten: In Tschechien und Russland gibt es eine Rasse auch ohne Flügelbinden. Zwar im Wesen etwas scheu, aber meist sichere Brut und Aufzucht.

mit Rundhaube, gelb

gelb

Sächsische Storchtauben

Entstehung: In Sachsen und Thüringen bis ins 18. Jahrhundert zurückreichend. Früher auch als Schwingen-, Spieß- oder Schwerttauben bezeichnet.

Form und Kopf: Alle Merkmale der Figur, der Kopfform, der Gefiederstruktur und des tiefen Standes entsprechen denen der anderen Sächsischen Farbentauben. In dieser Gruppe ist die Zeichnung einzigartig: Bei weißer Grundfarbe sind die Stirnschnippe, die Fußbefiederung, 13 bis 15 Schwingenfedern (einschließlich Deckfeder) und die Daumen- oder Klappenfedern farbig, sodass bei geschlossenem Flügel vorn am unteren Flügelrand ein lang gezogenes Dreieck erscheint.

Besonderheiten: Für die Zeichnung sind die analogen Farbfelder im Gefieder des Weißstorches *(Ciconia ciconia)* ursächlich.

Sächsische Storchtauben		Sächsische Verkehrtflügelfarbentauben
Farbentauben		*Farbentauben*
gering		*mittel*
11		11
5		4

Sächsische Verkehrtflügelfarbentauben

Entstehung: Aus Verkehrtflügel-Kröpfern, Sächsischen Schnippen und Bernhardiner Schecken entwickelt und zunächst als Tyroler und Weißschlagtaube bezeichnet. Ursprünglich in Sachsen, Thüringen und Bayern vor 1900. Die Rasse entstand neu nach 1945 in Sachsen.

Form und Kopf: Obwohl grundsätzlich die Formmerkmale die gleichen wie bei den anderen Sächsischen Farbentauben sein sollen, ist jedoch der Stand der meisten „Verkehrtflügler" als Erbe der Verkehrtflügelkröpfer etwas höher. Stets dunkle Augen. Die Zeichnung ist hervortretend: farbig sind Schnippe, Hals, Brust, Rücken, Schultergefieder und Schwanz mit Keil und Decke.

Besonderheiten: Die korrekte Zeichnung ist nicht einfach zu erzielen.

kupfer

rot

Sächsische Weißschwänze

Entstehung: Anfang des 19. Jahrhunderts als „Weißbläschen“ beschrieben. Solide Zuchtbasis in ganz Europa bis in die USA. Zuchtschwerpunkt: Erzgebirge.

Form und Kopf: Kräftiger Körper, tiefer Stand, alle sonstigen Form- und Gefiedermerkmale der Sächsischen Farbentauben. Unterschiedliche Augenfarbe je nach Gefiederfärbung: dunkle Augen bei Schwarzen, Blauen, Blaufahlen und Kupferfarbigen (hier auch grau-schwarze Augen erlaubt); orangefarbig bis gelb bei Roten und Gelben. Jeweils sind nur Stirnschnippe und Schwanz mit Decke weiß. Auch das Keilgefieder farbig.

Besonderheiten: Ausgleichspaarung ist zu empfehlen, d. h. Tiere mit einzelnen farbigen Schwanzfedern werden mit korrekt gezeichneten Tieren verpaart.

Farben-tauben		*Tümmler-tauben*
gering		*gering*
11		9
15		5

Schirastümmler

Entstehung: Arabisch: Sakhsharli oder Sherazi. Ursprungsort vermutlich Schiraz im Südiran. 1954 Importe von Sam Shades/Damaskus nach den USA. Verwandte der indischen Sherajeetaube.1994 als Rasse in Deutschland anerkannt.

Form und Kopf: Mittlere Größe. Brust und Rücken breit; mittellanger Hals. Leicht abfallende Haltung. Kurze, beströmpfte Beine. Weiches Gefieder. Abgerundete Kopfform mit hoher Stirn, entweder glatt oder mit kleiner Schnabelnelke (vollrund oder halbrund). Dunkle Augen. Kopfzeichnung: „Krone“ und beiderseitige „Bäckchen“.

Besonderheiten: Sehr gute Flugeigenschaften, ruhiges Wesen, problemlose Zucht. Aparte Farbe und Zeichnung.

gelb

rotschimmel

Schlesische Farbenköpfe

Entstehung: In Schlesien als bestrümpfte Variante der Schlesischen Mohrenköpfe.

Form und Kopf: Durch lange Flügel und breite, gut gerundete Brust typhafte Feldtaubenform. Relativ kurzer Hals und Stand. Beine behost, Zehen nackt (1. Unterscheidungsmerkmal). Gut gerundeter Kopf mit hoher, breiter Stirn. Augen orangefarbig (2. Unterscheidungsmerkmal). Schnabelfarbe bei Schwarzen und Blauen schwarz, bei Roten und Gelben fleischfarbig. Farbig sind nur Kopf mit kleinem Latz und Schwanz mit Decke und Keil.

Besonderheiten: „Schlichte Schönheit“ mit ursprünglichem Verhalten und guter Züchtbarkeit.

Farbentauben		Kropftauben
gering		groß
9		8
4		75

Schlesische Kröpfer

Entstehung: Schlesien, Böhmen, Mähren im 19. Jahrhundert aus alten deutschen und ungarischen Kröpfern, früher auch Glanzkröpfer genannt. Erster Sonderverein 1913 in Breslau.

Form und Kopf: Kräftige Figur, jedoch schlank und „schnittig“. Aufgerichtete Haltung mit leicht hohler Rückenlinie. Vorderkörper im Verhältnis zum Hinterkörper 3/5 zu 2/5. Langer Hals mit großem Kropf mit weitester Ausdehnung oben (Birnenform). Taille über der Brust. Freier Stand mit ganz sichtbaren Unterschenkeln. Länglich runde Kopfform. Orangefarbige bis gelbe Augen.

Besonderheiten: Starke Verbreitung. Robust und zuchtfreudig. Große Auswahl der Farbbilder.

blau

schwarz

Schlesische Mohrenköpfe

Entstehung: Erste Abbildung 1750. Im Entstehungsgebiet Schlesien gab es auch Mohrenköpfe mit Hauben. Erster Sonderverein 1926. Spezialverein 1991.

Form und Kopf: In etwas geduckter Haltung, Habitus einer Feldtaube entsprechend. Kurzer Hals, breite Brust und Schultern. Rückenlinie etwas abfallend. Lange Schwingen. Kurze, unbefiederte Läufe und Zehen. Im Unterschied zu den Schlesischen Farbenköpfen sind bei Mohrenköpfen die Augen immer dunkel. Schlichte Kopfform mit breiter Stirn. Zeichnung und Schnabelfarbe entsprechen den Farbenköpfen.

Farbentauben		*Strukturtauben*
gering		*mittel*
8		*11*
4		*4*

Schmalkaldener Mohrenköpfe

Entstehung: Seit etwa 150 Jahren zunächst als Farbentaube in Thüringen (Schmalkalden) und dem Erzgebirge. Aus Alt- und Süddeutschen Mohrenköpfen unter Verwendung von Perückentauben erzielt. Sonderverein 1931.

Form und Kopf: Stärker und länger als die übliche Feldtaube. Die Struktur aus verlängerten Federn, vom Scheitel ausgehend nach vorne, oben und hinten bilden Kette, Mähne und Hut. Dazu ist entsprechende Halslänge erforderlich. Gewölbte Kopflinie mit hoher Stirn. Dunkle Augen. Relativ kurze Beine, dicht befiedert bis über die Zehen mit Geierfersen.

Besonderheiten: „Extravagantes“ Aussehen. Haltung am besten als Rasse unter sich. Etwas scheu und sensibel.

blaufahl

gelbstreifig

Schmöllner Trommeltauben

Entstehung: Zuchtgebiet Schmölln und Altenburg. Verwandt mit der Altenburger Trommeltaube. Zunächst als „Schmöllner Gabelschwanz“ bezeichnet. Ab 1925 eigenständige Rasse. Heutiger Standard ab 1941.
Form und Kopf: Lange, kräftige Körperform mit gut entwickeltem Großgefieder. Fast waagerechte Haltung. Breit sind Brust und Rücken. Mittelhohe Läufe mit Befiederung. Hohe Stirn vor der Kopfrundung. Perlfarbige Augen. Mindestens 14 Schwanzfedern, in der Mitte geteilt (Gabelung). Fehlende Bürzeldrüse. Unter anderem Muselköpfige in Schwarz und Getigert.
Besonderheiten: Interessante Trommelstimme, die sich wie „Wack-Wack“ anhört. Problemlose Züchtbarkeit.

Trommeltauben		*Tümmlertauben*
gering		*gering*
9		*7*
26		*2*

Schöneberger Streifige

Entstehung: Vorläufer waren ausgestorbene kurzschnäblige Brieftauben und Berliner Streifige Tümmler. Vor 1900 als Flugtauben verwendet. Stammort: Berlin-Schöneberg. Spezieller Sonderverein seit 1989.
Form und Kopf: Kurzer gedrungener Körper. Schwingen- und Schwanzgefieder kurz. Mittelhoher Stand, gerundeter Kopf mit breiter, gewölbter Stirn. Perlfarbige Augen mit dunklem Rand bei Rotstreifigen und hellem Rand bei Gelbstreifigen. Knapp mittellanger, gesenkter, kräftiger Schnabel. Grundfarbe bei Rotstreifigen bläulich weiß, bei Gelbstreifigen rahmweiß. Jeweils rote bzw. gelbe Binden mit mindestens Ansatz zur dritten Binde.
Besonderheiten: Schlichte Schönheiten, zutrauliches Wesen.

eisfarbig ohne Binden

Seldschuken

Entstehung: In Anatolien (Stadt Konya), angeblich am Hofe des Sultans schon im 11. Jahrhundert. Auch „Seldschuken-Königs-Tümmler". In Deutschland 1982 vorgestellt; 2005 offiziell anerkannt und Gründung des Sondervereins.

Form und Kopf: Kaum mittelgroßes Format, fast waagerechte Haltung. Kurzer, kräftiger Hals, breite, etwas angehobene Brust. Die Handschwingen liegen seitlich auf dem Schwanz auf. Dieser wird angehoben getragen und besteht aus ca. 30 breiten Federn in dachartiger Anordnung. Kurze Läufe, bestrümpft. Relativ kleiner Kopf mit abgeflachtem Scheitel und voller, ansteigender Stirn. Perlfarbige Augen mit Graustich.

schwarz

Sevillanokröpfer

Entstehung: Mitte des zwanzigsten Jahrhunderts in Sevilla/Spanien. Spanisch: Buchon Laudino Sevillano. Ausgangsrassen: Valenciano-, Rafeno- und Marchenerokröpfer. Ausfuhr nach Argentinien, dann um 1950 in Holland.

Form und Kopf: Mittlere Größe mit leicht aufgerichteter Haltung. Ellipsenform vom Hinterkopf bis zur Schnabelspitze. Leicht gebogener, mittellanger Schnabel. Bei älteren Tieren vergrößerte Schnabelwarzen und drei kleine Unterschnabelwarzen. Kurzer, breiter Rücken. Nur mittellange Läufe. orangefarbige bis rote Augen.

Besonderheiten: In der Farbenpalette ist Rauchblau und Rauchblau-Gehämmert bei Rassetauben recht selten. Ausgeprägtes Temperament, große Flugfreude.

Seldschuken		Sevillanokröpfer
Strukturtauben		Kropftauben
gering		gering
8		9
4		3

rotfahl-gehämmert

blauschimmel

Show Antwerp

Entstehung: Aus alten Brüsseler und Antwerpener Brieftauben, Englischen Mövchen und Indianer-Tauben um 1860 in England. Seither wenig Verbreitung.

Form und Kopf: Schultern und Brust breit. Kräftiger Rumpf. Kurze Beine, leicht aufgerichtete Haltung. Hals gedrungen. Drei Kopfformen mit unterschiedlichen Gesichtslängen: lang, mittel und kurz. Großer, dicker Schädel in Eiform bzw. rundlich. Wangen und Hinterkopf ausgeprägt. Dicker, stumpfer Schnabel mit eingebauten Warzen. Rote bis orangefarbige Augen.

Besonderheiten: Große Seltenheit.

Show Homer

Entstehung: Zuchtbeginn in England um 1880. Dort zunächst Ausstellungsbrieftaube. In Deutschland ab 1895 auf Ausstellungen. Ausgangsrassen: Antwerpener Brieftauben, Bagdetten, Dragoon und Tümmler.

Form und Kopf: Im Exterieur kräftig. Aufgerichtete Haltung. Mittellanger, kräftiger Hals und breite Brust. Mittellang sind Flügel und Schwanz. Kurze, unbefiederte Läufe. Kopfmerkmale: Langer Schädel in Bogenlinie von der Schnabelspitze zunächst stark, dann etwas flacher ansteigend. Vordere Kopfseiten gut ausgefüllt. Sehr starker und stumpfer Schnabel, mittellang mit kleinen Warzen. Perlfarbige Augen.

Besonderheiten: Raubvogelartiger Kopfausdruck. Relativ geringe Verbreitung. Gute Züchtbarkeit.

Show Antwerp		Show Homer
Formentauben		*Formentauben*
gering		*gering*
10		*11*
54		*>58*

gelbfahl

schwarzgescheckt

Show Racer

Entstehung: In den USA als Schönheitsbrieftauben um 1950 aus englischen und belgischen Brieftauben. Als „American Show Racer“ Nationalrasse. Anerkennung in Deutschland 1989.

Form und Kopf: Aufgerichtete Haltung, kräftiger Körper mit breiten Schultern und keilförmigem Verlauf nach unten. Angehobene, volle, breite Brust. Kräftiger Hals. Geschlossenes Schwanzgefieder. Breiter, großer Kopf, Verlauf in Bogenlinie von der Schnabelspitze über den Hinterkopf mit höchstem Punkt über dem Auge. Mittellanger, kräftiger Schnabel mit stumpfer Spitze und gleich starken Hälften. Leuchtend dunkelrote bis orangerote Augen; bei Weißen dunkel.

Besonderheiten: Weit verbreitete Rasse mit hoher Vitalität und Fruchtbarkeit.

Siebenbürger Doppelkuppige Tümmler

Entstehung: Um 1790 aus der Türkei nach Siebenbürgen (Rumänien). Geringe Bestände als Hochflugtauben schon um 1900 in Deutschland. Erste Musterbeschreibung 1922.

Form und Kopf: Gedrungene Figur, fast waagerechte Haltung. Mittellanger, an der Brust starker Hals mit leichter Biegung. Volle, gewölbte Brust und breite Schultern. Mittelhoher Stand, schmaler Schwanz. Kleiner, runder Kopf mit kreisrunder Schnabelnelke und Rundhaube, mit oder ohne Rosetten. Perlfarbige Augen. Kaum mittellanger Schnabel in etwas gesenkter Haltung. Fünf einfarbige und vier gescheckte Farbenschläge.

Besonderheiten: Im Freiflug interessante Purzel-Flugfiguren. Problemlose Brut und Aufzucht.

Show Racer		Siebenbürger Doppelkuppige Tümmler
Formentauben		*Tümmlertauben*
groß		*gering*
9		*7*
33		*9*

dungeganselt

hellblau mit weißen Binden

Sisaker Roller

Entstehung: Auch als „Sisaker Purzler" im 19. Jahrhundert in der kroatischen Stadt Sisak und Umgebung.

Form und Kopf: Mittlere Größe in tiefer Stellung (kurze Beine). Breit sind Brust und Rücken. Kurzer, gedrungener Hals. Festes, anliegendes Gefieder. Runde Kopflinie mit breiter Stirn und Rundhaube (Rosetten). Mittellanger, breit angesetzter Schnabel, wenig entwickelte Warzen. Perlfarbige Augen bei Einfarbigen, dunkle bei den Übrigen. Sechs einfarbige und sechs geganselte Farbenschläge.

Besonderheiten: In Deutschland erst seit wenigen Jahren vorhanden und dennoch beachtliche Schaubeschickung. Leichte Aufzucht. Vorzugsweise für den Freiflug.

Slowakische Kröpfer

Entstehung: Im Westen der Slowakei um 1870. Auf Schauen 1925 in Bratislava. Erster Standard 1951. Nach 1945 nur noch geringe Bestände. Inzwischen gute Verbreitung.

Form und Kopf: Erinnert im Habitus an den Hessischen Kröpfer: Leicht aufgerichtete Haltung des kräftigen Körpers. Rücken und Brust breit. Langer Hals mit birnenförmigem Blaswerk ohne Taille. Schwanz und Rücken bilden eine Linie. Knapp mittelhoher Stand. Großer Kopf in länglich runder Linie. Etwas ansteigende Stirn. Dunkle Augen. Mittellanger, kräftiger Schnabel. Unter anderem Weißbindige und Getigerte.

Besonderheiten: Gilt als „fruchtbarer Bauernkröpfertyp". In Deutschland bisher geringe Verbreitung.

Tümmlertauben		*Kropftauben*
gering		*gering*
7		9
12		14

blaugehämmert

rot mit weißen Binden

Soultzer Hauben

Entstehung: In Soultz sous Forêts, Elsass/ Frankreich seit 1830 vermutlich aus Pfaffentauben und Hessischen Kröpfern. Deutscher Sonderverein 1961. In Frankreich „Huppéde Soultz“.

Form und Kopf: Stärker als die übliche Feldtaubenform. Körperhaltung leicht aufgerichtet. Mittellanger, kräftiger Hals, breite Schultern und Brustpartie. Mittellange Läufe. Straffes Gefieder. Großer Kopf mit länglichem Scheitel und hoher Stirn. Hinterkopf gut ausgebaut mit straffer, breiter, hoch angesetzter Rundhaube, gut mit Federn gefüllt und sichtbar den Kopf überragend. Gut ausgebildete Rosetten. Orangerote bis rote Augen.

Besonderheiten: Sehr geeignet für Anfänger. Zutraulich, leicht züchtbar. Auch für den Freiflug geeignet.

Formentauben		*Formentauben*
mittel		*groß*
9		9
8		22

Spaniertauben

Entstehung: Zu den Stammrassen dürften Nürnberger Bagdetten, Feld- und Brieftauben gehören. Der Rassename entstand durch „Spanische Tauben“ aus Frankreich um 1850. Jetzige Rasse stammt aus Sachsen-Anhalt, auch als Thüringer Bagdetten bezeichnet. Sondervereine 1925 und 1975.

Form und Kopf: Elegante, aber kräftige Körperlinie. Mittellanger Hals, leicht angehobene, breite Brust, breite Schultern. Fast waagerechte Haltung. Sanfte Bogenlinie über den langen, kräftigen Schnabel bis zum Hinterkopf. Orangefarbige Augen, bei Weißen und Geganselten dunkel.

Besonderheiten: Temperamentvolles Wesen. Eignen sich gut für den Freiflug. Geräumige Zellen erforderlich.

rot

schwarz

Spanische Erdbeeraugen

Entstehung: Gemäß ihrer Herkunft wird diese Rasse in Spanien als Ojo de Fresa bezeichnet. Sie soll ursprünglich aus Nordafrika stammen.

Form und Kopf: Der kurze und sehr breite Kopf wirkt würfelförmig mit angerundeten Kanten. Knapp mittellang ist der dicke Schnabel mit der stumpfen Spitze. Die dreieckigen Schnabelwarzen sollen vorne leicht rötlich sein und gehen bis zur Mitte des Oberschnabels. Drei Warzen befinden sich am Unterschnabel. Die Augen sind perlfarbig, bei Weißen und Schecken dunkel. Die namensgebenden Augenränder sind gleichmäßig rund, fein in der Struktur und leuchtend granatrot.

Besonderheiten: Einzigartig ist die intensive Farbe der Augenränder. Angeblich gelten die Erdbeeraugen auch als ausdauernde Hochflieger.

Spanische Erdbeeraugen		St. Galler Flügeltauben
Warzentauben		Schweizer Farbentauben
gering		gering
8 bei Glattfüßlern; 9 bei Bestrümpften		8
6		19

St. Galler Flügeltauben

Entstehung: Seit 1970 in der Schweiz. Zwischenzeitlich verschwunden. Ab 1998 wieder auf Ausstellungen gezeigt.

Form und Kopf: Feldtaubenform, jedoch lang gestreckte und elegante Figur. Schlanker, mittellanger Hals, mäßige Brustbreite, langer, leicht abfallender Rücken. Langes Großgefieder. „Schmalzkiele" im Gefieder der Lackfarben. Längliche Kopfform mit steil ansteigender Stirn und hoch angesetzter Spitzkappe. „Kamm" am Hinterhals. Dunkelbraune Augen. Farbige Schnippe und Schildgefieder.

Besonderheiten: Auch im Ursprungsland sehr selten.

gelb

rot

Staparer Tümmler

Entstehung: Aus dem serbischen Städtchen Stapar aus Szegediner Hochfliegern im 18. Jahrhundert. Standard 1970.

Form und Kopf: Kleinformatig, gedrungen in tiefer Stellung. Der Hals ist im Affekt nach hinten gebogen und von mittlerer Länge. Brust etwas angehoben, breit. Bürzel deutlich hervortretend. Schwanzhaltung gesenkt. Die Flügel unter dem Schwanz getragen. Kleiner, würfelförmiger Kopf mit abgerundeten Kanten. Stirn hoch und breit. Haube wenig über Scheitelhöhe anliegend (Rosetten). Nackengefieder als Mähne entwickelt. Kaum mittellanger, stumpfer, kräftiger Schnabel mit leichter Senkung nach unten. Perlfarbige bzw. graue Augen (bei Blauen).

Besonderheiten: Gute Truppflieger. Keckes Wesen.

Stargarder Zitterhälse

Entstehung: In Pommern aus langschnäbligen Tümmlern und Altstämmern. Sonderverein seit 1962.

Form und Kopf: Lange, „schnittige“ Figur in waagerechter Haltung. Übermittelhoher Stand. Läufe glatt oder belatscht mit kleinen Geierfersen. Nicht zu breite Brust, leicht hohlrunde Rückenlinie, Der Flügelbug steht etwas vor der Brust, zierlicher Kopf mit flacher gezogener Oberlinie, langer Vorkopf. Mittellanger, dünner Schnabel. Perlfarbige Augen. Der lange, dünne Hals wird nach hinten durchgebogen und beim „Schlagen“ schnell nach hinten bewegt (durchgedrückt).

Besonderheiten: Für „Laien“ merkwürdige Erscheinung durch die schlagenden Halsbewegungen, die aber keinesfalls für die Tiere behindernd sind.

Staparer Tümmler		Stargarder Zitterhälse
Tümmlertauben		*Tümmlertauben*
gering		*gering*
7		*9*
7		*19*

Silberschuppe, schwarz

rotschimmel

Startauben

Entstehung: Eine der ältesten Taubenrassen. In Württemberg schon im 16. Jahrhundert. Der blaue Farbenschlag wurde in Thüringen entwickelt. Frühere Sondernamen: Hohenzollerntaube, Starscheck, Starweißwedel, Niederländer. Sonderverein 1937.

Form und Kopf: Schlanke, kräftige Feldtaubenfigur. Mittellanger Hals. Langes Schwingen- und Schwanzgefieder. Kurze Läufe. Länglich runde Kopflinie mit leichter Wölbung. Rundhaube (Blassen) und Spitzkappe (Mönche), sonst glattköpfig oder mit Rund- bzw. Spitzkappe. Feurig rote, bei Mönchen und Blassen dunkle Augen.

Besonderheiten: Sehr zucht- und flugfreudig. Starke Verbreitung, gilt als „Juwel der Farbentauben".

Starwitzer Flügelsteller-Kröpfer

Entstehung: Früher auch Haubensteiger und Haubenklätscher. In Oberschlesien, Böhmen und Mähren seit der Mitte des 19. Jahrhunderts. Hauptzuchtgebiet: Starwitz. Sonderverein 1957.

Form und Kopf: Aufgerichtete Haltung; schlanker, kräftiger Körper. Langer, leicht hohler Rücken, lange Brustpartie. Auf dem möglichst langen Hals sitzt der große, nach hinten ausgebogene Luftkropf in Birnenform, abgesetzt von der Brust. Sichtbare Unterschenkel im freien Stand. Länglich gerundeter Kopf mit breiter muschelförmiger Haube und Rosetten. Perlfarbige Augen (bei Elstern dunkel zugelassen).

Besonderheiten: Zeigt im Freiflug den namensgebenden Flugstil: Klatschen und Stellen. Züchtet gut.

Startauben		Starwitzer Flügelsteller-Kröpfer
Farbentauben		*Kropftauben*
groß		*gering*
7		*8*
26		*28*

schwarz

weiß

Steigerkröpfer

Entstehung: Ursprüngliche Bezeichnung „Stavak“ = Steiger. Stellerkröpfer gelten als Vorfahren. Vorkommen in Böhmen, Mähren, Lausitz, Sachsen, Schlesien. Sonderverein 1905.

Form und Kopf: Mit 2/3 der Länge vor und 1/3 hinter den Läufen gestreckte und kräftige Form in aufgerichteter Haltung. Möglichst langer Hals mit etwas ausgebogener hinteren Linie. Birnenförmiger Kropf mit Taille. Langer, stark abfallender Rücken. Mehr als mittellange Läufe in gerader Haltung. Kopflinie länglich rund mit flacher Stirn. Mittellanger, nicht zu starker Schnabel. Perlfarbige Augen.

Besonderheiten: Ursprünglicher Flugstil: Klatschen und Knallen mit den Schwingen, senkrechter Aufstieg, fast senkrechter Abflug.

Kropftauben		Warzentauben
groß		mittel
8		9
9		22

Steinheimer Bagdetten

Entstehung: Aus orientalischen Tauben, Nürnberger und Französischen Bagdetten, Coburger Lerchen und Feldtauben in Hessen (Maingebiet und Odenwald mit der Stadt Steinheim). Sonderverein 1926.

Form und Kopf: Betonte Brust, waagerechte Haltung, gestreckte Form, kräftiger Gesamteindruck. Mittellanger Hals ohne „Bagdettenknoten“. Mittelhoher Stand. Gut gerundete Kopflinie. Langer kräftiger „Büchsenschnabel“, d. h. Ober- und Unterschnabel gleich stark. Augenfarben: orange bis rubinrot, dunkel je nach Farbenschlag. Unter anderem Getigerte und Gescheckte.

Besonderheiten: Zwar etwas scheues Wesen, aber zutraulich dem Pfleger gegenüber. Vitalität und Zuchtfreudigkeit.

schwarzgeganselt

blaueulig

Stellerkröpfer

Entstehung: Verwandt mit Steigerkröpfer und Starwitzer Flügelsteller. Auch „Böhmische Glanzkröpfer". In Böhmen, Mähren und Schlesien erzüchtet. Rassebezeichnung ab 1952. Sonderverein 1959.

Form und Kopf: Schlanke Figur in aufgerichteter Haltung. Mittlere Größe und mittelhoher Stand. 3/5 der Länge vor und 2/5 hinter den Schenkeln bei mittellangen Läufen. Abgerundete Schulter und, wie die Brust, nicht hervortretend. Möglichst langer Hals mit mittelgroßem, birnenförmigem Kropf. Sichtbare Taille. Leicht ansteigende Stirn an der länglich runden Kopflinie. Perlfarbige bzw. dunkle Augen.

Besonderheiten: Ungewöhnlich lackreiche Farben. Fliegt mit lautem Klatschen und Hochstellen der Flügel.

Stettiner Tümmler

Entstehung: Ausgangsrasse waren Prager Tümmler. Später eigenständige Rasse durch Einkreuzung von Altstämmern, Reinaugen, Budapester, Wiener, Ägyptische und Deutsche Mövchen. Erster Standard 1907.

Form und Kopf: Körper, Kopf und Gefieder kurz. Mittellanger Hals, breit sind Schultern und Brust. Kurze Läufe. Würfelförmiger Kopf mit breiter und hoher Stirn. Kurzer, dicker Schnabel, stumpf und leicht gesenkt. Perlfarbige Augen (bei euligen Weißbäuchen dunkel, bei Rotbindigen rehbraun).

Besonderheiten: „Schnittig" wirkender Gesamteindruck. Relativ geringes Vorkommen.

Stellerkröpfer		Stettiner Tümmler
Kropftauben		*Tümmlertauben*
groß		*gering*
8		*7*
55a		*>34*

weiß

blau mit schwarzen Binden

Stralsunder Hochflieger

Entstehung: Pommern, besonders in Stralsund. Holländische Hagenaar-Tauben oder Französische Cumulettümler gelten als Ausgangsrassen. Zunächst reine Hochflugtaube. Sonderverein 1906.

Form und Kopf: Schlanker Typ in mittlerer Größe. Aufgerichtete Haltung (langer, dünner, völlig gerader Hals), waagerechte Rückenlinie. Läufe und Unterschenkel lang. Schädel flach, schmal und eckig. Stirn und Schnabel gerade, ansteigende Linie. Oberkopf gerade und waagerecht. Hinterkopf im rechten Winkel. Langer, gerader, dünner Schnabel, blass- bis intensiv rot. Augen in heller Perlfarbe.

Besonderheiten: Schneller Flugstil in wechselnden Formationen. Jungtiere zeigen z. T. rötliche Einlagerungen im Gefieder.

Tümmlertauben		Formentauben
groß		groß
7		10
1		25

Strasser

Entstehung: Aus Feldtauben, Florentinern, Modenesern und Kropftauben um 1840 in Mähren (Ort Nikolsburg). Rassename ist von „Straße“ abgeleitet, wo die Tauben Futter suchten. Auf deutschen Ausstellungen ab 1891. Sonderverein 1907.

Form und Kopf: Massiger, großer, breiter Rahmen mit sehr breiter und tiefer Brust, breitem Rücken und kräftigem Hals. Kurze Läufe. Breites, aber nicht weiches Gefieder. Großer, breiter Kopf mit ansteigender Stirn. Mittellanger, starker Schnabel. Rote bis orangerote Augen. Schwanz und Schwingen relativ kurz.

Besonderheiten: Relativ starke Verbreitung.

weiß

rot

Südbatschkaer Tümmler

Entstehung: Ursprungsgebiet: Orient. In Ungarn (Szeged, Mako) ab 1930 als eigenständige Rasse entwickelt.

Form und Kopf: Kleines Format in tiefer Stellung. Breite, runde Brust; kurzer, leicht zurückgebogener Hals. Rücken breit in den Schultern, nach unten leicht abfallend. Kurze Läufe. Festes, kurzes Gefieder. Kleiner Kopf mit leicht abgerundetem Scheitel und hoher, breiter Stirn. Muschelförmige Haube mit Rosetten, anliegend und nur wenig höher als die Scheitellinie. Knapp mittellanger Schnabel, bildet zur Stirn einen stumpfen Winkel. Unter anderem vielfarbig, Kite, Golddun, Agate, De Roy und bunthalsig.

Besonderheiten: Relativ neu in Deutschland; flug- und zuchtfreudig, reichhaltige Farbauswahl.

Süddeutsche Blassen

Entstehung: Früher auch „Einfachkuppige Pfaffentaube". Verwandt mit Sächsischen Pfaffentauben. Eine der ältesten süddeutschen Farbentauben. Entstehungsgebiet: Württemberg, Schwarzwald, Filderebene Nähe Stuttgart. Namensgebend: Weißer Fleck am Pferdekopf (Blässe). Sonderverein 1946.

Form und Kopf: Im Habitus wie kräftige Feldtaube. Betonte Brustlinie, mittellanger Hals, Unterlinie fast waagerecht, Rücken leicht abfallend. Kurze Beine, glatt oder mit dichter, mittellanger Fußbefiederung und Geierfersen. Breiter Kopf mit gewölbter Stirn. Haube hoch angesetzt als Rundhaube mit Rosetten. Dunkle Augen. Immer mit weißer Kopfzeichnung.

Besonderheiten: Unkompliziert in Haltung und Zucht. Auch ideal für Anfänger.

Südbatschkaer Tümmler		Süddeutsche Blassen
Tümmlertauben		*Farbentauben*
gering		*groß*
7		*8 (Glattfüßige), 10 (Belatschte)*
29		*19*

blau

Süddeutsche Kohllerchen

Entstehung: Ersterwähnung in der Fachliteratur 1886. Zwischenzeitlich fast erloschene Bestände. Wiederanerkennung 1951.

Form und Kopf: Alle Merkmale der Körper- und Kopfform entsprechen denen der Süddeutschen Blassen. Orangefarbige Augen. Einzigartig sind Farbe und Zeichnung: dunkelgraue Grundfarbe, dunkle Schwingen. Dunkle Binde am Schwanzende. Auf den Flügelschildern sitzen kleine, hellgraue pfeilspitzartige Flecken am Ende jeder Feder. Feurige Ockerfarbe an der Brust, die nach oben in die Halsfarbe verläuft.

Besonderheiten: Schlichte Lerchentaube. Robust und vital. Sehr flugfreudig, problemlose Jungenaufzucht.

Süddeutsche Latztauben

Entstehung: Geht zurück auf Vorläufer um 1790 in Schwaben. Zunächst als „Rothbrust- und Blaubrusttauben" bezeichnet. „Latztaube" ab 1857. Irreführend: „Süddeutscher Brüster".

Form und Kopf: Gestalt wie die anderen Süddeutschen Farbentauben. Entweder glatte Läufe und Zehen oder mittellange, dichte Fußbefiederung mit Geierfersen. Typisch: hoch angesetzte, freistehende Rundhaube mit seitlichen Rosetten. Dunkle Augen. Latzzeichnung: Kopf und Vorderhals farbig bis zur Flügelbughöhe.

Besonderheiten: Die belatschte Variante ist sehr selten. Temperamentvolles Wesen. Sichere Jungenaufzucht.

Süddeutsche Kohllerchen		Süddeutsche Latztauben
Farbentauben		*Farbentauben*
gering		*mittel*
8		*8*
1		*4*

schwarz

gelb

Süddeutsche Mohrenköpfe

Entstehung: Heimat Süddeutschland. „Mohrenköpfe“ neben Blau-, Rot- und Gelbköpfen schon 1790 beschrieben. Vor dem Ersten Weltkrieg nur noch geringe Bestände. Früher als „Klein- und Großlatzige“ unterschieden.
Form und Kopf: Form, Stand, Haltung, Kopf wie bei den anderen Süddeutschen Farbentauben. Speziell: Latzzeichnung, wobei der Kopf bis zur Rundhaube und zur Mitte des Halses und der Schwanz mit Decke und Keil farbig sind. Unterschiedliche Schnabelfarbe je nach Latzfärbung.
Besonderheiten: Die Roten sind der seltenste Farbenschlag und bedürfen weiterer Verbreitung.

Farbentauben		Farbentauben
mittel		gering
8		10
4		11

Süddeutsche Mönchtauben, belatscht

Entstehung: Als „Biberacher Schecke“ in der Umgebung von Ulm und Biberach unter Verwendung von Trommeltauben.
Form und Kopf: Durch die dichte, mittellange Fußbefiederung und die hoch angesetzte, freistehende Rundhaube mit Rosetten deutlich kräftiger im Gesamteinduck als die glattfüßige Variante, sodass von zwei getrennten Rassen ausgegangen werden muss. Weiß sind immer die Kopfzeichnung, die Latschen, 7 bis 10 Schwingen und der Schwanz.
Besonderheiten: Schwarz-Weißgeschuppte gehören zu den Raritäten. Die Rasse benötigt durch die Fußbefiederung aufmerksame Pflege. Vital und zuchtfreudig.

blau mit weißen Binden

blau

Süddeutsche Mönchtauben, glattfüßig

Entstehung: Verwandt mit der Schweizer Thurgauer Mönchtaube. Als „Ulmer Schecke“ und „Ulmer Mönche“ schon 1820 gezüchtet.

Form und Kopf: Im Unterschied zu den belatschten Süddeutschen Mönchtauben sind die glattfüßigen deutlich schlanker im Rumpf. Sonst zeigen sie die typische veredelte Feldtaubenform. Die Brust ist nur mäßig breit. Die Haltung fast waagerecht. Dunkle Augen.

Besonderheiten: Die Blauen ohne Binden sind äußerst selten. Der Rasse wird „flüchtiges Urverhalten“ bescheinigt.

Süddeutsche Mönchtauben		Süddeutsche Schildtauben
Farbentauben		*Farbentauben*
groß		*groß*
8		*8*
6		*26*

Süddeutsche Schildtauben

Entstehung: Ursprung in Süddeutschland. Auch als „fränkische Dachen“ bezeichnet (1886).

Form und Kopf: Die Form entspricht einer kräftigen Feldtaube. Brust und Schultern breit. Flügel und Schwanz lang. Kurze Beine. Haltung fast waagerecht. Breiter Kopf mit gewölbter Stirn. Hoch sitzende, freistehende Rundhaube mit deutlichen Rosetten. Dunkle Augen. Glatt anliegendes Gefieder. Intensive Farbe auf dem Flügelschild. Acht bis zehn Handschwingen und das übrige Körpergefieder sind weiß.

Besonderheiten: Jüngster Farbenschlag sind die Blau-Rosageschuppten von 1996 (früher „Marmorierte“). Zutrauliches Verhalten; bevorzugt Freiflug.

rot

schwarz

Süddeutsche Schnippen

Entstehung: Im Württemberger Ursprungsgebiet auch „Schnälle", „Farbenschnippe" und „Maskentaube" genannt. Bereits 1676 beschrieben. Anfangs auch mit Belatschung.
Form und Kopf: „Veredelte Feldtaubengestalt" bedeutet etwas kräftiger im Format als die üblichen Stadttauben. Dazu gehören breite Schultern und Brustpartie. Langes Schwanzgefieder. Die hoch sitzende, freistehende Haube mit seitlichen Rosetten sitzt auf dem breiten Kopf mit gewölbter Stirn. Augenfarbe dunkel. Die Farbe sitzt auf Schwanz mit Decke und Keil und als „Schnippe" auf der Stirn. Farbig ist auch der Oberschnabel (außer bei den Roten und Gelben).
Besonderheiten: Äußerst selten sind Blaufahle. Schlichte Schönheiten mit guter Vermehrungsrate.

Süddeutsche Schnippen		Süddeutsche Tigermohren
Farbentauben		*Farbentauben*
groß		*gering*
8		*8*
5		*1*

Süddeutsche Tigermohren

Entstehung: Im schwäbischen Oberland um 1700; auch als „Mohrentauben" und „Ulmer Mohren" bezeichnet. (1790). Verwandt mit den Schweizer Rieselkopfrassen.
Form und Kopf: Körperform wie die der anderen Süddeutschen Farbentauben. Durch die fehlende Haube wirkt der Kopf etwas kleiner. Orangefarbige Augen. Einziger Farbenschlag: schwarz. Die namensgebende Zeichnung als weiße Sprenkelung sitzt am Kopfgefieder bis etwa 2 cm unter dem Schnabel. Der farbige Stirnfleck wird bei hochrassigen Tieren erwartet. Die weiße Kopfzeichnung dehnt sich mit zunehmenden Alter aus.
Besonderheiten: Erzielt problemlos mehrere Bruten im Jahr. Sehr geeignet für den Freiflug. Etwas scheu.

kupfer

dominant-rot

Süddeutsche Weißschwänze

Entstehung: Stammgebiet Württemberg. Um 1850 werden „weißblässige Tauben" beschrieben. 1914 als Rasse fast ausgestorben. **Form und Kopf:** Breit sollen Brust und Schultern sein; nur mittellang der Hals. Der lange Schwanz betont die veredelte Feldtaubenfigur. Breiter Kopf mit gewölbter Stirn. Freistehende, hochsitzende Haube mit Rosetten. Orangefarbige Augen. Stets weiß sind das Schwanzgefieder mit der Decke und die kleine Stirnschnippe.

Besonderheiten: Gilt als „genügsame und attraktive Rasse". Ergiebige Zucht. Interessante Zeichnungsvarianten.

Farbentauben		Formentauben
mittel		gering
8		8
14		21

Syrische Segler

Entstehung: Ausgangsform: Ägyptische Segler. In Deutschland schon einige Jahrzehnte als „Swift" bekannt. Importe aus Damaskus nach den USA 1952. Als „Syran Swift" seit 1969 in Deutschland. Anerkennung 1990.

Form und Kopf: Tiefe Stellung, durch langes Schwingen- und Schwanzgefieder gestreckt erscheinend. Läufe glatt oder leicht „behost". Etwas gezogene Kopflinie mit nicht zu schmaler Stirn. Glattköpfig oder mit kleiner Spitzkappe. Deutlich „volle" Kehle (kleine Wamme). Knapp mittellanger, kräftiger Schnabel, bildet mit der Stirn einen stumpfen Winkel. Orangerote bis rote Augenfarbe. Unter anderem „Atlasfarbig".

schwarz

rotgeganselt

Syrische Wammentauben

Entstehung: Als „Besri schamia“ um 1850 aus Beiruter Wammentauben und Warzentauben. Andere Quellen: Seit Jahrhunderten schon als Botentaube in Syrien und im Libanon.

Form und Kopf: Stärker als Brieftaube mit waagerecht getragenem Körper. Gestreckter Hals mit gut ausgebildeter Kehlwamme, breite Brust. Mehr als mittelhoher Stand. Kräftiger Kopf mit durchgehender Schnabel-Stirn-Linie. Leicht abgeflachter Scheitel. Mittellanger, kräftiger Schnabel, gesenkt. Orange- bis feurig rote Augen. Weiße Federn sitzen auf der Stirnschnippe, auf 7 bis 10 Handschwingen und dem Halsfleck.

Besonderheiten: Im Libanon existieren Schwarze, Rote und Gelbe („Msawad“). Halsfleck = „Ohrring“.

Formentauben		Tümmlertauben
gering		gering
9		7
5		9

Szolnoker Tümmler

Entstehung: Die ungarische Stadt Szolnok war namensgebend. Produkt aus Szegediner, Komorner, Wiener und Budapester Tümmlern. In Deutschland 2002 anerkannt.

Form und Kopf: Kaum mittlere Größe mit breiter, etwas vorgewölbter Brust, kurzem, relativ dickem Hals und leicht gewölbten Rücken, leicht abfallend. Knapp mittellange Läufe. Kurzer, schmaler Schwanz. Breite, ansteigende Stirn mit gut gerundetem Oberkopf. Mittellanger Schnabel mit kräftigem Ansatz. Steht im stumpfen Winkel zur Stirn. Dunkle Augen. Alle in Ganselzeichnung.

Besonderheiten: Zierlicher Gesamteindruck. Im Heimatland Flug- und Ausstellungstyp unterschieden.

rot

gelb

Taganroger Tümmler

Entstehung: Ehemalige UdSSR (Stadt Taganrog am Asowschen Meer). Originalbezeichnung: Tschilikis (Vögelchen). Aus den Ostländern um 1972 nach Deutschland (Anerkennung 1976).

Form und Kopf: Kleines Format mit hoch getragenem Schwanz und Hängeflügel. Halslinie etwas ausgebogen; Brust breit, Rücken kurz. Der Schwanz trägt 14 bis 20 Federn und soll breiter als die Brust sein. Flach oder leicht gewölbt. Kurze Läufe. Leicht abgeflachter Scheitel, steile Stirn. Knapp mittellanger Schnabel zur Stirn im stumpfen Winkel. Dunkle Augen.

Besonderheiten: In Russland werden fünf Tschilik-Typen unterschieden. Zutrauliches Wesen.

Taganroger Tümmler		Temeschburger Schecken
Tümmlertauben		*Tümmlertauben*
gering		*mittel*
7		*7*
5		*7*

Temeschburger Schecken

Entstehung: Seit 1700 in Rumänien (Stadt Temesvar) zunächst als einfarbige „Porumbeii Jucatori de Timisoara“. Ab 1910 Schecken. Anerkennung in Deutschland 1966. Sonderverein 1967.

Form und Kopf: Gedrungene Figur, mittlere Größe, betonte Brust, breiter, kurzer Rücken. Gedrungener Hals mit vollem Übergang zur Brust. Kurze Läufe. Längliche Kopfform mit gezogener Scheitellinie. Breite Stirn. Hoch angesetzte Rundhaube, mit oder ohne Rosetten. Mittellanger Schnabel. Perlfarbige Augen.

Besonderheiten: Die Scheckung ist so verteilt, dass nur Brust und Schenkel sowie der vordere Teil der Flügelschilder gezeichnet sind. Flug- und zuchtfreudige Rasse.

1,0 kennfarbig hell

blau

Texaner

Entstehung: Ursprünglich „Auto Sexing Pioneer“, dann „Kennfarbige Texastauben“ seit 1950 in Texas/USA aus kennfarbigen Wirtschafts-Kingtauben und französischen Mondain. Ausstellungstaube in Amerika seit 1961, in Deutschland seit 1972 anerkannt. Sonderverein 1984.

Form und Kopf: Mit auffallend breiter Brust und voll aus dem Rumpf kommendem Hals kräftige Form. Waagerechte Haltung. Mittellange Läufe. Relativ kleiner Kopf mit abgesetzter Stirn. Schlanker, mittellanger Schnabel. Orangefarbige Augen. Täuber kennfarbig (überwiegend weiß), doppelter Faded-Faktor. Täubinnen in sechs Farbenschlägen (einfacher Faded-Faktor).

Besonderheiten: Neben Schauverwendung gute Fleischverwendung.

Formentauben		Farbentauben
groß		gering
10		8
6		5

Thüringer Brüster

Entstehung: Um 1800 in Thüringen und angrenzenden Gebieten. Gehört zu den ältesten Thüringer Taubenrassen. Die Schwarzen wurden früher auch „Rußtauben“ genannt.

Form und Kopf: Mit breiter Brust, mittellangem Hals, langem, leicht abfallendem Rücken und mittelhohem Stand kräftige Feldtaubenform. Langes Schwanz- und Schwingengefieder. Hohe Stirn, harmonische Kopfwölbung, hoch sitzende Spitzkappe. Dunkle Augen. Darunter die seltene Farbe Braun. Farbig sind nur Kopf, Hals und Brust. Etwas Säumung in den Schwingen und im Schwanz bei Schwarzen, Blauen und Blaufahlen zugelassen.

Besonderheiten: Bei lebhaftem Temperament etwas scheu. Relativ geringe Verbreitung.

blaugrundfarbig

blau ohne Binden

Thüringer Einfarbige

Entstehung: Im Thüringer Wald mit den Städten Erfurt, Suhl, Ruhla, Schmalkalden, Eisenach und Sonneberg. Erste Abbildung 1859. Erste Zuchtrichtlinie 1951.

Form und Kopf: In den Formenmerkmalen den anderen Thüringer Farbentauben entsprechend. Länglich runde Kopfform, glatt oder mit Rundhaube, einschließlich Rosetten. Orangefarbige Augen. Glattfüßig oder dichte Fußbefiederung mit Geierfersen. Kennfarbig: Täuberfarbe: hell-, gelb-, blaugrundfarbig, Blauschimmel (eulig). Täubinnenfarbe: silberfarbig, gelercht, blau, blau gehämmert, Blauschimmel.

Besonderheiten: Älteste kennfarbige Taubenrasse Deutschlands (geschlechtsgebundener Verdünnungsfaktor mit Ausnahme der Blauschimmel).

Farbentauben		*Farbentauben*
gering		*groß*
8 und 10		*8*
8		*30*

Thüringer Flügeltauben

Entstehung: Ende des 18. Jahrhunderts in der Umgebung von Sonneberg/Thüringen. Die gescheckten Farbenschläge ursprünglich aus Böhmen. Erstbeschreibung 1795. Erster Sonderverein 1922.

Form und Kopf: Als Zusatz zu dem Hauptformmerkmal gilt „gestreckt“, d.h. durch langen Rücken, langes Flügel- und Schwanzgefieder etwas formlich nach hinten ausladend. Sonst identisch mit der Thüringer Farbentaubenfigur. Der längliche Kopf ist entweder glatt oder trägt die Rundhaube mit Rosetten. Schnabel nicht mehr als mittellang. Dunkle Augen. Farbig sind nur die Stirnschnippe und die Flügel. Schultergefieder = weißes Herz.

Besonderheiten: Beliebte Rasse mit weiter Verbreitung. Zuchtfreudig.

weiß

Thüringer Goldkäfertauben

Entstehung: Aus der Absicht „Verkehrtflügelgimpel“ zu erzüchten um 1920 in Arnstadt/Thüringen. Zwischenzeitlich erloschene Bestände. Wiedererzüchtung ab 1950. Blutführung von kupferfarbigen Weißschwänzen und Startauben.

Form und Kopf: Die Figur entspricht der Thüringer Flügeltaube, auch die Kopfform. Auch mit Spitzkappe zugelassen. Orangerote Augenfarbe. Einziger Farbenschlag: Namensgebende Färbung aus Schwarz an Kopf, Hals, Körper und Schwanz. Kastanienbraune Flügelschilder mit schwarzem Grund. Braune Finkenzeichnung auf den Handschwingen ist Zuchtziel.

Besonderheiten: Sehr seltene Rasse. Besticht durch intensive Lackfarbe (grün und purpurfarbig).

Thüringer Goldkäfertauben		Thüringer Kröpfer
Farbentauben		*Kropftauben*
gering		*gering*
8		*8*
1		*31*

Thüringer Kröpfer

Entstehung: Aus „mitteldeutschen“ Kropftauben um 1890 in Thüringen veredelt. Gründung des Sondervereins 1959.

Form und Kopf: Mittlere Größe in aufgerichteter Haltung. Langer Hals mit birnenförmigem Luftkropf. Langer, breiter Rücken; breite, gewölbte Schultern. Nicht kreuzende, lange Flügel. Gut sichtbare Unterschenkel im mittelhohen Stand. Lange, schmale Kopfform mit mäßig gewölbter Stirn. Die Kappe ist gescheitelt („Knick“). Augen: orangefarben bzw. bei Weißen und Gemönchten dunkel. 31 Farbschläge.

Besonderheiten: Robustes Temperament. Zuchtfreudig. Ringgröße 8.

gelb

blau mit weißen Binden

Thüringer Mäusertauben

Entstehung: Im Thüringer Heimatgebiet (Suhl, Schmalkalden Ohrdruf, Ruhla) seit dem 18. Jahrhundert, auch „Müser" genannt. Auch in Osthessen frühzeitig gezüchtet. Pfaffentauben und Blassen gehören zu den Ahnen.

Form und Kopf: Wie alle anderen Thüringer Farbentauben kräftigere Feldtaubenfigur in fast waagerechter Haltung. Dunkle Augen. Breite Rundhaube mit Rosetten. Kopf und Schwanz mit Decke und Keil sind weiß. Zum Teil dürfen einige Randfedern farbig sein. Am meisten verbreitet sind die Schwarzen.

Besonderheiten: Ausgeprägtes Flugvermögen, sicheres Brutverhalten. Seltener Farbenschlag: schwarz gestart.

Thüringer Mäusertauben		Thüringer Mönchtauben
Farbentauben		*Farbentauben*
groß		*mittel*
8		*8*
19		*21*

Thüringer Mönchtauben

Entstehung: Ähnelt der Thurgauer Mönch- und der Süddeutschen Mönchtaube. Zu den Vorfahren gehören belatschte Tauben mit Mönchzeichnung aus dem 16. Jahrhundert.

Form und Kopf: Statt „kräftig" wie bei den meisten Thüringer Farbentaubenrassen, bezeichnet der Standard die Mönchtaube als „schlank". Die Kopfform ist schmal und länglich rund. Die Stirnlinie geht hoch. Zwei Varianten anerkannt: glattköpfig und spitzkappig. Dunkle Augen. Glattköpfige gibt es nur in Blau mit weißen oder ohne Binden und Blauweißgeschuppte. Mönchzeichnung: farbiges Gefieder mit Ausnahme von Kopf, acht bis zehn Handschwingen und Schwanz.

Besonderheiten: Die glattköpfige Variante ist sehr selten.

gelb mit Binden

blau mit schwarzen Binden

Thüringer Mondtauben

Entstehung: Gilt als „jüngstes Kind" unter den Thüringer Farbentauben, obwohl Abbildungen schon im 18. Jahrhundert Tauben mit der „Mondzeichnung" zeigen. Früher gab es auch die belatschte Variante ohne Unterscheidung der Herkunft. Heute gelten Belatschte als Sächsische. Wahrscheinlich sind Thurgauer Elmer eingekreuzt worden.

Form und Kopf: Wiederum wird die kräftige Feldtaube in fast waagerechter Haltung verkörpert. Augen dunkel oder orangefarbig. Die Farben und Zeichnungen in Braun und Gelb: elfenbeinfarbige Oberfarbe, farbig sind nur die mondförmige Zeichnung am Oberhals und die Binden.

Besonderheiten: Apartes Farbbild.

Farbentauben		*Farbentauben*
gering		*groß*
8		*8*
2		*>25*

Thüringer Schildtauben

Entstehung: Um 1600 gibt es bereits Abbildungen von Tauben mit farbigen Flügelschildern. Durchgezüchtet dann im 20. Jahrhundert in Thüringen.

Form und Kopf: Im Habitus den anderen Thüringer Farbentauben entsprechend. Dunkle Augen. Im glatt anliegenden Gefieder sind sog. Schmalzkiele gestattet. Die Farbe sitzt auf den gleichmäßig abgerundeten Flügelschildern, einschließlich der Daunenfedern. Acht bis zehn Handschwingen sind wie das übrige Körpergefieder weiß.

Besonderheiten: Die Züchter sind begeistert von den sehr guten Nutzungseigenschaften und den Ausstellungsmöglichkeiten.

gelb

schwarz

Thüringer Schnippen

Entstehung: Parallelentwicklung zur Sächsischen Schnippentaube. Erstbeschreibung in Deutschland 1818. Schwerpunkt seit 1840 in Thüringen.

Form und Kopf: Außer dem üblichen „kräftig" für die Figur der Thüringer ist im Standard der Schnippen hinzugefügt „lang gestreckt" und „elegant". Die Augenfarbe ist immer dunkel. Schmalzkiele im Gefieder (zur Erzielung der Lackfarben) sind gestattet. Das Gefieder ist überwiegend weiß. Die Zeichnung beschränkt sich nur auf die ovale Stirnschnippe und das Schwanzgefieder einschließlich Decke und Keil. Bei den Blaufarbigen zeigt das Schwanzende eine schwarze bzw. dunkle Binde.

Besonderheiten: Weit verbreitete Rasse mit naturnahem Verhalten im Flug und in der Zucht. Hoher Zuchtstand.

Thüringer Schwalben

Entstehung: Gilt als Stammform aller Schwalbentaubenrassen. In Thüringen seit dem 17. Jahrhundert. Verwandt mit der Nürnberger Schwalbe.

Form und Kopf: Gestreckte Feldtaubenfigur mit kräftigem, aber nicht übergroßem Körper. Die breite Stirn in ansteigender Linie. Entweder glattköpfig oder mit Rundhaube (Rosetten). Die Haube soll freistehen. Dunkle Augen. Schmalzkiele wirken sich günstig auf die Lackfarben aus.

Besonderheiten: Robuste und vitale Rasse.

Thüringer Schnippen		Thüringer Schwalben
Farbentauben		*Farbentauben*
groß		*groß*
8		8
5		26

rot

Thüringer Storchtauben

Entstehung: Ausgangsform war die Thüringer Flügeltaube. Eigenständige Rasse durch züchterische Reduktion der Farbausdehnung. Die Seltenheit wurde schon 1886 beschrieben.

Form und Kopf: Im Unterschied zum Formmerkmal der Flügeltaube fehlt bei der Storchtaube die Bemerkung „lang gestreckt". Dunkle Augen. Zu den satten Farben gehören die Schmalzkiele im Flankengefieder. Die namensgebende Zeichnung sitzt als Farbe auf Schnippe und 13 bis 15 Schwingenfedern mit Daumenfedern. Bei geschlossenem Flügel am unteren Flügelrand ein Dreieck. Die Deckfedern der Schwingen sind bei geschlossenem Flügel unsichtbar.

Besonderheiten: Die Zeichnung erinnert an das Farbmuster des Weißstorchs.

rot

Thüringer Weißköpfe

Entstehung: Um 1800 in der Umgebung von Ruhla und Schmalkalden in Thüringen. Die Pfaffen-, Mönch- und Mäusertauben gehören zu den Ahnen. Zuchtrichtlinie 1903.

Form und Kopf: Durch die mittellange, dichte Belatschung mit den Geierfersen wirkt diese Rasse noch etwas tiefer stehender und kräftiger als die anderen Thüringer. Auch die breite Rundhaube mit den Rosetten trägt dazu bei. Der Kopf ist nur leicht gewölbt. Dunkle Augen. Weiß sind Kopf, Schwanz, Decke, Keil und Latschen.

Besonderheiten: Relativ seltene Rasse.

Thüringer Storchtauben		Thüringer Weißköpfe
Farbentauben		*Farbentauben*
gering		*gering*
8		*8*
5		*13*

belatscht, schwarz

schwarz

Thüringer Weißlätze

Entstehung: Schon um die Mitte des 18. Jahrhunderts beschrieben. Heimatgebiete waren die Umgebung von Ruhla, Zella-Melis, Schmalkalden, Schleusingen, Steinbach-Hallenberg und Suhl in Thüringen. Gilt als „Schwesterrasse" zum Thüringer Weißkopf und Mäuser.

Form und Kopf: Ähnlich wie die Weißköpfe wirken die belatschten Weißlätze mit ihren breiten Rundhauben etwas voluminöser. Weißlätzige gibt es auch glattfüßig. Dann erscheint der Stand nicht so tief. Dunkle oder rote Augenfarbe. Die weiße Kopfzeichnung geht im Unterschied zum Weißkopf tiefer herunter bis in die Höhe des Flügelbugs.

Besonderheiten: Nach 1945 wurden Weißköpfe, Bernburger Trommeltauben, Lahore und Blassen eingekreuzt.

Thüringer Weißlätze		Thüringer Weißschwänze
Farbentauben		*Farbentauben*
groß		*mittel*
8		*8*
13		*18*

Thüringer Weißschwänze

Entstehung: Als Variante des Sächsischen Weißschwanzes (siehe dort) als Thüringer „Spezialität" entwickelt.

Form und Kopf: Wenn auch die Gestalt „kräftig" verlangt wird, so erscheinen Weißschwänze meistens etwas zierlicher im Format. Auch ist die Stirn nicht ansteigend, sondern die Kopfform mehr länglich rund. Im Unterschied zu ihren dunkeläugigen sächsischen Verwandten haben die Thüringer Weißschwänze orangefarbige Augen. Weiß sind nur Schnippe, Binden und Schwanz mit Decke.

Besonderheiten: Gut fliegende und züchtende, vitale Taube. Aparte Farbmuster.

braun

bindig

Thurgauer Elmer

Entstehung: Möglicherweise gehen Thurgauer Taubenrassen auf Vorformen zurück, die schon 1555 gezeichnet wurden. Elmer entstanden um 1920 im Schweizer Kanton Thurgau. Bei der Herauszüchtung waren Spitzkappen und Sächsische Mondtauben beteiligt.

Form und Kopf: Elegante Feldtaubenfigur mit schlankem, mittellangem Hals. Mittelhoher Stand. Zarte Kopfform mit steil ansteigender Stirn und hoch angesetzter Spitzkappe. Das Hinterhalsgefieder bildet einen Kamm. Mittellanger, schlanker Schnabel. Dunkelbraune Augen. Farben: braun und gelb. Farbig sind nur die sichelförmige Halbmondzeichnung auf dem Vorderhals und die Binden.

Besonderheiten: Sehr flugfreudige Rasse mit etwas scheuem Temperament.

Thurgauer Elmer		Thurgauer Mehlfarbige
Schweizer Farbentauben		*Schweizer Farbentauben*
mittel		*mittel*
8		*8*
2		*2*

Thurgauer Mehlfarbige

Entstehung: In der Ostschweiz als eine der ältesten Taubenrassen, schon 1777 beschrieben.

Form und Kopf: Im Wesentlichen entsprechen die Formmerkmale der vorigen Rasse. Bindige und gehämmerte Farbenschläge. Auf mehlfarbiger Grundfarbe sitzen die Binden bzw. die Hämmerung auf den Flügelschildern. Leuchtend goldgelbe Brustfarbe. Dunkleres Pigment sitzt auch auf den Schwingen. Von gleicher Farbe ist die Schwanzbinde.

Besonderheiten: Ausgesprochen fortpflanzungsfreudig und guter Flieger. Farbvollendung erfolgt erst nach der Mauser.

schwarz mit weißen Binden

blau mit schwarzen Binden

Thurgauer Mönche

Entstehung: Anfang des 20. Jahrhunderts im Thurgauer Gebiet aus Spitzkappen und Starhalsmönch-Tauben. Andere Quelle: Thurgauer Weißschwänze. Verwandt mit der Süddeutschen Mönchtaube.

Form und Kopf: Zum Gesamteindruck formuliert der Standard noch zusätzlich „temperamentvolle" Feldtaube. Der Rahmen ist jedoch der gleiche wie bei Elmer und Mehlfarbigen. Die Stirn wird steil ansteigend verlangt. Dunkelbraune Augen. Fünf Farbenschläge mit weißen Binden oder weiß geschuppt. Außerdem: Blaue mit schwarzen Binden und Blaugehämmerte.

Besonderheiten: Blaue mit weißen Binden sind der am stärksten vertretene Farbschlag. Wie die anderen Thurgauer vitale, zuchtfreudige Rasse, die den Freiflug liebt.

Thurgauer Mönche		Thurgauer Schilder
Schweizer Farbentauben		*Schweizer Farbentauben*
gering		*gering*
8		*8*
17		*19*

Thurgauer Schilder

Entstehung: Aus Schweizer Spitzkappen und Deutschen Schildtauben um 1900. Entstehungsort war namensgebend.

Form und Kopf: Gestalt, Kopfpunkte und Spitzkappen-Struktur wie die anderen Thurgauer Rassen. Dunkelbraune Augen. Flügelschilder mit Daumenfedern sind farbig. Übriges Gefieder und 8 bis 10 Handschwingen weiß.

Besonderheiten: Im Wesen deutlich ruhiger als die anderen Thurgauer Farbentauben. Daher auch für Anfänger gut geeignet. Benötigt bei geräumigen Volieren nicht unbedingt Freiflug. Gut züchtbar, hohes Rasseniveau.

blau mit schwarzen Binden

Gazzi, schwarz mit Bronzebinden

Thurgauer Weißschwänze

Entstehung: Vor etwa 250 Jahren in Thurgau. Die „Katzgrauen" (Blauschimmel) entstanden um 1900.
Form und Kopf: „Temperamentvoll" in der Musterbeschreibung soll eine Feldtaubenfigur in gestreckter Form zum Ausdruck bringen. Alle Linien des Körpers und des Kopfes entsprechen denen der anderen Thurgauer Farbentauben. Fünf Farbenschläge entweder mit oder ohne weiße Binden, auch weiß geschuppt. Zusätzlich gibt es Blaue mit schwarzen Binden, Blaugehämmerte und Katzgraue. Dunkelbraune Augen. Die gedachte Verlängerung des Schnabelschnittes verläuft durch den unteren Teil des Auges.
Besonderheiten: Das Keilgefieder ist im Unterschied zu anderen Schweizer weißschwänzigen Farbentauben weiß.

Triganino Modenese

Entstehung: Seit dem 15. Jahrhundert in Modena/Italien. Ursprüngliche Verwendung als Botentaube für kurze Strecken. Griechisch „Trigon" für Turteltaube.
Form und Kopf: Die Körperform wird in Italien als Barchetto (Schiffchen) bezeichnet. Breite und gut gerundete Brust, kurzer, breiter Rücken, waagerechte Körperhaltung. Glatte Läufe mit den gut sichtbaren Unterschenkeln. Der leicht gewölbte Kopf zeigt eine abgesetzte Stirn. Nur mittellang ist der Schnabel. Orangerote Augen. Im Ursprungsland gibt es sehr viele Farbenschläge.
Besonderheiten: Sehr gute Flug- und Zuchteigenschaften. Besonderer Anreiz: die große Farbpalette.

Thurgauer Weißschwänze		Triganino Modenese
Schweizer Farbentauben		*Huhntauben*
gering		*gering*
8		*7*
18		*10*

eisfarbig-gehämmert

rot

Tschechische Eiskröpfer

Entstehung: Um 1890 in der Tschechoslowakei (Hradec, Kralove Rychnov und Vamberk). Vermutlich mit Steiger- und Schlesischen Kröpfern verwandt. In Deutschland 1975. Anerkennung 1984.

Form und Kopf: Gedrungene Körperform in mittlerer Größe. Aufgerichtete Haltung. Rücken und Brust breit. Langer Hals mit birnenförmigem Luftkropf, der ohne Taille in die Brust übergeht. Mittellange Läufe mit wenig sichtbaren Schenkeln. Länglich runde Kopflinie, leicht gewölbte Stirn. Orangefarbige bis rote Augen. Die Grundfarbe soll der Damascener-Taube entsprechen, erreicht aber meist nicht deren Klarheit.

Besonderheiten: Robuste Rasse mit sehr guten Aufzuchtleistungen. Geeignet für den Freiflug.

Tschechische Eiskröpfer		*Tulaer Sternschwanztümmler*
Kropftauben		*Tümmlertauben*
gering		*mittel*
8		*7*
4		*2*

Tulaer Sternschwanztümmler

Entstehung: Seit dem 19. Jahrhundert im russischen Tula. Dort als „Scharie“ (Feuertaube) bezeichnet. Russischer Standard seit 1914.

Form und Kopf: Mittlere Größe, schlanke Figur. Breite, vorgewölbte Brust; langer, abfallender Rücken. Mittellanger Hals. Die Flügel werden unter dem Schwanz getragen, bestehend aus zwölf bis sechzehn Federn. Kurze Beine. Fast würfelförmige Kopflinie, flacher Scheitel; hohe steile Stirn. Perlfarbige Augen. Rote und Gelbe tragen vor dem Ende des Schwanzes eine weiße Binde. Außerdem hell auslaufende oder auch farbig gesäumte Schwingen.

Besonderheiten: In den baltischen Staaten existieren verschiedene Rotabstufungen: Hell-, Dunkel- und Kirschrot.

schwarz

schwarz

Turbiteenmövchen

Entstehung: Als eigenständige Rasse seit 1850 im Vorderen Orient. Importe aus der Türkei nach England.

Form und Kopf: Durch kurze, breite Brust- und Schulterpartie und kurzes Großgefieder gedrungene Figur. Aufrechte Haltung. Mittellange Läufe mit dichter Befiederung bis vor die Zehenspitzen. Großer Kopf mit breiter Stirn und vollen Backen. Entweder glatt oder spitzkappig. Kurzer, im Ansatz breiter Schnabel. Stirn-Schnabellinie durchgehend. Dunkle Augen (orangefarbige und „gebrochene" zugelassen). Wamme an der Kehle und Jabot am Vorderhals. Stirn-, Backen-, Flankenfleck und Flügelschild sind farbig.

Besonderheiten: Die Rasse gilt als Rarität und in der Zeichnung schwierig zu züchten.

Turbiteenmövchen		Turbitmövchen
Mövchentauben		Formentauben
gering		gering
10		8
18		18

Turbitmövchen

Entstehung: Alte englische Rasse aus dem 17. Jahrhundert. Einkreuzung von Anatolischen Mövchen um 1880. Erste Ausstellungstiere 1873. Gründung des englischen Turbit-Clubs 1883.

Form und Kopf: Kurzer Rumpf, aufgerichtete Haltung, breite Brust, kurzer Rücken. Glatte, kurze Läufe. Flügel- und Schwanzgefieder kurz. Ovaler Kopfrahmen in der Draufsicht mit auffallender Größe und Breite. Stark entwickelte Backen. Oberlinie vom Schnabel über den Scheitel bis zur hoch angesetzten Spitzkappe. Hinterhals kammförmig, abstehendes Gefieder. Gut entwickeltes Jabot. Kurzer, dicker, breit angesetzter Schnabel. Dunkle Augenfarbe.

Besonderheiten: „Keckes" Aussehen. Nicht leicht zu erzielende Rassemerkmale des Kopfes.

gelbgescheckt

weiß

Ungarische Riesentauben

Entstehung: Seit dem 17. Jahrhundert in Ungarn zunächst als Nutztaube entwickelt. Als Ahnen gelten die ausgestorbenen Riesenperücken- und Strupptauben. Auch Trommeltauben wurden verwendet. Seit 1935 planmäßige Rasseformung. 1950 standardisiert; in Deutschland 1974.

Form und Kopf: Gehört mit bis zu 1000 g Gewicht und Flügelspannweite bis zu 100 cm zu den größten Rassetauben. Das Volumen wird zusätzlich durch dichte Belatschung, Schenkelbefiederung und große Haube unterstrichen. Waagerechte Körperhaltung. Rücken und Brust breit. Schwingen- und Schwanzgefieder lang. Kräftig und breit der Kopf mit hoher Stirn.

Besonderheiten: Benötigen viel Raum zur Haltung und Zucht.

Formentauben		*Tümmlertauben*
gering		*gering*
15		*10*
18		*19*

Usbekische Tümmler

Entstehung: Die Rasse stammt aus Buchara; dort zunächst als Flugtaube gezüchtet. Seit 1969 gezielte Zucht (Taschkenter Club) zur kurzschnäbligen Variante.

Form und Kopf: Im deutschen Standard sind nur die Kurzschnäbler anerkannt. Kräftiger Hals, betonte Brust, breiter Rücken. Kurze Beine mit dichter, langer Belatschung (Geierfersen), mittelgroßer, gut abgerundeter Kopf. Unterschiedliche Kopfgefiederstruktur: doppelkuppig mit Haube und runder bzw. spitzer Kappe. Schnabelkuppig: Halbnelke oder Rundnelke. Zusätzliche Strukturen wie gescheiteltes Kopfgefieder oder „Schnurrbart“ sind gern gesehen. Rothalsige (Gulbadami) sind meist etwas größer.

Besonderheiten: Reizvolle Vielfalt der Kopfstrukturen und Farbenschläge.

blauschimmel

schwarz

Valencianokröpfer – Niederländische Zuchtrichtung

Entstehung: Aus spanischen Kröpfern in Argentinien und in den Niederlanden. 1939 Ausstellungsrasse in Holland. Im deutschen Standard seit 1979 anerkannt.

Form und Kopf: Die Dreiecksform kommt durch waagerechte Unterlinie, durch den Hängekropf und die abfallende Rückenlinie zustande. Tiefe Stellung. Unter der Kehle kleine Wamme. Von da aus verläuft eine Kropffalte. Seitlich davon kleinere Falten. Breiter Kopf mit Rundung von der Schnabelspitze bis zum Hinterkopf. Breit angesetzter, knapp mittellanger Schnabel mit leicht gebogener Spitze. Orangefarbige bis rubinrote Augen.

Besonderheiten: In den Niederlanden gibt es Kennfarbige. Lebhaftes Wesen. Zucht am besten durch Ammen.

Valencianokröpfer		Verkehrtflügel-Kröpfer
Kropftauben		Kropftauben
gering		mittel
8		12
2		4

Verkehrtflügel-Kröpfer

Entstehung: In Böhmen und Mähren, später in der ersten Hälfte des 20. Jahrhunderts in Sachsen und Thüringen. Ausgangstiere waren Verkehrtflügel-Farbentauben. Erste Clubgründung 1907.

Form und Kopf: Beeindruckende Größe. Aufrechte Haltung. Hoher Stand mit langen Fußfedern und Geierfersen. Am langen Hals breit angesetzter Kropf mit Ausdehnung nach oben. Schmaler Kopf mit abgesetzter Stirn. Dunkle Augen. Farbig sind Hinterkopf, Hals, Brust, Schultern, Rücken, das gesamte Schwanzgefieder und die Schnippe.

Besonderheiten: Imposante Körperhöhe. Die Ganselzeichnung ist nicht leicht zu erreichen.

rotfahl

rotfahl

Vogtländer Trommeltauben

Entstehung: Im sächsischen Vogtland seit Mitte des 19. Jahrhunderts. Grundlage waren die Rassen Schnabelkuppige Trommeltauben und Gemönchte Farbentauben.

Form und Kopf: Kräftiger Rumpf in waagerechter Haltung und tiefer Stellung mit dichter Belatschung einschließlich Geierfersen. Tiefe, breite Brust. Relativ langer Hals, breiter, langer Rücken, langes Schwanzgefieder. Federreiche, ovale Nelke, die im vorderen Teil die Schnabelwarzen bedeckt. Wichtig ist die Sichtfreiheit. Dunkle Augen. Weiß sind Kopf mit Nelke, sechs bis zehn Schwingen und die Fußbefiederung.

Besonderheiten: In der Nachzucht treten aufgrund der Spalterbigkeit immer wieder Einfarbige und Weiße auf.

Trommeltauben		Kropftauben
gering		groß
12		8
17		29

Voorburger Schildkröpfer

Entstehung: Ab 1929 in Holland aus Brünner-, Steiger-, Norwich-, Französischen und Englischen Kröpfern, Schildtauben, Antwerpener Smerlen und Pfautauben. Erste Schautiere 1938. Sonderverein 1947 in Holland, 1971 in Deutschland.

Form und Kopf: Mittlere Größe. Vorderpartie 3/5 im Verhältnis zu 2/5 der Hinterpartie. Aufgerichtete Haltung. Lange, schmale Brust, leicht hohle Rückenlinie. Schmale Flügel, geschlossenes Schwanzgefieder. Mehr als mittelhoher Stand. Länglich runder Kopf. Langer Hals mit nahezu kugelförmigem Kropf. Dunkle Augen. Nur das Flügelschild ist farbig.

Besonderheiten: Veranlagt zum Präsentieren im Schaukäfig. Gute Verbreitung, hoher Zuchtstand.

rot

rot

Warschauer Schmetterling

Entstehung: Die Rasse existiert seit etwa 1915 und ist in der Umgebung von Warschau erzüchtet worden.

Form und Kopf: Es handelt sich bei diesem Tümmler im Gesamteindruck um eine mittelgroße Taube mit deutlich aufgerichteter Figur. Der Hals wird in der Erregung leicht nach vorne und nach hinten bewegt („zitterhalsig"). Zur aufgerichteten Haltung gehört die angehobene, breite Brust, die etwas hervortreten soll. Stark belatscht sind die mittellangen Läufe. In länglicher Rundung verläuft die Linie des relativ kleinen Kopfes, der aber eine breite und ansteigende Stirn aufweisen soll.

Besonderheiten: Als Besonderheit gilt der interessante Flugstil, der mit seinen Bewegungen an das Taumeln der Schmetterlinge erinnert.

Warschauer Schmetterling		West-of-England-Tümmler
Tümmler	(Rassegruppe)	*Tümmlertauben*
wenig	(Verbreitung)	*gering*
10	(Ring)	*10*
10	(Pflege)	*12*

West-of-England-Tümmler

Entstehung: Um 1860 als Flugtaube im englischen Bristol aus Orientalischen Rollern und Altholländischen Tümmlern. Als Ausstellungsrasse in Kalifornien um 1950 unter Verwendung von Long Faced Tümmlern. Standard in den USA 1964.

Form und Kopf: Betonte Brust, kurzer Rücken, mittellanger Hals. Mittellange Läufe mit nicht zu langer Befiederung. Ovalrunde Kopfform mit ansteigender Stirn. Mittellanger Schnabel. Perlfarbige Augen mit kleiner Pupille. Kopf, Oberhals, Rücken, Schwanz, Bauch, sieben bis zehn Handschwingen und die Fußbefiederung sind weiß.

Besonderheiten: Trotz „Tümmlerblut" ruhiges Wesen. Beliebt in den USA. In Deutschland relativ selten.

silber

schwarz

Wiener Gansel

Entstehung: In Österreich; verwandt mit den Wiener Kurzen und den seit dem 18. Jahrhundert in Ungarn und Polen gezüchteten kappigen „Bürzeltauben“. Wurde auch als „Variante der Wiener Kurzen“ bezeichnet. Rassename rührt von gescheckten Gänsen her. Gilt heute als eigenständige Rasse.

Form und Kopf: Kleiner, gedrungener Körper mit kurzem, kräftigem Hals, gewölbter, breiter Brust und kurzem Rücken. Knappes Großgefieder. Kurze, kräftige Läufe. Kleiner, breiter Kopf, würfelförmig. Leichte Vertiefung in der Kopfplatte (Grübchen). Große dunkle Augen. Rote, dreireihige Augenränder. Kurzer, dicker Schnabel, wie eingesteckt wirkend. Zeichnung benannt nach der Scheckung bei Gänsen.

Besonderheiten: Ammenzucht erforderlich.

Wiener Gansel	Wiener Kurze
Tümmlertauben	*Tümmlertauben*
gering	*gering*
7	*7*
6	*13*

Wiener Kurze

Entstehung: Zu den Ahnen zählen Altösterreichische Tümmler, die ausgestorbenen Sächsische Indianer-Tauben, Englische kurzschnäblige Tümmler und Altstämmer. Wien und Umgebung um 1850.

Form und Kopf: Die Figur und die Kopfpunkte entsprechen denen der Wiener Gansel. In der Musterbeschreibung fehlt aber bei den Kurzen die Erwähnung des „Grübchens“ in der Oberkopflinie. Die Augenfarbe ist milchweiß mit blauem Stich.

Besonderheiten: Seltene Taubenfärbung = Sprenkelung (auch Harlekin genannt) = schwarze Sprenkelung auf blauer Grundfarbe. Aufzucht durch Ammen.

hellgestorcht

gelb

Wiener Tümmler

Entstehung: Mitte des 19. Jahrhunderts aus Flugtauben, die in Wien schon im 17. Jahrhundert gehalten wurden und deren Vorläufer aus Indien stammen sollen.

Form und Kopf: Eine der kleinsten Taubenrassen mit schlanker Figur und hoch aufgerichteter Haltung. Brust und Rücken sind schmal. Langer, dünner Hals. Lange, dünne Läufe, eng und geradestehend. Je nach Farbschlag auch bestrümpft, kurz belatscht mit Geierfersen. Längliche, schmale Kopfform mit flachem Scheitel, schräg verlaufender Stirn, allseits kantig. Mittellanger, dünner Schnabel, wirkt waagerecht eingesteckt. Milchweiße Augenfarbe mit lichtblauem Stich oder dunkel (beim Farbschlag „Wilde“).

Besonderheiten: Imponiert durch Zierlichkeit und die Vielfalt der Farbenschläge.

Wiener Tümmler		Wiener Weißschilder
Tümmlertauben		*Tümmlertauben*
groß		*mittel*
7 und 8		*7*
21		*3*

Wiener Weißschilder

Entstehung: Ausgangsrassen: Altösterreichische Tümmler und die Röserlschecken des Wiener Tümmlers. Zunächst gab es Mittel- und Kurzschnäblige (1926).

Form und Kopf: Kaum mittelgroß, gedrungene Figur mit breiter Brust und kurzem, leicht abfallendem Rücken. Kurz ist auch der Hals; relativ stark, aber mit guter Auskehlung. Niedriger Stand. Völlig runde Kopflinie mit der höchsten Stelle über dem Auge. Knapp mittellang der Schnabel mit breitem Ansatz. Weiße Augen mit lichtblauem Stich. Roter Augenrand bzw. pflaumenblau bei Schwarzen.

Besonderheiten: Nicht alle Jungtiere zeigen die richtige Zeichnung. Rote und Gelbe sind zunächst einfarbig und färben nach der Mauser im Flügelschild weiß um.

blau

rot

Wiggertaler Farbenschwänze

Entstehung: Unter den Schweizer Farbentauben eine der jüngsten Rasse. Im Schweizer Wiggertal (Raum Zofingen) wahrscheinlich unter Verwendung von Thurgauern. Ab 1954 eigenständige Rasse auf Schauen.

Form und Kopf: Gestreckte Feldtaubenfigur mit schnittigem, eleganten Gesamteindruck. Schlanker Hals, nicht zu breite Brust, leicht abfallender Rücken. Mittelhoher Stand. Relativ langes Schwanzgefieder. Von der steil ansteigenden Stirn gezogene Kopflinie bis zur Spitzkappe. Federkamm am Hinterhals. Dunkelbraune Augen. Nur das Schwanzgefieder mit Keil und Decke sind farbig, sonst rein Weiß.

Besonderheiten: Ergiebige Zucht. Flugfreudig.

Wiggertaler Farbenschwänze		Wolga-Positurtümmler
Schweizer Farbentauben		Tümmlertauben
gering		gering
8		10
4		4

Wolga-Positurtümmler

Entstehung: Nach 1945 in Russland/Wolgagebiet aus Moskauer Tümmlern und Kasaner Tümmlern. In Russland existieren drei Varianten: Sißraner, Lentotschnie, Rotbrüstige und Schalewie.

Form und Kopf: Mittlere Größe, gedrungene Körperform, tiefe Stellung. Hals schlank und leicht gebogen, bei Erregung zitternd. Kurze Flügel, unter dem Schwanz getragen. Breiter, flacher, leicht gewölbter Schwanz mit vierzehn Federn. In „Positur" stehend angezogen getragen. Kurze, belatschte Läufe. Länglich runde Kopfform mit mäßig breiter Stirn. Ohne oder mit der Rundhaube (mit oder ohne Rosetten). Dunkle oder perlfarbige Augen.

Besonderheiten: Angeborene Zahmheit. Benötigen zum Brüten warme Witterung.

schwarz mit weißer Schnippe

schwarz

Württemberger Mohrenköpfe

Entstehung: In Württemberg und Franken zunächst als „Großlatziger Süddeutscher Mohrenkopf", auch als „Schnippenmohr" bis 1978.

Form und Kopf: Stärker als die übliche Feldtaubenfigur mit mittellangem Hals, breiter Brust und breiten Schultern. Fast waagerechte Haltung. Langes Großgefieder. Kurze Läufe mit dichter, mittellanger Befiederung einschließlich Geierfersen. Breiter Kopf mit gewölbter Stirn. Hoch sitzende Rundhaube mit Rosetten. Dunkle Augen. Farbig sind Kopf mit Latz (Vorderhals, Oberbrust), Schwanz mit Decke und Keil sowie Schnippe hinter dem Schnabel, die aber auch fehlen darf.

Besonderheiten: Sehr seltene, erhaltungswürdige Rasse.

Württemberger Mohrenköpfe		Züricher Weißschwänze
Farbentauben		*Schweizer Farbentauben*
gering		*gering*
10		*9*
4		*21*

Züricher Weißschwänze

Entstehung: Im Schweizer Kanton Zürich im 19. Jahrhundert aus federfüßigen Feldtauben.

Form und Kopf: Elegante Feldtaubenfigur mit mäßig breiter Brust und mittellangem, schlanken Hals. Relativ kurze Läufe mit dichter Behosung, wobei die Zehen nackt bleiben sollen. Gut gerundete Kopflinie mit steil ansteigender Stirn. Schlanker Schnabel. Dunkelbraune Augen. Das Gefieder soll glatt anliegen. Unter anderem die seltenen Blaufahl-gehämmerten und die Rotfahlen.

Besonderheiten: Die Rasse gilt als „bäuerliche und dennoch elegante Schönheit". Ursprüngliches Verhalten in Zucht und Flug.

Zum Weiterlesen

René Christ, Wilhelm Bauer:
Geflügel und Kaninchen – nose to tail.
Verlag Eugen Ulmer 2018.

Lernen Sie, wie Sie Geflügel perfekt zerlegen und zubereiten. Abseits von Filet, Keule und Rücken können Sie nach dem Nose-to-Tail-Prinzip lange vernachlässigte Fleischteile wiederentdecken. Dieses Buch zeigt, wie Huhn, Pute, Ente, Taube, Gans und Kaninchen ganzheitlich verarbeitet werden, sodass kaum etwas weggeworfen werden muss. Die genaue Schnittführung beim Zerlegen und über 70 Rezepte werden genau erklärt.

Marie-Theres Estermann:
Hühner, Gänse, Enten.
8. Auflage, Verlag Eugen Ulmer 2010.

In diesem kleinen, kompakten Buch finden Sie das Grundwissen für eine erfolgreiche Geflügelhaltung: Voraussetzungen für die Hühner-, Enten- und Gänsehaltung, Ställe, Bau, Klima, Beleuchtung und Auslauf. Die Körperfunktionen und alles Notwendige zur Gesunderhaltung des Geflügels sowie Brut und Aufzucht werden ebenfalls erläutert. Auch die Nutzung für Eier, Mast und Schlachten werden erklärt.

Michael Grashorn, Regina Kuhn, Fridhelm Volk:
Gutes vom Geflügel.
Verlag Eugen Ulmer, 2008.

Umfangreiche Informationen und Expertentipps zu den vielseitigen Einsatzmöglichkeiten von Geflügelprodukten: Eier, Fleisch, Daunen und Federn.

Hervé Husson:
Ideenbuch Hühnerställe.
2. Auflage, Verlag Eugen Ulmer 2019.

12 Modelle Schritt für Schritt selbstgebaut: Ob kleiner, mobiler Hühnerstall, Stall mit Voliere, Hühnerhaus auf Stelzen oder ein Gehege speziell für Legehennen: Die bebilderten Schritt-für-Schritt-Anleitungen zeigen Ihnen, wie Sie Ihren Hühnerstall selber bauen können. Auch für die Inneneinrichtung des Hühnerhauses mit Sitzgelegenheiten, Legenestern und Futtertrögen sowie Rampen und Hühnerleitern finden Sie hier die passenden Bauanleitungen.

Service

Margrit Lipczinsky, Helmut Boerner:
Brieftauben.
Verlag Eugen Ulmer 2011.

Das Buch schildert anschaulich und informativ das Brieftaubenjahr. Dabei werden alle wesentlichen Etappen des Brieftaubensports beschrieben, vom Anpaaren und der Aufzucht über Versorgung und Training von Jung- und Alttauben bis hin zum Ablauf der Reisesaison und den Aufgaben während der Herbst- und Winterzeit.

Horst, Freiherr von Luttitz:
Enten und Gänse halten.
4. Auflage, Verlag Eugen Ulmer 2005.

Erfahren Sie mehr über die Wirtschaftlichkeit der Enten- und Gänsehaltung, die verschiedenen Gänserassen sowie deren Haltung und Zucht. Die Vermarktung von Produkten aus Gans und Ente wird ebenfalls vorgestellt. Auch bei Krankheiten und möglichen Gefahren gibt Ihnen dieser Ratgeber wertvolle Tipps. Köstliche Enten- und Gänserezepte runden dieses Buch ab.

Beate und Leopold Peitz:
Hühner halten.
9. Auflage, Verlag Eugen Ulmer 2014.

Dieses Buch bietet Ihnen alles Wissenswerte, um Ihre Hühner artgerecht halten zu können. Sie erfahren mehr über Hühnerrassen, über die körperlichen Eigenheiten, die Gesundheit und das Verhalten der Hühner. Sie finden Informationen dazu, wie Hühnerstall und Auslauf am besten gestaltet werden, wie Sie Ihre Legehennen richtig füttern, über die Brut der Eier und Aufzucht der Küken sowie über Ihre eigenen Hühnerprodukte wie Eier und Fleisch.

Hellmut Woernle, Silvia Jodas:
Geflügel gesund erhalten.
4. Auflage, Verlag Eugen Ulmer 2015.

In diesem Buch erfahren Sie alles über die Gesunderhaltung von Hühnern, Puten, Enten und Gänsen sowie über die wichtigsten Geflügelkrankheiten. Sie lernen, wie Sie Krankheiten und Vergiftungen vorbeugen können, hinter welchen Symptomen sich welche Erkrankung verbirgt und wie sie behandelt wird. In der Liste mit Desinfektionsmitteln finden Sie geeignete Produkte für die Tierhaltung und den Lebensmittelbereich.

Literatur

Hühner

AALBERS, C.: Hoenders een hobby bij huis. Zutphen 1981. Dwerghoenders als Liefheberij

BALDWIN, J. P.: Modern Game Bantams. England 1936

BATTY, J. u. BLEZARD, J. R.: Understanding Modern Game England. 1976

BATTY, J. u. FRANCIS, C.: Poultry Colour Guide. Bath 1979

BLANCKE, B. u. MANTEL, K.: Geflügelzucht. Berlin 1952

BLATT, H.: Bau moderner Geflügelstätte. Reutlingen 1981

BOKS, A.: De Niederlandse Hoenderrassen. Lieren 1979

BUND DEUTSCHER RASSEGEFLÜGELZÜCHTER: Deutscher Rassegeflügel-Standard, München 1974, 1984 und 1995

BUND SCHWEIZERISCHER RASSEGEFLÜGELZÜCHTER/ SCHWEIZERISCHER GEFLÜGELZUCHTVERBAND: Schweizerischer Geflügelstandard. Zofingen 1982

DETERING, W.: Zwerg-Kämpfer – Mein Hobby. Reutlingen 1977

– Kämpfer und Zwerg-Kämpfer der Welt. Reutlingen 1983, 2004

DÜRIGEN, B.: Geflügelzucht. Berlin 1886

– Katechismus der Geflügelzucht. Leipzig 1890

FINSTERBUSCH, C. A.: Cock Fighting all over the World. USA 1929

GINK, C. S. Th.: De Honderrassen. Assen 1913

HAMS, F.: Old Poultry Standards. London 1988

HAWKEY, K. J. G.: Understanding Indian Game. England 1978

HAWKSWORTH, D.: British Poultry Standards. London 1988

HEILER, F.: Die Amrocks. Reutlingen 1968

HODGES, R. D.: The histology of the fowl. London, New York, San Francisco 1974

HOUWINK, R.: De Hoenderrassen. Reutlingen 1993

JUHRE/HOFFMANN: Das Rassegeflügel. Berlin 1960

KOYAMA/SHICHIRO: Japanische Hühner nach dem Geschmack. Tokio 1978

LANGHORST, H. und JAHN, P.: New Hampshire und Zwerg-New Hampshire. Reutlingen 1992

LOMBARY, W.: Japanse Hoenders en Dwerghoenders. Leke 1984

LÜTTWITZ, VON M. u. a.: Araucana und Zwerg-Araucana, Deutsche Lachshühner und Zwerg-Lachshühner. Reutlingen 1990

MÖLLER, H. u. a.: Rhodeländer und Zwerg-Rhodeländer. Reutlingen 1994

NOACK, B.: Das Nackthalshuhn. Wittenberg 1958

PARET, L.: Unsere Zwerghuhnrassen. Reutlingen 1984

PERZLMAYER, F. W.: Ur- und Kampfhühner und die Rassehuhnzucht. Massing 1966

PFEFFER, L.: Seltenfarbige Italiener. Idstein 1989

SASAKI, K. u. YAMAGUCHI, T.: Onaga-Dori (Long-Tailed Fowl) and their Inherited Studies in Japan – World's Poult. Sci. J. 26, 1970

SCHACHT, Juhre, F.: Das Geflügelbuch. Bochum 1957

SCHEIDING, C.: Die Zwerghühner. Bochum 1954

SCHMIDT, H.: Die Rassen der Zwerghühner. Minden 1980

– Die Hühnerrassen, B. 1 + 2. Minden 1981

– Handbuch der Nutz- und Rassehühner. Melsungen 1985

– Hühner und Zwerghühner. Stuttgart 1999

SCHOLTYSSEK, S. & DOLL, P.: Nutz- und Ziergeflügel. Stuttgart 1978

SCHWARZ, A.: Sussex und Zwerg-Sussex. Mosbach 1977

SCHWARZ, W.: Die unübertroffene Eleganz des Deutschen Zwerghuhns. Reutlingen 1983

SILK, W. H.: Bantams and Miniatur Fowl. London 1975

SKETCHLEY, W.: The Cocker. London 1814

SMITH, H. E.: Bantams for Everyone. England 1974

TERRUN, W.: De Izegemse Koekoek. Izegem 1984

TERRUN, W. u. a.: Het Brakelhoen. Izegem 1982

WANDELT, R.: Handbuch der Hühnerrassen. Bottrop 1996

– Handbuch der Zwerghuhnrasssen. Bottrop 1998

VOGT, J.: Jahrbuch für die Geflügelwirtschaft. Stuttgart 1976

WEBER, R. u. FISCHER, K.: Niederländische Haubenhühner und deren Verwandte. Leingarten 1995

Wassergeflügel

ALDROVANDI, U.: Ornithologia, Frankfurt/M. 1610

AMERICAN POULTRY ASSOCIATION: The American Standard of Perfection, New York 1985

BALDAMUS, A. C. E.: Illustriertes Handbuch der Federviehzucht, Dresden 1876

BATTY, J.: Pictorial Poultry Keeping, Surrey/England 1980

BAUMEISTER, M./Meyer, H.: Geflügelhaltung als Hobby, Niedernhausen 1985

BDRG, DEUTSCHER RASSEGEFLÜGEL-STANDARD, München 2007

BENEKE, N.: Der Mensch und seine Haustiere, Stuttgart 1994

BLANCKE, B.: Unser Hausgeflügel, 1. Band: Das Großgeflügel, Berlin 1920

BOETTICHER, H. VON: Gänse- und Entenvögel aus aller Welt, Leipzig 1952

BOETTICHER, H. VON: Perlhühner, Wittenberg 1954

BOETTICHER, H. VON: Fasanen, Pfauen, Perlhühner, Reutlingen 1982

BRANDSCH, H.: Geflügelzucht, Berlin 1981

BREASTED, J. H.: Geschichte Ägyptens, Stuttgart o.J.

BREHM, A.: Brehms Tierleben, Leipzig 1926

BROWN, E.: Races of Domestic Poultry. Surrey/England 1985

BUNGARTZ, J.: Wasser- und Ziergeflügel, Leipzig 1886

COOK, W.: Ducks and how to make them pay, London 1894

DARWIN, Ch.: Das Variieren der Tiere und Pflanzen im Zustande der Domestikation, Stuttgart 1873

DELACOUR, J./SCOTT, P.: The Watertowl of the World, London 1959

DER GROSSE GEFLÜGELSTANDARD, Band 1 + 2, Reutlingen 1984

DOLL, P.: Chronik des Sondervereins Deutscher Putenzüchter, Mindelheim 1982

DOLL, P.: Die Entstehung der Entenrassen, Ludwigshafen 1985

DOLL, P.: Chronik des Verbandes der Sondervereine für Hühner, Groß- und Wassergeflügel, Reutlingen 1994

DORN, P.: Handbuch der Geflügelkrankheiten, Stuttgart 1971

DÜRIGEN, B.: Katechismus der Geflügelzucht, Leipzig 1890

DÜRIGEN, B.: Die Geflügelzucht nach ihrem jetzigen rationellen Standpunkt, Berlin 1906

ENGELMANN, C.: Vererbungsgrundlagen und Zuchtmethoden beim Geflügel, Leipzig und Radebeul 1975

ENGELMANN, C.: Leben und Verhalten unseres Hausgeflügels, Leipzig und Radebeul 1984

FRANZ, O.: Wasser- und Wasser-Ziergeflügel, Reutlingen 1981

FRIDRICH, C.G.: Geflügelbuch, Stuttgart 1896

GIGAS, H.: Puten Berlin 1986

GHIGI, A.: Revisione del Genere Guttera Wagler, Bologna 1905

GHIGI, A.: Sulla forma progenitrice della Faraone domestica, Milano 1907

GHIGI, A.: Ricerche sistematice e sperimentali sulle Numidinae, Bologna 1911

GHIGI, A.: Sulle forme orientali del Genere Guttera Wagler, Bologna 1915

GHIGI, A.: Su di una nuova razza di Gallini di Faraone, Bologna 1924

GHIGI, A.: Monografia delle Galline di Faraone (Numididae), Piacenza 1927

GHIGI, A.: L'élefage de la Pintade huppée, Rev. d'Hist. Nat., Paris 1929

GHIGI, A.: Una seconda razza nuova di Gallina di Faraone, Bologna 1930

GISENKO, A. J. u. Mischin; J. P.: Neue Ergebnisse über geographische Verbreitung und Biologie der Schwanengans auf Sachalin, Zool. Journ. 1952/53

GLEICHAUF, R./Bartsch, R.: Züchtungs- und Vererbungslehre für Geflügelzüchter, Berlin 1954

GLEICHAUF, R./Bartsch, R.: Hausgeflügel. In: Die Tierwelt Mitteleuropas, Leipzig 1966

GROW, O.: Modern Waterfowl Management and Breeding Guide, USA 1972

HEINROTH,O. und HEINROTH, M.: Die Vögel Mitteleuropas, Hamburg/Berlin 1954

HERRE, W./RÖHRS, M.: Haustiere – zoologisch gesehen, Stuttgart 1973

HODGES, R. D.: The histology of the fowl, London, New York, San Francisco 1974

HOFMANN, F.: Beurteilung des Geflügels, Radebeul 1969

JOHNSGARD, P. A.: Ducks, Geese and Swans of the World, London 1978

JUHRE, F.: Ratschläge zur Gänse- und Entenhaltung, Berlin 1946

JUHRE, F./HOFFMANN, G.: Das Rassegeflügel, Berlin 1960

KOLBE, H.: Die Entenvögel der Welt, Leipzig und Radebeul 1981

KRAMER, R.: Taschenbuch der Rassegeflügelzucht, Würzburg 1899

KUPSCH, W.: Das Gänsebuch, Berlin 1943 und Stuttgart 1952

MARSDEN, S. J./Martin, J. H.: Turkey Management, Danville/USA 1955

MEHNER, A.: Gänse-, Enten und Putenrassen. In: Handbuch der Tierzüchtung, Band 3, Hamburg und Berlin 1961

MEHNER, A.: Lehrbuch der Geflügelzucht, Hamburg und Berlin 1962

MOODY, A.: Waterfowl and Game Birds in Captivity, London 1932

OGILVI, M.A.: Ducks of Britain und Europe, Berkhamsted 1975

PETER, V.: Putenzucht, Berlin 1961

PINGEL, H.: Enten, Berlin 1985

PLATZBECKER, M.: Der große Geflügelstandard in Farbe, Band 3, Reutlingen 1994

PRÜTZ, G.: Musterbuch des Geflügels, Stettin 1884

RAETHEL, H.-S.: Enten, Stuttgart 1988

REINHARDT, L.: Kulturgeschichte der Nutztiere, München 1912

RHEIN, U.: Der Geflügelhof, 1985

RIEDEL, P.: Das Putenbuch, Berlin und Stuttgart 1933

RIEDEL, P./VOGT, H.: Das Putenbuch, Berlin und Stuttgart 1954

RÖMER, R.: Die Truthühner, Reutlingen 1955

RÖMER, R./PARET: Gänse und Enten, Stuttgart 1955

RÖMER, R./WEINMILLER, L.: Wirtschafts-Geflügelzucht und -haltung, Stuttgart 1931

RUDOLPH, W.: Die Hausenten, Wittenberg 1978

RUTSCHKE, E.: Die Wildgänse Europas, Berlin 1986

RUTSCHKE, E.: Die Wildgänse Europas, Berlin 1988

SCHMIDT, H.: Groß- und Wassergeflügel, Stuttgart 1989

SCHMIDT, W.: Unsere Gänse und Enten, Reutlingen o. J.

SCHNEIDER, J.: Die Kleintierzucht, Leipzig/Berlin 1922

SCHNEIDER, K. H.: Gänse, Berlin 1983

SCHOLTYSSEK, S./DOLL, P.: Nutz- und Ziergeflügel, Stuttgart 1978

SCHRÖDER, H.: Zur Ernährungsweise von Wildgänsen, Falke 1975

TREUENFELS, H. VON: Praktische Entenzucht und -haltung, Berlin 1925

TRÜBENBACH, P.: Rationelle Truthühnerzucht, Chemnitz 1921

TÜLLER, R.: Truthühner, Reutlingen 1984

TÜLLER, R./Schulze-Messing, H.: Nutzung von Gans und Perlhuhn, Bonn 1985

WULF, A.: Nutzentenzucht, Leipzig o. J.

WULF, A.: Truthuhn, Perlhuhn und Pfau als Hausgeflügel, Leipzig o. J.

ZEUNER, F. E.: Geschichte der Haustiere, London 1963

Tauben

ARISTOTELES, Die Lehrschriften – Tierkunde (G. POHLKE), Paderborn 1949

ASSMUS, W. und HEGEMANN, W., Mövchentauben international, Reutlingen 1979

BAHR, G., Studien über die Zucht von Rassetauben am Beispiel des Römers, Hamburg 1976

BALDAMUS, A. C. E., Die Tauben und das übrige Ziergeflügel (Illustrirtes Handbuch der Federviehzucht), Dresden 1878

BAUER, W., Die süddeutschen Farbentauben, Reutlingen 1996

BECHSTEIN, J. M., Gemeinnützige Naturgeschichte Deutschlands, Tauben, B. 4, Leipzig 1789–95

BECKER, H., Unsere Deutsche Schautaube, Berlin 1957

BENECKE, H., Der Mensch und seine Haustiere, Stuttgart 1994

BEYER, H., Die süddeutschen Farben-Tauben in Wort und Bild, Chemnitz 1914

BLANCKE, B., Lehrbuch zum einträglichen Betriebe der Rasse- und Nutztaubenzucht, Berlin 1906

BLOCH, J., Enten, Gänse und Tauben als Nutzgeflügel, Aarau 1909

BOCK, O., Die Riesentauben, Leipzig ca. 1935

BOSSMEYER, F. und HARTMANN, M., Show Racer, Reutlingen 2006

BREHM, A., Brehms Tierleben, Leipzig 1911–1918

BREHM, C. L., Die Naturgeschichte und Zucht der Tauben

BRÖSE, M., Die Tümmler- und Hochflug-Tauben, Leipzig 1890

BÜRKLE, F., Der Brünner Kröpfer, Reutlingen 1965

BRUNCK, W., Kurzschnäbler Europas, Reutlingen 1987

BUFFON, G. L. L., Herrn von Buffons Naturgeschichte der Vögel, Berlin 1772–1809

BUNGARTZ, J., Taubenrassen, Leipzig 1885

DARWIN, CH., Das Variiren der Thiere und Pflanzen im Zustande der Domestication, Stuttgart 1868

–, Die Entstehung der Arten durch natürliche Zuchtwahl, Leipzig 1859

DIEBSCHLAG, E., Psychologische Beobachtungen über die Rangordnung bei der Haustaube, 1941

DOLL, P., Die Modenesertaube, Warstein 1987

DOMBROWSKY, W., Der Memeler Hochflieger, 1989

DRECHSLER, F., Sitte, Brauch und Volksglaube in Schlesien, 1903, 1908

DÜRIGEN, B., Die Geflügelzucht, Berlin 1886, 1906, 1921, 1927

–, Katechismus der Geflügelzucht, Leipzig 1890

–, Hausgeflügel, Leipzig 1966

EHRENBERG, K., Die Taubenzucht, Ludwigsburg ca. 1910

EIBL-EIBESFELDT, I., Grundriß der Vergleichenden Verhaltens-Forschung, München 1967, 1987, 1999

ENGELMANN, C. H., So leben Hühner, Tauben, Gänse, Radebeul 1975

–, Die Taube – Rassetauben, Berlin 1973

–, Leben und Verhalten unseres Hausgeflügels, Leipzig und Radebeul 1984

FINKERNAGEL, A. und TROMMLER, H., Die Maltesertaube, Dietzenbach 1984

FISCHER, J., Das Buch der Kröpfer, Reutlingen 1970, 1980

Fischer, L., Die süddeutschen Farbentauben mit einem Anhang: Die Nürnberger Bagdette, Nürnberg 1899
Friese, O., Die Koburger Lerche in Wort und Bild, Chemnitz 1925
Fritzsche, W., Die Berliner Taubenrassen, Berlin 1925
Fossel, V., Volksmedizin und medizinischer Aberglaube in der Steiermark, Graz 1885
Freund, W., Die Taubenzucht, Berlin 1895
Frey, S., Das Taubenbuch, Berlin 1897
Friedrich, C. G., Geflügelbuch, Stuttgart 1896
Fulton, R. und Ludlow, J. W., Das Buch der Tauben, Dortmund 1978
Gattiker, E. u. L., Die Vögel im Volksglauben, Wiesbaden 1989
Gauss, H., Der Hühner- oder Geflügelhof, Weimar 1853
Gesner, K., Vogelbuch, Zürich 1557
–, Vollkommenes Vogelbuch, Frankfurt/M. 1669
Godwin, D., Taxonomy of the genus columba, London 1959
Gotthard, J. C., Das Ganze der Federviehzucht, Erfurt 1798
Gradert, J., Strassertauben und Voraussetzungen für die Zucht aller schweren Rassetauben, ca. 2000
Gressmann, H., Die Sage von der Taufe Jesu, 1920/21
Haag, D., Ein Beitrag zur Ökologie der Stadttaube, Basel 1984
Haag-Wackernagel, D., Zur Biologie der Strassentaube, Basel 1993
–, Die Taube, Basel 1998
Hager, A., Die Taubenzucht, Berlin 1891
Hartmann, M., Das Taubenbuch, Berlin 1986
Heinroth, O. u. K., Verhaltensweisen der Felsentaube, 1949
Herbold, B. und Ilgen, H., Die Thüringer Farbentauben, Reutlingen 2005
Herbst, O., Die Schönheitsbrieftaube und ihre Verwandten, Berlin 1925
Herzog, F., Praktisches Lehrbuch der Taubenzucht, Quedlinburg 1877, 1882, 1890
Hoffman, H., Das Taubenbuch, Frankfurt/M. 1982
Hoffmann, Kreyer, E., Schweizer Archiv für Volkskunde, Zürich 1897
Hopf, L., Tierorakel und Orakeltiere in alter und neuer Zeit, Stuttgart 1888
Hovorka, O. und Kronfeld, A., Vergleichende Volksmedizin, Stuttgart 1908
Jühlung, J., Die Tiere in der deutschen Volksmedizin, Mittweide 1900
Juhre, F., Das Rassegeflügel, Berlin 1954/55
–, Unsere Nutztauben, Minden 1960
–, Die Rassen der Haustauben, Minden 1958
– u. Kockel, F., Die Rasse- und Sporttaubenzucht, Berlin 1952
Keller, C., Naturgeschichte der Haustiere, Berlin 1905
Klein, E., Der junge Taubenzüchter, Chemnitz ca. 1920
–, Haltung, Pflege und Züchtung der Tauben, Berlin ca. 1925
–, Das Ganze der Taubenzucht, Leipzig ca. 1937
–, Die Züchtung unseres Rassegeflügels, Heilbronn ca. 1948
–, Berliner Tümmler, Chemnitz 1920
Köhler, J. A. E., Volksbrauch, Aberglaube, Sagen und andere alte Überlieferungen im Voigtlande, Leipzig 1867
Körber, F., Der Show Homer, seine Zucht und Pflege, Berlin 1907
Korth, J. W. D., Die Taubenzucht zum Vergnügen oder die Flug- und Hoftauben, Berlin 1855
Krampen, E., Brünner Kröpfer, Velbert 1992
Kurz, W., Gezielte Rassetaubenzucht am Vorbild der Giertaube, 2000
Lang, M., Haustauben, Schweiz 1948
Lammert, G., Volksmedizin und medizinischer Aberglaube in Bayern, Würzburg 1869
Lavalle, A. und Lietze, M., Die Taubenrassen, Berlin ca. 1905

LEHMANN, E., Das Deutsche Mövchen, Leipzig ca. 1890
LOCKENVITZ, K., Die Welt unserer Kröpfer, Oldenburg 1958
LORENTZ, B., Die Taube im Altertum, Wurzen 1886
LÜTHGEN, W., Untersuchungen über die Verbreitung von Salmonellosis, Ascar idiasis, Capillariasis und Coccidienbefall in Rassetaubenbeständen, Gießen 1961
–, Der Persische Roller, Rodenbach 1986
MACKROTT, H., Rassetauben, Stuttgart 1985
MARKS, H., Unsere Haustauben, Wittenberg 1971
–, Farbentauben, Wittenberg 1973, 1978
–, Formentauben, Riesen-, Sport- und Trommeltauben, Wittenberg 1975, 1977,1982
–, Huhn-, Struktur- und Warzentauben, Wittenberg 1980, 1983
–, Kropftauben, Wittenberg 1985, 1986
–, Kurzschnäblige Tümmler, Wittenberg 1989
MARTEN, A., Die Huhn- und Warzentauben, Berlin 1925
–, Kennzeichen der Taubenracen, Leipzig 1895
MERGENTHALER, W. (Hrsg.), Die Startaube und ihre Zeichnungsarten, Hockenheim 1987
MERTENS, H., Perückentauben, Menden 1990
MÖBES, W., Bibliographie der Tauben, Halle 1945
MOEBES, W., Die Nürnberger Bagdette im Spiegel der Welt, Bochum 1950
MÜLLER, E., Die Welt der Rassetauben, Reutlingen 1979
–, Rassetauben, Reutlingen 1982
– (Hrsg.), Alles über Rassetauben, Reutlingen 2002
– und REICHENBACH, CHR., Deutschsprachige Haustaubenliteratur, Nürnberg 1996
–, Die Kingtaube, Unterwössen 1968, 1975, 1980
–, Das Kingtaubenbuch, Reutlingen 1992
–, Die Pfautaube, Reutlingen 1975, 1981
– und PFISTER, A., Das große Kingtaubenbuch, Reutlingen 2003
– und RELOVSKY, J., Illustriertes Rassetauben-Buch, Augsburg 1993
– und SCHRAG, L., Handbuch der Tauben, Hengersberg 1984
–, STACH, G. und DE KOSTER, R., Haltung und Zucht von Rassetauben, Reutlingen 1996
MÜLLER, W. Beiträge zur Volkskunde der Deutschen in Mähren, Wien/Olmütz 1893
NEUBERT, A. und WITTIG, O., Die Farben- und Trommeltauben, Berlin 1925
NEUMANN, U., Trommeltauben gestern und heute, 2000
NEUMEISTER, G., Das Ganze der Taubenzucht, Weimar 1837
NICOLAI, J., Evolutive Neuerungen in der Balz von Haustaubenrassen als Ergebnis menschlicher Zuchtwahl, 1976
OLSEN, L. und RIEHL, L., Tauben in der Stadt, Heidelberg 1983
ORTLEB, A. und G., Der Taubenfreund, Kindelbrück 1895
PALLESKE, W., Rassetauben, Stuttgart 1967
PANEK, F., Die Wiener Tümmler, Chemnitz 1926
PAULY, M., Illustriertes Handbuch der Geflügelzucht, 1905
PESCHKE, H., Die Deutsche Modeneser Taube, Döbeln 1932
PIKHART, R., Segler-Tauben, Halle 1984
PILLICH, G., Haltung und Zucht belatschter Rassetauben am Beispiel des Verkehrtflügel-Kröpfers, Wetzlar 1992
PISTOR, C. M. W., Das Ganze der Feld- und Hoftaubenzucht nebst einer Anleitung zum Abrichten der Brief- und Posttauben, Hanau 1831
PRÜTZ, G., Die Arten der Haustaube, Stettin 1871
–, Die Krankheiten der Haustauben und ihre Heilung, Hamburg 1886
–, Die Arten der Kropftauben, Berlin 1904
–, Die Europäischen und Orientalischen Mövchen, Leipzig 1903, 1909, 1920

Reber, U., Die kleinen Weißen (Brünner Kröpfer), Velbert 1994/95

Regenstein, F., Vererbung bei Hühnern und Tauben, Reutlingen 1970

Rehkämper, G., Frahm, H. D., Mann, M. D., Brain composition and ecological niches in the wild or under man-made conditions (domestication), 1995

Rehkämper, G., Kognitive Leistungen bei Haus- und Nutztieren, 1996

Reichenbach, H. G. L., Die vollständigste Naturgeschichte der Tauben und taubenartiger Vögel, Dresden 1861/62

Reissmann, K., Thüringer Farbentauben, 2000

Riedel, W., Die Taubenzucht in ihrem ganzen Umfang, Ulm 1824

Röseler, G., Haustauben, Berlin 1988

Rublack, E., Illustriertes Prachtwerk sämtlicher Taubenrassen, Würzburg 1909, 1925, 1927

Salonen, A., Vögel und Vogelfang im Alten Mesopotamien, Helsinki 1973

Saradschan, W. Ch., Tauben, Tauben, Tauben ... Über Haltung und Zucht usbekischer Taubenrassen, Taschkent 1989

Schachtzabel, E., Die Rassetauben, ihre Entstehung, Zucht und Pflege, Leipzig 1924, 1926

Schille, H. J., Zucht und Haltung der Deutschen Schautauben, Berlin 1973

– u. a., Warzentauben und Bagdetten, Berlin 1977

Schilling, P. Bildschöne Taubenrassen, Sebnitz 2001

–, Was muß man von der Taubenzucht wissen?, Berlin 1901

–, Taubenzucht, Hamburg o. J.

Schimminger, K., Neuzeitliche Taubenzucht und Taubenschläge, Freiburg, ca. 1924

Schmidt, C. G., Der Tauber, oder der vollkommene praktische Rathgeber etc., Leipzig und Sorau 1821

Schlee, A., Italienische Mövchen Reggianini, Reutlingen 1988

Schmidt, H., Warzentauben und Bagdetten, Reutlingen 2006

Schmidt, H., Nordwesteuropäische Tümmler, Reutlingen 2007

Schrag, L., Gesunde Tauben, Hengersberg 1973

Schreiter, E., Der moderne Florentiner, 1957

Schröder, J., Trommeltauben, Reutlingen 1991

Schütte, H. J., Handbuch der Taubenrassen, Melsungen 1973

–, Taubenrassen, Minden 1970–1982

–, Haustauben, Hannover 1976

–, Stach, G., Wolters, J., Handbuch der Taubenrassen, Bottrop 1994

Schuster, M. J., Der Tauben-Freund, Plauen 1888–1899

–, Lehrbuch der Tauben-Zucht, Ilmenau 1896

Schutte, H. J., Die Strassertaube und ihre Verwandten, 1967

Sell, A., Vererbung bei Tauben, Traventhal 1980

–, Die Pommersche Schaukappe, Traventhal 1983

–, Handbuch der Tauben, Hengersberg 1986

–, Tauben züchten mit System, Reutlingen 1995

– und J., Taubenfärbung, Reutlingen 2004

– und J., Vererbung bei Tauben, Reutlingen 2005

Siekmeier, K., Die erfolgreiche Zucht von Rassetauben, Reutlingen 1976

Siemeier, K., Die Strassertaube, Reutlingen 1964

Silvester, H. W., Tauben, Rüschlikon-Zürich 1990

Skinner, B. F., The Behavior of Organism, New York 1938

Stach, G., Taubenschläge und Volieren, Reutlingen 2001

Standard-Musterbeschreibung, Deutscher Rassetauben-Standard 1934, 1951, 1954, 1959, 1985, 1975 bis 2006

Deutsche Demokratische Republik: Die Musterbeschreibung der Tauben, Leipzig 1952–1989
Stauber, K., Schweizer Tauben, 1996
Steinke, O., Deutsche Langschnäblige Tümmler, Beuggen 1986
Sühling, F., Die Taube als religiöses Symbol im christlichen Altertum, Freiburg 1930
Tabche, M., Arabische Taubenrassen, Lahr 2003
Trübenbach, P., Zucht-Tabellen für Rassetaubenzüchter, Chemnitz ca. 1914
–, Futter und Fütterung der Rassetauben, Chemnitz ca. 1916–1927
–, Die Mövchentauben, Chemnitz 1923
–, Die Perückentaube, Chemnitz 1925
–, Die Pfautaube, Chemnitz 1926
Tüllmann, A., Die Deutsche Modeneser Taube, Reutlingen 1979
Vogel, K., Taubenkrankheiten, Berlin 1965–1980
Voss, T., Die Zucht des Norwichkröpfers, Hamm 1995
Wallbergen, J. P. C., Zauberbuch, Frankfurt/Leipzig 1745
Weber, D. A., Der Taubenfreund, Quedlinburg 1835
Weber, J., Kommunikation Mensch-Stadttaube, Basel 1992
Weger, R., Die Deutsche Schautaube, Bochum 1954
Weidinger, R., Wiener Ausstellungs- und Hochflugtümmler, Wien 2001
Weidmann, H., Alles über den Dragoon, Fränkisch-Crumbach 1987
Weinhold, K., Zeitschrift des Vereins für Volkskunde, Berlin 1891
Werth, E., Der heilige Vogel der großen Göttin, Berlin 1935
Wilckens, M., Grundzüge der Naturgeschichte der Hausthiere, Dresden 1880
Wintjes, J., Der Pommernkröpfer, Reutlingen 1969
Wittig, O., Mustertaubenbuch, Berlin 1925
Wolter, J., Das Ganze der Taubenzucht und Pflege, Mühlheim/Ruhr ca. 1880
Wolters, J., Altdeutsche Kröpfer, Berlin 1978
Wulf, A., Die Taubenzucht, Leipzig ca. 1905
–, Die Rassen der Haustauben, Leipzig ca. 1925
– und Juhre, F., Die Rassen der Haustauben, Leipzig 1950
Wuttke, A., Der deutsche Volksglaube der Gegenwart, Berlin 1900
Wuttke, R., Sächsische Volkskunde, Leipzig 1903
Zimmer, G., Mövchen, Adel der Taubenwelt, Minden 1968
Zurth, E., Tauben, Bochum 1949
–, Die Tauben, ihre Zucht und Haltung, Stuttgart 1925
–, Unsere Tauben – Huhn und Formentauben, Reutlingen 1960
–, Unsere Tauben – Kropftauben, Reutlingen 1960
–, Unsere Tauben – Trommel. und Warzentauben, Reutlingen 1963
–, Unsere Tauben – Tümmler, Reutlingen 1964
–, Unsere Tauben – Farbentauben, Reutlingen 1966
–, Die Welt der Tauben, Reutlingen 1956–1969

Anschriften

Informationen zu den Verbänden

Der **Bund Deutscher Rassegeflügelzüchter (BDRG)** ist in Fachverbände und Landesverbände gegliedert. Die Seite **www.bdrg.de** gibt umfassende Informationen für Züchter von Rassegeflügel.

Fachverbände

LaEuropäischer Verband für Geflügel-, Tauben-, Vogel-, Kaninchen- und Caviazucht
www.entente-ee.com

VDT Verband Deutscher Rassetaubenzüchter im BDRG
www.vdt-online.de

VZV Verband der Zwerghuhnzüchtervereine im BDRG
www.vzv.de

VZI Verband der Ziergeflügelzüchter im BDRG
www.vzi.de

VHGW Verband der Hühner-, Groß- und Wassergeflügelvereine im BDRG
www.vhgw.de

VDRP Verband Deutscher Rassegeflügel-Preisrichter
www.vdrp.de

Landesverbände im BDRG

Baden
www.rassegefluegel-baden.de

Baden (Jugend)
www.rassegefluegeljugend-baden.de

Bayern
www.rassegefluegel-bayern.de

Berlin und Brandenburg
www.rgz-lvbb.de

Bremen
www.lv-bremen.jimdo.com

Hamburg
www.lv-rg-gross-hh.de

Hannover
www.lvh-rassegefluegel.de

Hessen-Nassau
www.lv-hessen-nassau.de

Kurhessen
www.lv-kurhessen.de

Mecklenburg-Vorpommern
www.rassegefluegelmv.de

Rheinland
www.lvrr.de

Rheinland-Pfalz
www.rassegefluegel-rheinland-pfalz.de

Rheinland-Pfalz (Jugend)
www.lvj-rheinland-pfalz.de

Schleswig Holstein
www.rgz-sh.de

Weser Ems
www.rassegeflügel-weser-ems.de

Westfalen-Lippe
www.westfalen-lv.de

Westfalen Lippe (Jugend)
www.jugendseite-westfalen.de

Württemberg und Hohenzollern
www.lvrgw.de

Saarland
www.rassegefluegelzucht-saarland.de

Sachsen
www.srv-gefluegel.de

Sachsen-Anhalt
www.rassegefluegel-sachsen-anhalt.de

Thüringen
www.rassegefluegel-th.de

Bildquellen

BA-Geduldig/Sohn J.&C.: Seite 338.
Rainer Barth: Seite 411 re., 448 re., 449 re., 450 li., 450 re., 451 li., 525 re.
Yvonne Bauer: Seite 196/197, 330/331, 335, 367, 368/369, 451 re., 526/527.
Bildagentur Waldhäusl/PantherMedia/Willi Härdl: Seite 6/7.
Remco de Koster: Seite 372 li., 393 li.
Thomas Hellmann: Seite 382 li., 386 re. u. li., 452 re., 457 re., 458 re., 472 re., 480 re.
Eberhard Klein: Seite 159 links.
Silke Klewitz-Seemann: Seite 4.
Regina Kuhn: Seite 198.
Söhnke Morsch/FotoNatur: 208/209, 226/227, 234/235, 272/273.
Knut Röder: Seite 100 rechts.
Horst Schmidt: Seite 202, 203, 206, 336, 345, 350, 351, 361.
Heike Schmidt-Röger: Seite 12/13.
Karl Stauber: Seite 371 li., 379 li., 387 re., 388 re., 409 li., 413 li., 424 li., 425 li., 435 re., 439 li., 448 li., 468 li., 469 li., 461 re., 501 li., 513 li., 514 li., 519 li., 524 li.

Das Titelfoto ist von Heike Schmidt-Röger.

Alle anderen Fotos von Rudi Proll.

Die Piktogramme für die Beschreibungen der Hühner und Tauben zeichnete Helmuth Flubacher, Waiblingen, für das Groß- und Wassergeflügel Stefan Dehmel, wilde2, Stuttgart.

Die in diesem Buch enthaltenen Empfehlungen und Angaben sind von vom Autor mit größter Sorgfalt zusammengestellt und geprüft worden. Eine Garantie für die Richtigkeit der Angaben kann aber nicht gegeben werden. Autor und Verlag übernehmen keine Haftung für Schäden und Unfälle. Bitte setzen Sie bei der Anwendung der in diesem Buch enthaltenen Empfehlungen Ihr persönliches Urteilsvermögen ein.
Der Verlag Eugen Ulmer ist nicht verantwortlich für die Inhalte der im Buch genannten Websites.

Bibliografische Information der Deutschen Nationalbibliothek
Die Deutsche Nationalbibliothek verzeichnet diese Publikation in der Deutschen Nationalbibliografie; detaillierte bibliografische Daten sind im Internet über http://dnb.d-nb.de abrufbar.

Wollgrasweg 41, 70599 Stuttgart (Hohenheim)
E-Mail: info@ulmer.de
Internet: www.ulmer.de
Lektorat: Dr. Eva-Maria-Götz, Helen Haas, Sabine Grobis
Herstellung: Verlag Eugen Ulmer
Satz: r&p digitale medien, Echterdingen
Reproduktion: timeRay Visualisierung, Jettingen
Druck und Bindung: Livonia Print, Lettland
Printed in Latvia

ISBN 978-3-8186-0834-7

Hier können Sie weiterlesen

Wohllebens Anleitung für Selbstversorger.
Nachhaltiges Wissen über Garten und Stall.
Miriam und Peter Wohlleben.
2. Auflage 2018. 272 Seiten,
260 Farbfotos, geb.
ISBN 978-3-8186-0405-9.

Peter und Miriam Wohlleben versorgen sich selbst und wissen nach über 25 Jahren, was es zu beachten gilt. Hier steht alles über eine gute Vorbereitung und die passenden Geräte, Einschätzungen zum Zeit- und Flächenbedarf, Ratschläge zu bewährten und pflegeleichten Obst- und Gemüsesorten, die artgerechte Haltung von Hühnern, Kaninchen, Ziegen, Bienen und anderen Nutztieren.
Die Freude der Wohllebens an Garten und Tieren, der Respekt vor der Natur und Überlegungen zur Nachhaltigkeit machen das Buch zu einer Inspiration für alle, die nicht länger nur von der Selbstversorgung träumen wollen.

Für glückliche Hühner

Alles über Hühner.
Artgerechte Hobbyhaltung, Zucht und die passenden Rassen für den Garten.
Hervé Husson. 2016.
256 Seiten, 325 Farbfotos, 45 farbige Zeichnungen, geb.
ISBN 978-3-8001-0388-1.

Dieses Buch enthält die gesammelten Erfahrungen des erfahrenen Hobbyzüchters Hervé Husson. Vor allem für Anfänger beantwortet er zuerst die zwölf häufigsten Fragen zur artgerechten Hühnerhaltung. Er gibt Tipps zum sicheren Hühnerstall und Auslauf, zu Fütterung, Gesunderhaltung, Hygiene, der Entscheidung, ob Rasse- oder Hybridhühner, zu Zucht, Verhalten und dem Umgang mit Hühnern. Außerdem: 32 Rasseporträts, Hühnerkrankheiten und Symptome als Übersichten, die Hühner-Hausapotheke und viele Bild-für-Bild-Anleitungen.

Hühner im Garten sind Trend

Hühner in meinem Garten.
Alles über Haltung und Ställe.
Beate und Leopold Peitz, Wilhelm Bauer.
2., aktualisierte Auflage 2019.
240 Seiten, 136 Farbfotos, 34 Zeichnungen, kart.
ISBN 978-3-8186-0706-7.

Damit Ihre Hühner richtig glücklich sind, finden Sie hier geeignete Rassen und alles, was man über Haltung, Fütterung und Gesunderhaltung wissen muss. Dazu gibt es jede Menge Einblicke in das vielfältige Verhaltensrepertoire der neugierigen und zutraulichen Federtiere.
Bauen Sie Ihren Hühnerstall einfach selbst: Alles über Stalltypen, Bauablauf, Inneneinrichtung, Ausläufe und Volieren, dazu zehn Beispiele zum Nachmachen, vom Kleinststall über das umgebaute Kinderspielhaus bis hin zur Zuchtanlage.